# 现代表面工程

张　超　吴多利　魏新龙　肖金坤　编著

科学出版社

北　京

## 内 容 简 介

本书系统介绍了现代表面工程的基本概念和理论，阐述了不同表面工程技术的形成、分类、含义和特点，通过热喷涂、化学气相沉积和物理气相沉积等典型表面技术说明了主要设备、技术线路和工艺实施方案，重点介绍了在耐磨、防腐和耐高温等领域的应用进展。全书共10章，分别为绪论、表面加工技术的热源特性、热喷涂、化学气相沉积、物理气相沉积、表面耐磨涂层、表面防腐涂层、表面耐气蚀涂层、表面耐高温腐蚀涂层、表面热障涂层。本书兼顾基础知识与前沿应用，在阐明基本概念和理论的基础上，从典型表面工程技术入手，着重介绍新进展及新应用。

本书可作为高等院校机械类和材料类等专业的高年级本科生和研究生教材，也可供有关工程技术人员参考使用。

**图书在版编目(CIP)数据**

现代表面工程 / 张超等编著. —北京：科学出版社，2023.3
ISBN 978-7-03-075146-1

Ⅰ. ①现… Ⅱ. ①张… Ⅲ. ①金属表面处理－高等学校－教材
Ⅳ. ①TG17

中国国家版本馆 CIP 数据核字(2023)第 044929 号

责任编辑：邓 静 / 责任校对：王 瑞
责任印制：张 伟 / 封面设计：迷底书装

科学出版社 出版
北京东黄城根北街16号
邮政编码：100717
http://www.sciencep.com
北京虎彩文化传播有限公司 印刷
科学出版社发行 各地新华书店经销
*
2023年3月第 一 版 开本：787×1092 1/16
2023年3月第一次印刷 印张：15 1/4
字数：400 000

**定价：88.00 元**

(如有印装质量问题，我社负责调换)

# 序

表面工程是21世纪先进制造业发展的关键技术之一，是实现“碳达峰、碳中和”战略目标的重要技术支撑。现代表面工程是运用最新的电子束、离子束、激光束、等离子体、真空等技术，以最经济有效的方法改变材料的表面或表层物理及化学性质，赋予其新的表面性能，从而获得新材料、制备新器件，实现新的工程应用，已成为当今机械工程和材料工程研究的热点。在表面工程技术飞速发展的今天，尽管已有一些表面工程技术相关的参考书籍，但仍然缺少一本能够紧密围绕国家经济社会发展和高等教育改革，面向表面工程专业人才需求，结构更加合理、衔接更加有序、内容更加前沿的现代表面工程教材。该书的主编张超教授，是我的博士生，先后在西安交通大学、法国和比利时高校从事多年的表面工程研究工作，在扬州大学从事科学研究、课程教学和教学改革实践。

该书主要在以下三个方面做些新的尝试。

(1) 该书力求通过简明易懂的课堂教学，在理解现代表面技术基本原理的基础上，从典型表面工程技术入手，着重介绍新进展及新应用，构建现代表面技术的知识框架。注重符合时代前沿的先进表面工程技术的讲授，结合新的时代背景，将纳米技术、真空技术、材料技术、信息技术等成果，融入先进表面工程的讲授中。该书以培养学生分析能力和实践能力为指导思想，注重理论知识的扩充和丰富，挑选最新的表面工程领域应用案例使学生直面工业生产的实际需求，提高学生综合运用表面工程相关的理论知识解决复杂工程问题的能力。

(2) 该书基于多学科交叉的视角，兼顾多学科属性，力求从机械工程、材料科学、力学、物理、化学等多重学科视角对现代表面工程的基础原理和技术理念进行阐释。该书结构体系严密，内容清晰，理论知识充分，引入案例鲜活，适合引导学生从“应试型”学习向“自主型、研究型”学习转变，满足高级专门人才、国际化人才和创新型人才的培养要求。

(3) 该书是张超领衔的教学团队在多年课程教学和科研实践的基础上，参考国内外相关教材、专著与最新文献编写而成的。编者均为正在从事表面工程技术研究、熟悉本学科发展前沿动态的中青年学者，将最新科研成果和工业生产中的实际案例结合在一起，以理论知识为基础，结合表面工程方面的新技术、新工艺，激发学生的课程学习兴趣和学科研究的积极性，该书做到了理论知识和技术实践的融合和创新，更适合新时代的教学需求，特别是研究生教学。

李长久 教授
西安交通大学材料科学与工程学院
金属材料强度国家重点实验室
2022年12月

# 前 言

处于历史性交汇期的中国制造业，正面临严峻挑战和难得机遇。从制造大国迈向制造强国，是我国制造业的战略选择。坚持绿色发展，推行绿色制造是“碳达峰、碳中和”背景下我国迈向制造强国的关键举措之一。

表面工程是推行绿色制造的重要技术支撑，能够明显提升零部件质量，延长装备服役寿命，直接和间接的节能降耗效益十分显著。表面工程是重要的基础工艺，对延长装备服役寿命起着第一道关(表面防护)的作用。装备失效和破坏往往从表面开始，零部件性能和外在质量从表面直观展现。表面工程，从技术层面看，涉及众多技术学科；从系统看，则将研究、应用、工艺、设备等作为工程来实施。表面工程对我国制造业的发展已经发挥了不可忽视的作用，表面工程技术自身也取得了显著的进步。从表面工程的基础理论出发，展现典型表面工程技术的前沿应用和发展趋势是本书编写的初衷。

本书由扬州大学机械工程学院现代表面工程教学团队负责组织编写。本书是教学团队在多年教学和科研实践的基础上，参考国内外相关教材、专著与最新文献编写而成的。参编的作者都是正在从事表面工程技术研究，熟悉本领域学术发展最新动态的中青年学者。因此，在编写时兼顾基础知识与前沿应用，在阐明基本概念和理论的基础上，从典型表面技术入手，着重介绍新进展及新应用。

本书由扬州大学机械工程学院张超教授、吴多利副教授、魏新龙副教授、肖金坤副教授编著。全书共 10 章，其中，第 1、9、10 章由吴多利副教授编写；第 2～5 章由张超教授编写；第 6 章由肖金坤副教授编写；第 7、8 章由魏新龙副教授编写。第 1 章为绪论，主要介绍现代表面工程的分类、主要工业应用及发展趋势，并从固体表面结构、力学性能、物理性能、化学性能和材料失效的基本形式等方面阐述表面工程的基本理论。第 2 章从气体放电的基本特征、气体电离为等离子体的过程、辉光放电和电弧放电的特点及应用等方面阐述现代表面工程的热源特性。第 3 章对热喷涂颗粒加速、加热等现象进行阐述，着重介绍颗粒碰撞飞溅现象、颗粒扁平化过程以及涂层结构参量对涂层性能的影响规律。第 4 章阐述化学气相沉积的原理和应用，重点介绍化学气相沉积的基本过程和典型应用。第 5 章阐述物理气相沉积的原理和应用，重点介绍物理气相沉积的基本过程和典型应用。第 6 章阐述摩擦磨损的原理，重点介绍热喷涂涂层与气相沉积薄膜的微观结构、摩擦磨损性能及应用。第 7 章阐述金属腐蚀机理、试验及表征方法以及常见的防护涂层，重点介绍表面防腐涂层的基本概念、典型应用和防护涂层的前沿知识。第 8 章阐述金属气蚀破坏机理、气蚀破坏研究的试验及表征方法，以及常用防护涂层。第 9 章阐述高温氧化机理、腐蚀机理，以及耐高温腐蚀涂层的特点及应用，重点介绍表面耐高温腐蚀涂层的作用机制及前沿应用。第 10 章重点阐述热障涂层的制备工艺、失效模式，以及热障涂层的前沿应用及发展趋势。

本书得到了扬州大学研究生精品教材项目和扬州大学出版基金的资助，同时在编写过程中参考了很多表面工程领域同行的文献资料，扬州大学表面工程研究所多位研究生在成稿过程中做了细致的工作。谨在此一并表示由衷的感谢！

由于作者的理论水平和实践经验有限，本书难免存在不妥之处，恳切希望广大读者批评指正，使本书能够继续改进和完善。

作者

2022 年 5 月

# 目　录

# 第1章 绪 论

表面工程技术是一项历史悠久、信息量大、发展迅速的综合性工程技术，它运用物理、化学、电化学、物理化学以及机械的技术和方法，使材料的表面具有所需的新成分、外观、结构及一系列优良的性能。表面工程涉及金属材料、无机非金属材料、有机高分子材料、复合材料等领域，其在提高产品性能、降低生产成本、节约资源等方面具有十分重要的意义，对于现代国民经济起着重要的作用。

## 1.1 现代表面工程的作用

### 1.1.1 现代表面工程技术概述

现代表面工程技术是运用各种物理、化学、电化学、物理化学以及机械的技术和方法，使材料的表面具有耐腐蚀、耐磨损、耐高温、抗拉、抗压、抗疲劳、导电、导磁等一系列优良的性能，进而使材料的表面和基体性能良好配合，以提高产品性能、降低成本、节能节材为目的的综合性工程技术。其特点是在不改变材料整体材质的条件下得到基体材料所不具备的特殊性能。

现代表面工程在许多研究领域中都有非常广泛的应用，如在冶金学、材料科学、机械学、物理化学、生物学等各个学科领域中都起到了非常重要的作用。表面工程的优势在于它能在节约成本、减少环境污染的前提下提高产品的综合性能，延长产品的使用寿命。现代工业对所需产品有更高的要求，通常要求产品外观美观、体积小，并且能在特定的恶劣环境下进行长期的持续性工作。例如，在生物质燃烧发电过程中锅炉过热器管道表面的腐蚀现象促进了表面防护涂层技术的发展；航空发动机的耐高温、耐腐蚀问题促进了制备耐热、耐蚀的等离子喷涂技术的发展；电子产业中对具有电学特性的功能薄膜及其元器件的需求促进了电镀、化学镀等表面技术的发展等。

现代表面工程作为材料科学与工程的前沿技术，发展十分迅速，对国民经济的发展意义深远。它还促进了各类材料之间的相互交融、重组配合，使材料的综合性能得到提升。现代表面工程新技术促进了产品的更新换代，促使产品拥有更加绚丽的外观和更加优良的性能。各种结构件、管道、设备的性能要求不断提升，从而使得现代表面工程技术不断革新、发展。总之，许多表面处理的新技术在不断地涌现出来，引起了材料学领域的高度重视，现代表面工程已经成为材料学科中一个非常活跃的领域。

### 1.1.2 现代表面工程技术的分类及内容

#### 1. 现代表面工程技术的分类

目前，现代表面工程技术还没有统一的分类方法，通常认为其可分为表面涂镀技术、表面扩散渗技术以及表面改性技术。表面涂镀技术是将液态涂料涂敷在基体的表面，进而获得成分、结构及性能与基体内部材料不同的涂层或镀层的方法，主要包括电镀、化学镀、热浸镀、热喷涂和气相沉积等技术；表面扩散渗技术是将原子渗入(或离子注入)基体材料的表面，从而获得新的化学成分以及更加优异的性能，主要包括离子注入、表面合金化、化学膜转化等技术方法；表面改性技术就是在不改变材料整体材质的条件下，采用物理、化学的方法改变材料表面的化学成分及组成结构，从而获得具有新性能的表面，主要包括化学热处理、表面涂层、气相沉积、激光熔覆等技术方法。

除了上述分类方法，还可以根据工艺特点、作用原理等进行不同的分类。

**1)按工艺特点分类**

(1)电镀：指利用电解作用，使具有导电性材料的表面与电解质溶液相接触，待镀的工件作为阴极，通过外电流的作用，在工件的表面形成一层沉积物并与基体牢固地结合在一起。电镀的种类非常多，有合金电镀、复合电镀、电刷镀、非晶态电镀和非金属电镀等。

(2)堆焊：指在金属零件的表面或边缘处，用熔焊的方法焊上具有特殊性能的金属层，对产品的外形进行修复。堆焊的方法主要有振动电弧堆焊、等离子堆焊、二氧化碳保护自动堆焊、埋弧自动堆焊等。

(3)涂装：指用一定的方法将具有特殊用途、特殊类型的涂料涂覆在工件的表面，最终形成涂膜的过程。涂料主要由膜物质、颜料、溶剂和助剂组成，涂膜具有保护、装饰等功能。

(4)热喷涂：指在喷涂枪内或枪外将喷涂材料加热到塑性或软化状态，然后喷射于经预处理的基体表面上，基本保持未熔状态形成涂层的方法。工件在进行热喷涂后具有耐热、耐磨、耐蚀等性能，热喷涂的方法有采用火焰、等离子弧、电弧所进行的喷涂以及爆炸喷涂等。

(5)热扩渗：指采用加热扩散的方法使元素渗入金属工件的表面，形成表面合金层的技术，主要方式有在基体的材料表面进行的固体渗、气体渗、液体渗和等离子渗等。

(6)化学转化膜：在一定条件下，金属与特定的腐蚀液发生化学反应，生成一层金属膜层的过程。采用化学转化膜法生成的膜与基底的结合力比电镀层高很多。按生产方式，化学转化膜可分为阳极氧化膜、化学氧化膜、磷化膜、钝化膜及着色膜等。

(7)彩色金属：主要分为电解着色、整体着色及吸附着色。

(8)气相沉积：主要分为化学气相沉积和物理气相沉积。

(9)三束改性：一般分为电子束改性、激光束改性和离子束改性。

**2)按作用原理分类**

(1)原子沉积：沉积物以原子尺度的粒子形态在材料的表面上形成一层沉积物，主要有电镀、化学镀、气相沉积等方法。

(2)整体覆盖：将涂覆材料整体覆盖在材料的表面上，主要有热浸镀、堆焊、涂刷等方法。

(3)颗粒沉积：沉积物以宏观尺度的颗粒状在材料的表面形成一层沉积物，主要有热喷涂、涂敷等。

(4)表面改性：指采用机械、化学等处理方法，使材料表面的组分及性能发生改变的技术，主要有热扩渗、表面合金化、离子注入、化学热处理、气相沉积、激光熔覆等。

除了上述的现代表面工程技术，还有很多表面技术都不同程度地包含在上述的技术方法中，例如，表面覆盖技术中的电镀可以分为水电镀和真空电镀，而真空电镀又可以细分为真空蒸镀、磁控溅镀和离子镀。表面覆盖技术中还包括黏结、电火花涂敷、搪瓷涂敷、热浸镀、分子束外延、暂时性覆盖处理、热烫印等技术。

表面加工技术也是现代表面工程技术的重要组成部分之一，抛光、电铸、蚀刻和包覆等都属于现代表面工程技术，这些技术在工业上被广泛应用。

如今各种各样的现代表面工程新技术不断出现，很多先进产品对性能和加工技术的要求也越来越高，表面工程技术在社会发展过程中占有重要的地位。

**2. 现代表面工程技术的内容**

现代表面工程技术所涉及的范围非常广泛，涵盖的技术种类也非常多，通常以“表面”和“界面”为核心来进行研究。从总体上来看，现代表面工程学的内容大致可以分为表面工程基础理论、表面技术及复合表面技术、表面加工技术、表面质量检测与控制和表面工程技术设计五大类。

(1)表面工程基础理论：主要包括表面摩擦与磨损理论、表面失效分析理论、表面腐蚀与防护理论、表面界面结合与复合理论等。摩擦与磨损、腐蚀与防护、表面强化和表面加工技术等领域都有相关著作论述，体系比较成熟。有些理论目前正在探讨中，有待建立，如表面结合与复合的理论等。

(2)表面技术及复合表面技术：表面技术的种类非常多，前面已经介绍了许多种表面技术。复合表面技术是指将两种或两种以上的表面技术以适当的顺序和方法复合在一起，或以某种表面技术为基础制造复合涂层的技术。通过复合表面处理后，可以使膜层(涂层)得到优化，使各类表面技术能够发挥出各自的优势。

(3)表面加工技术：主要有表面层的机械加工技术、表面预处理加工技术以及表面层的特种加工技术等。

(4)表面质量检测与控制：应用现代测试仪器对材料的成分、组织结构进行测试与分析，目的是控制达到所需的材料的成分和组织结构，使其达到设计或生产要求的性能。其主要包括表面几何特性与检测、表面力学特性与检测、物理及化学特性与检测、表面分析技术等。

(5)表面工程技术设计：在决定采用某种技术之前，首先要对表面工程技术进行全面、系统化的设计，从而使其在应用方面取得更好的效果。现代表面工程技术设计的内容主要有表面层材料设计、表面层结构设计、表面层工艺设计、现代表面工程车间设计及工装设计、表面技术经济分析等。表面层材料设计主要是对耐蚀、耐磨、减摩、防滑、减振、耐高温材料等进行设计，表面层结构设计主要是设计膜层总厚度、膜层的层数、各层之间的匹配情况等，表面层工艺设计主要是设计能够形成高质量膜层的工艺参数、工艺方法和工艺流程等，现代表面工程车间设计及工装设计主要是设计辅具、夹具、量具、控制台、工程车等，表面技术经济分析主要是分析工件的疲劳寿命、经济寿命等各类寿命以及费效比等。

### 1.1.3 现代表面工程技术在机械行业中的应用

目前，现代表面工程快速发展，并在各行各业中被广泛应用，其中，在机械行业的应用具有鲜明的技术创新性。表面工程可以降低产品的生产成本，改良产品及零部件的综合性能，提高机械产品零件的使用寿命与可靠性，美化产品的外观，提高产品的竞争能力等。除此之外，利用现代表面工程技术还可以改善机械设备与仪器仪表的性能、质量，为设备的技术改造以及维修提供有效的手段。

以下是现代表面工程技术在机械行业中的几种应用类型。

**1．涂层防护**

在机械行业中，绝大多数的产品、零部件以及生产所用的设备都为金属材质，这些设备大多在露天环境下进行作业，从而造成金属表面发生氧化、腐蚀。为了防止金属表面发生氧化、腐蚀现象，就需要想办法阻止其表面与大气和水分发生直接接触。目前比较可行的方法就是在一些工程机械设备以及其零部件的表面镀上一层防护涂层，通常选择电镀、涂装、热喷涂等表面技术。

表面工程中的电镀是使具有导电性的材料表面与电解质溶液相接触，以镀件作为阴极，在工件的表面形成一层沉积物并与基体牢固地结合在一起，可以有效地阻止大气中的水分及氧气与金属基体表面直接接触，从而起到对金属表面的保护作用。涂装技术则是在金属表面喷漆或者其他特殊涂料，隔离空气和水分，起到防锈的作用。

**2．表面强化**

机械行业中的零件复杂多样，所使用的机械设备也多种多样，有些设备的工作环境十分苛刻，很多零部件要求具有比较高的综合性能，这时就需要采用一些表面技术使设备或者零部件的表面得到强化，以满足使用要求。例如，表面热处理是表面强化经常使用的方法，表面热处理是指仅对工件表层进行热处理，改变其组织和性能。表面热处理的主要方法有以下几种。

(1) 感应加热表面淬火：利用电磁感应原理在表面产生感应电流，交流电以涡流形式将零件表面快速加热后再进行急冷淬火。经过感应加热表面淬火处理的零件有较高的表面硬度，且心部的塑性和韧性也较高，清洁环保，劳动条件好。该方法在机械行业中应用在高速工具钢的机械刀片上，高速工具钢的感应加热淬火属于自冷式淬火，生产效率比较高，清洁环保，能源消耗少。

(2) 火焰加热表面淬火：指一种采用乙炔-氧火焰或煤气-氧火焰，将工件表面快速加热，随后用喷液进行冷却的表面淬火方法，一般常用乙炔作为燃料，氧气作为助燃剂。火焰加热表面淬火可使材料表层的硬度提高，内应力分布均匀，还可以提高工件的耐磨性和疲劳强度。随着淬火机床的不断发展，品种越来越齐全，该方法不仅用于单件、小批量生产，也可用于很多大批量机械工件的生产，在机械行业中常用于生产各种模具、齿轮等。

(3) 电解液加热表面淬火：向电解液中通入高电压直流电，利用电离作用使阴极释放氢气，阳极释放氧气，氢气在负极的周围形成氢气膜，电阻非常大，当电流通过时产生大量的热，可以达到很高的温度。该方法常用于棒状工件、轮缘或板状工件等。

(4) 脉冲加热淬火：利用电脉冲将工件瞬间加热到淬火温度，然后立即切断电源，使工件依靠自激冷的方式进行冷却淬火。该方法适用于金属切削工具及钟表等精细的易磨损零件的淬火加热。

(5) 激光热处理：用高能量激光束快速扫描工件，使材料表面的温度极速升高至相变点以上，激光束离开被照射区域后，由于热传导作用，处在冷态的基体使其迅速冷却，也是自冷淬火。该方法可以得到较为细小的硬化层组织，且工件变形极小，主要应用于冲压模具、铸造型板等的激光热处理。

(6) 电子束加热处理：指首先利用高能量密度的电子束进行加热，然后表面淬火的技术。

这种方法的加热速度很快，工件变形小，淬火后可得到细晶组织，可用于金属的熔炼、焊接以及非金属的刻蚀、钻孔、切割等。

对金属零件所采用的抛丸强化是一种冷加工工艺，其工艺是使用抛丸(圆形金属、玻璃或陶瓷颗粒)来撞击金属表面，抛丸的撞击能使金属表面发生塑性变形，产生一个残余压应力层，从而改变金属表面的机械性能。该技术主要应用于螺旋弹簧、板簧、齿轮、曲轴等零部件的强化处理。

3. 美化外观

除了优异的性能，产品的外观也是影响市场竞争力的主要因素之一，改善产品的外观一方面可以对产品的整体外形进行改进设计，另一方面可以运用先进的表面工程技术，在表面喷漆或镀上一层涂层。电镀、涂装等现代表面工程技术对机械设备及零部件不仅起到了防护的作用，还能赋予产品多彩绚丽的外观，提高产品在市场上的竞争力。

4. 修复零件

除了上述作用，表面工程技术还可以用于产品及零部件的修复和再制造，可以延长工程结构件的使用寿命，降低能源消耗，使工程结构件能够继续安全地服役。

电刷镀是一种常用的技术，通过电刷镀可以修复磨损零件的尺寸以及几何形状，填补零件表面的划伤等缺陷，被广泛地应用在零部件磨损及损伤表面的修复方面。

另外，大量工程机械的轴、孔等零件在运行中极易磨损，且磨损量通常在几十微米的范围内，为微量磨损，这种磨损可以利用电火花修复。电火花修复是利用电火花放电所产生的能量将材料熔渗并转移到工件的表面，随着放电时间的增加，涂层厚度也不断增加，最终达到零件所需要的尺寸。

表面工程技术对于机械行业意义重大，其在工程机械方面的应用也会越来越广泛，在选用表面技术时，要尽可能地选择清洁、环保的工艺及设备，减少对环境的污染。

### 1.1.4 现代表面工程技术在汽车工业中的应用

随着汽车工业的不断发展，人们对汽车中各种零部件的外观、使用性能等方面的要求也越来越高，利用表面工程技术改善表面的组织、性能，对表面进行修复、强化等在汽车工业中起到了举足轻重的作用。在表面工程中，电镀、涂装以及其他表面强化及改性等技术被广泛应用在汽车工业中，热喷涂技术与喷丸强化技术等被用来修复或提高汽车关键零部件的抗高温氧化、耐腐蚀、耐磨及抗疲劳性能。

热喷涂技术的种类非常丰富，可以根据需求为零件表面提供各种各样的性能，因此在汽车制造与汽车维修等方面的应用非常广泛。采用超声速喷涂在活塞环的基体材料上喷涂 $Cr_3C_2$-NiCr 涂层，可以提高活塞环的耐磨性；采用高速火焰喷涂在发动机缸套内壁喷涂 $Cr_3C_2$-NiCr 涂层，可以提高耐高温、耐磨性能，还可以用于废旧缸套的修复等。

在汽车制动系统中，为了提高刹车盘的耐磨性，可以在钢基刹车盘上喷涂氧化锆涂料。在汽车的电气与传感系统中，采用等离子喷涂在氧化锆基体材料的传感器探头上喷涂含有 $Al_2O_3$-MgO 的陶瓷涂层，可以显著提高其抗高温和耐腐蚀性能；在分电器转子上，采用等离子喷涂沉积 $Al_2O_3$-$TiO_2$ 陶瓷涂层，可以起到降低噪声的作用等。

涂装技术也经常应用在汽车工业领域中。涂装是一个全面、系统化的工艺过程，其主要包括涂前的表面处理、涂布工艺和干燥三个基本工序。汽车涂装主要是为了对表面进行防护，一般进行多层涂装，不同的零部件对于涂料的选择也有所不同，涂装后不仅可以使汽车具有美丽的外观，还同时具有优异的防腐耐蚀性能。

汽车工业中的电镀、涂装、热处理等表面工程技术都会有废水废气等污染物的产生，目前在不断地追求污染物的零排放、能源的低消耗以及自动化水平的提高，以使表面工程技术在汽车工业中绽放光彩。

### 1.1.5　现代表面工程技术在海洋工程中的应用

海洋工程装备在长期与海水的接触中，表面容易被海水腐蚀，从而降低设备的运行安全性与使用寿命。因此，运用表面工程技术来强化海洋工程装备，提高设备性能与使用寿命变得尤为重要。

在传统的表面工程技术中，电镀硬铬比较常见，但这种技术污染比较大，且涂层硬度不够大，容易出现裂纹等缺陷。因此，代替电镀硬铬技术得到了广泛研究并取得了一些应用。热喷涂技术以其高效且污染小的优点，在代替电镀硬铬领域有着非常广阔的应用前景，超声速火焰喷涂技术能够以极快的速度完成金属陶瓷涂层的沉积，正逐步替代传统的电镀硬铬技术。

此外，目前还有利用薄膜涂层技术在海洋工程装备的表面形成氮化物或碳化物等薄膜，使得其表面获得足够高的硬度、较高的耐磨性和高效的耐腐蚀性。对于海洋工程装备中的齿轮和阀座等承受高压、高强度撞击的零部件，可以运用激光表面强化中的激光淬火技术对其进行表面强化；轴承等精加工的零部件适合用激光冲击硬化处理技术；电开关与发动机叶片等结构适合用激光合金化技术等。

总体来说，海洋工程装备的结构、性能与表面工程技术紧密相关，为了提高海洋工程装备的耐久度与运行效率，科研者也在不断地对海洋工程装备的表面处理技术进行深入研究，表面工程技术为海洋资源的高效开发提供了有力的技术支撑。

### 1.1.6　现代表面工程技术在航空航天中的应用

表面工程技术在航空制造与维修方面有着非常重要的作用。众所周知，航空发动机是装备制造领域最高端的产品，同时也被喻为飞机的“心脏”，因此需要具有耐高温、耐高压、高转速机械稳定性等性能。运用合适的表面工程技术可以显著地提高航空发动机中的叶片、涡轮盘，以及各种轴类部件等零部件的抗高温氧化、耐腐蚀、抗疲劳性能，从而延长航空发动机的使用寿命，提高运行效率，改善其经济性、可靠性等。

航空发动机叶片是发动机中能量转换的重要零部件之一，该部件因长时间地高速旋转，容易高频疲劳，再加上可能会有鸟类等外来飞行物的撞击现象发生，会对叶片造成损伤，影响飞行安全。在表面工程技术中常用喷丸强化和激光冲击强化技术等来提高叶片的性能。利用弹丸对叶片表面进行撞击可以产生硬化层，可以增加叶片表面对塑性变形的抵抗力，在表层产生很大的压应力，以提高叶片的疲劳寿命和抗应力腐蚀等。激光冲击强化是利用高能量密度的激光冲击叶片表面，表面的能量吸收层快速气化电离形成高温高压的等离子体层，等离子层吸收激光能量产生膨胀，从而对内部传播强力的冲击波。激光冲击强化技术相较于喷丸强化，可以产生更大的残余应力，获得更深的残余应力层，因此可以显著提高叶片的疲劳寿命以及耐磨损能力。

另外，航空发动机中包含涡轮叶片在内的很多热端零部件长期处于高温高压的工作环境中，服役条件十分恶劣，而现有的高温合金材料以及冷却的相关技术不足以满足这些部件耐高温的需求，所以需要采用热障涂层来降低热端部件的工作温度，延长零部件的使用寿命。热障涂层具有工艺技术可行性强、成本低等优点，是提高航空发动机性能的重要技术保障。热障涂层材料有两大类，即黏结层材料和陶瓷层材料，金属黏结层制备的技术主要有电子束物理气相沉积、等离子喷涂和超声速火焰喷涂等，陶瓷涂层制备技术主要为电子束物理气相沉积和等离子喷涂。等离子喷涂具有喷涂速度快、应用范围广、生产效率高等优点，缺点是对于复杂件的喷涂厚度和均匀度控制不好。使用电子束物理气相沉积法所获得的热障涂层表面比较光滑，抗氧化性高，能够有效地减小燃气阻力，从而延长热障涂层的使用寿命。

表面工程技术在航空航天方面逐渐得到了重视，并不断地进行新技术的研究开发和利用，力求在节约成本的同时，大大提高飞机的性能。许多表面工程技术被用来提高飞机关键零部件的抗高温氧化、耐腐蚀、抗疲劳强度等性能，从而达到延长零部件使用寿命、提高生产效率等效果。相信在未来，能有更多新型的表面工程技术被研究并应用在航空航天中，使得表面工程在航空航天领域大放光彩。

### 1.1.7 现代表面工程技术的发展趋势

1983年表面工程首次出现在大众的视野中，到如今发展非常迅速，在材料学、物理学、化学、腐蚀与防护学等很多学科领域都有所涉及。表面工程为我国20世纪后期工业发展提供了重要的技术支撑，并且在21世纪也处于很重要的位置。根据实际情况，可将我国表面工程的发展趋势大致地归为以下五个方面。

**1．传统表面工程技术的改进**

表面工程技术处于不断的改进发展中，很多传统的表面技术有一定的局限性，需要对其进行改进以获得性能更加优异的产品，且力求降低成本、减小污染、提高生产效率等。在涂层方面，可以根据所需要的性能对现有的耐蚀涂层、耐磨涂层以及其他功能性涂层进行改进；在技术方面，通过改变传统表面工程技术中的工艺参数来进行优化改进等。

**2．复合表面工程技术的研究**

随着当今科学技术的飞速发展，对各种产品及零部件的性能要求也越来越高，而单一的表面处理技术往往不能满足产品所需的性能要求。因此，复合表面技术逐渐进入大众视野中，且在各行各业中的应用日趋广泛。对于一些工况特别复杂的零部件，有时两种表面技术的复合处理仍然难以满足所需的性能要求，因此需要三种甚至更多的表面技术组合起来的复合处理。将多种表面工程技术综合应用的复合表面工程技术可以发挥出不同技术的独特优势，相互交融、配合，扬长避短，最终获得所需的最佳表面综合性能。

复合表面工程技术是表面工程中不可缺少的技术手段，材料经过复合表面处理后不仅可以获得更加良好的综合性能，还可以减缓表面的变化，对表面的一些损伤进行强化或修复等。

复合表面工程技术具有非常广阔的发展前景，我国对这项技术也给予了足够的重视，在许多行业都加大了投资，用以研究新型的复合表面工程技术。复合表面工程技术今后的发展方向大致是提高产品或设备的综合性能，同时减少资源的浪费以及对环境的污染。

3. 纳米表面工程

纳米表面工程是一项系统化的工程，它是结合纳米材料、纳米技术与表面工程，对表面进行强化或赋予表面新的功能的工程。将纳米技术与涂层技术相结合，可以得到具有更加优异性能的纳米尺度的表面膜或涂层。纳米表面工程技术不仅可以显著提高材料的各项性能，还可以节约资源、降低环境污染。

在纳米表面工程中，纳米热喷涂技术是热喷涂技术的一个新的发展方向，即采用热喷涂技术在基体材料的表面喷涂纳米结构的涂层及复合涂层，可以赋予基体表面一些纳米材料性能。纳米热喷涂技术具有工艺简单、材料选择范围广、沉积效率高等优点，在工业上的应用前景非常广阔，成为纳米表面工程技术中研究的热点领域之一。

在纳米材料的制备技术不断发展下，具有纳米功能的涂层也将不断地完善与发展，应用领域也日益广泛，如表面纳米尺度的超微细加工、各种纳米功能性薄膜或涂层材料的制备等。纳米表面工程技术极具应用前景，可以为各个行业领域注入新的活力，提供新的动力。

4. 表面工程技术的自动化、智能化生产

目前，表面工程在我国迅速发展，再制造工程是运用先进的表面工程技术手段，对废旧的产品进行修复、改造，并实现产业化的工程活动的总称。为了满足再制造工程产业化的需求，表面工程技术就必须要朝着自动化的方向发展。许多自动化的表面工程技术都已经比较成熟，如自动化高速电弧喷涂技术、自动化激光熔覆表面技术、自动化纳米颗粒复合电刷镀表面技术等。表面工程在汽车工业、微电子行业等众多领域的自动化程度都比较高。实现表面工程技术在各行业中的自动化、智能化生产仍然是表面工程技术未来的发展趋势之一。

5. 表面工程技术的绿色生产

总体来说，表面工程技术是节能、环保型的技术，但是有一些表面处理技术还是存在或多或少的污染问题，如涂装、电镀等。在提高产品的外观、性能的同时，要尽量选用可以节能减材、清洁无污染的表面技术及工艺规程，实现表面工程的清洁化生产。

## 1.2 固体表面物理化学特点

### 1.2.1 固体表面结构

固体是一种重要的物质结构形态，有比较固定的形状、体积。固体可以分为晶体、非晶体、准晶体三大类。晶体是微观粒子呈周期性规则排列所成的结构，有固定的熔点，具有均一性、各向异性、对称性、解理性、远程有序等特性。非晶体没有规则的外形，在空间上不呈规则的周期性排列，所以具有各向同性、近程有序而远程无序等特性。非晶体没有固定的熔点，包括玻璃、非晶态金属、非晶态半导体和高分子化合物等。准晶体介于晶体和非晶体之间，其与晶体一样具有远程有序的原子排列，不同的是准晶体不具备平移对称性而具有宏观对称性。

固体表面结构的含义非常丰富，想要全面阐述固体表面的结构形态，就需要从宏观到微观对固体表面进行系统化的分析和研究。在遇到具体问题时，需要根据实际情况，对表面结构的多个层次进行分析研究。

本节对固体表面结构中比较重要的方面进行基本概念的阐述。

**1. 固体的结合键**

固体中的原子、离子或分子之间存在着一定的结合键，结合键的种类可分为化学键和物理键两大类，化学键又可以分为离子键、共价键和金属键，物理键可以分为范德华键(分子键)和氢键。

离子键是阴阳离子间通过静电作用所形成的化学键，其作用力比较强，不具有方向性和饱和性，典型的依靠离子键结合的固体为氯化钠固体，其结合过程为Na原子失去一个电子变成$Na^+$，Cl原子得到一个电子变成$Cl^-$，两个异号离子相互吸引形成结合力较强的NaCl晶体。

共价键是由几个相邻原子之间共用最外层电子所形成的具有强烈作用的化学键，其具有方向性和饱和性。硅晶体中硅原子的三位排列就是由共价键网络所决定的。

金属键是金属离子与自由电子之间的静电吸引力组合而成的化学键。目前有两种理论用来解释金属键，即自由电子理论和能带理论。自由电子理论认为最外层的电子容易摆脱原子核对其的束缚而成为自由电子，可以在金属原子间自由运动。自由电子与金属离子间的相互作用构成金属原子之间的结合力，即金属键。这种理论可以解释金属的一些特性，如延展性、金属光泽、良好的导热性，以及不具有方向性和饱和性等。但是该理论不能解释金属晶体为何可以分为导体、绝缘体和半导体，也无法解释金属间的结合力等。随着量子理论的不断发展，能带理论逐步建立，对以上问题可以得出比较合理的解释。

范德华键，又称分子键，是分子之间依靠偶极间的作用力相互结合而成的键。分子键不具有方向性与饱和性，且结合力比较弱，故靠分子键结合的晶体具有低硬度、低沸点、低熔点等特性。

氢键是分子间作用力的一种，具有方向性和饱和性。氢键结合可以用通式“X—H…Y”来表示。氢键对化合物的某些物理性能产生一定的影响，如显著提高熔点、沸点等。

**2. 理想表面、清洁表面和实际表面**

理想表面是一种理论上的、结构完整的二维点阵平面，既不考虑晶体内部周期性势场的影响，也不考虑缺陷、扩散、原子的热运动、外界环境的作用等情况，在这些假设条件下把晶体的解理面看作理想表面。

清洁表面是指在特殊的环境中经特殊处理而获得的表面。清洁表面中不存在吸附、催化反应或杂质扩散等物理、化学效应，其表面附近的原子排列总是趋向于能量最低的稳定态。一般可以通过两种途径来降低其表面能量：一是通过自行调整使得表面的原子排列情况与材料的内部情况明显不同；二是依靠表面对外来原子或分子的吸附、表面的成分偏析以及这两者的相互作用而趋向稳态。晶体的表面不是严格平整，且成分和结构都与材料的内部不同，所以清洁表面上有各种类型的表面缺陷。

图1-1列举了一些清洁表面的结构情况，如弛豫、重构、偏析、吸附、台阶化等。弛豫表面表现为表面原子层相对于体内原子层的整体上下移动；重构表面表现为表面原子的重新排列，形成不同于体内的晶面；偏析表现为内部的外来原子分凝出来在表面形成表面原子层；吸附表现为外来原子在固体的表面形成吸附层，若吸附作用由范德华键引起，则

称为物理吸附，若吸附作用由化学键引起，则称为化学吸附；台阶化表现为表面原子形成台阶状的结构。

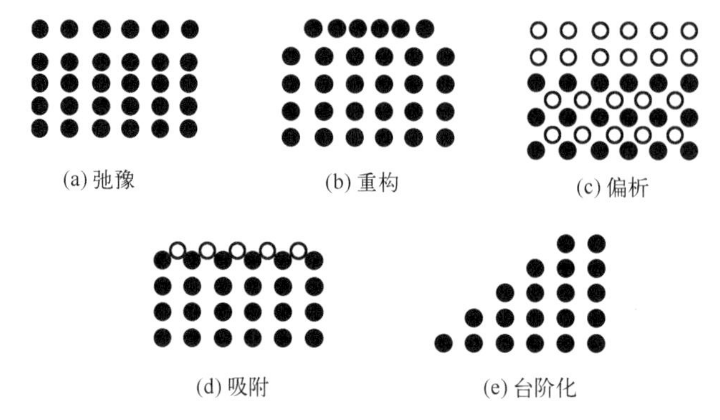


图 1-1 五种清洁表面的结构情况

实际表面即暴露在未加控制的自然大气环境中的固体表面。此外，固体表面在经过机械加工处理或者长时间置于高温、低真空等环境下，也会影响材料的表面结构。金属材料的实际表面分为两个表面层：一是“内表面层”，包含基体材料层和加工硬化层等；二是“外表面层”，包含吸附层和氧化层等。实际表面的组成以及各层的结构、厚度，与材料本身结构性质、表面的制备过程、环境介质等因素有关，这也使得其结构、性质比较复杂。

## 1.2.2 固体表面力学性能

### 1. 表面硬度

硬度即物体在外来力作用下所表现出来的抵抗能力。通过测量固体材料的表面硬度，不仅可以衡量物体表面的软硬程度，还可以反映出材料的弹性、塑性、韧性、强度等力学性能的综合指标，在质量检验和工艺研究等方面应用较广。

硬度可以分为划痕硬度、回跳硬度和压入硬度。划痕硬度主要用于比较不同矿物之间的软硬程度。回跳硬度和压入硬度主要用于测量金属材料的硬度。压入硬度的种类很多，主要有努氏硬度、洛氏硬度、布氏硬度、维氏硬度等。下面列举几种压入硬度测试的压头种类、特点及适用范围，如表 1-1 所示。

表 1-1 压入硬度测试的压头种类、特点及适用范围

| 分类 | 符号 | 压头种类 | 特点 | 适用范围 |
|---|---|---|---|---|
| 努氏硬度 | HK | 金刚石菱形锥体压头 | (1)采用对角线长度计量，具有较高的测量精度；<br>(2)压痕比较小，对工件的损伤小 | 适用于微小件、极薄件以及具有极薄硬化层零件的表面硬度 |
| 洛氏硬度 | HRA | 120°金刚石圆锥体压头 | (1)压痕小，工件损伤小，适用于成品检测；<br>(2)操作方便迅速，效率高；<br>(3)数据代表性差，不适合测试组织粗大的材料；<br>(4)不同标尺间的硬度值不可比 | 适用于测量硬度较高的淬火件、较小的轻薄件以及具有中等厚度的硬化层零件的硬度 |
| | HRB | 1.588mm 直径钢球 | | 适用于测量硬度较低的退火件、正火件以及调质件 |
| | HRC | 120°金刚石圆锥体 | | 适用于测量经过淬火、回火等处理后的零件以及具有较厚的硬化层零件的硬度 |
| 布氏硬度 | HBW | 硬质合金球压头 | (1)压痕面积大，数据比较稳定；<br>(2)不适合过薄、表面质量要求高及大批量检测的试样 | 适用于测量晶粒粗大且组织不均的零件(非成品件) |

续表

| 分类 | 符号 | 压头种类 | 特点 | 适用范围 |
|---|---|---|---|---|
| 维氏硬度 | HV | 金刚石正四棱锥体压头 | (1)载荷范围比较宽；<br>(2)采用对角线长度计量，具有较高的测量精度；<br>(3)操作没有洛氏硬度简便，不适用于批量件的质量检验 | 适用于测量体积小、较薄件以及具有中等硬化层零件的表面硬度 |

**2. 表面耐磨性**

固体的接触表面常常由于相对运动而产生材料的分离和消耗，这个过程称为磨损。磨损的种类非常多，按照磨损机制可以分为磨料磨损、黏着磨损、冲蚀磨损、疲劳磨损、微动磨损、腐蚀磨损和高温磨损等。另外，还有一种常发生于水泵零件、水轮机叶片、柴油机缸套外壁等处的气蚀磨损，可以归入腐蚀磨损的范围。

磨损的评定至今还没有统一的标准，通常用磨损量、磨损率和耐磨性来表示。磨损量有长度磨损量 $W_l$、体积磨损量 $W_v$ 和质量磨损量 $W_m$ 三个参数。$W_l$ 的单位是μm 或 mm，$W_v$ 的单位是 mm$^3$，$W_m$ 的单位是 g 或 mg。实践中往往先测定质量磨损量再换算成体积磨损量。磨损率是单位时间或单位摩擦距离的磨损量，对应的符号分别为 $W_t$ 和 $W_h$，$W_t$ 的单位是 mm$^3$/h 或 mg/h，$W_h$ 的单位是 mm$^3$/m 或 g/m。

耐磨性是指材料在发生摩擦的情况下抵抗磨损的能力，可以分为绝对耐磨性和相对耐磨性。绝对耐磨性一般用磨损量或磨损率的倒数来表示，符号为 $W^{-1}$。相对耐磨性是指两种材料在相同的磨损条件下测得的磨损量的比值，符号为 $\varepsilon$，公式为

$$\varepsilon = W_A / W_B \tag{1-1}$$

式中，$W_A$ 和 $W_B$ 分别是标准样与试样的磨损量。采用相对耐磨性可以在一定程度上避免系统误差。

耐磨性的影响因素很多，可以通过正确选择材料、运用表面技术、改善润滑条件等途径来提高材料的耐磨性。

**3. 附着力**

附着现象是指涂层与基体接触从而使得两者的原子或分子互相受到对方的作用。异种物质之间的相互作用能称为附着能。附着力是涂层的基本参数之一，导致附着力显著降低的因素有很多，有涂层成分不当、涂覆工艺不合理、涂层与基体之间的热膨胀系数差异较大及涂前基体预处理不当等。

为了保证涂层与基体间有足够的附着力，涂覆前基体表面的预处理过程十分重要，对于基体表面的脏物和油污等都要清除干净，还可以通过表面活化的方法来提高表面能。涂层与基体间相互浸润也可以显著提高涂层的附着力。在真空镀膜等工艺中，加热也是一种经常被采用的提高附着力的有效方法。

**4. 表面韧性和脆性**

韧性是表示材料在发生塑性变形时对折断的抵抗能力。韧性可以分为断裂韧性、冲击韧性和静力韧性。静力韧性与冲击韧性都包含了材料塑性变形、裂纹萌生和裂纹扩展至断裂所需的全部能量，而断裂韧性只包含了使裂纹扩展至断裂所需的能量。

材料受冲击时容易破碎的性质称为脆性。材料的脆性就是宏观变形受抑制程度的度量。

本质上是脆性的材料有很多，如玻璃、陶瓷、金属间化合物等，在许多场合下，表面脆性是材料发生早期破坏失效的重要原因，因此表面脆性常被列为测试的项目之一。

韧性与脆性是相反的一对性能指标，脆性越小则韧性越大，反之亦然。因此，只需要研究材料的其中一项指标，就可以在很大程度上反映出另一项指标的大小，即可以用韧性的测试结果来作为材料的脆性判据之一。

## 1.2.3　固体表面物理性能

随着科学技术的不断发展，各种材料制备技术及其他前沿技术逐步被研究并应用，人们对于材料的认识进入分子、原子、电子的微观世界，从而对材料的光、电、声、磁、热等物理性质与材料之间的相互关系也有了越来越深刻的理解，并研制出许多具有特殊性能的功能材料，对现代表面工程技术的发展起着十分重要的作用。材料的许多物理性能通常是从材料的整体来看的，很难将表面和内部分开看，这些物理性能往往与表面工程有着密不可分的关系。本节主要对材料的光学性能、电学性能以及热学性能进行基本的了解与认识。

**1. 材料的光学性能**

光是人类最早认识和研究的一种自然现象。在人类历史上，对于光的认识经过了长期的争论与发展，最早是牛顿所提出的粒子说，认为光是由光源发射出的粒子流，该学说解释了光的反射定律和折射定律；之后是惠更斯学说，该学说认为光是一种波，从而解释了光的干涉和衍射等粒子说无法解释的现象。后来，麦克斯韦创立了电磁波理论，不但解释了光的直线传播和反射现象，还解释了光的干涉和衍射现象，表明光是一种电磁波。20 世纪初，爱因斯坦首次提出了光子说，认为光是由能量单元组成的，这个最小的能量单元就称为光子，光子是同时具有微粒和波动两种属性的特殊物质，是光的双重本性的统一。

折射率是材料的一个重要的光学性能参数，光线在材料中行进速度的信息包含在其中。色散是折射率随波长变化的结果，它解释了白光透过棱镜后被分解成各种单色光的现象。

材料的光发射是材料以某种方式吸收能量之后发射光子的特性。发光过程分为激发和发射两个部分。激发是给发光材料注入能量，方式有很多种，有可见光、阴极射线、电场等。发射就是吸收能量而跃迁到高能级的电子再返回低能级时发射光子的过程。根据材料的结构及电子跃迁情况的不同，材料可以发射出单色光、连续谱线、特征射线等，在受激辐射下可发射激光。

另外，在电场、磁场等外场作用下，材料的某些光学性质会发生变化，可分别发生电光效应、磁光效应等耦合光学效应。

**2. 材料的电学性能**

材料的电学性能是在外电场的作用下，材料内部电荷的响应行为，大致分为介电性和导电性两类。此外，在其他场的叠加作用下，也可能发生涉及电的耦合效应，如压电效应、光电效应、磁电效应等。当材料的两端施加电压 $V$ 时，材料中有电流 $I$ 通过，这种性能被称为材料的导电性。电流值的大小可通过欧姆定律求出：

$$I = \frac{V}{R} \tag{1-2}$$

式中，$R$ 为材料的电阻，其值大小与材料的长度 $L$、横截面积 $S$ 以及材料本身性质有关，可推出：

$$R=\rho\frac{L}{S} \tag{1-3}$$

其中，$\rho$为电阻率($\Omega\cdot m$)，工程技术上也常用单位$\Omega\cdot mm^2/m$。电阻率的大小只与材料本身性质有关，因而可作为评定材料导电性的基本参数。

电阻率的倒数即电导率，用$\sigma$来表示，即

$$\sigma=\frac{1}{\rho} \tag{1-4}$$

电导率和电阻率都是表征材料导电能力的基本参数，前者在材料研究中比较常用，后者在工程测量中应用广泛。

在外加电场的作用下，材料表面感生出电荷的性能称为介电性。具有介电性的物质称为介电体或电介质，电介质的电阻率一般大于$10^8\Omega\cdot m$。衡量材料感生电荷能力的指标称为介电常数，用符号$\xi$表示。介电性的本质是电介质内部的极化。电介质的主要作用有两个方面：一是建立电场、储存能量；二是限制电流通过。

材料的电学性能在电子工业等许多高技术领域中都有着重要的应用，如制备导电薄膜、导电涂层、超电薄膜、半导体薄膜、介电薄膜等。

**3. 材料的热学性能**

热是能量的一种表现形式。材料的热学性能是表征材料与热相互作用行为的一种宏观特性，包括热容、热膨胀、热传导、热辐射、热稳定性等。材料的热学性能在实际的应用中经常起到关键性的作用，并作为选择材料的一项基本依据。

**1) 热容**

在没有相变或化学反应的条件下，系统与环境交换的热与其所引起的温度变化之间的比值称为材料的热容。热容用大写字母$C$来表示，单位为J/K。由此，可以得到温度为$T$时材料的热容为

$$C_T=\left(\frac{\partial Q}{\partial T}\right)_T \tag{1-5}$$

由式(1-5)可以看出，材料的热量对热容的大小有所影响。为了方便比较材料之间的热容，定义单位质量$m$的热容为比热容，用小写字母$c$来表示，单位为J/(kg·K)或J/(g·K)。则温度为$T$时材料的比热容为

$$c_T=\frac{1}{m}\left(\frac{\partial Q}{\partial T}\right)_T \tag{1-6}$$

热容有很多种表示形式，经常用的有两种，即定压热容与定容热容。

当升温过程中压力保持不变时，1mol材料的热容称为定压热容，用符号$C_P$或$C_{p,m}$来表示：

$$C_P=\left(\frac{\partial Q}{\partial T}\right)_P=\left(\frac{\partial H}{\partial T}\right)_P \tag{1-7}$$

式中，$H$为热焓。

当升温过程中体积保持不变时，1mol材料的热容称为定容热容，用符号$C_V$来表示：

$$C_V = \left(\frac{\partial Q}{\partial T}\right)_V = \left(\frac{\partial U}{\partial T}\right)_V \tag{1-8}$$

式中，$U$为内能。

在实际实验中，$C_P$的测定更加方便，但从理论上来说，$C_V$更有意义，因为它可以通过系统的能量变化来计算。$C_P$与$C_V$之间满足以下关系式：

$$C_V - C_P = \frac{\alpha^2 V_m T}{\beta} \tag{1-9}$$

式中，$\alpha$为体积膨胀系数；$V_m$为摩尔体积；$\beta$为体积压缩率。

**2）热膨胀**

在外部压强不变的条件下，物体在温度升高时长度或体积随之增大的现象称为热膨胀，材料的热膨胀性能通常用热膨胀系数来表征。

单位长度的物体温度升高1℃时的伸长量称为线膨胀系数，用符号$\alpha_L$来表示。温度为$T$时的线膨胀系数为

$$\alpha_L = \frac{1}{L}\frac{dL}{dT} \tag{1-10}$$

单位体积的物体温度升高1℃时的体积变化量称为体积膨胀系数，用符号$\alpha_V$来表示。温度为$T$时的体积膨胀系数为

$$\alpha_V = \frac{1}{V}\frac{dV}{dT} \tag{1-11}$$

热膨胀系数对精密仪器、仪表工业等意义重大。很多精密的仪器设备都要求在服役环境温度变化的范围内具有较高的尺寸稳定性，选用的材料就需要具有较低的热膨胀系数。一般来说，热膨胀系数越小，热稳定性就越好。

**3）热传导**

所谓热传导，就是当固体材料的两端存在温差时，热量就会自发地从温度较高的一端传向温度较低的一端。材料的导热性能在热能工程、制冷技术等众多技术领域中都是至关重要的性能指标。

研究表明，当一块固体材料的两端存在温差时，单位时间内流过的热量正比于温度梯度，即

$$\frac{dQ}{dt} = -\lambda A\frac{dT}{dx} \tag{1-12}$$

式中，$\frac{dQ}{dt}$为热量迁移率；$\frac{dT}{dx}$为温度梯度；$A$为横截面面积；$\lambda$为热导率或导热系数(W/(m·K))，是指单位温度梯度下，单位时间内通过单位垂直面积的热量。方程中的负号表示热量是沿着温度$T$降低的方向流动的。上述方程称为傅里叶(Fourier)定律。

若在热传导过程中各点的温度保持不变，则称之为稳态热传导；反之则称为非稳态热传导。

### 1.2.4 固体表面化学性能

#### 1. 表面耐腐蚀性能

腐蚀是由材料与环境介质作用而造成材料发生损坏或恶化的现象。金属材料与非金属材料都会发生腐蚀，尤其是金属材料的腐蚀给人们的日常生活及社会发展带来非常严重的影响。

腐蚀的分类方法很多。按照腐蚀原理的不同，可分为化学腐蚀和电化学腐蚀。除上述两类腐蚀外，还有一类是由单纯的物理溶解作用而引起的破坏，称为物理腐蚀。工程上常见的腐蚀按破坏形式可分为全面腐蚀和局部腐蚀两类。全面腐蚀是指材料的全部或大部分表面都受到了均匀的腐蚀作用。长期在大气环境中服役的桥梁、管道等钢结构的腐蚀，基本上都为全面腐蚀。为减缓全面腐蚀速率，可采取多种措施：①加入缓蚀剂；②采用阴极保护法；③合理选用金属材料；④设计时增加合理的腐蚀余量；⑤采用表面技术涂覆保护层。其中，最普遍的方法是涂覆保护层。

与全面腐蚀不同的是，局部腐蚀是指只在材料的某个区域中发生腐蚀的现象。局部腐蚀可分为无应力作用和有应力作用两种情况。常见的无应力作用的局部腐蚀有电偶腐蚀、晶间腐蚀、缝隙腐蚀等。有应力作用的腐蚀主要有应力腐蚀、氢脆和磨损腐蚀等。

另外，在自然界中还存在许多的腐蚀情况，有大气腐蚀、海水腐蚀、土壤腐蚀、微生物腐蚀等，在现代表面工程技术的快速发展下，越来越多的腐蚀防护技术不断被开发出来，使得工程机械类部件能够在多种恶劣腐蚀环境下安全地服役。

#### 2. 表面抗氧化性能

金属在高温环境中的氧化也是一种化学腐蚀现象。大多数金属在室温就能自发地氧化，但在表面形成氧化物层之后扩散受到阻碍，从而使氧化速率降低。

铁及其合金在高温下容易氧化，氧化膜的结构稳定性与温度、成分有关。通过加入一些合金元素，生成致密的氧化膜可以有效地提高钢的抗氧化性。在抗氧化钢中，元素铬和铝都能提高钢的抗氧化性能。硅的加入会使钢的脆性增加，因此加入量需要严格控制。在钢和合金中加入钨、钼等元素，会使其抗氧化能力降低。钨、钼加入后生成的氧化物为氧化钨和氧化钼，熔点较低且挥发性较高，从而使得抗氧化能力下降。

另外，经过多年的发展，高温涂层已获得广泛应用。高温涂层通常以非金属及金属氧化物、金属间化合物等作为原料，用一定的表面技术涂覆在各种基体上，提高材料的综合性能。用于抗高温氧化的膜或涂层，称为抗高温氧化涂层，大多用于金属和合金的高温防护。

## 1.3 材料失效的基本形式

产品及其零件在工作状态下，由于应力、时间、温度等各种环境因素的作用，其原有功能发生退化，以致不能正常使用的现象称为失效。失效可能表现为三种情况：无法安全工作、性能老化、完全无法工作。

材料失效的三种主要形式有断裂、磨损和腐蚀，其中断裂的危害性最大。每种失效类型均有其特征和判断依据，同时也有相应的产生原因及预防措施。下面对三种材料失效的基本形式进行分析与讨论。

### 1.3.1　材料的断裂失效

断裂是产品或零部件在外力作用下形成裂纹并不断扩展，最终使产品或零部件分离成两个或两个以上的相互独立的部分的现象。

产品或零部件可能在各个阶段和条件下产生裂纹，裂纹在不同环境因素及静载荷的作用下逐渐扩展，达到一定程度后发生断裂，因此断裂也有各种不同的失效类型。

材料的断裂失效可以分成静载荷作用下的断裂失效和疲劳断裂失效两大类。静载荷作用下的断裂失效又可以分为过载断裂失效、材料致脆断裂失效、环境致脆断裂失效。疲劳断裂失效又可以分为机械疲劳断裂、腐蚀疲劳断裂。每种断裂失效方式都有各自的断裂机理、断口特征及影响因素等。

**1．过载断裂失效**

过载断裂是指零件所承受的工作载荷超出危险截面承重极限时发生的断裂现象。在分析零件是否为过载断裂失效时，不仅要分析断口区域的形貌特征，还要看零件断裂初期是否有过载的性质。过载断裂可能是脆性断裂，也可能是塑性断裂。

对于宏观塑性过载断裂的零件，其断口部分一般可以看到断口的三要素：纤维区、放射区和剪切唇。纤维区是裂纹形成的核心区域，位于断裂的起始位置，其断面垂直于应力轴方向；放射区是裂纹快速扩展的区域，其断面垂直于应力轴方向；剪切唇为最后断裂的区域，颜色呈暗灰色，其断面比较平滑且与应力轴呈45°角。

对于宏观脆性过载断裂的零件，其断口特征有两种情况。对于拉伸脆性材料，其断口为结晶状、瓷状，断面有反光特征；对于拉伸塑性材料，其断口部分的纤维区比较小而放射区比较大，周围几乎看不到剪切唇。

**2．材料致脆断裂失效**

材料致脆断裂即材料的韧塑性不足而发生的脆性断裂。使材料变脆的因素主要是热处理中的回火处理以及外部环境的作用。

多数钢件在淬火后需要进行回火处理来提高韧塑性，但是其韧塑性的升高与回火温度之间并不呈线性关系。在某些温度区间内的冲击韧度会明显降低，这时脆性较大，容易发生脆断。回火致脆断裂时的断口为结晶状，呈银白色，脆化程度较低时有剪切唇。

**3．环境致脆断裂失效**

环境致脆断裂指的是材料在外部环境的作用下发生脆断的现象。环境致脆断裂有多种情况，如应力腐蚀开裂、氢致脆断等。

应力腐蚀开裂是材料在腐蚀介质与各种类型的应力共同作用下发生的断裂。应力腐蚀开裂的断口一般为脆性断裂，断口区域可以分为断裂源区、裂纹扩展区、最后断裂区。断面基本与拉应力方向垂直，其裂纹分叉比较多，尾部呈树枝状。

氢致脆断是指在氢和低应力的共同作用下使材料发生脆断的现象。氢致脆断的断口齐平，表面呈亮灰色的结晶状。

#### 4. 腐蚀疲劳断裂

腐蚀疲劳断裂指金属材料在腐蚀介质中形成的一层覆盖层，在交变应力作用下覆盖层破裂，在局部形成腐蚀坑并逐渐形成初裂纹，最终破裂的现象。腐蚀疲劳断裂为脆性断裂，断口的附近没有塑性变形，断裂大多来源于腐蚀坑底部。

在断裂失效分析中，通过对断口的表面分析，可以判断出断裂类型，然后找出断裂的原因，进而采取预防措施。

### 1.3.2 材料的磨损失效

磨损是指物体由于相互接触运动，在摩擦力以及其他因素的不断作用下使表面材料发生分离，进而影响表面形状、性能的过程。为了评价材料磨损的严重程度，一般采用长度磨损量 $W_l$、体积磨损量 $W_V$ 和质量磨损量 $W_W$ 来表示。

长期磨损会使零部件的尺寸和表面形态发生改变，最终丧失使用功能，这种现象称为磨损失效。断裂是瞬间的过程，而磨损失效是缓慢、渐变的过程。在腐蚀介质中，磨损也会加速腐蚀过程。磨损是一个动态、复杂的过程，按磨损机理来分，可以分为磨粒磨损、黏着磨损、冲蚀磨损、微动磨损、腐蚀磨损和疲劳磨损等。

磨损失效分析的内容主要有三个方面，即磨损表面形貌分析(宏观分析和微观分析)、磨损亚表层分析和磨屑分析。

为了预防磨损失效，可以通过以下五个方面进行考虑：

(1)改进结构设计及制造工艺；

(2)改进使用条件并提高维护质量；

(3)工艺措施；

(4)材料选择；

(5)表面处理。

### 1.3.3 材料的腐蚀失效

金属腐蚀有多种定义方法，通常的定义为金属与环境介质发生化学或电化学作用，导致金属的损坏或变质。腐蚀也是一个缓慢、渐进的过程，多数情况下磨损和腐蚀相互作用，导致零部件的前期失效。与此同时，腐蚀可为金属零件的断裂提供条件，甚至直接导致断裂的发生。在现代化的工业结构体系中，尤其是在高温、高压等恶劣的服役环境下，材料的腐蚀所造成的危害和安全隐患非常大。因此，金属腐蚀引起人们的特殊关注，在研究金属材料的任何性能时，都必须考虑腐蚀的作用。

人们通常把腐蚀性较强的酸、碱、盐的溶液称为腐蚀介质。而空气、淡水、油脂等虽然对金属材料均有一定的腐蚀作用，但并不称为腐蚀介质。

腐蚀失效的基本类型有点腐蚀失效、缝隙腐蚀失效、晶间腐蚀失效、接触腐蚀失效、空化泡腐蚀失效、磨耗腐蚀失效和应力腐蚀失效。腐蚀造成的失效形式主要有以下五种。

(1)腐蚀造成受载零件截面积的减小而引起过载失效(断裂)。例如，阀门的阀体因腐蚀而使壁厚减薄，致使强度不足而失效。

(2)腐蚀引起密封元件的损伤而造成密封失效。例如，阀门的密封元件因腐蚀造成的泄漏，泵的机械密封件因腐蚀造成介质外漏等。

(3) 腐蚀使材料性质变坏而引起失效。例如，氢腐蚀及应力腐蚀使材料脆化而失效。

(4) 腐蚀使高速旋转的零件失去动平衡而失效。例如，离心机转鼓因腐蚀不均匀，不能保持动平衡而引起振动、噪声加大甚至断裂。

(5) 腐蚀使设备使用功能下降而失效。例如，水泵叶轮因腐蚀而降低效率，加大能耗，以致不得不提前报废。

引起零件腐蚀失效的原因很多，在进行失效分析时，需要根据其表面腐蚀形貌、腐蚀机理等分析出腐蚀类型，进而提出具体的预防措施。预防腐蚀失效的一般步骤为：①分析腐蚀失效原因和确定腐蚀失效模式；②选择材料和合理设计金属结构；③查明外来腐蚀介质的性质并将其去除；④隔离腐蚀介质；⑤采用电化学或其他防护措施。

## 1.4　主要的现代表面工程技术

### 1.4.1　热喷涂技术

#### 1. 热喷涂的原理

热喷涂技术是表面工程领域内表面改性最有效的技术之一，它是在喷涂枪内或枪外将喷涂材料加热到熔化或部分熔化状态，然后喷射于经预处理的基体表面上，经过扁平化、冷却和凝固形成涂层的方法。

#### 2. 热喷涂材料

热喷涂材料可以分成线材和粉末两类。热喷涂的线材主要有不锈钢丝、铝丝、锌丝、钼丝以及各种合金丝等。热喷涂的粉末主要有金属粉末、陶瓷粉末、塑料粉末以及复合材料粉末等。

#### 3. 常用的热喷涂技术

热喷涂技术的种类有很多，每种方法都有各自的优缺点和适用范围，但每种方法在喷涂过程中形成涂层的原理和涂层的结构基本上一致。热喷涂技术可根据热源的不同分为燃烧法和电加热法，然后根据涂料形状、喷涂的气氛环境等特点进一步细分。更多内容请参考 2.7 节。

#### 4. 热喷涂技术的研究现状及发展趋势

随着热喷涂技术的发展，相继出现了高速火焰喷涂、高速电弧喷涂、高能高速等离子喷涂、等离子喷涂物理气相沉积等新技术。这些技术都极大程度地提高了热喷涂涂层的性能和热喷涂技术的适用范围。

在热喷涂技术的实际应用中，可以使用不同的涂层种类，采取不同的工艺方法，来制备出具有减摩耐磨、抗高温氧化、耐腐蚀等功能的涂层，并广泛应用于航空航天、石油化工、机械制造等各领域中。

热喷涂技术已成为诸多工业和高新技术领域在各种工件表面制作厚度在数十微米到数毫米、具有各种功能特性涂层的重要工艺手段。热喷涂技术的研究开发应用十分活跃，我国已成为热喷涂研究与应用大国，热喷涂技术在国民经济各行业中发挥着至关重要的作用。

## 1.4.2 化学气相沉积技术

化学气相沉积(chemical vapor deposition，CVD)是一种表面镀膜技术，该技术主要是一种利用含有薄膜元素的一种或几种气相化合物或单质，在衬底表面上进行化学反应生成薄膜的方法。化学气相沉积中参加反应的各物质必须是气态且要有足够的蒸气压，生成物中除了固态的涂层材料之外，其他物质也必须是气态。

CVD技术的分类方式有很多种，按反应温度高低可以分为超高温CVD、高温CVD、中温CVD和低温CVD；按激发方式可分为等离子体CVD、激光诱导CVD、热CVD和光激发CVD；按反应室的压力可以分为常压CVD和低压CVD等。CVD的源物质有气态、液态、固态三种。整个CVD的过程大致包括以下五个步骤：

(1)反应气体达到基体表面；

(2)气体分子吸附在基体表面；

(3)反应物在基体表面发生化学反应并形核；

(4)化学反应后的生成物脱离基体表面；

(5)生成物在基体表面扩散。

在整个过程中，基体加热可以选择电阻加热、高频感应加热或红外线加热等。反应气体的选择应该慎重考虑，以便制备高质量膜层，主要的工艺参数有气体流动状态、基体的温度等，这些因素最终影响薄膜的均匀性、生长速率和结晶质量。

CVD法有很多优点：①可以控制薄膜的各组成成分，便于合成新的结构；②薄膜的内应力低、均匀性好；③不需要昂贵的真空设备；④沉积温度高，镀层与基体的结合力好。CVD法的缺点是：原材料要求易挥发，种类有限；大多数源物质有毒性，需要严加防范。

CVD在微电子工业中可以用来沉积多晶硅膜、氧化膜和金属膜等，这些薄膜材料可以用作栅电极、多层布线的层间绝缘膜、金属布线、电阻以及散热材料等；在机械行业中可以用来制备很多不同种类的硬质镀层等；在其他行业也有广泛应用。

## 1.4.3 物理气相沉积技术

物理气相沉积(physical vapor deposition，PVD)技术是一种在真空环境中用物理方法将基体表面原子或分子转移到基体表面形成薄膜的技术。

PVD技术主要分为真空蒸镀、溅射镀膜和离子镀三类。

### 1. 真空蒸镀

真空蒸镀是在真空条件下加热镀膜材料，使之蒸发成气态分子或原子，最终沉积在工件的表面凝聚成膜。

镀前需要做的准备工作有：清洗工件、蒸发源、真空室及工件架等，安装蒸发源，清洗与放置膜料，安装工件等。

真空蒸镀可以用来镀制各种金属、合金及化合物薄膜，在众多的工业领域中都有应用。例如，用真空蒸镀铝膜制成的反光镜，其反射率比较高、映射的像比较清晰、经济耐用等。

### 2. 溅射镀膜

溅射是指用离子来轰击靶材表面，使其表面原子溅出的现象。溅射出的原子沉积在基体表面并形成薄膜的过程称为溅射镀膜。

溅射镀膜有很多种方式，如二级溅射、三级溅射、磁控溅射、射频溅射、偏压溅射、反应溅射、离子束溅射等。与真空蒸镀相比，溅射镀膜有以下几个特点：

(1) 溅射镀膜中溅射粒子的平均能量约为真空蒸发粒子的 100 倍，因此与基体的结合更加牢固，膜层的质量比较好；

(2) 任何材料都可以采用溅射镀膜，其应用范围比真空蒸镀广泛；

(3) 溅射镀膜一般采用表面积较大的靶材，得到的膜层厚度比较均匀；

(4) 溅射镀膜中除磁控溅射外，其他方法的沉积速率都比较低，操作比较简单，工艺重复性比较好，易实现自动化，但是其设备比真空蒸镀复杂、昂贵。

溅射镀膜技术在经过不断地改进与完善后，操作越来越简便，工艺重复性好，可适用材料范围比较广，膜层质量好，可以自动化生产等，常用于镀导体膜、介质膜、半导体膜、超导膜等膜层，成为许多高新技术领域的一门核心技术。

**3. 离子镀**

离子镀是一种在真空环境下，利用气体放电使得被蒸发物质部分离化，依靠离子轰击将蒸发物质或其他反应物沉积在基体上的方法。

从离子镀技术的工艺和膜层的性质来看，该技术具有以下特点：①膜层附着力好；②膜层组织致密；③绕射性能优良；④沉积速率快；⑤可镀基体广泛。

常用的离子镀技术有气体放电等离子体离子镀、射频放电离子镀、空心阴极放电离子镀、阴极电弧离子镀等。其中，阴极电弧离子镀技术的优势较大，实用性较强，应用面广，特别适用于沉积硬质镀层。

# 本 章 小 结

1.1 节介绍了表面工程技术的定义、优点、分类情况、应用范围等，以及表面工程技术在机械行业、汽车工业、海洋工程、航空航天中的应用概况。1.2 节介绍了固体的定义与类别，然后对理想表面、清洁表面和实际表面进行类比区分，依据不同的指标来对固体表面的力学性能、物理性能、化学性能进行阐述。1.3 节介绍了断裂、磨损、腐蚀三种材料的失效形式及其防护技术。1.4 节介绍了热喷涂原理，以及 CVD 和 PVD 的定义、分类、优点，概述性地介绍了相关技术的特点。

## 参 考 文 献

何金梅，蔡卿，张麓娟，2016. 表面工程技术在航空发动机制造中的应用与发展[J]. 金属加工(冷加工)，(24)：1-2, 8.

姜银方，2006. 现代表面工程技术[M]. 北京：化学工业出版社.

陆军，吴平平，2019. 表面工程技术在海洋工程装备中的应用[J]. 机电工程技术，48(8)：160-161.

潘康，2015. 复合表面技术的应用与发展[J]. 科技视界，(29)：157,224.
钱苗根，2012. 现代表面工程[M]. 上海：上海交通大学出版社.
孙家枢，郝荣亮，钟志勇，等，2013. 热喷涂科学与技术[M]. 北京：冶金工业出版社.
孙智，任耀剑，隋艳伟，2017. 失效分析——基础与应用[M]. 2版. 北京：机械工业出版社.
王博，殷绍海，2018. 热障涂层技术在航空发动机涡轮叶片上的应用[J]. 中国新技术新产品，(8)：18-19.
王春英，张瑞，杨季龙，等，2012. 表面工程技术在工程机械中的应用[J]. 建筑机械，(21)：89-93.
王铀，2011. 大力发展纳米表面工程[J]. 热喷涂技术，3(1)：8-16.
吴子健，2018. 现代热喷涂技术[M]. 北京：机械工业出版社.
杨建军，刘瑞峰，张伟东，2018. 失效分析与案例[M]. 北京：机械工业出版社.
张帆，郭益平，周伟敏，2014. 材料性能学[M]. 2版. 上海：上海交通大学出版社.
赵步青，胡会峰，张日发，2016. 高速工具钢感应加热淬火及应用[J]. 金属加工(热加工)，(17)：63-65.
周磊，李应红，马壮，等，2007. 航空发动机风扇叶片两种表面处理方法对比[J]. 航空精密制造技术，43(3)：37-38.

# 第2章　表面加工技术的热源特性

## 2.1　气 体 放 电

### 2.1.1　气体放电的原理

通常情况下，干燥气体是良好的绝缘体，不能传导电流。但若在干燥气体中放置两个电极并施加电场，气体的外层电子就可以获得足够高的能量，从而从低能级跃迁至高能级。当能量积累超过某一临界值时，中性气体原子会被电离成等电量的电子与阳离子，整体呈电中性，成为等离子体。在电场的作用下，气体电离产生的带电粒子会定向移动形成电流，此时绝缘的干燥气体就具备了良好的导电性。这种使绝缘气体成为电的导体的过程称为气体放电。

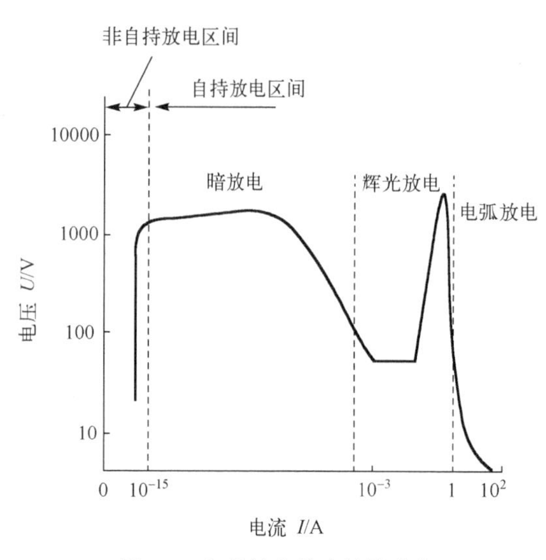


图 2-1　气体放电伏安特性曲线

### 2.1.2　气体放电的基本特征

图 2-1 为气体放电伏安特性曲线，气体放电过程不遵循欧姆定律，主要分为非自持和自持两个放电区间。气体击穿是指气体放电从非自持放电区间转变为自持放电区间的过程，它是气体放电产生等离子体的基础。

非自持放电区间是指在电场的加速下，干燥气体中的带电粒子做定向移动，产生电流，形成气体放电现象。若电极两端未施加电场，此时不会产生带电粒子，也就不存在带电粒子的定向移动，因此两极间不会产生电流，也就不存在气体放电过程。非自持放电区间的气体放电现象完全依赖于两极间是否存在电场。

当施加的电场强度逐渐增大时，作用在两极间的电压将超过某一临界数值，电流迅速增加。若去掉电场，气体放电过程仍然能够保持正常进行，也就意味着形成了气体击穿，此时气体放电过渡至自持放电区间。气体击穿后的放电形式与施加的电场特性、气体压力、电极外形以及极间距离等直接相关，其中按照气体放电的明暗程度可分为暗放电和辉光放电。

如果施加的电场强度继续增大，则带电粒子的运动速度也会随之增加。这些带电粒子在向阳极飞速移动时会与气体分子激烈碰撞，导致气体分子发生电离产生阳离子和电子。在电场的加速作用下，电子会和气体分子继续碰撞并使其电离，以产生更多的电子，此时电子的数量呈雪崩式增长，表现为不发光的气体放电现象，称为暗放电，又称汤森放电。当气体压力低、电源功率小时，电场强度持续加大，两极间的电压突然下降、电流增加，并产生可见光。此后，无论是提高电场的强度，还是降低回路电阻，两极间的电压基本保持恒定，此时为正常辉光放电阶段。在正常辉光放电阶段，整个阴极表面并没有完全用于发射电子，阴极用于发射电子的面积正比于发射电流大小，此时阴极表面的电流密度保持不变。因此，正常辉光放电阶段两极间的电压保持恒定。当整个阴极表面完全用于发射电子时，阴极表面的电流密度会随电流的增大而增加，两极间电压也随之升高，此时气体放电过程转入异常辉光放电区间。当两极间的电压升高到一定数值后，由于阴极表面温度升高而转变成热电子发射，此时两极间的电压迅速下降，电流则大幅增加。通常情况下，如果两极间的伏安特性曲线表现为负阻效应，则此时气体放电过程将转入较强的电弧放电阶段。

## 2.2　辉 光 放 电

### 2.2.1　辉光放电的原理

辉光放电是低气压条件下显示辉光的一种气体放电过程，即稀薄气体中的自持放电现象。在置有两个平行的板状电极的玻璃管内充入低压气体，在电场的作用下，低压气体中的阳离子被加速，使其具备足够的动能轰击阴极表面，产生二次电子，经过簇射过程，更多的带电粒子得以产生，使得气体导电。其中，电流强度小、温度低是辉光放电阶段的特性，放电过程呈现出不同的亮度区间，表现为瑰丽的放光现象。

在整个辉光放电过程中，由于电场的加速作用，阳离子和电子分别向阴极和阳极移动，在移动过程中阳离子和电子堆积在两极附近产生空间电荷区。由于阳离子的移动速度远慢于电子，因此阳离子的电荷密度要远高于电子，故两极间电压全部集中于阴极附近的狭窄空间内。

### 2.2.2　辉光放电的特点及应用

辉光放电利用产生的电子与气体分子的碰撞，将电中性的气体分子电离或激发，而被激发的粒子通过跃迁的方式降回至基态时会以发光的形式释放出能量。辉光放电过程中存在正常辉光放电和异常辉光放电两个阶段。在正常辉光放电阶段，随着电流的增加，两极间的电压基本保持不变，即具有稳压特性。而异常辉光放电过程中，两极间的电压会随电流的增加逐渐变大。图 2-2 为等离子体温度与气体压力的关系。辉光放电属于低气压放电，工作压力一般为 10～$10^3$Pa。此时，整个辉光放电过程中虽然电子温度($T_e$)很高，但气体温度($T_g$)很低，整个气体放电过程呈现低温状态，因此辉光放电属于低温等离子体放电过程，称为非平衡等离子体。辉光放电过程中电子在电场的加速作用下获得动能，通过激烈碰撞，赋予中性气体分子能量，使其有效激活，并发生电离，这些被激发了的带电粒子相互碰撞从而进行一系列复杂的物理化学反应。等离子体放电过程中会产生大量的带电粒子，如激发态的原子或分子、阳离子、电子和自由基团等，这有利于一系列复杂的物理化学反应的进行。

辉光放电属于低温等离子体放电过程，在应用上具有以下主要特征：与常规的物理、化学反应相比，具备更高的能量密度，并能够产生大量的活性成分(如阳离子、电子、激发态的原子和分子及自由基团等)，从而完成在常规物质合成中不能或难以实现的物理变化和化学反应。

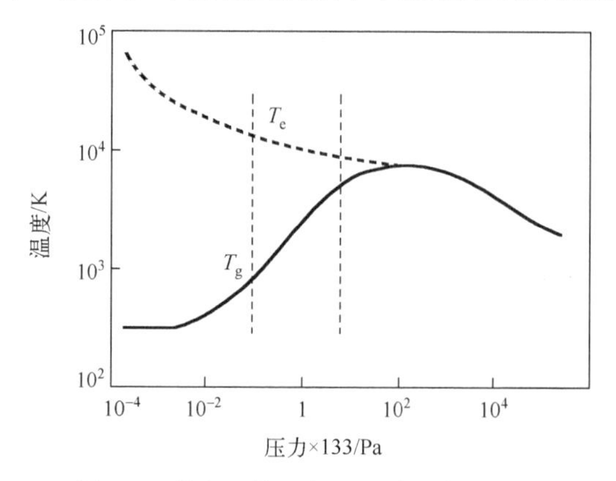


图 2-2 等离子体温度与气体压力的关系

辉光放电产生具有化学特性的活性成分，这个显著的工艺特性被广泛应用于材料表面改性处理。与传统材料表面改性处理工艺相比，辉光放电技术具备以下优点：

(1)不改变材料原有的组织结构，改性作用仅发生在材料表面层；

(2)全程干燥的处理方式，无需溶解剂和水，节约能源，不会对环境产生污染，不会损害现场操作人员的健康；

(3)反应速率快，操作便捷，产品质量可控性强。

由于辉光放电具备如上诸多优点，所以基于辉光放电特性的表面加工技术被广泛应用于工业领域。其中应用最为成熟的是磁控溅射镀膜工艺，如光学薄膜的制备、半导体纳米刻蚀以及材料表面改性处理等。利用低温等离子体的离子轰击靶材表面，使靶材表面层的中性原子或分子溅出，并结合相关工艺沉积至基体表面，进而在其表面制备厚度为纳米级的薄膜。此外，磁控溅射镀膜工艺也可用于数控机床刀具表面 TiN 金属陶瓷薄膜的制备，延长刀具服役寿命。

# 2.3 电 弧 放 电

## 2.3.1 电弧放电的原理

电弧放电是气体放电中最强烈的一种自持放电现象。电弧放电通常分为自由电弧放电和等离子电弧放电，如图 2-3 所示。当两极间的电压升高到某一临界值时，两极间的中性气体分子可持续通过的电流大幅提高，此时两极间的电压快速降低，并具备较大的能量密度，同时发出强烈的光辉，释放热量。

## 2.3.2 等离子电弧放电的特点及应用

等离子电弧放电是在两电极间形成的，如图 2-4 所示，由阴极区、弧柱区和阳极区三个放电区间组成。等离子电弧放电的机制为：阴极区利用热电子发射效应和场致发射等方式发射电子；弧柱区由于受热，粒子间激烈碰撞而产生带电粒子，并做定向移动形成电流，从而呈现导电性；阳极区主要是起到收集电子的作用，对整个等离子电弧放电过程的影响较小。在弧柱区，与热电离作用不同，带电粒子会因复合而形成中性粒子漂移至弧柱区外。因此，明亮的弧光柱和电极斑点是整个等离子电弧放电过程中最显著的宏观特征。等离子电弧放电过程中最重要的伏安特性是电流提高时，两极间的电压呈下降趋势，弧柱电位梯度降低。弧柱的电流密度较高导致极斑上的电流密度更高。

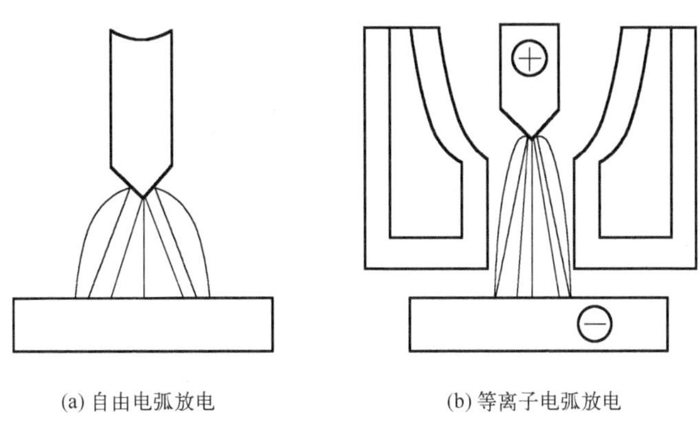

(a) 自由电弧放电　　(b) 等离子电弧放电

图 2-3　电弧放电的分类

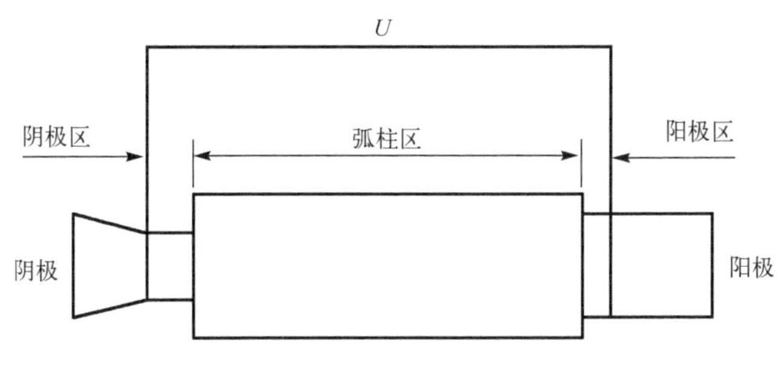


图 2-4　等离子电弧放电示意图

等离子电弧放电过程受到三个压缩效应的影响。首先是机械压缩效应。在两极间施加高电压，使中性气体分子发生电离，形成电弧，而电弧的弧柱位于横截面一定的空间内，不能自由膨胀，当弧柱通过具有特殊孔形的喷嘴时，弧柱截面积受到限制，即产生外部拘束作用不能自由扩展，电弧在径向上被强烈压缩，机械压缩效应明显增强。此时，电弧的等离子体温度、能量密度、等离子体射流运动速度都显著提高。其次是磁压缩效应，由于电流在自身产生的磁场作用下，彼此互相吸引，将产生从弧柱四周向中心压缩的力，使得弧柱直径进一步缩小。这种因导体自身磁场作用产生的压缩作用称为电磁自压缩效应。此时电弧电流越大，磁压缩效应越强。最后是热压缩效应。当电弧通过喷嘴时，在电弧的外围不断送入高速冷却介质(如冷却水等)使弧柱外围快速冷却，电离程度和电导率大大下降，迫使电流只能从弧柱中心通过，导致导电截面积进一步缩小，这时电弧的电流总是向温度、电离程度和电导率较高的中心区域集中，使电流密度显著增强。

由于具备温度高、能量密度大及射流速度快等特性，等离子电弧放电可用于材料的喷涂工艺中，如大气等离子喷涂和低压等离子喷涂等。此外，通过参数的合理优化，在真空环境下电弧放电还可以稳定燃烧，因此广泛应用于电火花加工间隙状态的检测以及宇宙空间站的太空焊接与切割等方面。

## 2.4 常用等离子体的气体特性

**1. 等离子体的概念**

当温度由低到高变化时，物质将依次经历固、液和气三种状态。若温度进一步升高，则中性气体分子会发生电离，形成电离态，即气体分子的外层电子摆脱原子核的束缚形成自由电子，此时失去外层电子的分子就变成带电离子，从而形成电子、阳离子和中性粒子组成的体系，该体系称为等离子体。等离子体是物质经历的第四种状态，称为物质第四态。从电离层到宇宙深处的物质大多处于电离态，因此等离子体广泛存在于宇宙空间。

**2. 等离子体的准电中性**

等离子体是由大量带电粒子以及中性粒子组成且粒子的运动和行为以集体效应为主的电离气体。尽管等离子体中存在着大量的电子和阳离子，但由于大量的正、负电荷在空间内均匀分布，故等离子体在宏观上呈现电中性。由于热运动或其他扰动，在等离子体的局部区域往往会出现过剩的阳离子或电子，从而使这些局部区域内的电中性遭到破坏。等离子体在足够长的时间间隔内和足够大的体积内保持电中性而在极短时间间隔内和局部区域内偏离电中性的特性称为等离子体的准电中性。等离子体的准电中性是电离气体成为等离子体的基本条件之一。

**3. 等离子体的强导电性**

等离子体内部存在着大量的自由电子和阳离子等。这些带电粒子都是可以自由运动的，在没有外力作用的情况下，这些带电粒子做完全随机的热运动，不会产生电流。但是，如果存在外力场的作用(如电场、磁场等)，这些带电粒子的运动就不是完全随机的，而是在外力场作用下做定向移动，从而产生电流。因此等离子体的电导率很高，表现出强导电性。

**4. 等离子体与磁场的相互作用**

等离子体是由大量自由电子和阳离子组成的导电体，所以磁场会对等离子体中自由移动的带电粒子产生洛伦兹力的作用，此时带电粒子的运动方向发生偏转，并通过多种漂移机制，保证等离子体进入磁场后沿着磁力线向磁场强度较弱的方向做螺旋式往复运动。同时，等离子体与电磁场的耦合作用也极强。等离子体中放入两个电极并加上电压即可与电场耦合，也可通过电磁感应与磁场耦合。

## 2.5 燃 烧 火 焰

### 2.5.1 气体燃料及其燃烧方式

气体燃料的燃烧是燃料气体(如乙炔、氢气、丙烷等)与助燃气体(如氧气等)之间发生的剧烈氧化反应，同时整个反应过程常常伴随着高温和发光等现象。燃烧的速度和完全度主要取决于燃料气体的热特性参数，如热焓值、火焰最高温度、燃烧速度和燃烧强度等。典型燃料气体的热特性参数见表 2-1。

**表 2-1　典型燃料气体的热特性参数**

| 燃料气体 | 分子式 | 热焓值/(kJ/m³) | 火焰最高温度/℃ | 燃烧速度/(m/s) | 燃烧强度/(W/m²) |
|---|---|---|---|---|---|
| 乙炔 | $C_2H_2$ | 53396 | 3250 | 285 | 11.13 |
| 氢气 | $H_2$ | 10247 | 2800 | 483 | 6.57 |
| 丙烷 | $C_3H_8$ | 86033 | 3100 | 81 | 4.82 |

根据气体燃料燃烧过程中燃料气体是否预先混合助燃气体，可将其分为扩散燃烧和部分动力燃烧(预混燃烧)，与之对应所产生的燃烧火焰分别称为扩散燃烧火焰和部分动力燃烧火焰。

### 1. 扩散燃烧

#### 1) 原理

燃料气体与助燃气体没有预先混合的燃烧称为扩散燃烧，即在燃烧过程中，实际供给的助燃气体量与理论助燃气体需用量的比值为零。显然，燃烧过程是处于扩散区域内，这种情况下，燃料气体与助燃气体的混合过程要远慢于燃烧反应过程，所以燃烧的完全度和速度主要取决于两者混合的完全程度。而燃料气体与助燃气体的混合是依靠空间的扩散作用来完成的。

在层流状态下，燃烧过程主要是利用气体分子的扩散作用使助燃气体进入燃烧区进行燃烧。因此，助燃气体分子的扩散速度直接影响气体的燃烧速度。而在紊流状态下，燃烧过程则主要是利用紊流扩散作用使助燃气体进入燃烧区。由于气体分子间的扩散行为变为涡流扩散，燃烧速度大大提高，相应的火焰长度明显缩短。

#### 2) 扩散燃烧火焰的稳定性

燃烧的稳定性是指燃烧过程不发生回火和脱火现象。扩散燃烧由于没有预先混合助燃气体，所以燃烧火焰不可能发生回火现象。但当燃料气体的流速超过某一极限值时，若周围的助燃气体供应不足或燃料气体过剩，火焰便离开火孔，直至完全熄灭，产生脱火现象。

#### 3) 扩散燃烧的特点

扩散燃烧的优点是燃烧稳定，不会发生回火现象，脱火极限值比较大，易于着火燃烧。而扩散燃烧的缺点是燃烧速度缓慢，火焰温度低，经常出现未完全燃烧产物，尤其在燃烧碳氢化合物含量高的燃料气体时，在高温下，由于燃烧不充分，致使碳氢化合物分解出游离的碳粒和很难燃烧的重质碳氢化合物。

### 2. 部分动力燃烧

#### 1) 原理

燃料气体与燃烧所需的部分助燃气体预先混合好后，送入燃烧室燃烧，所形成的火焰由内焰、外焰和肉眼不可见的外焰膜三部分构成。混合气在燃烧室内燃烧，由于助燃气体供应不足，而残留大量未燃的燃料气体，加之氧化反应中间产物的生成，此时燃烧形成还原性的预混火焰。火焰外焰是上述没有燃烧完全的物质依靠周围助燃气体的扩散继续燃烧，从而形成氧化性的预混火焰。最后，高温烟气在火焰的外侧形成肉眼不可见的高温外焰膜。这种火焰称为部分动力燃烧火焰，也可称为部分预混火焰或半预混火焰。

**2)部分动力燃烧火焰的稳定性**

脱火和回火是部分动力燃烧产生的不稳定现象。燃烧过程中应尽量避免脱火和回火现象的发生，因为脱火会在燃烧室内产生大量的爆炸性气体和有毒气体，容易造成爆燃事故。而回火会破坏助燃气体的吸入，形成不完全燃烧，并产生噪声以及导致燃烧器的损坏。

燃料气体在燃烧过程中存在火焰稳定的上限，当燃料气体的流速达到该上限时就会发生脱火。另外，还存在火焰稳定的下限，气流速度低于此下限便会发生回火现象。只有当气流速度在脱火极限和回火极限之间时，燃烧火焰才能稳定。

**3)部分动力燃烧的特点**

部分动力燃烧由于预混了部分助燃气体，所以燃烧温度和完全度有所提高；当选取适宜的一次空气系数(预先燃料气体混合的助燃气体量与该燃料气体燃烧的理论助燃气体量之比)时，燃烧过程仍然能够保持稳定，且一次空气系数越大，燃烧的稳定范围就越小。

**3. 完全动力燃烧**

**1)原理**

完全动力燃烧是在部分动力燃烧的基础上发展起来的。它满足了燃烧过程中未完全燃烧的燃料气体及过剩的助燃气体量均为最小的理想燃烧工况。完全动力燃烧是燃料气体和助燃气体在燃烧前预先按化学计量比混合均匀，使得燃烧过程保持稳定的一种燃烧方法。燃料气体和助燃气体的混合物从喷头喷出送入燃烧室内进行燃烧，由于气体流量逐渐增大，在转角处形成了漩涡区，高温的燃烧产物在漩涡里循环，成为燃烧过程继续稳定进行的点火源，火焰的传播速度得以大幅提高，使得进入的燃料气体和助燃气体的混合物瞬间燃烧完毕。

**2)完全动力燃烧火焰的稳定性**

完全动力燃烧发生回火现象的原因是：当气体的流速分布不均匀时，若断面最小气流慢于火焰传播速度，便会产生回火现象。此外，混合管内局部地方积存污垢后，气流的阻力增大，便会导致回火现象的发生。同时，喷头断面结构没有按最小热负荷设计，当处在最小热负荷工作时，也会产生回火现象。如果燃料气体在混合管内流动时，产生了振动，而燃料气体在燃烧室内燃烧时也产生了振动，当两者的振动频率一致出现共振时，也会造成回火现象的发生。

完全动力燃烧避免回火现象的发生常采取以下措施：为了能够保证燃料气体和助燃气体的混合物气流的速度场分布均匀，可将喷头设计成收缩型，表面粗糙度低、光滑；当燃料气体中含有大量杂质时，混合管内应加装有清洁污垢的装置，以降低气流的阻力；减缓冷却燃烧器头部处的火焰传播速度；喷头断面结构应按最小热负荷以及选取合适的出口速度等原则来设计。

**3)完全动力燃烧的特点**

完全动力燃烧的热强度极高且燃烧温度高，接近于理论燃烧温度。燃烧的完全度高，几乎不存在未完全燃烧。燃烧过程的过剩助燃气体量很少，故热效率非常高。但完全动力燃烧火焰的稳定性较差，容易产生回火现象。

## 2.5.2　燃烧火焰的构成和特性

燃料气体和助燃气体预先混合的比例不同，气体燃烧过程中产生火焰的性质将会发生变化。根据反应产物性质的不同，燃烧火焰可分为氧化焰、中性焰和碳化焰，三种状态燃烧火焰的种类与外形如图 2-5 所示。

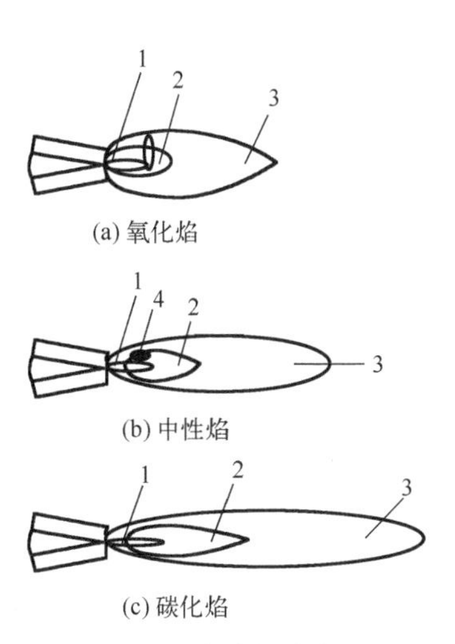


图 2-5　燃烧火焰的种类与外形

1-焰心；2-内焰；3-外焰；4-碳粒

燃烧过程中，助燃气体与燃料气体燃烧的混合比例大于 1.2(一般为 1.3～1.7)时，燃烧火焰称为氧化焰，其火焰的构成和外形如图 2-5(a)所示。氧化焰燃烧过程中氧化反应剧烈，整个火焰长度缩短，而且内外焰均呈蓝紫色，轮廓不清晰，温度可达 3100～3500℃。助燃气体供给过剩时，燃烧产物除二氧化碳和水外，还有剩余的助燃气体，因此氧化焰整体呈现氧化性。若用氧化焰焊接一般的钢件，则焊缝中存在大量的氧化物和气孔。此外，熔池也会发生严重的沸腾现象，使得焊缝的力学性能显著下降，严重影响焊缝的质量。

助燃气体与燃料气体燃烧的混合比例为 1.1～1.2 时，燃烧火焰称为中性焰。中性焰燃烧后既无过剩的助燃气体，也无过剩的燃料气体，其火焰的构成和外形如图 2-5(b)所示。中性焰的燃烧火焰由焰心、内焰和外焰构成，其中内焰肉眼可见。在焰心与内焰之间，燃烧会产生二氧化碳和水。内焰距离焰心 2～4mm 处的温度可达 3050～3150℃，外焰呈淡蓝色，其最高温度可达 2500℃，适用于焊接碳钢和有色金属材料。

在火焰的内焰区域中尚有部分燃料气体残留，助燃气体与燃料气体燃烧的混合比例小于 1.1(一般为 0.8～0.95)时，燃烧火焰称为碳化焰，其火焰的构成和外形如图 2-5(c)所示。碳化焰是指具有还原和碳化作用的燃烧火焰。由于助燃气体供应不足致使燃料气体发生不完全燃烧，未参与燃烧的燃料气体会分解成碳和氢，分解的碳会渗到被熔材料中使材料增碳，故称为碳化焰。碳化焰的燃烧火焰也由焰心、内焰和外焰三部分构成，其中焰心呈白色，外围略带蓝色，内焰呈淡白色，外焰呈橙黄色。燃料气体量多时还带黑烟，火焰长而柔软。碳化焰适用于渗碳、人工金刚石合成等。

## 2.5.3　火焰喷涂

火焰喷涂是指以助燃气体和燃料气体混合燃烧的火焰为热源，将喷涂材料(金属或非金属材料)加热至熔融状态，在高速气流的推动作用下喷射到经预处理的基体表面，喷射的微小熔融粒子撞击基体表面时发生扁平化，从而形成具有一定性能(如耐腐蚀、耐磨损、隔热等)的层状结构的涂层制备工艺。

依据喷涂材料的形状，可以将火焰喷涂分为熔丝法、熔棒法和粉末法。其中，熔丝法应用于能够形成丝材的各种金属与合金，又称为线材火焰喷涂。熔棒法是将陶瓷材料(如氧化铅、氧化铝、硅酸盐等)制成棒状材料进行喷涂，又称为棒材火焰喷涂。而粉末法是指喷涂那些不易制成丝材或棒材的合金以及低熔点的陶瓷材料，又称为粉末火焰喷涂。

### 1. 线材火焰喷涂

**1)原理**

线材火焰喷涂的原理如图 2-6 所示。火焰喷枪将喷涂线材加热至熔融状态并雾化，喷枪中分别通入燃料气体、助燃气体和压缩空气，其中燃料气体和助燃气体预先按一定比例混合后在喷枪喷嘴出口处产生燃烧火焰。然后通过送丝系统将线材连续送入燃烧火焰，利用燃烧火焰的热量将其加热熔化，随即利用压缩空气形成的高速气流，将其雾化成熔融粒子，在燃烧火焰和高速气流的加速作用下，熔融粒子堆叠在经预处理的基体表面形成具有一定功能的层状结构涂层。

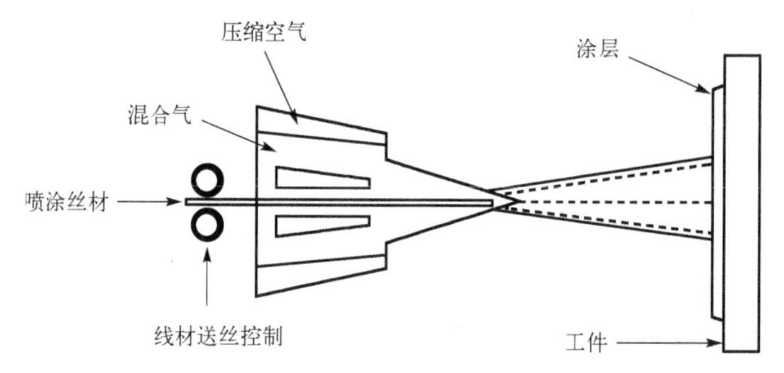


图 2-6　线材火焰喷涂的原理

燃烧火焰功率的大小直接影响单位时间内熔化线材的量。改变助燃气体和燃料气体的流量比例可获得不同性质的燃烧火焰(如氧化焰或中性焰等)，其中氧化焰将会加速喷涂线材中碳的烧损，所制备涂层中存在大量的氧化物和气孔等。而中性焰可降低喷涂线材的氧化速率。

**2)设备构成**

线材火焰喷涂设备的组成主要包括助燃气体-燃料气体供给系统、压缩空气供给系统和喷枪等。

(1)助燃气体-燃料气体供给系统。该系统包括电源、气体流量控制器、回火防止器等，其中气体流量控制器的针形阀的使用范围应确保在满量程的 40%～70%，并且流量计与喷枪间应加装回火防止器，以保证喷涂过程的安全性。

(2)压缩空气供给系统。为了确保制备涂层的质量，除了流量和压力有要求，压缩空气还应保持清洁、干燥。因此，压缩空气供给系统应加装空气净化装置。

(3)喷枪。国产喷枪中使用最多的是 SQP-1 型喷枪，进口喷枪主要是美国 Metco 公司生产的 12E 型和 14E 型线材火焰喷枪。

**3)涂层和工艺技术特点**

采用线材火焰喷涂制备的涂层具有热喷涂涂层所特有的层状结构，并且涂层中存在孔隙和氧化物。根据线材火焰喷涂工艺参数和喷涂材料性能的不同，涂层会呈现不同的综合力学性能，如表 2-2 所示。

线材火焰喷涂的技术特性如下。

(1)设备简单，操作方便，成本低，可进行现场维修作业。

(2)可喷涂材料的范围较为广泛，能拉成丝的材料均可进行喷涂。

(3) 喷涂过程中，对基体的热影响较小，基体表面受热温度为 200～250℃，整体温度为 70～80℃，基体不易受热变形，材料组织不发生变化。

**表 2-2　常用线材火焰喷涂制备涂层的综合力学性能**

| 喷涂材料 | Zn | Al | Mo | 碳钢(85#) | 不锈钢(18-8) |
|---|---|---|---|---|---|
| 拉伸强度/MPa | 11 | 7 | 25 | 26 | 24 |
| 孔隙率/% | 10～15 | 10～15 | 10～15 | 10～15 | 10～15 |
| 密度/(g/cm$^3$) | 6.4 | 2.4 | 9.0 | 6.4 | 7.0 |

**4) 工艺参数的影响**

(1) 助燃气体-燃料气体的流量和压力。当燃烧火焰为碳化焰时，焰流温度较低，适合喷涂熔点低的材料，可避免喷涂材料发生氧化脱碳。然而，当燃烧火焰为中性焰时，焰流温度较高(约为 3050℃)，此时适合喷涂各类合金材料。火焰功率与助燃气体-燃料气体的流量和压力大小直接相关，为确保线材熔化的稳定性和一致性，要求助燃气体-燃料气体的流量和压力在喷涂过程中必须保持恒定，否则线材会出现“过熔”或熔化不良，从而影响制备涂层的质量。

(2) 压缩空气的流量和压力。线材火焰喷枪绝大多数采用的是气动涡轮送丝机构，因此就要求压缩空气的流量和压力在喷涂过程中必须保持恒定，否则会导致送丝速度不稳定，严重影响线材熔化的一致性和稳定性。

**2. 棒材火焰喷涂**

棒材火焰喷涂仍然是利用助燃气体-燃料气体燃烧火焰产生的能量作为热源，与线材火焰喷涂相比，唯一不同的是喷涂材料为棒材。陶瓷材料由于脆性大，无法制成线材，所以棒材火焰喷涂主要是指陶瓷材料的喷涂。

**1) 原理**

棒材火焰喷涂的原理是通过送丝机构将棒材端部送入燃烧火焰中，并停留一段时间，以保证棒材端部充分加热后熔化，然后喷射到经预处理的基体表面形成涂层。由于陶瓷材料的熔点较高，采用线材火焰喷涂的方法制备涂层普遍存在喷涂粉末不能充分熔化的现象，降低了粒子在涂层沉积过程中的扁平化程度，而采用棒材火焰喷涂可有效克服这一弊端。

**2) 设备构成**

除喷枪在结构设计上有差别外，棒材火焰喷涂的设备构成与线材火焰喷涂基本一致。棒材火焰喷涂的喷枪结构紧凑，喷枪后的电动马达能够将棒材连续稳定地送入燃烧火焰中，可精确控制棒材的传输速率。电动马达还具备自动转换功能，能够适用于世界各地不同的用电电压和频率。为了简化喷涂过程，喷枪上加装控制旋钮，以控制棒材的传送以及助燃气体和燃料气体混合气的通断。

**3) 涂层和工艺技术特点**

(1) 涂层微观结构特性。

棒材火焰喷涂的工艺特性决定了只有当棒材端部充分加热熔化后，才能雾化成熔融粒子，并经高速射流喷出喷枪枪口，其在喷枪出口处的喷射速度为 150～250m/s，高速熔融粒子在到达经预处理的基体表面时仍能保持熔融状态，提高了喷涂粒子在涂层沉积过程中的扁平化程度，一方面保证了涂层与基体之间的结合强度，另一方面制备涂层的致密度也得到了显著提高。

(2) 工艺技术特点。

棒材火焰喷涂设备简单，便于现场施工作业。陶瓷棒材种类和规格繁多，可进行喷涂的陶瓷棒材选择广泛。我国目前已研制出棒材火焰喷涂设备和陶瓷棒材，但涂层制备的性能与进口设备仍存在较大的差距。采用棒材火焰喷涂制备高性能陶瓷涂层主要是依靠进口陶瓷棒材和喷涂设备。

### 3. 粉末火焰喷涂

粉末火焰喷涂与前两种火焰喷涂工艺的不同之处是以粉末为喷涂材料。由于设备简单、操作方便、喷涂材料选择范围广，粉末火焰喷涂是目前国内外使用最为广泛的一种热喷涂工艺方法。

**1) 原理**

图 2-7 为粉末火焰喷涂原理。分别将助燃气体和燃料气体的混合气通入喷枪，在喷嘴出口处产生燃烧火焰提供热源。喷枪上加装有送粉口，利用送粉气流产生的负压，使喷涂粉末随气流从喷嘴中心输送至燃烧火焰中，受热熔化，形成熔融粒子，高速射流推动熔融粒子以一定速度沉积到经预处理的基体表面形成涂层。喷枪配有压缩空气喷嘴，借助压缩空气给粒子以附加的推力提高熔融粒子的飞行速度。

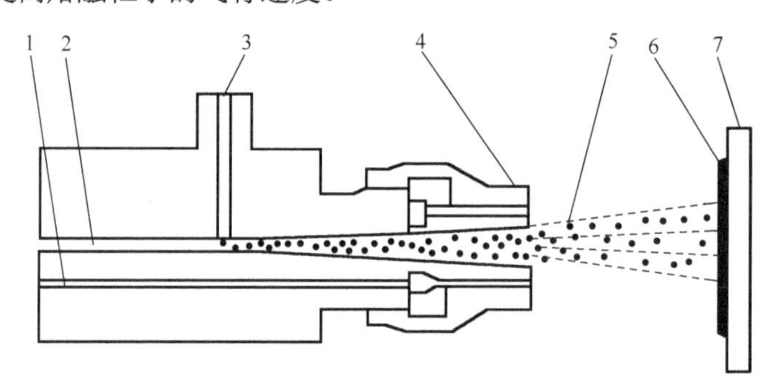


图 2-7　粉末火焰喷涂原理

1-助燃气体-燃料气体的混合气；2-送粉气；3-喷涂粉末；4-喷嘴；5-燃烧火焰；6-涂层；7-基体

喷涂粉末颗粒受热过程中，熔化由表层向芯部延展，由于表面张力的作用，熔融粒子趋于球状。粉末火焰喷涂制备涂层中颗粒的扁平化程度和表面粗糙度很大程度上取决于粉末颗粒的粒径大小。由于喷涂粉末粒子在焰流中所处的位置和受热时间不同，其受热程度各异，处于熔融或半熔融状态。因此，粉末火焰喷涂制备涂层的微观致密度和结合强度等力学性能没有线材火焰喷涂好。

**2) 设备构成**

粉末火焰喷涂设备的构成与线材火焰喷涂类似，主要区别是粉末火焰喷涂采用送粉器送粉。

粉末火焰喷涂喷枪的种类繁多，最具代表性的有美国 Metco 公司的 5P 和 6P 型、瑞士卡斯特林公司的 DS 8000 型、成都长诚热喷涂技术公司生产的 CP-3000 型亚声速喷枪以及上海法早喷涂机械有限公司生产的 QT-E-7/h 和 QT-E2000-7h 型喷枪。不同型号的喷枪虽然在结构设计上有一定区别，但基本都包括粉末供给系统和火焰燃烧系统两部分。

**3) 涂层和工艺技术特点**

(1) 涂层微观结构特性。

粉末火焰喷涂涂层的微观组织仍然是热喷涂涂层典型的层状结构，所制备的涂层中含有氧化物、孔隙及少量半熔融颗粒。涂层与基体表面的结合仍属于机械结合。喷涂材料和喷涂工艺对涂层的微观致密度和力学性能影响较大，采用粉末火焰喷涂制备涂层的孔隙率一般为5%～20%，结合强度为 10～30MPa。

(2) 工艺技术特点。

设备和喷涂工艺简单，便于现场施工。喷涂材料选择范围广，可喷涂陶瓷、金属、复合粉末及塑料等多种材料。制备涂层的孔隙率大，内部残余应力小，可通过控制送粉速率和沉积次数制备厚度较厚的涂层。

**4) 工艺参数的影响**

(1) 热源参数。使用合适的热源参数能够合理优化燃烧火焰的性能，在粉末火焰喷涂过程中，采用中性焰或碳化焰，可有效防止基体表面和喷涂材料的氧化问题。粉末火焰喷涂采用燃烧火焰产生的热量作为热源以加速喷射熔融粒子。当助燃气体-燃料气体的混合气流量较大时，燃烧火焰功率大、强度高、熔融粒子的喷射速度快，此时制备的涂层具备较高的结合强度和较致密的微观组织结构。

(2) 喷涂距离。喷枪与基体表面的喷涂距离应根据喷枪的型号、功率和火焰的挺直度等进行选择，一般控制在 150～200mm。

(3) 基体预热温度。喷涂时应先对基体进行预热，以提高基体表面与熔融粒子的接触温度，使基体产生适当的热膨胀，这样有利于熔融粒子的变形和相互咬合，提高喷涂效率和涂层与基体的结合强度。钢制基体的预热温度一般为 80～120℃，喷涂过程中，整体温度不应超过250℃。

由于火焰喷涂制备的涂层中普遍存在氧化物、孔隙及少量变形不充分的颗粒等表面缺陷，这些表面缺陷的存在严重影响涂层的服役性能，例如，在苛刻的腐蚀环境下服役的涂层，由于孔隙的存在，腐蚀性介质就会沿着孔隙渗入涂层内部，从而对基体表面造成腐蚀。因此，这就需要对火焰喷涂所制备的涂层进行喷后处理，如封孔处理等。

## 2.6　高能电子束

### 2.6.1　高能电子束的产生及工作原理

在真空中从灼热的灯丝阴极发射出的电子，在高电压(30k～200kV)作用下，被加速到极高的速度，通过电磁透镜的聚焦，形成一束高功率密度($10^6$～$10^9$W/cm$^2$)的电子束。当撞击到工件表面时，电子束的大部分能量立即转换成热能，产生极高的温度，足以使任何材料在极短的时间内达到几千摄氏度的温度而发生熔化、气化，从而可进行焊接、穿孔、刻槽和切割等加工处理。由于和气体分子碰撞时会产生能量损失和散射，高能电子束加工一般在真空环境中进行。

## 2.6.2　高能电子束的物理特点

(1)能量密度高，能加工高熔点和难加工材料，如钨、钼、不锈钢、金刚石等材料；加热速度快，热影响区小，高能电子束可以使进入工作区的热量控制在所要求的最小范围内，能够保持材料原有的特性。

(2)无机械接触作用，无工具损耗问题。

(3)加热冷却速度极快($>5\times10^3$℃/s)，有利于细化晶粒。

(4)工件表面层产生的残余压应力，能大幅度提高材料或工件的疲劳强度。

## 2.6.3　高能电子束表面处理技术

利用高能量密度的电子束流作为热源，对材料或工件进行表面处理，有利于提高材料或工件的表面硬度、增强耐磨性、改善耐腐蚀性能，从而延长材料或工件的服役寿命。通过控制高能电子束处理参数以及采用不同的处理工艺，可以达到不同的表面处理效果。

**1) 高能电子束表面淬火**

将工件置于低真空室内，用高速电子束流轰击工件表面，在极短的时间内，把工件的表面加热到材料的相变点以上，由于高能电子束的能量极高且集中，加热层很薄，可以靠自激冷却进行淬火，表面层转变为晶粒极细的马氏体。经高能电子束加热表面淬火处理后，工件表面层产生残余压应力，有利于提高疲劳强度和耐磨性，从而延长工件的服役寿命，适用于有相变过程的合金的表面改性。

**2) 高能电子束表面重熔处理**

采用高能量密度的电子束流撞击零件表面进行加热，使其表面在瞬间迅速熔化，当停止电子束流轰击基体表面加热时，在冷基体的作用下以极快的速度进行冷却，从而使工件表层的组织细化，工件表面呈现出高硬度和良好的韧性，可以大大降低原始组织的显微偏析程度。目前该工艺主要适用于模具钢及高温合金的表面改性处理，在保持韧性的同时，提高其表面的显微硬度、耐磨损性和热稳定性。由于高能电子束表面重熔处理是在真空条件下进行的，没有氧化性气体参与反应，能够有效防止工件表面的氧化，也可适用于化学活性高的镁合金、铝合金等的表面处理。

**3) 高能电子束表面合金化**

将合金粉末涂覆在金属材料表面，然后通过调节高能电子束流与金属材料表面的作用时间，使合金粉末熔化，而金属基体表面微熔，表面局部区域发生冶金反应形成新的合金，进而增强基体材料的表面综合力学性能。选择不同的合金粉末对于基体材料表面性能的提升效果各不相同，例如，适当添加 Co、Ni、Si 等合金元素能有效改善合金化的效果；而添加 W、Ti、Mo 等合金元素及其碳化物可增强基体材料的力学性能；添加 Ni、Cr 等合金元素则可提高基体材料的耐腐蚀性能。

**4) 高能电子束表面非晶化处理**

基于高能电子束流的平均能量密度高以及作用时间短(约为 $10^{-5}$s)等特性，可使基体表层熔化。在停止加热后，工件立即以极快的速度冷却，得到细化的组织，工件表层直接转变为非晶态，金相组织形态致密，具有优异的抗疲劳性能及耐腐蚀性能。

# 2.7　热喷涂技术

## 2.7.1　热喷涂技术的原理

在 20 世纪早期，瑞士率先发明了热喷涂技术，随后该技术在苏联、美国、日本和德国等国不断发展。各种热喷涂设备的设计、喷涂材料的研发及新技术的应用，使得热喷涂涂层的性能不断提高并拓展了新的应用领域。热喷涂技术是利用某种热源(如燃烧火焰、等离子射流、电弧放电和超声速气流等)，使喷涂材料加热熔化并通过高速射流将其雾化成熔融粒子，以较高的速度撞击经预处理的基体表面，从而形成具有一定功能的层状结构涂层的制备工艺。图 2-8 为热喷涂制备涂层过程示意图。

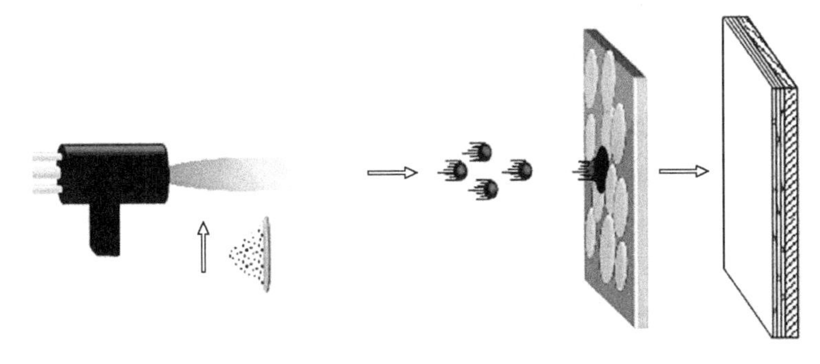

图 2-8　热喷涂制备涂层过程示意图

从喷涂材料到形成具有层状结构的功能涂层，热喷涂制备涂层过程主要经历以下 4 个阶段。

(1) 喷涂材料的受热熔化：线材喷涂过程中，当线材端部进入燃烧火焰高温区域时，被加热至熔融状态；而粉末则是在高速喷射过程中受热熔化或软化。

(2) 喷涂材料的雾化：在热源自身射流或外加压缩气流的加速作用下，线材端部在燃烧火焰高温区域内受热熔化形成的熔滴被雾化成熔融颗粒。而粉末一般不会经历熔融颗粒的破碎和雾化过程，而是被热源自身射流或外加压缩气流推着向前喷射。

(3) 熔融或软化的微小粒子的喷射：在喷射过程中，熔融粒子经喷射加速后形成粒子束流，随着喷涂距离的增加，粒子束流的运动速度逐渐减缓。

(4) 粒子在零件表面发生碰撞、扁平化、冷却凝固和堆叠：当高速的熔融粒子与经预处理的基体表面接触时，在基体表面发生剧烈的撞击，此时熔融粒子的动能会转化成热能并传递给基体。高速熔融粒子沿着粗糙的基体表面会发生不同程度的变形，变形后的熔融粒子遇冷迅速收缩，发生扁平化，堆叠在基体表面。后续熔融粒子以同样的速度撞击基体表面，经历撞击—变形—扁平化的过程，熔融粒子相互堆叠在一起，在基体表面沉积具有层状结构的功能涂层。图 2-9 为热喷涂制备涂层断面构造示意图。

热喷涂涂层与基体表面的结合方式主要有机械结合、冶金-化学结合和物理结合。采用高温热源和放热型喷涂材料进行喷涂时，涂层与基体结合面生成金属间化合物或固溶体，出现扩散和微区合金化，形成微区的冶金-化学结合，提高涂层与基体的结合强度。喷涂粒子在碰撞基体表面时发生扁平化，并随经预处理的基体表面起伏，由于基体表面凹凸不平，高速熔融粒子在其表面相互嵌合，熔融粒子间的结合主要是机械结合。热喷涂技术可在不改变基体本身力学性能的前提下，使其表面具备一定性能，如耐磨、耐腐蚀、抗氧化等性能。众多的优势使得热喷涂技术在工件表面防护涂层的制备研究中占据举足轻重的地位。

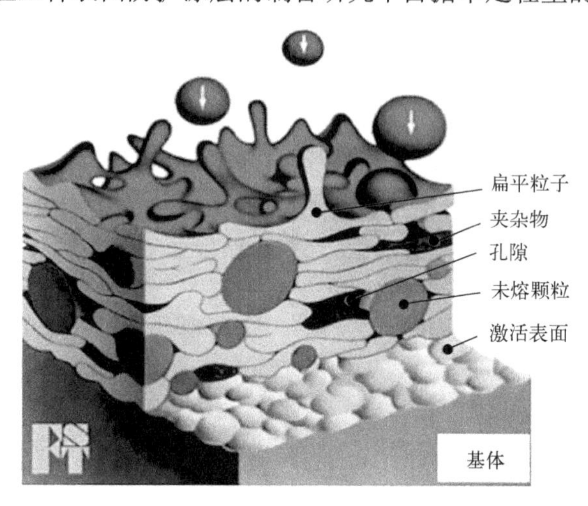


图 2-9　热喷涂制备涂层断面构造示意图

## 2.7.2　热喷涂技术的分类及特点

热喷涂技术作为一种新型的实用型工程技术，目前没有统一的分类方法，一般根据热源种类、涂层功能以及喷涂材料形态来分类。例如，按加热方式可分为喷涂和喷熔，其中喷涂对基体的热影响较小，不会改变基体材料原有的组织结构，改性作用仅发生在基体表面，涂层与基体的结合方式主要是机械结合；而喷熔涂层与基体互溶，两者的结合状态则变为冶金结合。如果根据涂层的功能分类，热喷涂涂层可分为耐腐蚀、抗氧化、隔热等功能涂层。目前，常见的分类方式是按照热源的种类，主要包括火焰喷涂、等离子喷涂、爆炸喷涂、超声速喷涂和电弧喷涂等。不同种类的热喷涂技术呈现不同的工艺特性，不同服役环境的涂层采用不同的喷涂设备和工艺进行制备。

### 1. 火焰喷涂

根据喷涂材料形态的不同，火焰喷涂主要分为线材火焰喷涂和粉末火焰喷涂，这里只做简单介绍，更详细的内容见 2.5.3 节。

#### 1) 线材火焰喷涂

线材火焰喷涂主要是把喷涂线材通过送丝机构以一定的速度送入喷嘴中心，线材端部受热熔化，通过压缩空气将其雾化成熔融粒子，通过外加压缩气流的加速作用沉积到经预处理的工件表面，然后粒子快速冷却收缩至半熔化状态，最后粒子与工件撞击时发生扁平化并在其表面堆叠以形成涂层。线材的输送依靠喷枪中电动马达或空气涡轮的旋转，通过调节其转速来控制线材的输送速度。其中，采用空气涡轮结构的线材送丝机构的喷枪受压缩空气的影响较大，难以确保线材送丝速度的恒定，但该线材送丝机构的喷枪质量较轻，适合手工操作。

而采用电动马达结构的线材送丝机构的喷枪，其自动化程度高，送丝速度容易控制并能保持恒定，但喷枪笨重，一般用于机械喷涂。此外，线材火焰喷涂燃烧火焰产生的能量主要用于熔化喷涂线材，一般用于喷涂直径为 1.8～4.8mm 的线材。若喷涂直径较大的线材，则需配备特定的喷枪。

**2) 粉末火焰喷涂**

与线材火焰喷涂不同，粉末火焰喷涂材料的形态是粉末。粉末火焰喷涂使用氧气作为助燃气体、乙炔作为燃料气体，将两者混合燃烧后产生的燃烧火焰作为热源。粉末火焰喷涂材料选择范围广，金属、合金、陶瓷和塑料等均可喷涂。粉末火焰喷涂设备操作简便，便于携带，性价比优于其他喷涂设备，是目前喷涂技术中应用最广的一种表面防护涂层的沉积工艺。但采用粉末火焰喷涂技术制备涂层也存在一些问题，如粒子喷射速度低、火焰温度低、涂层与基体表面的结合强度以及涂层本身的综合性能不足，且比采用其他方法制备的涂层的孔隙率要高。此外，粉末火焰喷涂采用氧气气氛，喷涂材料会发生不同程度的氧化，导致涂层中夹杂部分氧化物，严重影响涂层的微观组织结构和服役性能。

**2. 等离子喷涂**

继火焰喷涂之后，等离子喷涂技术是一种多用途的喷涂工艺方法，具备以下特点：①超高温特性，焰流中心温度达到 15000K 以上，便于进行高熔点材料的喷涂；②焰流速度快，熔融粒子以较高速度撞击基体表面，涂层致密度和结合强度显著提高；③使用惰性气体(氩气或氮气)作为喷涂工作气体，制备涂层中氧化物的含量低。等离子喷涂技术是采用等离子弧作为热源进行涂层制备的，相比于自由电弧，等离子弧属于压缩电弧，具备弧柱细、气体电离程度高以及电流密度大等特性。因此等离子喷涂技术具有超高温特性、能量集中和电弧稳定性优异等特点。等离子喷涂技术在沉积涂层过程中，采用在阴极和喷嘴之间产生的等离子弧作为热源，工作气体通过时会被加热并发生电离，进而产生高温等离子体。然后从喷嘴喷出形成等离子射流。该等离子射流的温度极高，其中喷嘴出口处的温度达到 15000K 以上。焰流速度在喷嘴出口处可达 1000～2000m/s，随着飞行距离的增加，运动速度迅速衰减。喷涂粉末输送至火焰中心被加热熔化，并加速至 100～300m/s，喷射到基体表面形成涂层。

利用等离子喷涂技术沉积涂层时，喷涂工艺参数的选取直接影响涂层的使役性能。

**1) 工作气体**

工作气体的选择从经济性和可用性两个方面考虑。通常选用氮气或氩气作为工作气体。其中，氮气的热焓值高，热传导迅速，便于喷涂粉末的加热熔化。然而，当沉积粉末易发生氮化反应时，不宜采用氮气作为工作气体。对于氩气而言，由于具有电离电位低、易引燃、弧稳定性好以及弧焰短等特性，目前是等离子喷涂使用较为广泛的一种工作气体，其主要用作小件或薄件喷涂时的工作气体。此外，作为惰性气体，氩气还具备优异的抗氧化性能，但氩气的热焓值不如氮气，且价格昂贵。

工作气体流量会对等离子射流的热焓值和流速产生影响。当气流过高时，工作气体会带走等离子射流中的部分能量，并提高粉末颗粒的喷射速度，从而缩短粉末颗粒在等离子射流中的停留时间，此时粉末颗粒不能充分加热，粒子不能获得到达基体表面发生变形所需的能量，最终导致等离子喷涂制备涂层的微观致密度、结合强度以及显微硬度等性能下降，沉积效率显著降低。相反，当气流过低时，会大幅降低粉末颗粒的喷射速度。此时粉末颗粒在等离子射流中的停留时间较长，造成喷涂材料过热，导致喷涂粒子过度熔化或气化，最终熔融粒子会聚集在喷嘴出口处，造成喷嘴堵塞和电极损坏。

**2）喷涂功率**

喷涂功率的合理选择也是采用等离子喷涂制备高性能涂层不容忽略的一个重要工艺参数。其中当喷涂功率选取过高时，等离子弧的温度升高，大量工作气体将变成等离子体。当工作气体流量设置较低时，工作气体几乎全部转变成等离子射流，此时等离子射流的温度极高，则会造成部分喷涂材料气化，使得制备涂层的成分发生变化。喷涂材料气化形成的蒸气，一方面会影响涂层与涂层之间以及涂层与基体之间的结合，另一方面也会在喷嘴出口处聚集，堵塞喷嘴造成电极损坏。相反，当喷涂功率过低时，等离子射流的温度较低，喷涂粉末粒子加热不足，会降低其在涂层沉积过程中的扁平化程度，则涂层的结合强度、显微硬度等力学性能以及等离子喷涂沉积效率等均会有不同程度的降低。

**3）送粉速率**

送粉速率的选择需与喷涂功率相匹配。送粉速率过快，射流中就会出现未熔粒子，导致等离子喷涂沉积效率降低。送粉速率过慢，喷涂粉末颗粒发生严重的氧化，容易产生基体过热等问题。送料位置也会对制备涂层的微观结构和沉积效率产生影响。一般情况下，喷涂粉末颗粒需送入等离子焰流的焰心，这样才能确保喷涂粉末颗粒获得最高的动能和喷射速度。

**4）喷涂距离和喷涂角度**

喷枪到待喷涂基体表面距离的选择会对熔融粒子撞击基体表面时的温度和速度产生影响。随着喷涂距离的增大，熔融粒子的喷射飞行时间会增加，到达基体表面时的温度和速度均会发生不同程度的降低，同时随着喷涂距离的增加，熔融粒子与大气环境接触的时间增加，导致所制备涂层的结合强度、孔隙率、沉积效率显著下降。相反，若喷涂距离过小，等离子射流温度极高，容易导致基体过热，表面发生严重的氧化，从而影响涂层与基体表面的结合强度。喷涂角度是指焰流中心线与待喷涂基体表面之间的夹角。当喷涂角度小于45°时，会产生“遮蔽效应”，使得涂层的微观致密度显著下降，进而降低涂层与基体表面的结合强度。

**5）喷枪移动速度**

喷枪相对于待喷涂基体表面的移动速度选择应确保所制备涂层表面平整，不出现脊背，即单个行程宽度间应充分搭叠。在实际喷涂过程中，宜使用较高的喷枪移动速度，以避免基体表面局部过热发生氧化。

**6）预热温度**

较理想的喷涂过程是在沉积涂层前将待喷涂基体表面预热至合适温度，以提高基体表面与熔融粒子的接触温度，并使基体产生适当的热膨胀，这样有利于熔融粒子的扁平化和相互咬合，提高喷涂效率以及涂层与基体的结合强度。在整个喷涂过程中持续对基体背部通入压缩空气进行冷却，使其保持特定的温度。

随着科技的发展和市场需求的不断变化，在传统等离子喷涂技术的基础上，已研发出多种新型的等离子喷涂技术，如水稳等离子喷涂、真空等离子喷涂、高能等离子喷涂、反应等离子喷涂等。

### 3. 爆炸喷涂

爆炸喷涂的工作原理是利用助燃气体（氧气）和燃料气体（乙炔）的点火燃烧过程中会发生气体膨胀并产生爆炸，释放大量的能量和冲击波。其中能量用于加热喷涂粉末颗粒使其熔融，而冲击波会使熔融粒子以较高的速度(700～800m/s)撞击到经预处理的基体表面形成具有一定功能的涂层。爆炸喷涂的原理如图 2-10 所示。

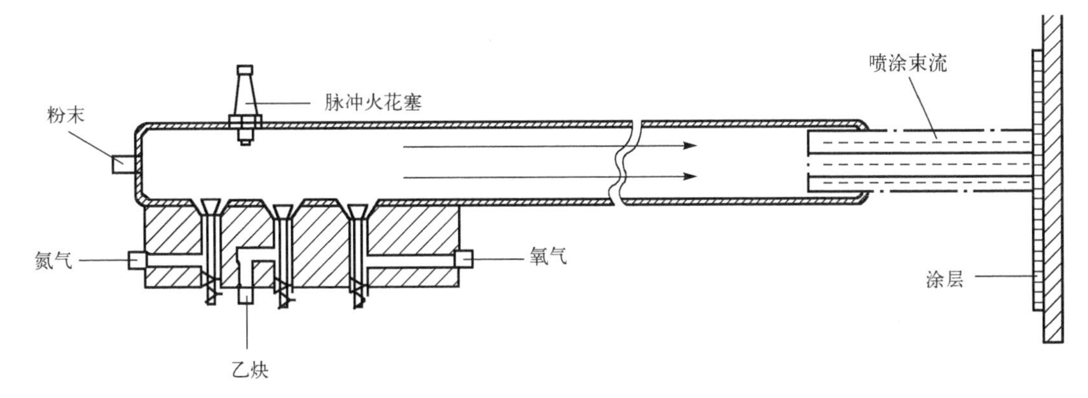


图 2-10 爆炸喷涂的原理

爆炸喷涂的特性是熔融粒子喷射速度快，粒子所获动能大，因此采用爆炸喷涂技术制备涂层具备以下特点。

(1)涂层与基体表面的结合强度高。

(2)涂层微观组织致密，孔隙率低。

(3)涂层经加工后表面平整，粗糙度低。

(4)对基体的热影响小，不会造成基体的热变形。爆炸喷涂可喷涂的材料选择范围广，如金属、陶瓷及其复合材料等均可进行喷涂，但由于爆炸喷涂制备涂层过程中噪声大、工作气体具备氧化性且喷涂设备昂贵，国内外尚未取得广泛应用。

**4. 超声速喷涂**

助燃气体与燃料气体按一定比例混合后在特殊设计的燃烧室内爆炸式燃烧，高温燃气高速通过膨胀管而获得超声速。通过送粉气体(通常为氮气或氩气等)将喷涂粉末送入高温燃气中，一同喷射至基体表面形成涂层。近年来，国内外超声速火焰喷涂技术发展迅猛，多种新型超声速火焰喷涂装置研发成功。

在喷嘴出口处的射流速度约为 1500m/s，最高可达 2400m/s，为声速的 4 倍。喷涂粉末粒子到达基体表面时的速度可达 550～750m/s，与爆炸喷涂相当。超声速喷涂具备如下工艺特性。

(1)由于喷涂粉末在高温和空气中的停留时间短，仅能熔化金属相，涂层的物相和化学成分相对稳定，该方法比较适合喷涂硬质合金(金属陶瓷)材料。

(2)涂层微观组织致密，与基体表面的结合强度高。

(3)喷涂距离选择范围广，对涂层性能影响小。

(4)相比于爆炸喷涂，超声速喷涂可制备更厚的涂层，可有效改善涂层内部的应力状态。

(5)采用超声速喷涂制备涂层时，噪声大，需加装专用隔音和防护装置。

**5. 电弧喷涂**

电弧喷涂主要是利用丝状金属材料之间产生的电弧作为热源，使喷涂材料发生熔化，并通过压缩气流将熔化的喷涂材料喷射沉积到经预处理的基体表面，从而形成具有一定功能的涂层。按照电源的供电方式，电弧喷涂可分为直流电弧喷涂和交流电弧喷涂两大类。其中直流电弧喷涂制备涂层的微观结构致密，稳定性好，沉积效率高。而在交流电弧喷涂沉积涂层过程中，噪声大，需加装专用隔音装置。电弧产生的能量与工作气体、电极材料和电流大小等直接相关。通常情况下，相比于火焰喷涂，电弧喷涂的粒子所获取的能量更大，熔融粒子的喷射速度更快。在采用电弧喷涂沉积涂层过程中会在基体表面形成微冶金结合状态。因此，相比于火焰喷涂技术，电弧喷涂技术制备的涂层与基体表面的结合强度提高 1.5～2.0 倍，同时沉积效率也随之提高。此外，通过喷涂两种不同成分的线材加之送丝速率的控制，即可方便地制得“伪合金”涂层。

与火焰喷涂类似，电弧喷涂设备成本低、操作便捷。但电弧喷涂仍然存在一些不足之处，如喷涂材料必须具备导电性，喷涂材料的选取仅限于金属材料，这就限制了电弧喷涂的使用范围。针对电弧喷涂目前存在的局限性，国内外围绕电弧喷涂设备的改进和工艺参数的优化等方面，开展了大量研究。例如，将燃料气体甲烷混入压缩空气中充当雾化气体，可有效降低涂层的氧化程度。再如，日本将传统喷涂丝材的形状由圆形改进成方形，一方面提高了沉积效率，另一方面改善了涂层与基体表面的结合状态。

由此可见，对于同一种喷涂工艺，根据所用设备和喷涂材料的不同，制备涂层的综合力学性能和服役性能也各不相同。表 2-3 为五种常用热喷涂技术工艺特性的比较。

**表 2-3　五种常用热喷涂技术工艺特性的比较**

| 热喷涂工艺 | 火焰喷涂 | 等离子喷涂 | 爆炸喷涂 | 超声速喷涂 | 电弧喷涂 |
|---|---|---|---|---|---|
| 热源 | 氧-乙炔 | 等离子体 | 氧-乙炔 | 煤油、丙烷、氢气 | 电弧 |
| 焰流温度/℃ | 2000～3000 | 12000～16000 | 4200～7500 | 2600～3000 | 电弧 20000<br>熔滴 600～3800 |
| 喷射速度/(m/s) | 50～100 | 200～1200 | 800～1200 | 300～1500 | 30～500 |
| 热效率/% | 60～80 | 35～55 | — | 50～70 | 90 |
| 沉积效率/% | 50～80 | 50～80 | — | 70～90 | 70～90 |
| 喷涂材料形态 | 粉末、线材 | 粉末 | 粉末 | 粉末 | 线材 |
| 优点 | 设备简单，工艺灵活 | 孔隙率低，结合性好，多用途，基体温度低，污染低 | 孔隙率非常低，结合性好，基体温度低 | 氧化程度低，结合性好 | 成本低，效率高，污染低，基体温度低 |
| 缺点 | 孔隙率高，结合性差，工件要预热 | 成本高 | 成本高，效率低 | 噪声大 | 只适用导电材料的喷涂，通常孔隙率较高 |

与其他表面技术相比，热喷涂技术具有如下工艺特性。

(1) 喷涂材料范围广，几乎可对所有的金属、陶瓷、高分子等材料进行喷涂。

(2) 选用合适的喷涂工艺可以在几乎所有工件表面进行喷涂。

(3) 几乎不受施工场所的限制，既可在室内喷涂，也可在现场施工。

(4) 能够对工件进行大面积喷涂，也可以进行局部喷涂。

(5) 热喷涂技术工艺简单，生产效率高，热喷涂涂层的厚度可以根据需要在较大范围内变动，对涂层制备质量影响小，涂层表面加工后光整均匀。

(6) 一般情况下热喷涂对于工件基体的热影响较小，并可进行控制，不会对基体组织和机械性能产生很大影响。

(7) 热喷涂可以对废旧零部件进行修复，赋予零部件第二次生命，并可具有比新部件更优的使用性能和更长的服役寿命。

### 2.7.3 热喷涂涂层的功能和应用

随着科学技术的不断发展和市场需求的不断变化，涂层新材料和新工艺相继研发成功，采用热喷涂技术制备功能涂层已广泛应用于国民经济的各个领域。加之科学技术和先进算法与热喷涂技术的密切结合，使得热喷涂技术的工业规模化生产有了长足进步。未来热喷涂技术将朝着技术附加值高、效益好的行业发展，如电子工业、航空领域以及生物工程等，但这些领域的工业化生产规模仍然较小。目前使用最为广泛的仍然是成本和技术附加值要求低的机械工业领域。

热喷涂技术可赋予各类机械产品，尤其是关键零部件表面各种复合材料所具备的优异综合性能。但热喷涂技术仅可在其表面制备一层涂层，使其具备特殊的功能，而不能改变基体原有的结构特性。

**1. 海洋钢结构表面的长效防腐**

由于锌、铝及其合金材料的电极电位均负于钢铁，起到阴极保护作用，有效解决了钢结构在苛刻腐蚀环境下的腐蚀问题。从 20 世纪 40 年代起，国外已经在钢结构表面喷涂锌、铝及其合金涂层作为长效防腐涂层。随后，国内开始推广应用。目前普遍采用电弧喷涂制备锌、铝及其合金涂层以解决钢结构表面的长效防腐问题，局部以氧乙炔火焰喷涂补遗。

锌、铝及其合金涂层用于长效防腐虽能显著提高海洋钢结构的耐腐蚀性能，但由于喷涂材料的性能及使役环境的不同，锌、铝及其合金材料的选择也不尽相同。例如，室温下锌的电位要负于海洋钢结构，因此可采用牺牲阳极的方法保护海洋钢结构免受海水腐蚀介质的侵蚀。但当环境温度超过 60℃时，锌的电位会正移，此时就会丧失阴极保护的作用。在实际使用过程中，由于热喷涂制备涂层内部不可避免地存在裂纹和孔隙等表面缺陷，腐蚀介质就会沿着这些缺陷所形成的通道进入涂层内部，腐蚀基体，此时涂层的使役寿命大幅降低。因此，通过在涂层表面涂敷与其性能相匹配的封孔剂进行封孔后处理，堵塞涂层从表面向内部延展的通道，能够使基体完全与腐蚀介质隔绝，这样就能成倍地延长海洋钢结构的服役寿命。

**2. 汽车与造船工业领域**

针对汽车领域存在能耗高、排放污染物等问题，热喷涂技术在该领域有了长足的发展。由于汽车领域往往是工业规模化生产，一个成熟的工艺，形成批量生产后带来的效益是十分可观的。目前已形成工业规模化生产的产品有发动机的气门挺杆、活塞环和同步环等关键运动部件的喷涂，汽车领域其他零部件的喷涂制造尚处于工业性试验阶段，未形成工业规模化生产。表 2-4 为汽车工业零部件采用的喷涂涂层材料和工艺。

**表 2-4　汽车工业零部件采用的喷涂涂层材料和工艺**

| 零部件名称 | 基体 | 涂层材料 | 喷涂工艺 | 功能 |
|---|---|---|---|---|
| 气门挺杆 | 铝合金 | Fe | 电弧喷涂 | 减轻质量/减摩抗擦伤 |
| 发动机缸体 | Al-Si 合金 | 铝合金 | 等离子喷涂 | 减轻质量/减摩抗擦伤 |
| 同步环 | 钢 | Al-Si-50wt.%Mo | 等离子喷涂 | 抗磨 |
| 活塞环 | 合金钢、铸铁、不锈钢 | $Cr_3C_2$-20wt.%NiCr | 超声速火焰喷涂 | 代替镀铬层 |

续表

| 零部件名称 | 基体 | 涂层材料 | 喷涂工艺 | 功能 |
|---|---|---|---|---|
| 刹车盘 | 钢 | $ZrO_2$ | 等离子喷涂 | 抗磨、高隔热性 |
| 氧敏传感器 | Pt+ $ZrO_2$ | $Al_2O_3$-MgO | 等离子喷涂 | 保护探头、环保 |
| 排气管 | 钢 | 铝 | 电弧喷涂 | 耐高温烟气腐蚀 |

由表 2-4 可知，汽车零件制造在保持或提高原先设计性能的前提下，普遍使用铝合金材料代替传统金属材料，以达到减轻整车质量的目的，进而实现能耗的降低。非传统的功能涂层，如磁性传感功能涂层、高隔热涂层、高精度抗蚀涂层、低噪声涂层等在汽车工业领域均有广泛的应用前景。由于具备自动化程度高、精度高和沉积效率高等特性，等离子喷涂技术在汽车工业领域中仍有强劲的生命力。

在造船工业领域，可以按照汽车工业领域的要求在船用动力系统的缸套、活塞环、排气阀等关键零部件表面制备强化涂层。除此之外，造船工业领域最具代表性的应用是采用低压等离子喷涂工艺在螺旋桨表面沉积镍钛合金涂层，以提高其在服役过程中的耐穴蚀性能。试验结果表明，表面沉积有镍钛合金涂层的螺旋桨的服役寿命比原先的铝青铜基体明显延长，目前该技术已经在小型船舶螺旋桨的表面强化中得以使用，效果十分显著。

在造船工业领域中，对于关键零部件的维修，在工艺上具备可行性，且技术附加值高。但往往由于关键运动部件磨损严重，严重影响和妨碍设备的正常连续稳定运转，因此可针对运动部件的材质、磨损程度以及使役环境，基于合理的工艺参数制备涂层进行修复，其防护效果十分显著，经济效益十分可观。

### 3. 航空航天工业领域

热喷涂技术在航空航天工业领域中的应用最为广泛，且技术附加值高。由于航空航天中的飞机发动机长期服役于宽温域、特殊介质和高速重载等苛刻工况下，其关键运动部件的耐久性和可靠性对于其连续稳定运转至关重要。目前，航空发动机中有很多关键运动部件的表面均采用热喷涂涂层进行强化。

对于热障涂层，以前往往在航空发动机表面采用等离子喷涂技术沉积氧化锆涂层和 CoNiCrAlY 高温黏结底层。随着新的涂层技术——电子束物理气相沉积技术的研发成功，所制备的热障涂层主要为柱状晶结构，且与黏结层结合牢固，制备涂层的表面光洁度高，服役寿命高于等离子喷涂一个数量级。关于热障涂层的黏结底层加陶瓷涂层结构，我国目前主要采用两层式涂层结构，并已应用于新型发动机燃烧室。为进一步提高热障涂层的使役性能，围绕梯度功能涂层的设计、黏结层表面的预氧化、热障涂层的渗铝和激光改性处理等开展相关研究与性能测试工作。

随着热端气流温度的变化，航空发动机封严涂层处于宽温域工况下，工作温度在 300～1100℃变化，最高可达 1350℃。采用热喷涂技术在发动机表面制备的封严涂层已获得了成功应用，其中由于高温封严涂层的厚度较厚(为 2～3mm)，且工作温度变化范围广，这就要求严格控制封严涂层内部的热应力，以防止在使役过程发生剥落。因此，航空发动机封严涂层需具备耐高温、耐磨损和抗氧化，以及质软、多孔(释放热应力)等工艺特性。

由于航空发动机的关键运动部件长期处于高速重载工况下，其表面会发生不同类型的摩擦磨损。据英国罗尔斯•罗伊斯(RR)公司不完全统计，1976 年前航空发动机的关键运动部件

60%是由于磨损而失效的，而在其表面沉积耐磨涂层后失效率会降低 30%左右。目前通过爆炸喷涂和超声速火焰喷涂技术制备高性能耐磨涂层已经在 50 多种航空产品运动部件表面得以应用。目前国内研发的新型航空发动机，在数百个运动部件表面采用热喷涂技术制备了十几种耐磨涂层，其中高性能耐磨涂层必须采用涂层微观致密且与基体表面结合强度高的超声速火焰喷涂技术和爆炸喷涂技术相结合进行制备。

### 4. 钢铁工业领域

从钢铁工业领域的热喷涂技术应用情况来看，各种样式的辊子占全部热喷涂关键运动部件的 85%以上，防护效果显著，经济效益可观。例如，通过热喷涂技术在张紧辊表面制备 Co-WC 涂层，相比于镀硬铬，其服役寿命由原先的两个半月提升至五年，停机检修费用仅为原来的 1/10。在退火炉导辊表面沉积涂层进行长效防护处理，可保证三年内不检修，大幅降低了停机维修的时间和成本，并提高了带钢制造品质。

### 5. 印刷、造纸工业中的应用

在印刷、造纸工业中，为了提高生产效率和使用寿命，采用热喷涂工艺在零部件表面制备涂层是行之有效的技术手段。例如，对于柔板印刷机网纹辊，采用热喷涂技术制备高密度、高硬度涂层，其使用寿命是镀铬辊的 10 倍左右；印刷机的送纸、导纸、压印辊以及纸箱压楞辊等的表面强化，已采用等离子喷涂陶瓷涂层代替原来的橡胶和环氧衬套，提高了零部件的工作效率和使用寿命。

造纸机械设备各类辊子的磨损、划伤、刮痕等缺陷是影响纸品质量的主要因素，高速频繁运转的石头辊可用表面沉积有陶瓷或金属复合陶瓷涂层的钢制辊替代，且不受频繁高速使用限制。又如，机器轧光辊和刮板的黏着磨损，光泽轧光辊的表面光洁度下降，顶压辊、上浆辊、后干燥辊等出现的机械磨损，均可通过热喷涂工艺加以解决，同时可大幅度延长造纸机械零部件的使用寿命。

### 6. 生物医疗器件领域

随着经济全球化进程的不断深入，生物功能材料进入中国市场，并取得了长足的发展。传统的人工骨骼普遍使用 1Cr18Ni9Ti 不锈钢和 Ti6Al4V 合金。这两种材料在植入人体后存在与组织的亲和性差、耐体液腐蚀性弱等问题，关节运动部件的耐磨性能也不能满足要求。目前热喷涂技术在生物医疗器件领域最具代表性的应用是以具备优异综合力学性能的 Ti6Al4V 合金材料作为基体，通过热喷涂技术在其表面制备羟基磷灰石涂层，植入人体后由于其与人体骨骼材料成分类似，与组织的亲和性好，对人体无副作用，而得到了广泛应用。

## 本 章 小 结

本章主要介绍热源特性。首先阐述气体放电的基本特征，以及中性气体分子发生电离成为等离子体的相关过程。然后结合具体应用示例，说明辉光放电和电弧放电的原理、特点与应用，阐明低温等离子的基本特征，简述常用等离子体的气体特性及其产生高能等离子体的基本途径。接着介绍燃烧火焰的概述，重点阐明气体燃料的燃烧方式及结构特性。最后阐明热喷涂涂层的制备原理与工艺特点及其在各个领域的应用情况，并对其发展趋势进行展望。

# 参 考 文 献

陈晶，许建平，2015. 气体放电现象及其应用[J]. 学园，(4)：196.

高名传，2015. 线材火焰喷涂设备改进及喷钼工艺研究[D]. 北京：机械科学研究总院.

姜江，彭其凤，2006. 表面淬火技术[M]. 北京：化学工业出版社.

李兴文，陈德桂，2007. 空气开关电弧的磁流体动力学建模及特性仿真[J]. 中国电机工程学报，27(21)：31-37.

马国亭，2009. 模具表面火焰淬火技术[J]. 模具制造，9(10)：10-15.

石峰，王昊，2018. 气体放电等离子体及应用的研究进展[J]. 真空与低温，24(2)：80-85.

孙家枢，2013. 热喷涂科学与技术[M]. 北京：冶金工业出版社.

孙杏凡，1982. 等离子体及其应用[M]. 北京：高等教育出版社.

王利娟，2009. 等离子体概念、分类及基本特征[J]. 宜宾学院学报，9(6)：41-43.

王妙康，2008. 气体放电轶事[J]. 光源与照明，(1)：25-28.

吴子健，2006. 热喷涂技术与应用[M]. 北京：机械工业出版社.

徐金勇，吴庆丹，魏新龙，等，2020. 电弧喷涂耐海水腐蚀金属涂层的研究进展[J]. 材料导报，34(13)：13155-13159.

徐学基，诸定昌，1996. 气体放电物理[M]. 上海：复旦大学出版社.

AGRAWAL C, 2019. Surface quenching by jet impingement-a review[J]. Steel research international, 90(1): 1800285.

CETEGEN B, BASU S, 2009. Review of modeling of liquid precursor droplets and particles injected into plasmas and high-velocity oxy-fuel (HVOF) flame jets for thermal spray deposition applications[J]. Journal of thermal spray technology, 18(5-6): 769-793.

SMIRNOV B, 2009. Modeling of gas discharge plasma[J]. Physics-Uspekhi, 52(6): 559-571.

WANG L Q, MA H H, SHEN Z W, et al., 2019. Flame quenching by crimped ribbon flame arrestor: a brief review[J]. Process safety progress, 38(1): 27-41.

# 第3章　热　喷　涂

## 3.1　颗粒加速规律

### 3.1.1　颗粒运动规律

热喷涂是一种表面工程技术，它利用某种热源将喷涂材料加热到熔融或半熔融状态，并通过累加沉积形成各种功能涂层，其分类如图 3-1 所示。热喷涂材料主要为粉末、线材和棒材，其中线材由金属或合金制成，主要用于火焰喷涂和电弧喷涂。热喷涂涂层的目的主要是抗氧化、抗腐蚀、耐磨、耐高温、修复装饰和改变电磁光性能。在热喷涂涂层成形过程中，首先喷涂材料被加热，达到熔化或半熔化状态，随后熔化的喷涂材料被雾化，熔融或软化的微细颗粒进入向前喷射的飞行阶段，最后颗粒在基体表面发生碰撞、变形、凝固和堆积。喷涂颗粒状态的基本参量为速度、温度和尺寸，喷涂颗粒的速度与温度为位置的函数。在与基体接触之前，进入焰流的粉末颗粒或者是喷涂丝材形成的微细颗粒将经历快速加速过程和强烈加热过程。熔融颗粒会蒸发，导致尺寸减小，金属粉末也会被氧化。最终涂层的结构和性能在很大程度上取决于飞行中粉末颗粒的变化。对热喷涂焰流和射流的表征主要是对其速度、温度空间分布的试验测量或者数值计算，这些参数决定了气流的密度、热导率、黏度等，同时影响气体与粉末颗粒之间的动量传输和热交换作用。通常，当颗粒以较高的速度撞击基体时，涂层的质量更好。为了提高颗粒速度，人们发明了高速火焰喷涂和冷喷涂。

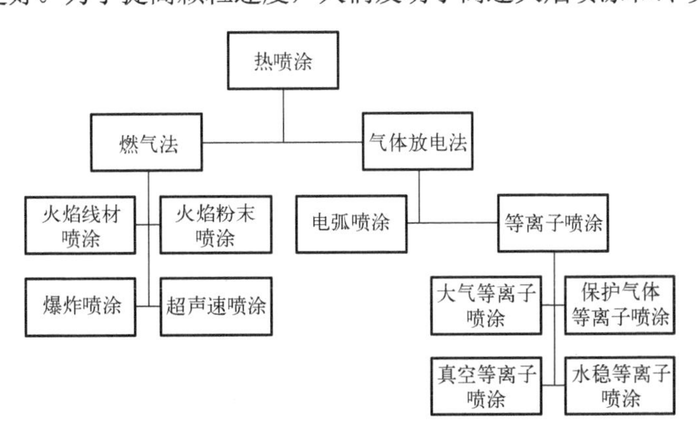


图 3-1　热喷涂分类

热喷涂主要分为四个阶段。第一阶段是喷涂材料的加热和熔化。当线材端部伸入热源中的高温区时，线材会受热并立即发生熔化；当粉末材料进入热源的高温区时，其加热、熔化或软化过程会出现在移动过程中。第二阶段是喷涂材料发生雾化熔化。外加的压缩气流或热源自身射流使得线材端部熔化形成的熔滴离开线材，经过雾化成为微细熔滴向前方喷射；而粉末熔粒通常不会经历进一步的破碎和雾化，而是由气流或热源射流向前推着喷射。第三阶段是熔融或软化的微细颗粒的喷射飞行。飞行过程中的颗粒会被加速成为颗粒流，颗粒的运动速度随着飞行距离的增加而减小。第四阶段是颗粒与基体表面碰撞、变形、凝固、沉积。当具有一定温度和速度的微小颗粒与基体表面发生强烈碰撞时，颗粒的动能会转换为热能，并部分传递到基体。此外，微小颗粒会沿着坑坑洼洼的表面变形，变形后迅速冷凝并收缩、呈现扁平状沉积在基体表面。喷涂的颗粒束连续不断地运动并冲击表面，产生碰撞变形，随后开始冷凝收缩，变形的颗粒与基体材料之间，以及颗粒与颗粒之间黏结在一起构成涂层。

颗粒的飞行速度与喷涂方法、喷涂材料的密度和形状、颗粒大小、颗粒的飞行距离等有关。例如，在爆炸喷涂过程中，颗粒的飞行速度可达 1000m/s。在利用火焰喷涂喷有黄铜、钼和锌丝的材料时，三种颗粒在飞行距离为 100mm 时的平均飞行速度分别为 120m/s、65m/s、140m/s。当颗粒与基体表面碰撞时，颗粒的速度会影响转换能量、变形程度和结合力。在颗粒温度方面，对于线状喷涂材料，被加热到熔化或熔融状态，若不考虑颗粒与基体碰撞时动能转换为热能所引起的颗粒自身温度的升高，那么颗粒到达基体时的温度一般在其熔点左右。对于粉末喷涂材料，粉末的热物理性能和粉末粒度所决定的粉末尺寸影响着加热和飞行中颗粒的温度。为了获得高结合强度和高质量的涂层，粉末内部离表面 90%的深度处应处于熔融状态。此外，在一定的喷涂条件下，喷涂颗粒的尺寸存在着最小的临界尺寸。颗粒质量越小，则其轨迹偏离初始流速直线方向就越多，甚至会被气流卷走。

### 3.1.2 颗粒加速的影响因素

对于喷涂过程中颗粒加速的研究，通过建立微分方程，在已知速度场的条件下，结合颗粒移动轨迹，以轨迹(或距离)的函数，求解颗粒的加速度与速度。如弹道模型或拉格朗日方程中所述，喷涂颗粒的移动假定不受其他条件的干扰，并且当颗粒进入流体中时，受到以下作用力而加速：①拖拽力；②压力梯度产生的力；③由于质量增加产生的力(阿基米德力)；④Basset 力(两相流中颗粒与流体存在相对加速度时所产生的一种非恒定气动力)；⑤外场力(重力场、电磁场等)。

喷涂颗粒在流速为 $v$ 的气流中被气流携带加速的运动方程可表达为

$$m_{\mathrm{p}}\frac{\mathrm{d}v_{\mathrm{p}}}{\mathrm{d}t}=\frac{1}{2}C_{\mathrm{D}}\pi\frac{d_{\mathrm{p}}^{2}}{4}\rho\left|v-v_{\mathrm{p}}\right|(v-v_{\mathrm{p}})+F_{\mathrm{ext}} \tag{3-1}$$

式中，$m_{\mathrm{p}}$ 为颗粒的质量(kg)；$v_{\mathrm{p}}$ 为颗粒的速度(m/s)；$C_{\mathrm{D}}$ 为拖拽系数；$d_{\mathrm{p}}$ 为颗粒的直径；$\rho$ 为喷涂颗粒周围气体的密度；$F_{\mathrm{ext}}$ 为外力，如重力。

拖拽系数 $C_{\mathrm{D}}$ 与颗粒的形貌、雷诺数(Reynolds Number) $Re$ 有关。$Re=\dfrac{d\cdot\rho_{\mathrm{g}}}{\mu_{\mathrm{g}}}\left|v-v_{\mathrm{p}}\right|$，其中，$\mu_{\mathrm{g}}$ 是气体的动力学黏度，与颗粒表面的粗糙度等参数有关；$d$ 是特征长度；$\rho_{\mathrm{g}}$ 是气体的密度。$Re$ 是指流体运动中惯性力相对于黏滞力的比值的无量纲数，是表征流体运动中黏性作用和惯性作用的相对大小的无因数。雷诺数于 1851 年由 George Gabriel Stokes 提出，于 1883 年由 Osborne Reynolds 命名并普及。对于液相或固相的球形颗粒，$C_{\mathrm{D}}$ 的经验表达式为

$$C_{\mathrm{D}}=\frac{F_{\mathrm{D}}}{A(0.5\rho\Delta v^2)}=\left(\frac{24}{Re_{\mathrm{p}}}+\frac{6}{1+\sqrt{Re_{\mathrm{p}}}}+0.4\right)f_{\mathrm{F}}^{0.45}f_{\mathrm{nc}}^{0.45} \tag{3-2}$$

式中，$F_{\mathrm{D}}$为气流对粒子的拖曳力；$A$为液滴横截面积；$\Delta v$为气流与颗粒的速度差；$f_{\mathrm{F}}, f_{\mathrm{nc}}$分别为与焰流特性和不连续性相关的参数。

此外，根据不同的$Re$范围，$C_{\mathrm{D}}$有以下表达式：

$$当Re<0.2时，C_{\mathrm{D}}=\frac{24}{Re} \tag{3-3}$$

$$当0.2\leqslant Re<2时，C_{\mathrm{D}}=\frac{24}{Re}\left(1+\frac{3}{16}Re\right) \tag{3-4}$$

$$当2\leqslant Re<21时，C_{\mathrm{D}}=\frac{24}{Re}(1+0.11Re^{0.81}) \tag{3-5}$$

$$当21\leqslant Re<500时，C_{\mathrm{D}}=\frac{24}{Re}(1+0.189Re^{0.62}) \tag{3-6}$$

其中，式(3-3)描述了斯托克斯域的运动，式(3-4)发生在奥辛流域。

对于非球形颗粒在高速气流中的加速，要考虑其表面积与等体积的球形的表面积之比，拖拽系数有以下经验表达式：

$$C_{\mathrm{D}}=\left(\frac{24}{K_1Re}\right)[1+0.1118(ReK_1K_2)^{0.6567}]+0.4305K_2[1+3305(ReK_1K_2)^{-1}]^{-1} \tag{3-7}$$

式中，$K_1$，$K_2$为与球形相关的因子。

考虑到如下因素的影响，拖拽系数可以加上一个修正系数：

(1)边界层陡的温度梯度对气体黏度和密度的影响；

(2)当颗粒尺寸与气体分子的平均自由程一致时，应考虑非连续介质的影响。非连续介质的效果，也称为克努森效果，由克努森数(Knudsen Number)$Kn$决定，定义为

$$Kn=\frac{l_{\mathrm{mf}}}{d_{\mathrm{p}}} \tag{3-8}$$

式中，$l_{\mathrm{mf}}$为气体分子平均自由程；$Kn$与气体稀薄程度有关，$Kn$越大表示气体越稀薄。在大气中通常遇到$Kn$极小的情况，可以用连续介质模型成功地描述由单个分子构成的气体的流动特性。但是当气体分子碰撞的平均自由程与颗粒尺寸相比不能忽略时，即$Kn$值不是十分小时，离散分子结构的效应则开始显现。

气体和喷涂颗粒之间的动量传输是一种载荷作用或加载作用，可以认为气体动量的损失相当于进入气体的颗粒动量的增加。随着送粉速率的加快，颗粒速度降低。

关于颗粒加速度的计算，首次根据牛顿第二定律(设颗粒质量为$m_{\mathrm{p}}$)：

$$m_{\mathrm{p}}\frac{\mathrm{d}v_{\mathrm{p}}}{\mathrm{d}t}=F_{\mathrm{D}}=\frac{1}{2}C_{\mathrm{D}}A\rho_{\mathrm{g}}\left|v-v_{\mathrm{p}}\right|(v-v_{\mathrm{p}}) \tag{3-9}$$

式中，$A$为液滴横截面积；$\dfrac{\mathrm{d}v_{\mathrm{p}}}{\mathrm{d}t}$为颗粒加速度。由此可得

$$m_p \frac{dv_p}{dt} = \frac{3C_D \rho_g}{4d_p \rho_p} |v - v_p|(v - v_p) \tag{3-10}$$

式中，$d_p$ 为球形颗粒直径；$\rho_p$ 为球形颗粒的密度。

影响颗粒加速度及速度的主要因素是气流速度、颗粒大小和密度，且加速度与气流速度和颗粒速度差的平方成正比，与粒径和密度成反比。此外，加速度与雷诺数有关。因此，密度小的氧化物陶瓷容易达到高速度，小颗粒容易获得高速度。电弧功率对颗粒速度存在影响。图 3-2 显示了不同电弧功率(20kW 和 29kW)和工作气体种类($N_2$-$H_2$ 和 Ar-$H_2$)下 $Al_2O_3$ 粉末颗粒速度的变化，其基本特征是由加速与减速两个阶段组成的，初期加速度大，并在 50～80mm 范围内达到最高速度，但会受等离子射流速度场和颗粒轨迹的影响，并且喷涂距离对颗粒速度也存在影响。在超声速等离子喷涂过程中，粉末的速度特性取决于粉末的受力，并且与周围等离子体的温度、受热时间等直接相关。如图 3-3 所示，颗粒距喷嘴出口 $X$ 为 80mm 之前，气流的速度比颗粒高，颗粒加速；当 $X$ 为 80～100mm 时，气流的速度与颗粒的速度相近，

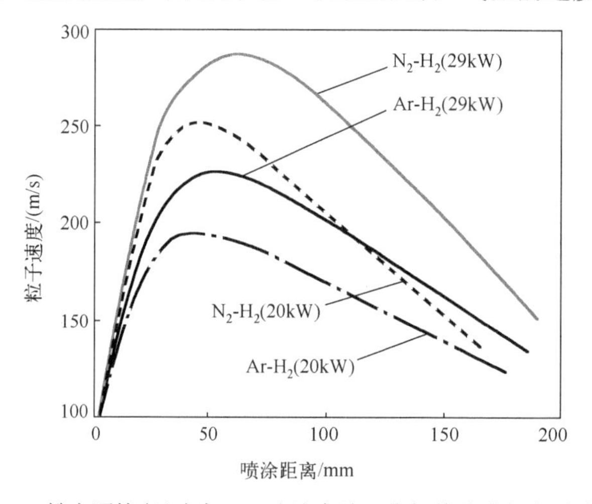


图 3-2　$Al_2O_3$ 粉末颗粒(尺寸为 18μm)速度随工作气体种类与电弧功率的变化

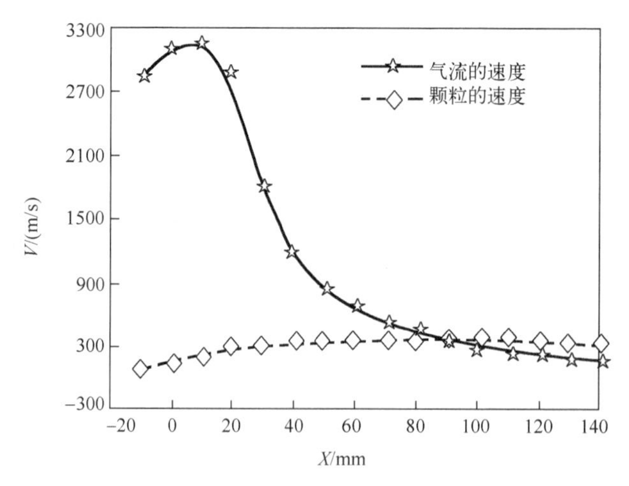


图 3-3　气流的速度与颗粒的速度距喷嘴距离变化的对比

颗粒等速飞行；在 $X$ 为 100mm 以后，气流的速度比颗粒低，此时颗粒减速。由以上分析可知，被喷涂的工件应放置在距喷嘴出口 80～100mm 处，以使颗粒在与基板碰撞时的速度达到最快。

# 3.2 颗粒加热规律

## 3.2.1 颗粒与焰流的热量传递

颗粒与焰流热量传递的具体理论描述如下：随着颗粒大小和颗粒喷射或焰流速度的变化，颗粒与喷涂射流或焰流之间的传热机制会发生变化，后者(指焰流/射流速度)在颗粒飞行期间不断变化。具体有三种热传递机制，分别是对流、传导和辐射。

(1) 对流。对于刚进入焰流的颗粒，对流传热是主要部分，此时热空气流动的速度要高得多。同样，当颗粒飞行即将结束时，如果焰流的温度和速度低于喷射颗粒的温度和速度，则对流机制也是主要机制。

(2) 传导。当焰流速度相对较低时，这种机制占主导地位，发生在颗粒飞行的中段。

(3) 辐射。辐射包括焰流对颗粒的辐射以及颗粒本身的辐射损失，它对于大颗粒更为明显。

针对焰流，热导率是最能影响传热的性能。总热导率 $\lambda_{\text{total}}$ 由三部分组成：

$$\lambda_{\text{total}} = \lambda_{\text{atoms}} + \lambda_{\text{electrons}} + \lambda_{\text{ambipolar}} \tag{3-11}$$

式中，$\lambda_{\text{ambipolar}}$ 是重新结合成分子的原子(如 H 或者 N)对传热的影响值。

传导和对流传热机制一般可以使用努塞尔数(Nusselt Number) $Nu$ 来表示，其为对流换热强烈程度的一个准数。对于圆形颗粒，努塞尔数的计算式如下：

$$Nu = \frac{hd_{\text{p}}}{\langle \lambda_{\text{total}} \rangle} = 2 + 0.66Re^{0.5}Pr^{0.33} \tag{3-12}$$

式(3-12)右边第一项(2)阐述了传导传热机制，若雷诺数 $Re$ 很小，也就是颗粒的速度接近于气流速度，这种机制占主导作用，通常发生于飞行的中段。否则，就需要考虑公式中的第二项，普朗特数($Pr$)表明温度边界层和流动边界层的关系，反映流体物理性质对对流传热过程的影响，定义为

$$Pr = \frac{\mu_{\text{g}}(C_p)_{\text{g}}}{\lambda_{\text{g}}} \tag{3-13}$$

式中，$\mu_{\text{g}}$ 为气体的动力学黏度；$(C_p)_{\text{g}}$ 为气体的等压比热容；$\lambda_{\text{g}}$ 为气体的热导率。克努森效应和载荷效应的出现对传热效果有重要影响。克努森效应是当气体孔洞的尺寸和气体的平均自由程接近时，气体的热导率会减小，因为孔洞限制了气体颗粒的运动，并取消了热对流。对于小颗粒和/或低压下喷涂的情况，需要考虑克努森效应，这种效应会降低传热效果。Chyou 和 Pfender 计算了随着颗粒尺寸的减小所减少的传热效果，发现载荷效应也会减少热气流对颗粒的传热效果，它是由于大量颗粒进入焰流中对焰流产生了冷却效果。此外，在熔融颗粒的

飞行过程中，任何碰撞都可能形成颗粒团聚或孪生。Pawlowski 在等离子喷涂氧化铝的射流中观察到团聚现象，并且在大颗粒羟基磷灰石粉尘中也观察到了这种现象。

电弧喷涂的传热过程与其他喷涂技术有一些不同。液相颗粒是从喷涂丝材末端形成的，在颗粒飞向基体的过程中一直经历冷却，冷却途径包括雾化气体的对流和传导，以及颗粒表面向外的辐射。

根据颗粒内部温度分布的差异，颗粒在火焰或射流中的加热现象可分为两种情况：颗粒温度分布均匀、颗粒温度分布有梯度。Dresven 提出这两种现象可以根据毕奥数($Bi$)的差异来区分。$Bi$ 是传热学的重要参量，表征固体内部单位导热面积上的导热热阻与单位面积上的换热热阻(即外部热阻)之比，公式为

$$Bi = \frac{Rh}{\lambda_p} \tag{3-14}$$

式中，$R$ 为颗粒尺寸；$h$ 为表面传热系数；$\lambda_p$ 为固体导热系数；当 $Bi < 0.01$ 时，颗粒中不会有温度梯度分布；当 $Bi \geqslant 0.01$ 时，颗粒中存在温度梯度。所以，当喷涂具有良好导热性($\lambda_p$ 值大)的材料时，颗粒内部没有温度梯度，如金属、合金、碳化物或小颗粒($R$ 值小)。

对于温度均匀分布的颗粒，公式(3-15)可以用来描述在焰流或射流中温度稳定均一($T_p$)的颗粒(等温粒子模型)：

$$\frac{dT_p}{dt} = \frac{6h}{\rho_p c_p d_p}(T_g - T_p) = \frac{6Nu\lambda_g}{\rho_p c_p d_p^2}(T_g - T_p) \tag{3-15}$$

式中，$T_g$ 为气流温度；$d_p$ 为球形颗粒直径；$\rho_p$ 为密度；$c_p$ 为粒子的比热容；$T_p$ 为颗粒温度；$h$ 为气流与颗粒的换热系数；$\lambda_g$ 为球形粒子直径。

若假定下列简化条件：

(1)能量传输机制为纯传导方式，$Nu = 2$；

(2)焰流或射流的平均热导率通过公式给出，积分下限为 300K，而非实际的 $T$；

(3)焰流或射流的动力学黏度为 $\mu_g$；

(4)所有颗粒的飞行轨迹长度等于 $L$；

(5)焰流或射流具有恒定的速度 $v_p$；

(6)颗粒在焰流或射流中的相对运动在斯托克斯域。

在优化工艺参数时，只需将喷涂材料的熔化程度因子与用于喷涂的喷枪的加热能力因子进行比较，就能够估计判断式在哪一种情况下需要修正。计算颗粒时，需要关注计算中最大颗粒尺寸的选择。通过这种方式，所有材料都可以熔化，但同时较小的颗粒可能会过热，并可能发生不必要的蒸发及颗粒尺寸减小。

## 3.2.2 颗粒加热的影响因素

### 1. 喷涂颗粒的加热过程

对于普通火焰喷枪，燃烧室中的燃气和氧气燃烧产生的热量，通过颗粒内部的热传导实现颗粒的加热。当气体是乙炔时，燃烧反应可以简单地描述为

$$2C_2H_2 + 5O_2(\text{点燃}) = 4CO_2 + 2H_2O + Q \tag{3-16}$$

上述反应完全进行所产生的热量 $Q$ 约为 53396kJ/m$^3$，理论上能使焰流中心最高温度达到约 3250℃，且随着距离的增加，温度降低。对于熔点低于火焰温度的材料，颗粒在焰流中加热实现完全熔化、部分熔化或软化。火焰流中颗粒的加热过程可以简化为热流体中球形颗粒的换热问题。在温度为 $T_g$ 的焰流中，设有球形颗粒直径为 $d_p$，温度为 $T_p$，在 d$t$ 时间内焰流传给颗粒的热量为 d$Q$，则根据对流换热规律有

$$dQ = hA(T_g - T_p)dt \tag{3-17}$$

式中，$h$ 为气流与颗粒的换热系数；$A$ 为颗粒表面积，$A = \pi d_p^2$。考虑颗粒内部的热传导特性，颗粒与焰流之间的热量传递如图 3-4 所示。

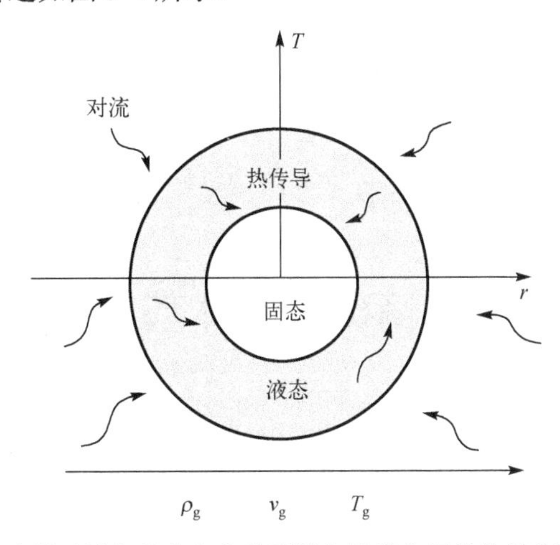


图 3-4 火焰喷涂钇掺杂氧化锆颗粒与焰流之间的热量传递示意图

在火焰喷涂条件下，假设喷涂颗粒为球形，颗粒内无热源，仅通过传导换热，可得到一维热传导方程为

$$\rho_p \cdot c_p \cdot \frac{\partial T_p}{\partial t} = \frac{1}{r^2} \cdot \frac{\partial}{\partial r} \cdot \left( \lambda_p \cdot r^2 \cdot \frac{\partial T_p}{\partial r} \right), \qquad 0 \leqslant r \leqslant R_p \tag{3-18}$$

式中，$\rho_p$ 为介质的密度；$c_p$ 为介质的比热容；$r$ 为颗粒的半径；$\lambda_p$ 为介质的导热系数；$R_p$ 为颗粒半径。其中，下标 p 表示喷涂颗粒。边界条件取决于颗粒的不同位置。

式(3-18)提供了颗粒加热速度的影响因素，一般情况下，颗粒的加热速度的增加伴随气体温度和导热系数的增加，而与颗粒的容积比和直径平方成反比；另外，因为颗粒的加速和加热同时发生，所以速度的增加减少了颗粒停留在热源中的时间，即加热时间，对颗粒的加热熔融不利。因此，对于同一热源，对颗粒的加热和加速的要求具有一定的矛盾性，需要合理的加热和加速的配合。

**2．喷涂颗粒的表面温度**

对于采用火焰喷涂来控制喷涂粉末的温度与速度，火焰温度及热流密度都相对较低，对未完全熔化的喷涂粉末颗粒来说，其表面温度可近似认为在熔点附近且略高于熔点温度。

**3．喷涂颗粒的熔化程度**

喷涂颗粒的扁平行为与液滴碰撞前的状态、基体材料和基体表面条件等有很大关系。扁

平率随着颗粒速度与温度的增大而增加，且与喷涂粉末颗粒的雷诺数和温度有关。一般情况下，颗粒作为等温模型来处理，试验中测试的温度也仅为表面温度，对热导率较大的材料或颗粒尺寸较小的颗粒来说是适合的，然而对于热导率较小或直径较大的颗粒，尤其对于液固两相共存的表面熔化或半熔颗粒，等温模型不适用。这种情况下，表面温度只能表征颗粒的表面熔化状态而无法反映颗粒内部的熔化情况。为了表征这类仅部分熔化颗粒的熔化状态，Vaidya 等基于试验获得的飞行颗粒表面温度、速度以及颗粒尺寸等参数，提出了熔融指数(Melting Index，MI)的概念，并将这一参数首次用于颗粒熔化行为的表征。颗粒加热和熔化模型如下：

$$\mathrm{MI}=\frac{\Delta t_{\mathrm{fly}}}{\Delta t_{\mathrm{melt}}}=\frac{24k}{\rho h_{\mathrm{fg}}}\cdot\frac{1}{1+(4/Bi)}\cdot\frac{(T-T_{\mathrm{m}})\cdot\Delta t_{\mathrm{fly}}}{D^{2}} \tag{3-19}$$

式中，常数 $k$、$\rho$、$h_{\mathrm{fg}}$ 和 $T_{\mathrm{m}}$ 分别为颗粒的热导率、密度、比热和熔点；$\Delta t_{\mathrm{fly}}$ 和 $\Delta t_{\mathrm{melt}}$ 分别为颗粒的飞行时间和熔化时间，且 $\Delta t_{\mathrm{fly}}=\dfrac{2L}{V}$，$L$ 为喷涂距离。

# 3.3　熔滴碰撞基体基本行为

## 3.3.1　熔滴碰撞基体后的扁平变形过程

热喷涂涂层是由多个单一颗粒撞击在基体上沉积而形成的，喷涂的颗粒束不断冲击基体表面，经历碰撞—变形—凝固收缩的过程，变形颗粒与基体表面之间，以及颗粒与颗粒之间互相交错地黏结在一起，形成涂层(图 3-5)。碰撞时，颗粒可以完全熔化、部分熔化或呈固态。涂层开始沉积后，颗粒直接撞击基体，这个过程决定了涂层和基体的结合强度。此时，熔融的颗粒变形，形成层月状结构，凝固形成柱状晶体或微小的等轴晶体。喷枪在基体表面扫过，形成的第一层涂覆层通常包括5～15个扁平颗粒，其中颗粒的具体数量由工艺参数(如送粉率、喷雾距离、颗粒尺寸、喷枪线扫描速度)确定。

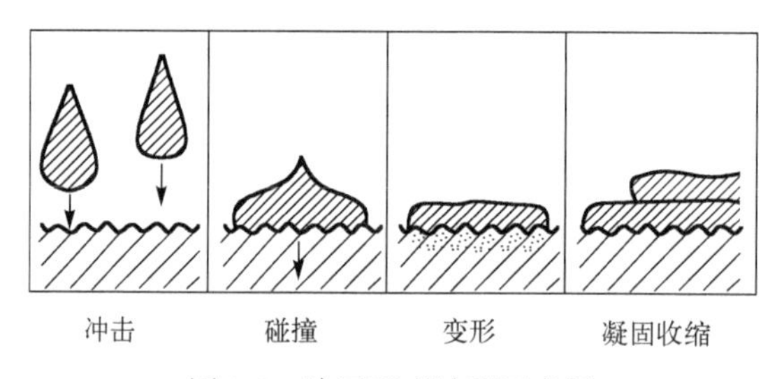


图 3-5　涂层形成过程示意图

高速熔滴的扁平化涉及基本的物理过程。喷涂液体进行横向流动，沿基体表面铺展扁平化；高速熔滴向基体发生传热，颗粒冷却凝固，基体温度升高，界面温度升高，影响颗粒与基体的润湿，并且在凝固后快速冷却；高速熔滴与基体接触时产生碰撞压力，影响结合和涂层组织结构。熔融颗粒在与基体(或沉积的涂层上)碰撞后转移到扁平颗粒，整个转移过程伴随着变形过程和凝固过程，这些过程受到以下因素的影响：

(1)碰撞时颗粒速度、尺寸、物相含量(全熔化、部分熔化等);
(2)颗粒材料液态下的性质(黏度、表面张力等);
(3)液体颗粒和基体的润湿能力;
(4)基体温度;
(5)基体表面粗糙度。

高速熔滴的扁平化过程具有以下特征。扁平化的驱动力是动能，其阻力来源于扁平化过程中的表面张力与黏性流动阻力，并且熔滴与基体碰撞后数微秒内，扁平化过程结束，其中冷却凝固对扁平化过程的影响可以忽略。颗粒的变形并不受其在碰撞前的加热和加速方式的影响，也就是与喷涂方法本身无关，而是与颗粒碰撞时的速度和颗粒内不同相的含量，以及各相内的温度分布密切相关。热喷涂涂层特有的层状结构来源于颗粒的变形。颗粒在刚接触到基体时就会发生变形，这种现象能从液体的不压缩流模型和压缩流模型分析。液体的不压缩流模型是假设颗粒发生碰撞时不被压缩，简化说明当液体颗粒碰撞时向周围产生流动，而压缩流模型是假设颗粒碰撞时被压缩。上述两个模型都没有考虑颗粒碰撞时的凝固过程。熔融液滴的碰撞分为两个阶段，首先，碰撞颗粒从接触基板开始，直到形成包括接触圆形区域附近的压缩流结束的断裂球为止的过程。此阶段称为亚临界流，它的持续过程为 $10^{-10}$～$10^{-9}$s。在高温环境下，涂层的亚稳态结构会向稳定相转变或发生分解。有些相变甚至会产生相变应力，导致涂层破坏。例如，$\alpha$-$Al_2O_3$ 材料的硬度高、耐磨性好，但是在以$\alpha$-$Al_2O_3$ 为等离子喷涂材料沉积无机涂层的过程中，由于喷涂颗粒的快速凝固，最终形成的$\gamma$-$Al_2O_3$ 无机涂层的性能特点不同于$\alpha$-$Al_2O_3$ 材料。撞击在扁平颗粒内与基体内产生冲击波，在亚临界流的最后阶段，液相开始向四周扩展直至最后的形状。此时，颗粒逐渐凝固。对于通常的热喷涂扁平颗粒，扁平率通过理想圆盘直径 $D$ 与初始颗粒直径之比计算，具体如下：

$$\varepsilon = D / d_{\mathrm{p}} \tag{3-20}$$

采用表面积 $S$ 可表示为

$$\varepsilon = \frac{2}{d_{\mathrm{p}}}\sqrt{\frac{S}{\pi}} \tag{3-21}$$

经过理论分析与试验表明：

$$\varepsilon = a(\rho_{\mathrm{p}} d_{\mathrm{p}} v_{\mathrm{p}} / \eta_{\mathrm{p}})^b = a(Re)^b \tag{3-22}$$

式中，典型理论分析值 $a = 1.29$，$b = 0.2$；数值模拟分析值 $a = 1.025$～$10.5$，$b = 0.2$。

颗粒的变形过程和凝固过程是同步的，当颗粒凝固时便停止变形，凝固是扁平颗粒形成的“控制机制”。喷涂颗粒的冷却凝固特点如下：采用一维换热模型，瞬时将厚度为$\delta$，温度为 $T_{\mathrm{p}}$ 的熔融颗粒铺在温度为 $T_{\mathrm{s}}$ 的无限大基体表面。液态颗粒的热导率为$\lambda_{\mathrm{pl}}$，熔点为 $T_{\mathrm{mp}}$，结晶潜热为$\Delta H_{\mathrm{m}}$。界面换热系数为 $h$。根据 $Bi$ 的大小分为以下三种情况（$Bi = h\delta / \lambda_{\mathrm{pl}}$，为热传导热阻与界面换热热阻之比）。

(1)牛顿冷却($Bi \ll 1$，$Bi < 0.015$)，其特点为等温冷却与凝固，无过冷。冷却速度与凝固时间 $t_{\mathrm{m}}$ 分别为

$$\frac{\mathrm{d}T_{\mathrm{p}}}{\mathrm{d}t}=\frac{h(T_{\mathrm{s}}-T_{\mathrm{p}})}{\delta\rho_{\mathrm{p}}c_{\mathrm{p}}} \tag{3-23}$$

$$t_{\mathrm{m}}=\frac{\rho_{\mathrm{p}}\Delta H_{\mathrm{m}}\delta(T_{\mathrm{mp}}-T_{\mathrm{s}})}{h} \tag{3-24}$$

冷却速度与扁平颗粒厚度成反比，颗粒越薄，冷却速度越快。其中，$h=10^5\sim10^6\mathrm{W/(m^2\cdot K)}$，$\delta$为数微米，冷却速度为$10^5\sim10^6\mathrm{K/s}$。

(2) 理想冷却($Bi\gg1$，$Bi>30$)，此情况下界面的存在可以忽略，可采用一维热传导方程求解。

$$\frac{\partial T}{\partial t}=a\frac{\partial^2 T}{\partial x^2} \tag{3-25}$$

冷却速度与颗粒厚度的平方成反比。以Fe基体为例，Fe基体上10μm厚Cu颗粒的冷却速度达到$8.1\times10^7\mathrm{K/s}$。

(3) 过度冷却($0.015<Bi<30$)，此情况需要根据界面换热系数，通过数值计算求解。

在研究高速液滴对基体的碰撞力时，液滴以速度$v_{\mathrm{p}}$撞击基体时，产生的最大冲击力为

$$P_{\max}=\frac{1}{2}\mu\rho C_{\mathrm{so}}v_{\mathrm{p}} \tag{3-26}$$

式中，$\rho$为液滴密度；$C_{\mathrm{so}}$为液滴中的声速；$\mu$为基体材料的刚性系数，不考虑液体可压缩性时，$\mu=1$，可得到：

$$P_{\max}=\frac{1}{2}\rho C_{\mathrm{so}}v_{\mathrm{p}} \tag{3-27}$$

描述碰撞过程的基本方程可以使用连续方程($\nabla\cdot\vec{V}=0$)、动量方程(N-S方程)$\left[\frac{\partial\vec{V}}{\partial t}+(\vec{V}\cdot\nabla)\vec{V}=-\frac{1}{\rho}\nabla p+\frac{\mu}{\rho}\nabla^2\vec{V}+f\right]$和能量守恒定律。

喷涂的高速液滴也具有液体的填缝特性。在压力$P$下，可填充的最小孔隙尺寸为

$$D=\frac{4\sigma\cos\theta}{P} \tag{3-28}$$

式中，$\sigma$为液体表面张力；$\theta$为润湿角，对于涂层自身，由于材料相同，可设$\theta=0$。在最大冲击力下，可填充的最小孔隙直径为

$$D_{\min}=8\sigma/(\rho C_{\mathrm{so}}v_{\mathrm{p}}) \tag{3-29}$$

$D_{\min}$也为涂层内未被填充的最大气孔。由式(3-29)可知，速度增加($v_{\mathrm{p}}$增加)，温度增加($\sigma$减小)，涂层致密。对于钢，$\sigma=1.4\mathrm{N/m}$(1600℃)，$C_{\mathrm{so}}=3230\mathrm{m/s}$，$\rho=7.8\times10^3\mathrm{kg/m^3}$，$v_{\mathrm{p}}=100\mathrm{m/s}$，可计算得到$D_{\min}=4.4\mathrm{nm}$。由于最大压力作用时间很短，压力降至最大压力的1/10～1/100。由此，$D_{\min}=44\mathrm{nm}\sim0.44\mu\mathrm{m}$，该值与实际观察到的结果相一致。

沉积效率是指单位时间内沉积在基体表面的涂层材料与送入喷枪的喷涂材料之比。颗粒沉积涂层过程存在时空独立性。例如，对于$\delta=3.7\mu\mathrm{m}$的Mo颗粒，完全凝固所需时间为$t_{\mathrm{m}}=$

$4.3\times10^{-5}$s，凝固速度定义为$\delta/t_m$。为了使后续颗粒碰撞到处于液态的颗粒表面，涂层速度必须大于或等于凝固速度。设喷涂斑点尺寸为$D$，送粉速率为$Q$，沉积效率为100%，则有

$$Q/(\pi D^2\rho_p)\geqslant\delta/t_m \tag{3-30}$$

$$Q=\pi D^2\rho_p\delta/t_m \tag{3-31}$$

取$D=25$mm，$\rho_p=10$g/cm$^3$，可计算得到$Q=654$kg/h。在实际等离子喷涂最佳条件下，生产率为5～10kg/h。理论分析表明，相邻两个颗粒碰撞的时间间隔为颗粒凝固时间的1000倍。在此条件下，后续颗粒碰撞前面颗粒时，前面颗粒已经冷却至相当低的温度状态。因此，颗粒之间的作用可以忽略，在时空上认为颗粒的行为是独立的。以使用等离子喷涂技术喷涂Mo粉末为例，喷涂条件为：等离子喷涂枪的移动速度为$v_t=200$mm/s，喷涂有效宽度为$b=25$mm，送粉速率为$Q=100$g/min，粉末直径为$d=50\mu$m，扁平颗粒(圆盘)的直径为$D=200\mu$m，扁平颗粒的厚度为4.2μm。Mo材料常数为：密度$\rho=10.2$g/cm$^3$，结晶潜热为$\Delta H_m=288$kJ/kg，熔点为$T_{mp}=2610$℃，基体温度为$T_s=25$℃，凝固时间为$t_s=48.3\mu$s，沉积层数为$N_1=15.7$，等离子覆盖时间$t_0=b/v_t=0.125$s，颗粒之间等待时间$t_w=t_0/N_1=7.96$ms，$t_w/t_s=7960/48.3\approx164$。

## 3.3.2　扁平变形过程中熔滴与基体的相互作用

热喷涂涂层最常见的结合是机械咬合，原因是扁平化颗粒和基体表面起伏不平。基体表面的起伏通常由在喷涂前使用喷砂或其他方法实现，扁平颗粒凝固时的体积收缩力与基体紧密连接。涂层结合包括涂层与基体表面的结合，其结合强度称为结合力；涂层层间内部的结合，其结合强度称为内聚强度。一般来说，涂层内聚强度高于涂层与基体的结合强度。

涂层与基体的结合主要为机械结合，即撞成扁平状的颗粒与凹凸不平的表面互相嵌合。涂层与基体之间也存在冶金-化学结合，涂层和基体表面出现扩散和合金化的结合，其结合强度比机械结合和物理结合的强度要大得多，由三部分组成：范德瓦耳斯力，即在洁净的基体表面上涂层颗粒与基体表面的接触处和颗粒之间，其原子间距达到原子、分子距离时所形成分子间的引力；化学键力，即涂层原子与基体原子或者涂层颗粒之间的原子距达到原子晶格常数的数值时，所形成的化学键的结合力；微扩散力，即涂层颗粒中的元素和基体材料中的元素在一定的条件下形成的相互扩散作用。喷涂颗粒与基体之间形成化合物时可能产生很高的冶金结合，例如，采用大气等离子喷涂方法在低碳钢表面喷涂钼或者钨时观察到金属间化合物，如FeMo、$Fe_2Mo$、$Fe_2W$、$Fe_7W$。涂层与基体之间也可能存在物理结合，颗粒对基体表面由范德瓦耳斯力或次价键结合，当两个表面必须靠近至原子引力场任何距离(1nm)，且具有先决条件时，即表面是洁净的、活化的，接触时是紧密的。此外，还存在其他类型的结合，如外延生长，它发生于喷涂材料与基体材料有相同或者相似的晶体结构时。同一工件上的涂层可能同时存在多种结合状态，但以机械结合为主。需要注意的是，扁平颗粒在底部并不是与基体完全接触，接触区域有时被称为焊点或活化区域，占据20%～30%。如果活化区域变大，涂层的结合强度也会提高，形成薄饼状扁平颗粒有助于提高接触面积，而提高基体温度有助于增加这种类型的喷涂颗粒并反过来提高涂层的结合强度。

涂层材料与基体材料在微观结构和物理性能上存在差异，因此会在涂层中出现残余应力，

特别是结构应力和热应力之间。结构应力产生于涂层材料和基体材料之间的微观结构差异引起的应力，或由涂层材料在热喷涂过程后的微观结构转变引起的应力，从而导致涂层体积的变化。当熔化的颗粒撞击基体材料表面时，涂层形成过程中的热应力在产生变形的同时迅速冷却和凝固。由体积收缩引起的微观收缩应力是在颗粒凝固过程中产生的，这种应力的累积产生整个涂层的残余应力。涂层中的残余应力是由喷涂工艺方法、喷涂条件以及涂层材料和基体之间的物理性能差异引起的。残余应力是热喷涂涂层最典型的特征之一，其中大多数为拉应力。残余拉应力对涂层的使用性能有影响，并限制了涂层的厚度。

## 3.4　碰撞飞溅现象

### 3.4.1　飞溅的产生

扁平颗粒的形貌可反映出其形成机理，同时形貌的形成过程也影响着冷却凝固过程，而扁平颗粒的形成机理极大程度上影响着颗粒与颗粒、颗粒与基体之间的结合，进而影响涂层的微观结构。相关研究将飞行颗粒的状态与扁平颗粒的形貌相联系，提出将索末菲数 $K$($K^2 = W_b \times Re^{0.5}$) 作为评定扁平颗粒飞溅的标准。在热喷涂中，造成扁平颗粒飞溅的原因有两种理论，一是认为基体表面的吸附物是造成颗粒飞溅的主要原因；二是颗粒与基体的润湿性是造成颗粒飞溅的主要原因，这两种原因适用于实心熔滴。对于空心熔滴，如陶瓷熔滴，液滴中的气体及其含量是造成颗粒扁平化过程中飞溅的主要原因之一。

在与基体碰撞后的扁平化过程中，熔滴将运动动量转换为碰撞压力，并且在基体表面的各个点上作用的瞬时压力不同。基体对熔滴表面各点的反作用力也是不同的。足够的碰撞反作用力使熔滴在变形中能够克服其表面张力的影响而横向流动。空心熔滴是由内部含有一个大气泡组成的薄壁液滴，飞行过程中这个气泡表现为球形，球形时体积最大，内部压力最小，熔滴处于“平衡”状态。当足够大的碰撞压力使其改变形状时，就会造成“球形”气泡向“哑铃形”气泡转变，使得气泡体积减小，内部压力增大。当压力大于熔滴的表面张力时，在熔滴最薄弱的地方(熔滴横向流动方向)发生像踩气球那样的爆裂，造成熔滴飞溅，形成薄膜状变形颗粒。气泡越大，空心熔滴壁厚越薄，飞溅越严重，网状分布越明显。

### 3.4.2　控制因素

由于喷涂工艺具有温度、气体速度不同等特征，不同的机制会影响熔滴的状态，从而影响扁平颗粒的形貌，例如，电流、电压、喷涂距离、颗粒速度等喷涂参数影响熔滴的性质和熔滴的扁平化过程。在不同的温度条件下将液滴冲击到基板的研究过程中，将液滴飞溅分成初始碰撞、液滴扩散、冷却凝固三个过程，发现当温度升高时，溶滴扩散速度降低，熔滴与基体的接触压力增加。

喷涂粉末材料是构成涂层的一个基本单元，是影响扁平颗粒形貌的主要因素，喷涂粉末的熔点、流动性、热膨胀系数、热导率等性质与扁平颗粒的形成有密切关系。将粉末颗粒本身的合金成分作为自变量、等离子喷涂扁平颗粒的飞溅状态作为因变量开展研究，发现Cu-10wt.%Al 扁平颗粒与 Cu 扁平颗粒相比具有更大的比例形成圆盘状。

基体的性质很大程度上受到扁平颗粒形貌的影响，如基体温度、基体粗糙度和基体硬度等。研究表明，当基体温度在很小区间内波动时，扁平颗粒的形态会发生飞溅状向圆盘状的过渡。当飞溅扁平颗粒的数量与圆盘状扁平颗粒的数量相等时，基体的温度可被标记为“转变温度 $T_t$”。对于基体温度如何改变扁平颗粒的形貌的机理有很多解释：①基体温度上升有助于基体表面的冷凝物或吸附物的挥发，从而增强熔滴与基体之间的结合，使得熔滴铺展开形成圆盘状扁平颗粒；②基体温度上升降低了熔滴冷却凝固的速度，不仅有利于熔滴的铺展，还有利于增大熔滴与基体的结合面积；③基体温度上升，熔滴与基体之间的接触热阻将会减小，冷却速率加快，因此缓解了扁平颗粒的破裂。

影响扁平颗粒形貌的另一因素是基体的粗糙度。研究发现，相比于光滑基体上形成的扁平颗粒，粗糙基体上形成的扁平颗粒的形状更圆，但这可能是由于未精确计算界面的接触热阻。熔滴铺展时受到的阻力随基体粗糙度的增大而增大，导致颗粒扁平化效果下降。

扁平颗粒与基体间的结合情况也受等离子喷涂功率和喷涂距离的影响。一般而言，功率的增大伴随着飞行颗粒速度加快和温度升高，减小喷涂距离会导致基体表面温度上升，从而改善扁平颗粒与基体的结合情况。研究发现，随着碰撞时飞溅状向圆盘状扁平颗粒的转变，涂层与基体的结合强度会强化，这是由于圆盘状的扁平颗粒与基板的接触面积更大，界面接触热阻降低。

以 Ti-B4C-C 为反应喷涂体系，基于 SHS 反应火焰喷涂制备 TiC-$TiB_2$ 复相陶瓷涂层技术进行颗粒与基体碰撞试验。喷涂距离为 180mm，基体经 35℃预热条件下获得的变形颗粒具有以下特征：绝大部分的变形颗粒表现为扁平变形，其中相当一部分颗粒产生扁平飞溅，见图 3-6(c)、(f)。研究发现，喷涂工艺参数对碰撞沉积产物产生明显影响。基体预热温度越高，碰撞沉积产物的扁平率越大，扁平效果越好，与基体结合越牢固。喷涂距离对扁平颗粒的数量和质量也有重要影响，180mm 是获得沉积产物扁平化和高沉积率的最佳距离。当团聚粉粒的制作密度高、内部孔隙少、混合均匀、粒度集中时，与基体碰撞的沉积物呈扁平化程度，不容易发生溅射，沉积率高。相反则不利于飞行颗粒的沉积和与基体的结合。不同变形颗粒间的相互作用对陶瓷涂层组织与性能会造成不同影响，陶瓷液滴中的气体及其含量是造成颗粒扁平化过程中薄膜飞溅的主要原因之一。

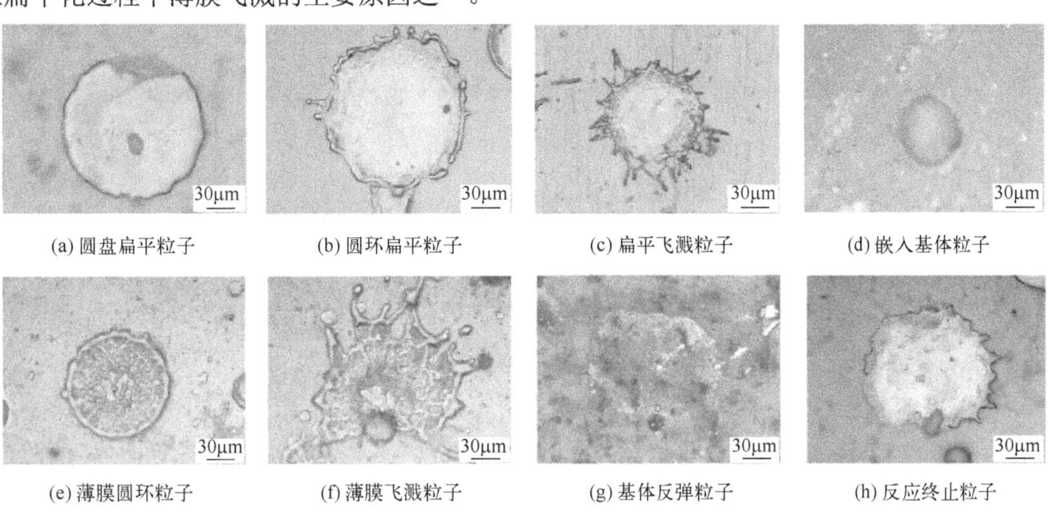


(a) 圆盘扁平粒子 (b) 圆环扁平粒子 (c) 扁平飞溅粒子 (d) 嵌入基体粒子

(e) 薄膜圆环粒子 (f) 薄膜飞溅粒子 (g) 基体反弹粒子 (h) 反应终止粒子

图 3-6 颗粒与基体碰撞后各种变形形态

# 3.5　扁平化颗粒的形成

## 3.5.1　熔滴的扁平化过程

熔滴在密度$\rho = 2\times10^3$kg/m$^3$、初始碰撞速度$\omega_0 = 100$m/s 条件下的变形过程如图 3-7 所示。为统一计算结果，纵坐标$\zeta$和横坐标$\varepsilon$分别定义为无量纲扁平颗粒厚度（轴向变形率）和直径（径向变形率），$\tau$为无量纲时间，即$\zeta = h/d, \varepsilon = D/d, \tau = t\omega_0/d$，其中$D$为扁平颗粒的直径、$d$为熔滴直径、$h$为扁平颗粒的高度。

在碰撞开始后，当时间$\tau = 0.1$～0.2 时，首先在熔滴端部沿基体表面出现明显的横向液体流，随后液流沿整体表面铺展，熔滴的高度降低。熔滴在变形的初期呈球冠状并维持一定时间，表明熔滴上部的变形量不大。$\tau = 5.0$时得到最终的颗粒直径为$\varepsilon_m = 5.37$，厚度为$\zeta_m = 0.025$，可见扁平颗粒的厚度是很薄的。在熔滴的碰撞前期，熔滴的变形过程是相似的，即熔滴的上部均保持了球冠状，开始产生横向流动的时间均在$\tau = 0.1$～0.2，这时的横向铺展流动速度最大，达到$3\omega_0$。需要注意的是，不同条件下形成的最终扁平颗粒直径和厚度及完成扁平过程所需要的时间是不同的。

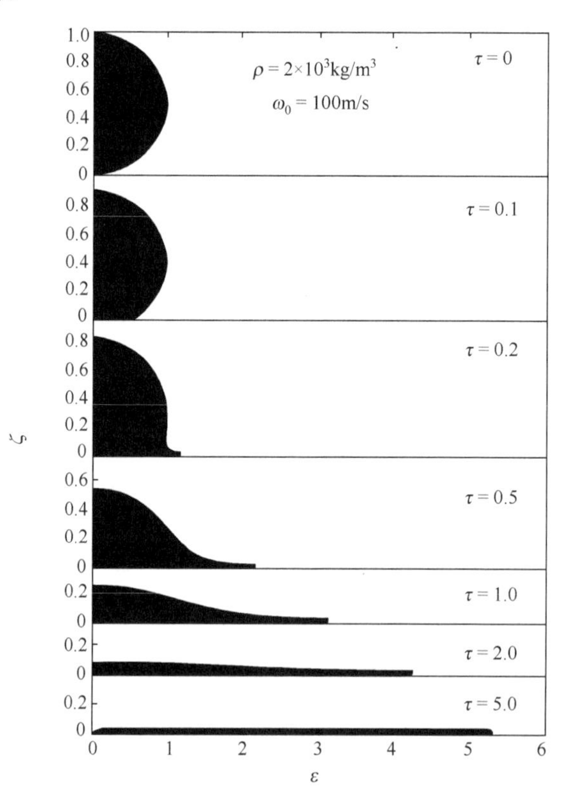


图 3-7　熔滴的扁平化过程

## 3.5.2 扁平率

扁平率，即径向变形率$\varepsilon_m$，定义为$D$(扁平颗粒的直径)与$d$(熔滴直径)之比，用来评价扁平颗粒的扁平程度。针对模拟研究扁平率所遵循的原则是熔滴碰撞在基体前的表面能和动能之和等于撞击基体后的表面能。喷涂工艺参数、粉末物理性质、基体性质等因素会影响扁平颗粒的形貌。

扁平化颗粒的扁平率$\varepsilon_m$与熔滴密度$\rho$及碰撞速度$\omega_0$的关系如图 3-8(a)所示。密度越大碰撞速度越快，熔滴颗粒的变形越充分，最终扁平颗粒的直径越大，厚度越薄。按图中计算条件，$\varepsilon_m = 4.65 \sim 7.81$，即溶滴直径$d = 100\mu m$的情况下，由$\varepsilon = D / d$可计算出扁平颗粒的最终直径为 465～781μm，与图 3-7 所示的试验值相符。熔滴密度和碰撞速度对扁平率的影响是不一致的，熔滴密度的影响更显著。通常认为，扁平率主要取决于熔滴的雷诺数，其是$\rho_{w0}$的函数，即有

$$\varepsilon_m = C(\rho_{w0} d / \mu)^{0.2} \tag{3-32}$$

式中，系数$C$取 0.83～1.29；$\mu$为黏性系数，即与式(3-19)、式(3-21)相同。

扁平化时间定义为完成扁平率$\varepsilon_m$的 90%所需要的无量纲时间，用$\tau_{0.9}$表示。扁平化时间和熔滴密度$\rho$及碰撞速度$\omega_0$的关系如图 3-8(b)所示。熔滴密度越大、碰撞速度越快，所需要的扁平化时间越长。但与碰撞速度相比，熔滴密度对扁平化时间的影响更显著。因此，喷涂材料的密度对形成的扁平颗粒尺寸及时间有着重要的影响。

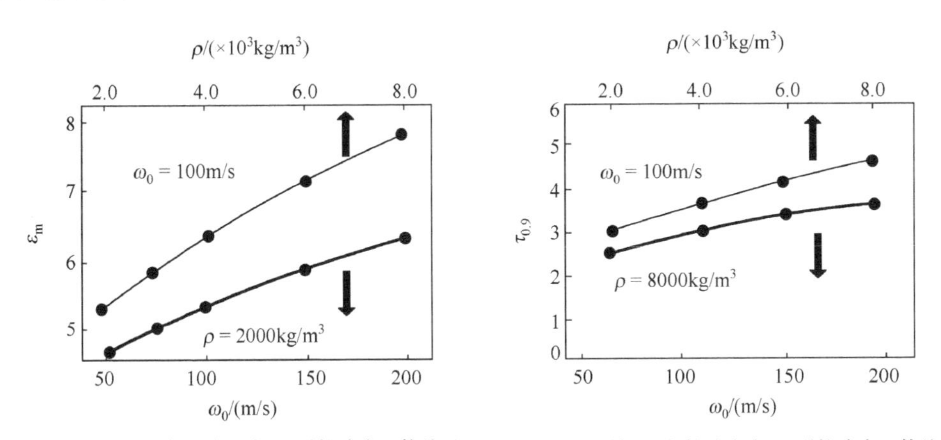


(a) 扁平率$\varepsilon_m$与熔滴密度$\rho$及碰撞速度$\omega_0$的关系　(b) 扁平化时间$\tau_{0.9}$与熔滴密度$\rho$及碰撞速度$\omega_0$的关系

图 3-8　扁平率、扁平化时间和熔滴密度及碰撞速度的关系图

## 3.5.3 质子的运动

采用质点标记(Marker-and-Cell，MAC)方法，根据流体的局部速度对流场中的颗粒进行标记，可以描述流体颗粒的运动过程。将三组熔滴置于不同跌落高度的初始位置下，其颗粒轨迹如图 3-9 所示。在刚开始发生碰撞时，液滴的上部流体垂直于基体向下进行运动，这个现象导致液滴在碰撞后的一段时间内维持球冠状，并开始向下平移。首先，液滴中心的流体

会沿着基板垂直向下运动，然后逐渐沿基板表面转变为横向运动，但液滴下部的流体从向下运动迅速转变为横向运动。当$\varepsilon > 2.5$后，所有流体都会发生横向运动。此时，流体的轴向动量已减小到非常小的值，无法对基体产生有效的影响。

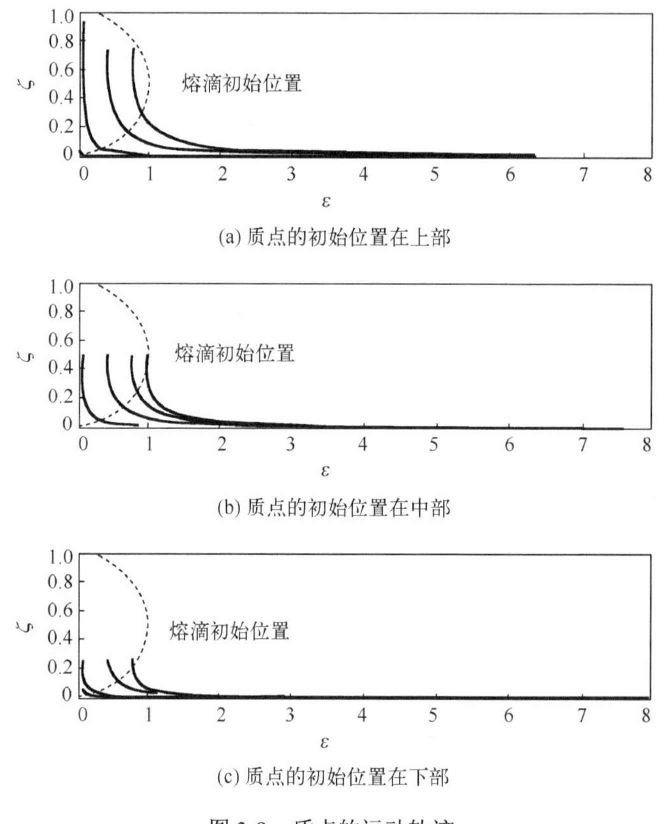


(a) 质点的初始位置在上部

(b) 质点的初始位置在中部

(c) 质点的初始位置在下部

图 3-9　质点的运动轨迹

### 3.5.4　碰撞压力

熔滴在碰撞基体后发生扁平化过程，其具有的动量会转化为力。在不同时刻熔滴作用于基体表面各点上的瞬时压力不同，将整个扁平化过程中在基体上某一点作用的瞬时压力的最大值定义为峰点压力，其分布如图 3-10 所示。可以看出，熔滴密度越大，碰撞速度越大，作用在基体表面的峰点压力越大。同时，作用在碰撞初期的碰撞压力最大，达到 25～300MPa。不过在$\varepsilon > 2.5$的基体表面区域，压力下降到极小值，峰点压力小于 0.02MPa。这一现象主要由于球形熔滴扁平变形到此处时，流体主要做横向运动，而垂直作用在基体表面的动量很小。同时，这时的横向运动速度在 $0.2\omega_0$ 以下。可见，熔滴的变形能量已经很小，无法对基体形成有效的作用力。

如果碰撞压力足够大，则可以保证在变形过程中熔滴具备克服表面张力影响的能力，从而更好地与基体贴合，提高扁平颗粒与基体相结合的概率，即碰撞压力上升，扁平颗粒与基体的结合情况越好，所形成的涂层结合强度越有所改善。

研究结果表明，扁平颗粒与基体的结合是不完善的，结合率仅占颗粒接触面积的 20%～

30%。在$\varepsilon > 2.5$的基体表面区域，由于碰撞压力降低到很小的值，而使得变形中的熔滴无法与基体形成有效的接触，以至于随后形成的扁平颗粒的外缘区域“浮”在基体的表面，从而造成该区域颗粒的结合力薄弱。在一个无润湿的基体上，要使流体与基体贴合良好所需要的压力可由下式给出：

$$p = -4^{e}\cos\theta / B \tag{3-33}$$

式中，$p$为所需要的压力；$e$为表面张力；$\theta$为接触角；$B$为基体表面粗糙度。取$B = 1.2\times10^{-6}$m，$\theta = 100°$～$180°$，则$p = 0.6$～3MPa。这里指的是静态流体和基体的接触过程。润湿现象是一个过程。由于熔滴的高速变形以及随后的快速冷却，加上熔滴与基体的巨大的温度梯度，熔滴在变形中和基体难以发生有效的润湿。取结合区域直径为$\varepsilon_c = 2.5$，则可计算出结合率$\phi = (\varepsilon_c / \varepsilon_m)^2$。扁平颗粒的结合率与结合力不同，两者都有助于提高涂层的结合性能。结合力主要取决于碰撞压力，增加液滴密度和碰撞速度能增加碰撞压力；结合率的降低与由于液滴的过度变形而形成大直径的扁平颗粒有关。由此，$\varepsilon < 2.5$区域的结合力有所提高。然而，熔滴密度和碰撞速度的增加同时增加了熔滴的变形量，减少了颗粒的结合率，使颗粒的厚度变薄。另外，熔滴密度和碰撞速度的增加也增加了熔滴的横向流速，并且容易产生飞溅现象，使得$\varepsilon > 2.5$的液滴从基底表面飞出，提高熔滴碰撞速度来提高涂层的结合强度是以牺牲粉末的沉积效率为代价的。

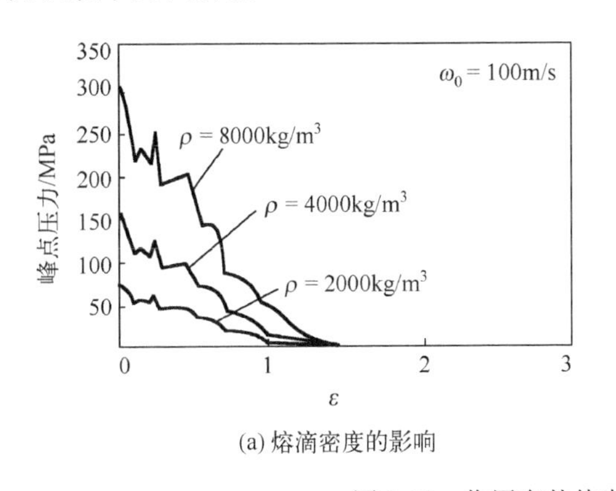


(a) 熔滴密度的影响

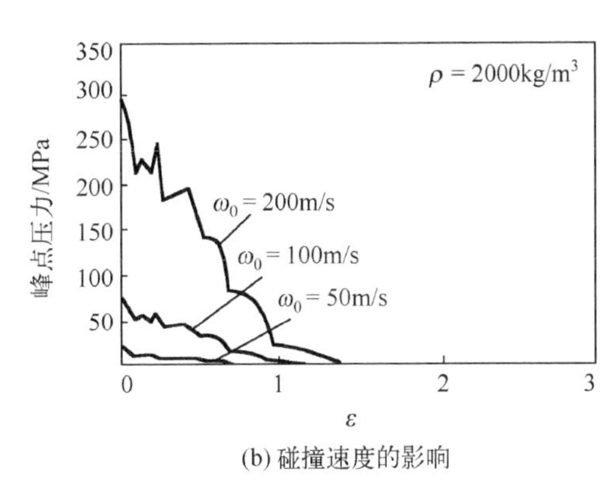


(b) 碰撞速度的影响

图3-10　作用在基体表面上的峰点压力分布

综上所述，熔滴在碰撞前期主要做垂直基体向下的变形运动，在$\tau = 0.1$～0.2处沿基体表面产生横向铺展流动。熔滴的密度越大、碰撞速度越快，熔滴的变形越充分，形成的扁平颗粒的尺寸越大，厚度越薄，但熔滴密度的影响比碰撞速度更显著，说明喷涂材料对熔滴扁平过程具有重要影响。同时，简单地认为扁平率是雷诺数的函数是不合适的。流体质点运动分析表明，在撞击到基体后，熔滴先会沿着基体垂直向下发生变形，之后再转变为沿基体表面的横向流动。在流体到达$\varepsilon > 2.5$的基体表面区域时，流体转变成低速的横向流动，速度在$0.2\,\omega_0$以下，没有充分的垂直碰撞动量。液滴密度越大，碰撞速度越大，作用于基体的碰撞压力越大，熔滴与基体表面的附着越紧密，扁平颗粒与基体的结合力越大。但是，压力分布集中在$\varepsilon < 2.5$的区域，除该区域以外的流体主要“浮”在基体表面，之后的冷却过程中可能发生因屈服于热应力的作用而翘起。

# 3.6 涂层结构

## 3.6.1 涂层组成

沉积在基体上的液滴的空间分布特征接近高斯分布。随着喷涂距离的增加，粉末分布趋于分散。随着涂层的不断沉积，扁平颗粒的扁平化和冷却时间缩短，因为扁平颗粒之间的接触热阻低于扁平颗粒与基体颗粒之间的接触热阻。热喷涂涂层的设计主要涉及孔隙率控制、界面结构控制、结合率控制和柱状晶结构控制，包括柱状晶大小、枝晶间隙、枝晶取向等。完全熔融颗粒碰撞沉积是扁平化动力学过程，是颗粒与基体发生碰撞、交换热的物理作用和化学冶金作用的综合。

孔隙率表征方法主要包括称重法(阿基米德方法)、水银压入法、金相观察法和基于金相观察的图像处理法。每种方法均具有一定的局限性，如金相观察法和基于金相观察的图像处理法不能反映层状结构。孔隙率不能全面表征涂层结构，因为不包含二维孔隙的尺寸及分布信息，以及层间结合的信息。此外，制样过程中的不当操作也会引起孔隙率的变化。陶瓷涂层的制样过程中会发生颗粒脱落，造成伪位孔隙。金属涂层制备过程中会发生塑性变形消除孔隙。

## 3.6.2 结构特点

涂层由变形颗粒、气孔和氧化物夹杂组成。在喷涂过程中，由于熔融或半熔融颗粒与喷涂工作气体和周围大气之间的化学反应，喷涂后会发生喷涂材料的表面氧化。同时，变形扁平颗粒的堆叠产生搭桥效应，不可避免地导致涂层中出现部分孔隙，其孔隙率一般在 4%～20%。因此，涂层的典型结构是由扁平化颗粒堆积而成的层状结构，中心有一些孔隙和氧化物。研究发现，存在临界基体预热温度使薄片形貌从指状碎裂形转变为圆盘形，这一温度称为转变温度。对大部分喷涂材料来说，该转变温度低于粉末熔点的 30%。气孔和氧化物的多少取决于涂层材料的种类、喷涂工艺方法和参数。采用等离子弧等高温热源、超声速以及低压或保护气氛喷涂，可以减少以上缺陷，改善涂层结构和性能。现代热喷涂技术的应用改善了传统的层状结构，出现了类似于电子束物理气相沉积(EB-PVD)涂层的柱状结构涂层，如采用等离子喷涂物理气相沉积(PS-PVD)和超低压等离子喷涂(VLPPS)可实现气相沉积或固、液、气混合相沉积，从而得到柱状晶结构。

涂层的结构与喷涂前的材料不完全相同。涂层结构是无数变形颗粒互相交错，呈波浪式堆叠在一起的层状组织结构，颗粒界面分为结合界面与未结合界面。涂层结构示踪表征的普适方法是首先浸渗填充示踪物质，经过能量散射 X 射线谱的线分析和示踪元素分布数据，再进行示踪元素信号处理。颗粒层间结合率的变化规律主要受等离子电弧功率、喷涂距离、喷涂方法、喷涂粉末尺寸、粉末送粉速率和喷涂材料的影响。以等离子电弧功率对 $Al_2O_3$ 涂层结合率的影响为例，使用功率为 4kW 的微束小功率等离子喷涂得到的涂层结合率是 32%，而 200kW 功率的超声速等离子 PlazJet 喷涂得到的涂层结合率为 35%。这说明只要喷涂颗粒的熔化程度良好，颗粒层间结合率不随功率的变化而显著增加。研究喷涂距离对结合率的影响，从图 3-11 可以观察到各种涂层的结合率随距离的变化呈现同样的规律。随距离增加，结合率开始下降的起始距离受材料种类的影响显著。以氧化铝为例，喷涂方法和颗粒速度对颗粒层间界面结合的影响如表 3-1 所示，可以看出结合率并不随颗粒速度的大幅度增加而增加，反而显著降低。颗粒的三个基本参量是温度、直径和速度，颗粒速度不是增强界面结合的重要因素，颗粒直径对结合率的影响有限，而颗粒温度是控制结合的关键因素。然而，大幅度提高喷涂颗粒的温度十分困难。替代“增加颗粒温度”的方法，引入基体表面温度参量，从而提高表面温度，是提高结合率的有效方法。

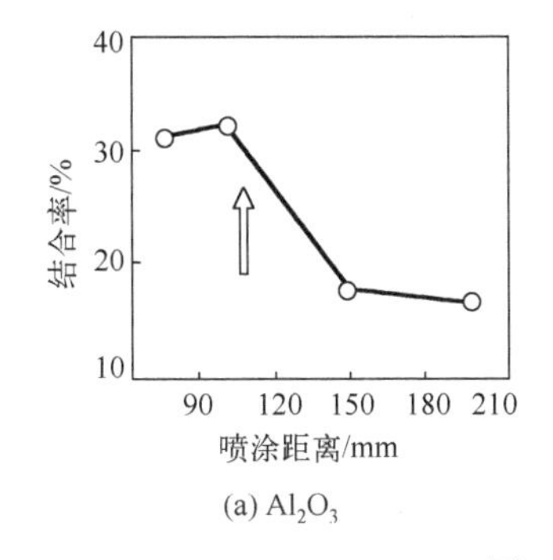


(a) $Al_2O_3$

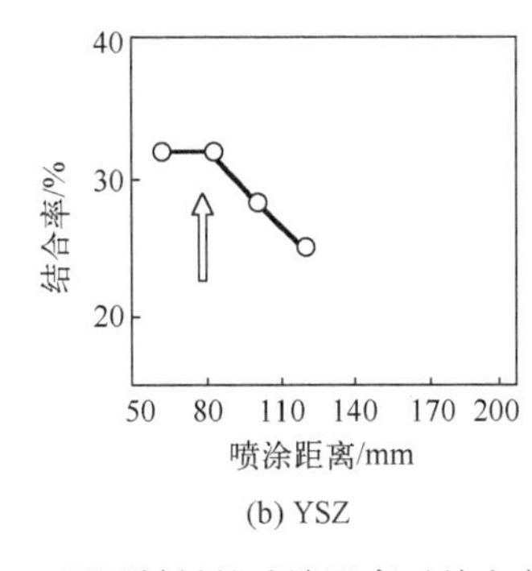


(b) YSZ

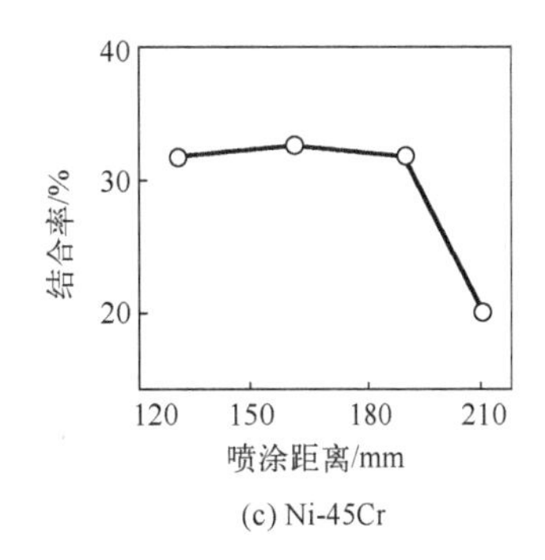


(c) Ni-45Cr

图 3-11 不同材料的喷涂距离对结合率的影响

**表 3-1 喷涂方法对颗粒层间界面结合的影响**

| 喷涂方法 | 结合率/% | 颗粒速度/(m/s) |
| --- | --- | --- |
| 大气等离子(SG-100 系统) | 32 | 250 |
| 大气等离子(Metco9MB 系统) | 32 | 250 |
| 真空等离子 | 26 | 400 |
| 爆炸喷涂 | 9.4 | 700 |

此外，传统结构与性能理论关系之间存在局限性。对于传统多孔材料，孔隙率与力学性能($S$)的关系的经验公式为

$$S = S_0 \cdot \exp(-b \cdot P) \tag{3-34}$$

式中，$S_0$为致密块材的性能；$b$为常数。对于 $ZrO_2$ 涂层，$S_0 = 180\text{GPa}$，$b = 4.1$，$P = 3\%\sim7\%$ 时，预测值为 135～159GPa，实测值为 38～70GPa。这说明传统多孔材料理论不适合等离子喷涂涂层。

涂层呈现层状结构特征，层间结合有限，传统陶瓷涂层的最大结合率约为 1/3；层间结合对涂层性能的影响显著，调控层间结合为调控性能的关键；颗粒温度为影响结合的关键因素；基体温度(沉积温度)通过影响铺展液滴界面温度而影响结合的形成。涂层应用的多样性对组织结构要求的多样性如表 3-2 所示。可以看出，有效应用等离子喷涂技术的关键是控制制备条件，获得不同组织结构的涂层。

**表 3-2 涂层应用的多样性对组织结构要求的多样性**

| 使用性能 | 组织结构要求 |
| --- | --- |
| 耐腐蚀与抗氧化 | 致密，无贯通孔隙 |
| 耐磨损 | 致密，颗粒连接性强 |

续表

| 使用性能 | 组织结构要求 |
|---|---|
| SOFC 电解质 | 致密(100%)<br>致密：气密性、高电导率 |
| SOFC 阳极、阴极 | 多孔，孔隙连通 |
| 可磨耗封严 | 疏松多孔，结合弱 |
| 高温热障、隔热 | 多孔，非连通二维孔隙 |

# 3.7 涂层结构参量与性能之间的关系

## 3.7.1 对涂层结合强度的影响

结合强度是评价热喷涂涂层质量的重要指标之一，直接影响装备零部件的服役安全与寿命。粗化后的基体能够增加界面锚合、嵌合及咬合的机械结合程度，同时增大熔滴与基体表面的润湿程度，减小界面裂纹及热应力。通过调节颗粒飞行特性(包括速度、温度、飞行轨迹等)与基体表面状态(温度、化学成分等)等，能够降低撞击基体后的凝固速度，促进界面元素扩渗，有利于形成微冶金结合。原位激光辅助喷涂及各类重熔后处理技术则可以通过引入的热源，进一步促进涂层内各组元的充分混合、消除微裂纹及孔隙等结构缺陷、调控整体热应力，提高涂层结合强度。影响涂层机械结合的因素主要包括：基体表面几何形貌，基体硬度与颗粒复合状态之间的相对关系(硬度、速度)，温度场累积诱发残余应力变化情况等因素。典型的机械粗化方式包括喷砂、激光织构、喷射干冰等。涂层/基体界面形貌机械结合的基本类型主要包括咬合型、嵌合型、锚合型及铺展型。其中铺展型的界面不利于涂层的结合，极易在单个扁平颗粒凝固之后由于残余应力而产生界面裂纹。基体表面粗糙度并非越高越好，喷砂压力过大时会使得基体表层变得“疏松”，因而较好的粗化效果应当是使结合界面具有适当的粗糙度，同时获得具有一定倾角的微观峰谷。

处于熔融状态的喷涂颗粒在撞击基体之后会以约 $10^6$℃/s 的冷却速度迅速凝固，无法提供足够的热量与时间进行元素扩散，难以达到冶金结合效果，因而研究人员就如何改善熔滴与基体状态降低熔滴的凝固速度展开研究。例如，随着粒径的增加，飞行颗粒的熔化程度逐渐下降，涂层内出现大量未熔或半熔状态的颗粒，直接导致涂层内部孔隙率增加，结合强度下降。研究发现，随着基体预热温度从 200℃提高到 900℃时，304 镜面钢材表面的氧化层厚度从 8nm 提高到 100～200nm，而表面粗糙度也逐渐由小于 0.005μm 逐渐增加到 0.014μm，通过结合单个喷涂颗粒铺展凝固形貌的分析可以发现，基体表面的氧化层可以有效降低熔滴凝固速率，有利于熔滴的铺展，从而增加涂层与基体的结合率，但是粗糙度过大会使得基体表面残留大量的孔隙，阻碍熔滴与基体的界面结合，使得熔滴的铺展类型由圆盘状向飞溅状转变，从而降低涂层/基体结合强度。基体表面预热，一方面能软化基体，另一方面能显著降低熔滴的凝固速度，增加熔滴与基体表面的润湿性。采用各类重熔技术(包括激光重熔、感应重熔、整体加热重熔、火焰重熔等)对成形涂层进行后处理，能够有效促进涂层内各组元的充分混合、消除微裂纹及孔隙等结构缺陷、促进界面元素扩渗，改善涂层的耐磨、耐腐蚀、结合强度等性能。然而，当前各类重熔技术的推广使用中还面临一些问题，如组元相容性差或热量分布不均诱发残余应力，在涂层内部产生裂纹，严重时可能使涂层剥落。因此，需要进一步研究如何通过优化重熔工艺或调整涂层成分(如添加稀土元素等)，实现涂层综合性能的提升。在涂层结合强度测试方面，针对涂层服役过程中的载荷形式，更加多样化、标准化的测试方式与测试理论是一个重要的研究方向。此外，针对实际零件表面涂层的结合强度测定，开发更加便携、快速、无损的检测设备也是亟须解决的工程难题。

涂层本质上是由大量高速飞行的熔融态喷涂颗粒撞击基体迅速铺展凝固、逐层堆垛所形成的，无法在基体界面形成微熔池或有效的元素扩渗，因而涂层/基体界面通常以机械结合为主，冶金结合的含量则相对较少。颗粒飞行速度是影响热喷涂涂层质量的重要因素。飞行速度越高，颗粒撞击基体的动能越大，这有利于更大的钉扎作用和更好的扩散，涂层的致密度和结合力也越高。当离子弧与高速气流混合时，“扩展弧”可以获得永久集中的超声速等离子体射流，可制备出结构致密且结合强度高的涂层，但是在喷涂过程中仍存在碳化物脱碳、粉末氧化等问题。爆炸喷涂过程中颗粒被燃气-助燃气体的爆轰加速，具有极高的速度，在沉积过程中钉扎作用强烈，因此所制备的涂层具有极高的致密度和结合强度。

### 3.7.2 对涂层孔隙率的影响

等离子体喷涂涂层是由交替堆叠的扁平颗粒形成的层状结构，这种结构在喷涂中极易产生孔隙。孔隙形成主要是因为飞行速度和温度的不同，当颗粒碰撞到基体表面时，会呈现出不规则的形状，变形的颗粒之间无法达到完全黏合，黏合情况不佳的区域便会形成孔隙和裂纹。此外，在熔融颗粒接触到基体表面的过程中，会发生氧化反应，使得涂层中存在一定量的氧化物，也导致孔隙的产生。当熔融液滴在基体表面扩散并冷却凝固后，变形颗粒间的气体没有办法完全逸出，涂层中便会形成孔隙，而且变形颗粒发生收缩的速度很快，液体无法做到及时补充，导致涂层中孔洞的产生。涂层中孔隙的存在也来源于基体表面粗糙度的不同，以及喷涂粉末的尺寸、形貌严重影响孔隙的大小和分布。涂层中的孔隙主要有三种存在形态，即表面孔隙、封闭孔隙和贯穿性孔隙。喷涂过程中颗粒的飞行速度和温度受到等离子喷涂参数的影响，这会造成颗粒撞击到基体时的铺展状态不同，影响孔隙的大小及分布。因此，熔融指数被广泛用于表示喷涂颗粒的熔融状态和对涂层孔隙进行分析。熔融指数主要与颗粒的飞行速度、表面温度、熔点、熔化热、导热系数、密度、粒径以及喷涂距离等有关。颗粒的熔化程度越好，涂层的致密程度越高、孔隙率越低、微裂纹数量越少。为了探究喷涂工艺参数与涂层孔隙率的关系，使用喷涂功率 $P$、喷涂距离 $S$ 和送粉率 $F$ 作为影响因子，并利用响应曲面法构建了数学模型，得到了涂层孔隙率 $P_L$ 的经验公式：

$$P_L = 5.32 - 2.5P - 1.69S - 1.3F - 0.87PS + 0.88PF + 1.38SF + 1.54P^2 + 2.42S^2 + 1.72F^2 \tag{3-35}$$

此外，研究表明，孔隙率低则涂层的结合强度高，涂层主要为剥落失效；对于孔隙率较高的涂层，其结合强度较差，主要为分层失效，分层会使涂层过早地发生失效。致密程度高的等离子喷涂涂层具有较高的显微硬度和结合强度，以及良好的耐磨性和耐腐蚀性。基于涂层孔隙的形成机理，使用优化等离子喷涂工艺参数、激光重熔处理、改善喷涂材料以及使用梯度复合结构等方法可减少涂层孔隙率，改善涂层的综合性能。

然而，仍有一些问题亟待解决。①喷涂工艺参数的确定。优化等离子喷涂工艺参数可以有效地降低涂层孔隙率，但不同性质的喷涂材料对应的工艺参数不一样，而当前研究中并没有给出工艺参数的统一标准。②后处理工艺参数的确定。采用后处理，如激光重熔工艺，可以得到均匀致密的涂层，并且界面处能形成良好的冶金结合，不过工艺参数设定的不合理会使涂层中产生大量的裂纹和孔洞，并且导致涂层成片剥落。③喷涂材料的研发。采用纳米喷涂材料以及添加稀土元素都可以降低涂层的孔隙率，其中添加稀土元素的喷涂材料的性能更好。④成本问题。等离子喷涂和激光处理的设备昂贵，并且二次研发、维护成本较高，一般中小型企业难以承担。加工的零件尺寸也会受到设备及场地的限制，很难实现工业批量化生产。

### 3.7.3 对涂层耐腐蚀性能的影响

热喷涂涂层难以避免地存在组织结构缺陷，缺陷的存在会降低涂层的耐腐蚀性。最常见的失效类型是孔隙腐蚀，其存在会严重降低涂层的耐腐蚀性，限制其在工业中的应用。目前主要有两种解决方式，首先是重新制备新的耐蚀涂层，其次是降低涂层孔隙率。重新制备新的耐蚀涂层会增加经济成本。很多方法可以减小涂层孔隙率，如封孔处理、激光重熔、热处理等。其中，封孔处理由于具有低成本、易于操作等优点而受到广泛关注。封孔处理是一种后处理方法，主要是采用刷涂、浸渍等方法将封孔剂渗入涂层内部，从而填充孔隙。涂层表面通常也会有一些残留，在封孔后变成表面涂层，与涂层孔隙中的封孔剂起到双重保护的作用。目前研究常采用有机或无机封孔剂做封孔处理，或使用加热扩散的方法，如激光熔覆处理技术，也有采用材料的自封孔来降低涂层的孔隙率，如涂层表面产生钝化膜保护和腐蚀产物保护。最常用的方法是使用无机或有机封孔剂封孔。合理选择和使用封孔剂可以改善封孔效果。黏度低的封孔剂通常作为优先选择，因为其有利于渗透孔隙。此外，固化速度和配方是否对环境友好也需要考虑。

常见的封孔剂有两类：①以醇类和酯类等为溶剂的有机封孔剂，如环氧树脂、有机硅树脂和酚醛树脂等封孔剂；②以碱金属硅酸盐作为基料的无机封孔剂，如铈盐、磷酸盐、硅酸盐及溶胶凝胶系列等封孔剂。一部分的醇类和酯类有机封孔剂具有不耐高温，以及耐磨和耐腐蚀能力差的特点，在高温条件下，其对涂层的封孔效果不理想。水溶性封孔剂和无机封孔剂的制备工艺简单、耐蚀性能良好，成为封孔剂的发展方向。

### 3.7.4 对涂层力学性能的影响

硬度是材料在外负荷下抵抗变形的能力，表现材料的软硬程度。涂层的显微硬度是涂层性能的主要指标之一。由于涂层具有层状结构，涂层性能具有各向异性，涂层硬度也不例外。截面测得的硬度一般大于表面硬度。因为布氏硬度适用于厚度大、表面粗糙的样品，涂层的硬度通常用维氏硬度来表征。硬度测量应该首先研磨样品表面，然后测量涂层表面的硬度。但是，如果涂层厚度大于维氏硬度试验压痕深度的 10 倍，也可以在涂层截面部分测量硬度。根据热喷涂的特点，热喷涂涂层不可避免地存在孔隙，这对涂层性能有很大影响。通常，孔隙率越高，硬度越低，数据越分散。

材料的固有特性还包括弹性模量。涂层的孔隙率对涂层的弹性模量造成影响，其弹性模量低于相应块材的弹性模量。对于具有球形孔隙的多孔材料，弹性模量遵循以下经验关系：

$$E = E_0 \exp(-bP_{\mathrm{L}}) \tag{3-36}$$

式中，$P_{\mathrm{L}}$ 为孔隙率；$b$ 为常数；$E_0$ 为孔隙率为零的相应块材的弹性模量。

上述经验公式能较好地描述球形孔隙材料的孔隙率与弹性模量之间的关系。因为材料的弹性模量不仅受孔隙度的影响，还受孔隙形状的影响，涂层的孔隙具有二维特征。以氧化钇稳定氧化锆(YSZ)涂层为例，当采用 $b=3$ 的经验值，并假定 YSZ 涂层的孔隙率为 7%时，根据上述式(3-36)获得的涂层弹性模量应为 164GPa，而试验测得 YSZ 涂层的弹性模量只有 48GPa，这表明预期值远高于试验获得的值。涂层的沉积情况取决于其层状结构的特点，其弹性模量的各向异性是由涂层独特的微观结构决定的。平行涂层方向的弹性模量大于垂直涂层方向的弹性模量。这种差异在陶瓷涂层中更为明显。对于垂直涂层方向的弹性模量，有研究基于理想涂层的层状结构模型建立了弹性模量与层状结构之间的理论关系：

$$\frac{E}{E_0}=\alpha\left[1+2\pi\left(\frac{a}{\delta}\right)^4\beta^2 f(\beta)\right]^{-1} \tag{3-37}$$

式中，$E$、$E_0$ 分别为垂直涂层方向的弹性模量和相应块材的弹性模量；$\delta$ 为扁平颗粒的平均厚度；$a$ 为层间结合区域的半径；$\beta=\sqrt{\dfrac{\pi}{8\alpha}}$，$\alpha$ 为涂层的平均层间结合率(涂层层间已结合区域的面积与涂层层间表观面积之比)，$f(\beta)$ 为关于 $\beta$ 的函数。当涂层平均层间结合率大于 40%时，上述方程简化为 $E/E_0=a$，即涂层的相对弹性模量与层间结合率成正比。由于涂层层间的结合区域的面积远小于涂层的表面积，所以涂层的弹性模量远小于相应块材的弹性模量。例如，等离子体喷涂 YSZ 涂层的弹性模量为 48GPa，其对应块材的弹性模量大致为 200GPa，YSZ 涂层的弹性模量大约为块材的 1/4，这个与涂层层间结合率是保持一致的。

结合强度和内聚强度是涂层强度的主要组成部分。结合强度产生于涂层与基体之间，而内聚强度指其本身的强度。涂层的内聚强度与涂层的相成分和化学成分以及涂层内的残余应力息息相关。涂层的内聚强度随孔隙率减小而增大。涂层的内聚强度随着涂层结构的均匀性增高而增强。测量涂层内聚强度的方法与测量涂层的结合强度的方法相同，但是在测量涂层的结合强度时，断裂发生于涂层和基体之间，而测量内聚强度时，断裂发生在涂层内部。

磨损、腐蚀和断裂是机械零件失效的三种主要方式，其中最严重的是断裂。断裂韧度是反映材料抵抗裂纹失稳扩展的性能指标。内聚断裂韧度是断裂位置发生在涂层层间，而断裂发生在涂层与基体的界面称为涂层的黏结断裂韧度。涂层材料的断裂韧度远低于相应块材的断裂韧度。例如，氧化铝涂层的内聚断裂韧度只有 12～27J/m$^2$，而相应块材的断裂韧度为 40～90J/m$^2$；低碳钢涂层的内聚断裂韧度为 400J/m$^2$ 时，相应块材的断裂韧度为 60000J/m$^2$。涂层的断裂韧度低是由涂层的层状结构决定的。由于涂层层间的结合有限，因此涂层的层间是除涂层/基体之外最薄弱的部位。陶瓷涂层的内聚断裂韧度与涂层层间平均结合率的关系表示为

$$K_{\mathrm{Ic}}=2C_{\mathrm{p}}\gamma_{\mathrm{e}}\alpha \tag{3-38}$$

式中，$C_{\mathrm{p}}$ 为断裂路径相关系数，其数值大小由涂层中扁平颗粒的平直度决定，当涂层由充分扁平化的颗粒构成时，$C_{\mathrm{p}}\approx 1$；$\gamma_{\mathrm{e}}$ 为有效表面能；$\alpha$ 为涂层的平均层间结合率。根据研究发现，上述模型可以很好地表征涂层层状结构与涂层断裂韧度之间的关系。

此外，采用双悬臂梁法测量涂层的断裂韧度基于下列公式：

$$K_{\mathrm{Ic}}=\frac{F_{\mathrm{c}}^2}{2B}\times\frac{\partial C}{\partial a} \tag{3-39}$$

式中，$F_c$为临界断裂载荷；$B$为试样的宽度；$C$为加载点处的柔度(位移与载荷之比)；$a$为裂纹的长度。

# 本 章 小 结

热喷涂是一种将涂层材料加热、加速，以很高的速度喷射到工件表面形成涂层的表面强化技术。本章主要对热喷涂技术的原理进行了分析，首先对加速、加热颗粒进行了阐述，对熔融颗粒的运动、热动力因素进行了总结，然后对熔滴碰撞基体基本行为、扁平化颗粒的形成做了简要概括，最后对沉积涂层的结构与性能的关系进行了阐述。

## 参 考 文 献

李京龙，李长久，2000. 等离子喷涂熔滴与基体的相互作用机理研究[J]. 机械科学与技术，19(1): 88-90，99.

王建江，付永信，杜心康，等，2006. 自反应火焰喷涂过程中碰撞沉积物的形成及分析[J]. 热加工工艺，35(3): 4-7, 10.

CHENG D, TRAPAGA G, MCKELLIGET J W, et al., 2003. Mathematical modelling of high velocity oxy-fuel thermal spraying of nanocrystalline materials：an overview [J]. Modelling and simulation in materials science and engineering, 11: R1-R31.

CHYOU Y P, PFENDER E, 1989. Behavior of particulates in thermal plasma flows [J]. Plasma chemistry and plasma processing, 9(1): 45-70.

DYKHUIZEN R C, 1994. Review of impact and solidification of molten thermal spray droplets [J]. Journal of thermal spray technology, 3: 351-361.

EL-HADJ A A, ZIRARI M, BACHA N, 2010. Numerical analysis of the effect of the gas temperature on splat formation during thermal spray process[J]. Applied surface science, 257(5): 1643-1648.

FINCKE J R, SWANK W D, JEFFREY C L, 1990. Simultaneous measurement of particle size, velocity and temperature in thermal plasmas [J]. IEEE transactions on plasma science, 18(6): 948-957.

HOUBEN J M, 1988. Relation of the adhesion of plasma sprayed coatings to the process parameters, size, velocity, and heat content of the spray particles[D]. Eindhoven: University of Eindhoven.

OUKACH S, PATEYRON B, PAWLOWSKI L, 2019. Physical and chemical phenomena occurring between solid ceramics and liquid metals and alloys at laser and plasma composite coatings formation: A review [J]. Surface science reports, 74(3): 213-241.

PADTURE N P, GELL M, JORDAN E H, 2002. Thermal barrier coatings for gas-turbine engine applications[J]. Science, 296(5566): 280-284.

TRAN A T T, HYLAND M M, FUKUMOTO M, et al., 2015. Studies of splat formation of copper and copper aluminium on ceramic substrate in plasma spray process[J]. Journal of thermal spray technology, 25(1): 1-16.

# 第 4 章　化学气相沉积

## 4.1 沉　　积

### 4.1.1 沉积原理及特点

化学气相沉积(CVD)是一种表面技术。CVD 是用一种或几种气态前驱体(也称源)，借助加热、等离子体化等手段促进前驱体化学反应，然后在基片上沉积固态薄膜的方法。薄膜材料的物理化学性能可以通过精确控制气相掺杂沉积过程来实现。作为一种通过蒸气反应在基板表面沉积固体膜的制备方法，CVD 不仅适用于沉积一些绝缘材料、大多数金属，还适用于各种合金。CVD 的反应过程如图 4-1 所示。当温度上升到反应温度时，蒸发的试剂通过载气输送到衬底表面，并分解成更接近最终产物的团簇状结构，团簇状结构在衬底表面不断碰撞和扩散，最终克服了衬底上纳米晶核能量的阻挡和团聚，新产生的活性物质促进了新核的形成，而另一部分则在原核的进一步生长中被消耗掉，最后相邻的核连接形成薄膜。通过控制 CVD 生长参数，如温度、压力、流量、沉积剂的相对含量和从源到衬底的距离，能够控制膜的层数、尺寸、形貌和方向，以及掺杂或缺陷的引入。

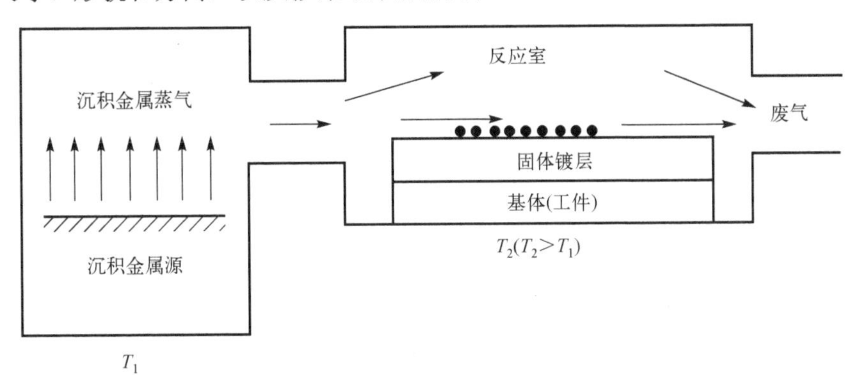


图 4-1　CVD 的反应过程示意图

CVD 技术的发展和应用历史悠久，1880 年就已经用 CVD 制备白炽灯中的钨灯丝，这是 CVD 在制造业中最早的应用。进入 20 世纪以后，CVD 开始应用于 Ti、Zr 等高纯金属的提纯，之后美国等发达国家对 CVD 提高金属线或金属板的耐热性与耐磨损性方面进行了深入的研究，其成果于 1950 年在工业上得到了应用。60 年代以后，CVD 法不仅应用于航空航天中的复合材料、核反应堆材料、耐磨刀具、耐热耐腐蚀薄膜等领域，在高质量的半导体晶体外延生长和各种介电薄膜制备中也得到了应用。同时，这些应用又极大地促进了 CVD 技术的发展。

例如，在金属-氧化物半导体场效应晶体管中，利用 CVD 技术制备的薄膜材料有多晶 Si、$SiO_2$、$SiN_x$ 等。

CVD 种类繁多，其特点可归纳为以下六个方面。

(1) CVD 反应温度明显低于构成薄膜物质的熔点。例如，TiN 的熔点为 2950℃，TiC 的熔点为 3150℃，但 CVD-TiN 反应温度为 1000℃，CVD-TiC 反应温度为 900℃。

(2) 由于 CVD 是利用化学反应生成薄膜，因而组成薄膜的成分容易控制，可制备薄膜的种类较多，可沉积金属薄膜、非金属薄膜、多组分薄膜和多相薄膜等。

(3) 因为反应物为气相，所以只要是气体能够到达之处都能生成薄膜，因此 CVD 具有良好的绕镀性，并且对于复杂工件表面和器具的深孔都有较好的涂镀效果。绕镀性好，装炉量大，是其得以投入工业应用的主要原因之一。

(4) CVD 膜的纯度较高、致密性良好、残余应力小、对基体的附着力好，这对于进行表面钝化、增强表面抗蚀和耐磨性能等很重要。

(5) CVD 的沉积速率高，可达每小时几微米到数百微米，膜层均匀，膜针孔率低，晶体缺陷少。

(6) CVD 对衬底的辐射损伤低，可用于制造半导体器件。

使用 CVD 技术沉积薄膜时，其目标产物、原材料及反应类型的选择通常要遵循以下几项原则。①原材料在较低温度下应具有较高的蒸气压力，原材料应易于挥发成蒸气并具有很高的纯度，简而言之原材料挥发成气态的温度不宜过高，一般化学气相沉积温度都在 1000℃以下。②通过反应类型和原材料的选择尽量避免副产物的生成，若有副产物存在，在反应温度下副产物应尽量易挥发为气态，这样易于排出或分离。③尽量选择沉积温度低的反应沉积目标产物，因为大多数基体材料无法承受 CVD 的高温。④反应过程尽量简单且易于控制。

与物理气相沉积(PVD)相比，CVD 由于沉积温度较高，工件易变形，基体晶粒粗大。一些不耐高温的柔性基板不宜利用 CVD 进行制造，同时使用的反应气体以及反应产生的尾气对设备是有腐蚀性的，且大部分有一定毒性。

CVD 在改善机械零件耐磨抗蚀性能方面的用途十分广泛。例如，用 CVD 装置制备的 TiN、TiC、Ti(CN) 等薄膜具有高硬度和高耐磨性的特点。在刀具切削面上涂覆 1～3μm 的 TiN 膜不仅能延长其使用寿命，还能提高其可靠性。目前在一些发达国家中有 30%～50%的刀具具有耐磨层。部分其他金属氧化物、碳化物、硫化物、立方氮化硼、类金刚石等薄膜，以及各种复合膜也表现出优异的耐磨性。CVD 制备的 $Al_2O_3$、TiN 等薄膜的耐蚀性好，可作为一些基体材料的保护膜。CVD 制备的含有 Cr 的非晶态薄膜的耐蚀性是最好的，在腐蚀性较高的工业场所有所应用。

### 4.1.2　沉积装置

CVD 装置一般由气态源或液态源、气体输入管道、气体流量控制装置、反应室、基座加热及控制系统、温度控制及测量系统构成。

目前除氯化物外，气态源已经被取代，液态源由于其安全性较高，用途最为广泛。将反应物质源引入反应室中通常有三种方法：冒泡法、加热液态源法、液态源直接注入法。

冒泡法是通过控制携带气体的流速和温度，间接达到控制进入反应室的反应物质源温度的目的。但冒泡法很难控制反应剂的浓度，且在低气压下反应剂容易凝聚。可利用液态源直接注入法和直接气化系统进行工艺改进。液态源直接注入法中的质量流量控制系统可直接控制气体流量，系统具体包括质量流量计和阀门，位于气体源和反应室之间。

CVD的热源反应室分为热壁反应室与冷壁反应室。热壁反应室和冷壁反应室是从设备的壁温来区分的。壁温与反应温度相差不大，即没有内隔热层的是热壁反应室。由于内隔热层的作用，反应器壁温远小于反应温度的称为冷壁反应室。冷壁反应室常采用感应加热方式对有一定导电性的样品台进行加热，而反应器壁则由导电性差的材料制成，且由冷却系统冷却至低温。冷壁反应室可减少CVD产物在容器壁上的沉积，而热壁反应室的特点是使用外置的加热器将整个反应器加热至较高的温度。显然，热壁反应室中，薄膜的沉积位置除了衬底以外，还有可接触到高温反应气体的部件。

CVD装置的加热方法包括普通的电阻加热法、射频感应加热法、电感加热法、高能辐射灯加热法以及红外灯加热法等。电阻加热法是利用缠绕在反应管外侧的电阻丝加热，形成热壁式系统，其由表面反应速度控制；而对放置硅片的基座进行加热，可形成冷壁系统。利用电感加热法或高能辐射灯加热法均可直接加热衬底和底座，形成冷壁系统，区别在于电感加热法是通过射频电源在基座上产生涡流，导致硅片和基座的温度升高；而高能辐射灯加热法是通过直接加热沉积室，形成热壁式系统。此外，还可以采用激光局部加热法，对衬底的局部进行快速加热，实现薄膜的选择性沉积。

按照CVD反应生长装置的特点可将其分为闭管和开管两种。闭管式系统是将封闭管外延放置在密封容器中，将反应材料源和衬底放置在不同的温度范围的区域内。闭管式系统的材料源储存在基底区域。在源区，挥发性中间产物通过温度和压力差的对流和扩散被输送到基质区。沉积完成后，反应产生的输运剂以内部传输的方式返回源区，以便外延生长可以往复循环继续。闭管式系统设备简单，几乎可以维持化学平衡的生长条件，但其生长速度慢，压力小。由于闭管式CVD装置的沉积过程需要对石英管反应器进行熔断密封，反应过程外界污染少，原料转化率高，对温度、压强需严格控制，反应器一次性使用，不适合工业大批量生产，主要在实验室用来制备单晶材料和提纯。

一般来说，开管式CVD系统的使用频率高于闭管式CVD系统。开管外延使用载气将反应蒸气从源区输送到衬底区，以实现化学反应和外延生长，副产物通过载气从系统中输出。开管式CVD系统的特点是：连续供气、排气，气体流量在管内保持动态平衡；物料输运靠蒸发或载气输运；反应处于非平衡态(至少有一种反应产物可连续排出)；工艺容易控制，重复性好；工件易取放，同一装置可反复使用，可以用来制备各种薄膜。开管式CVD系统的化学反应与平衡状态有很大差异，但可以在常压或低压下沉积，适合大规模生产。

图4-2显示的是用于制备石墨烯的常压化学气相沉积(Atmospheric Pressure Chemical Vapor Deposition，APCVD)系统，具体装置主要包括气瓶、混气罐、石英管和高温炉等。

### 4.1.3　沉积分类

化学气相沉积的种类很多。按激发方式可分为热化学气相沉积(Thermochemical Vapor Deposition，TCVD)、等离子体化学气相沉积(Plasma Chemical Vapor Deposition，PCVD)、激光(诱导)化学气相沉积(Laser Induced Chemical Vapor Deposition，LCVD)等。按反应室压力大小可分为常压化学气相沉积、低压化学气相沉积等。按反应温度的相对高低可分为高温化学气相沉积、中温化学气相沉积、低温化学气相沉积。另外，也有按反应源物质进行分类的，如金属有机化合物化学气相沉积、氯化物化学气相沉积、氢化物化学气相沉积等。除了上述分类方法外，如果以化学沉积主要特征进行综合分类，可分为热激发化学气相沉积、低压化学气相沉积、等离子体化学气相沉积、激光(诱导)化学气相沉积、金属有机化合物化学气相沉积等。表 4-1 总结了 CVD 沉积方法种类、主要特点及应用领域。

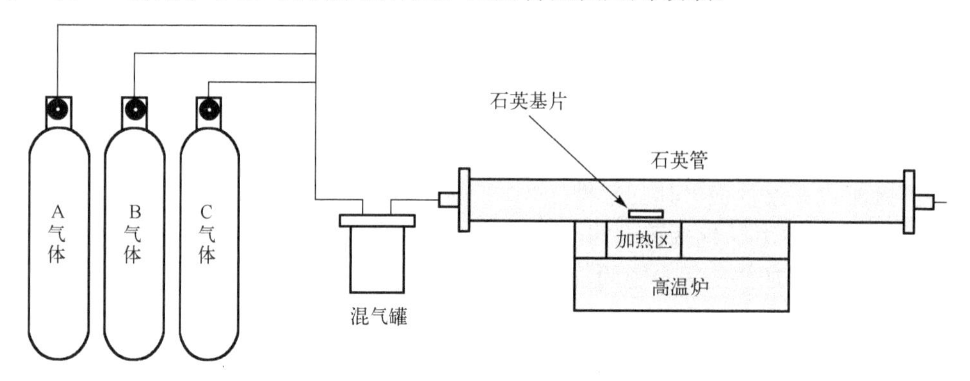


图 4-2　利用 CVD 装置制备石墨烯示意图

**表 4-1　CVD 沉积方法种类、主要特点及应用领域**

| 种类 | 主要特点 | 应用领域 |
|---|---|---|
| 常压化学气相沉积(APCVD) | 成本较低，结构简单，生产效率高 | 制备多晶硅、二氧化硅、磷硅玻璃等 |
| 低压化学气相沉积(LPCVD) | 提高了薄膜均匀性、电阻率均匀性，改善了沟槽覆盖填充能力 | 制备二氧化硅、氮化硅、多晶硅、磷硅玻璃、硼磷硅玻璃、掺杂多晶硅、石墨烯、碳纳米管等多种薄膜 |
| 等离子体增强化学气相沉积(PECVD) | 反应温度低，提高了薄膜纯度与密度，节省能源，降低成本，提高产能 | 用于浅槽隔离填充，侧壁隔离，金属连线介质隔离 |
| 原子层化学气相沉积(ALCVD) | 生长温度较低，薄膜均匀性和致密性较好 | 用于晶体管栅极介电层和金属栅电极等半导体和纳米技术领域 |
| 气相外延化学气相沉积(VPECVD) | 设备简单，生长的 GaAs 纯度高，电学特性好 | 用于 Si 气相外延，Si 半导体器件和集成电路的工业化生产；GaAs 气相外延；霍尔器件、耿氏二极管、场效应晶体管等微波器件中 |
| 有机金属化学气相沉积(MOCVD) | 对孔隙和沟槽具有很好的覆盖率 | 用于 GaN 系半导体材料的外延生长和蓝色、绿色或紫外发光二极管芯片的制造 |
| 高密度等离子体化学气相沉积(HDPCVD) | 改善了 PECVD 薄膜的致密性、沟槽填充能力和生长速率 | 用于 CMOS 集成电路的浅沟槽隔离 |
| 微波等离子体化学气相沉积(MPCVD) | 制备面积大、均匀性好、纯度高、结晶形态好 | 制备高质量硬质薄膜和晶体、大尺寸单晶金刚石 |
| 高温化学气相沉积(HTCVD) | 沉积温度较高，沉积速率较快，容易造成晶体组织疏松、晶粒粗大甚至会出现枝状结晶 | 制备碳化硅晶体 |
| 中温化学气相沉积(MTCVD) | 制备的薄膜具有均匀性和致密性 | 制备硬质合金薄膜材料 |
| 激光(诱导)化学气相沉积(LCVD) | 大大降低了衬底的温度，防止衬底中杂质分布截面受到破坏；可以避免高能粒子辐照在薄膜中造成损伤 | 制备晶体硅、金刚石、纳米碳管、超硬膜、介质膜、微电子薄膜 |

续表

| 种类 | 主要特点 | 应用领域 |
| --- | --- | --- |
| 电感耦合等离子体化学气相沉积（ICPCVD） | 用电感耦合等离子体 CVD 技术制备的薄膜，其化学组成成分的变化可以通过工艺条件来控制。不同的工艺条件对等离子体组成的作用强度不同，造成薄膜中的原子具有不同的化学键和形式，从而引起薄膜结构、光学性质、运输特性的巨大差异 | 用于低温（不高于 70℃）及高温（300℃）沉积二氧化硅、氮化硅等介质薄膜 |
| 热丝化学气相沉积（HFCVD） | 设备简单，工艺条件较易控制，金刚石膜的生长速率比化学输运法快 | 多用于金刚石的生产 |

注：等离子体增强化学气相沉积：Plasma-enhanced Chemical Vapor Deposition，PECVD；原子层化学气相沉积：Atomic Layer Chemical Vapor Deposition，ALCVD；气相外延化学气相沉积：Vapor Phase Epitaxy Chemical Vapor Deposition，VPECVD；有机金属化学气相沉积：Metal Organic Chemical Vapor Deposition，MOCVD；高密度等离子体化学气相沉积：High-density Plasma Chemical Vapor Deposition，HDPCVD；微波等离子体化学气相沉积：Microwave Plasma Chemical Vapor Deposition，MPCVD；高温化学气相沉积：High Temperature Chemical Vapor Deposition，HTCVD；中温化学气相沉积：Medium Temperature Chemical Vapor Deposition，MTCVD；电感耦合等离子体化学气相沉积：Inductively Coupled Plasma Chemical Vapor Deposition，ICPCVD；热丝化学气相沉积：Hot Wire Chemical Vapor Deposition，HFCVD。

## 4.2　沉积过程的化学反应

### 4.2.1　反应物质源

CVD 的反应物质源又称沉积源或沉积剂，是产生能反应生成目标物质蒸气的源物质。一般来说，对于 CVD 沉积剂有以下三个要求：

(1) 在较低温度下就可以蒸发气化；

(2) 气体能分解或反应生成欲沉积的物质；

(3) 反应生成的非沉积物具有足够的挥发性，易从工件表面挥发掉，而不与工件发生反应。

### 4.2.2　反应类型

CVD 的反应类型主要包括歧化反应、还原反应、热解反应、氧化反应、化合反应和化学输运（可逆反应）反应等。

**1. 歧化反应**

包含二价卤化物的分解：

$$2SiX_2(g) \longleftrightarrow Si(s) + SiX_4(g) \tag{4-1}$$

低温时，反应顺向进行；高温时，反应逆向进行。

大多数的闭管反应都会倾向于利用歧化反应，其将单晶硅衬底放在沉积区，沉积固态硅就可以获得单晶外延薄膜，这种反应制备出来的薄膜通常均匀性较好。例如以下反应过程。

$$2SiI_2(g) \longrightarrow Si(s) + SiI_4(g) \tag{4-2}$$

歧化反应效率低，源利用率不高，系统污染可能性大，在闭管系统内的生长过程中引入掺杂剂较困难，未能广泛应用于工业生产中。

**2．还原反应**

利用还原反应进行 CVD 沉积时一般需满足三个条件：用还原剂还原含有欲沉积物质的化合物(大多数是卤化物)；反应为吸热反应，并且在高温下进行，可采用简单的冷壁单温区；反应为可逆反应。

还原反应中最典型的是利用 $H_2$(还原剂载气)还原卤化物。对于硅的外延，卤化物一般采用 $SiCl_4$ 或 $SiHCl_3$，例如：

$$SiCl_4(g)+2H_2(g)\longleftrightarrow Si(s)+4HCl(g)\ (1150\sim1300℃) \tag{4-3}$$

$$SiHCl_3(g)+H_2(g)\longleftrightarrow Si(s)+3HCl(g) \tag{4-4}$$

$$2SiHCl_3(g)\longleftrightarrow Si(s)+SiCl_4(g)+2HCl(g) \tag{4-5}$$

室温下 $SiCl_4$ 和 $SiHCl_3$ 都是液体，氢气作载体，由鼓泡法携带到反应室。容器的温度和压力取决于硅源气体与载气 $H_2$ 的体积比。薄膜要维持稳定的生长速率，体积比必须保持恒定，最关键的是要在加热区内保证相对稳定的温度。当 $H_2$ 以鼓泡的形式通过液体时，由于蒸发作用使液体冷却。冷却使液体蒸气压降低，并减小硅源气体对氢气的体积比。根据理想气体状态方程 $n=PV/(RT)$，维持硅源气体的蒸发速率便可保持硅源气体与载气恒定的体积比。

利用还原反应进行 CVD 沉积具有如下优点：能在整个沉积区实现比较均匀的外延生长，可控制反应平衡移动，可利用反应可逆性在外延生长之前对衬底进行原位气相腐蚀以提高沉积效率，可在深而窄的沟槽内进行平面化的外延沉积。

**3．热解反应**

某些元素的氢化物和金属有机化合物在高温下不稳定，容易发生分解，产物可沉积为薄膜，反应是不可逆的，例如：

$$SiH_4(g)=Si(s)+2H_2(g) \tag{4-6}$$

$$Ni(CO)_4=Ni(s)+4CO(g) \tag{4-7}$$

$$2TiI(g)=2Ti(s)+I_2 \tag{4-8}$$

热解反应的主要优点是可以在低温下实现外延生长。由于热解反应为不可逆反应，所以卤化物的气相腐蚀不会发生，且基底的腐蚀不会特别严重。这种特点对于异质外延生长十分有利。然而，需要特别注意气体反应剂设备和材料的清洁度、成本和安全性。

以硼膜的制备为例。硼是一种广泛使用的中子吸收剂。它具有吸收光谱宽、吸收稳定、无强二次辐射等优点。众所周知，高纯硼粉、硼砂等系列产品是重要的核防护材料。中国核电厂的建设、发展和改进，对核防护材料的需求相当大。以 $BX_3$ 为原料，在金属丝表面热裂解可制备硼粉。$BCl_3$ 的分解温度较高，因此通常采用 $BBr_3$ 和 $BI_3$ 作为热裂解法生产硼粉的原料。原理为

$$2BX_3\longrightarrow 2B+3X_2 \tag{4-9}$$

也可利用 $BX_3$ 为基础原料，还原剂使用 $H_2$，在金属丝表面热裂解制备硼粉。Stern 等进行热力学分析，结果表明，$BX_3$ 和 $H_2$ 反应的标准吉布斯自由能在 2000℃时变为负值，这说明此热解反应自发进行的热动力可行性在 2000℃以上。以 $BF_3$ 为硼源、$H_2$ 为还原剂制备硼粉的

生产条件苛刻，能耗大，成本高。因此，主要是以 $BCl_3$、$BBr_3$、$BI_3$ 为原料，在一定的基体材料上用 $H_2$ 还原 $BX_3$ 得到硼粉。原理为

$$2BX_3 + 3H_2 \longrightarrow 2B + 6HX \tag{4-10}$$

反应分步骤如下：

$$BX_3 + H_2 \longrightarrow BHX_2 + HX \tag{4-11}$$

$$BHX_2 + H_2 \longrightarrow BH_2X + HX \tag{4-12}$$

$$BH_2X + H_2 \longrightarrow BH_3 + HX \tag{4-13}$$

$$BH_3 + BH_3 \longrightarrow 2B + 3H_2 \tag{4-14}$$

**4. 氧化反应**

氢化物、金属有机化合物、含氧卤化物等在氧气氛围下氧化：

$$SiH_4(g) + O_2(g) \longrightarrow SiO_2(g) + 2H_2(g)\ (450℃) \tag{4-15}$$

**5. 化合反应**

绝大多数沉积过程都涉及两种或多种气态反应物在一个热基体上发生反应，这类反应为化合反应。与热分解反应相比，化合反应的应用范围更为广泛，可制备沉积的化合物更多：①可利用与氧反应制备氧化物薄膜，如 $SiO_2$、$Al_2O_3$ 等；②用卤化物或金属有机化合物来沉积氮化物、碳化物、硼化物薄膜，如 SiC、$Si_3N_4$、TiC、TiN、$TiB_2$ 等。

**6. 化学输运(可逆反应)反应**

化学反应是源物质(不挥发的物质)借助适当气体介质与之反应形成一种气态化合物，经过迁移输运到与源区温度不同的沉积区，在基片上发生逆反应，使源物质重新沉积。上述气体介质称为输运剂。例如，Ge 的化学输运反应式为

$$Ge(s) + I_2(g) \xrightarrow{T_1} GeI_2(s) \tag{4-16}$$

式中，$T_1$ 为气体介质。

# 4.3　沉积动力学模型

## 4.3.1　动力学分析

CVD 反应动力学过程示意图如图 4-3 所示。反应气体扩散并吸附于工件表面，工件表面会发生化学反应、表面移动及晶体合并等反应过程，非沉积生成物由表面解析并扩散离开表面，沉积结束。

CVD 反应室中的流体动力学机理十分重要，因为它不仅关系到反应剂输运(转移)到衬底表面的速度，也关系到反应室中气体的温度分布，而且温度分布决定了薄膜沉积速率以及薄膜的均匀性。

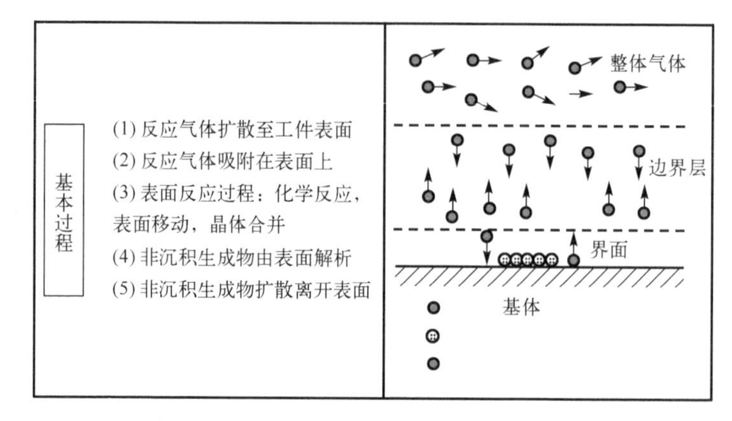


图 4-3　CVD 反应动力学过程示意图

## 4.3.2　Grove 模型

1996 年 Grove 建立了一个简单的 CVD 模型，Grove 模型认为，CVD 生长过程由两个部分共同控制最后薄膜的生长速率：气相输运过程和化学反应过程，如图 4-4 所示。图中 $F_1$ 和 $F_2$ 分别表示目标气体从主气流到衬底的反应流密度，以及在衬底表面参与反应最后生成薄膜层的反应流密度，而 $C_g$ 和 $C_s$ 分别代表反应剂在气流中的浓度和反应剂在基体衬底表面的浓度。

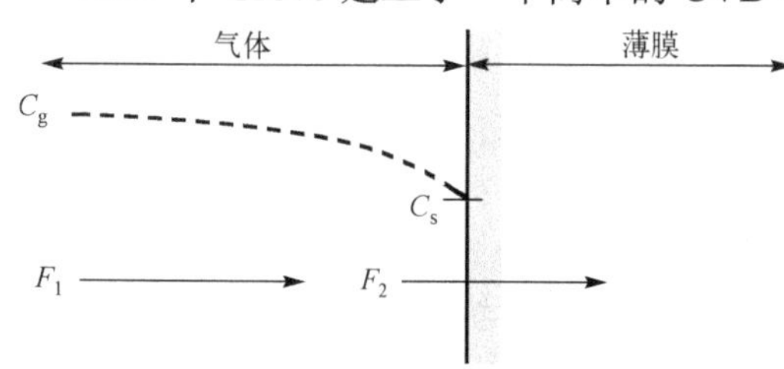


图 4-4　Grove 模型示意图

$$F_1 = h_g(C_g - C_s) \tag{4-17}$$

式中，$h_g$ 为气体质量输送系数。

$$F_2 = k_s C_s \tag{4-18}$$

式中，$k_s$ 为表面化学反应速率。

$$F = F_1 = F_2 \tag{4-19}$$

$$C_s = \frac{C_g}{1 + \frac{k_s}{h_g}} \tag{4-20}$$

式中，$F$ 为单位时间内通过单位面积的原子数或分子数。

在薄膜沉积过程中存在以下两种极限情况。

(1) 当 $h_g \gg k_s$ 时，$C_s$ 趋向于 $C_g$，沉积速率受表面化学速率控制。反应剂数量：主气流输送到基片表面的反应剂数量 > 表面化学反应所需要的反应剂数量。

(2) 当 $h_g \ll k_s$ 时，$C_s$ 趋向于 0，沉积速率受质量输送速率控制。反应剂数量：表面化学反应所需要的反应剂数量 > 主气流输送到基片表面的反应剂数量。薄膜沉积速率 $G$ 可由式 (4-21) 计算：

$$G=\frac{F}{N_1}=\frac{k_s h_g}{k_s+h_g}\times\frac{C_g}{N_1} \tag{4-21}$$

式中，$N_1$ 为每立方厘米薄膜所需要的原子数量(原子/$cm^3$)。

式(4-21)是没有使用稀有气体时利用 CVD 进行沉积的情况。

$$G=\frac{k_s h_g}{k_s+h_g}\times\frac{C_T}{N_1}\times Y \tag{4-22}$$

式(4-22)是使用稀有气体时利用 CVD 进行沉积的情况。$C_T$ 代表反应剂在气流(含有稀有气体)中的浓度，$Y$ 为气相反应中反应剂的摩尔百分比。

沉积速率 $G$ 与 $Y$ 和 $C_g$ 中的一个成正比，在低浓度区域，薄膜沉积速率随 $C_g$ 增加而加快。而当 $C_g$ 和 $Y$ 为常数时，薄膜沉积速率 $G$ 由 $h_g$ 和 $k_s$ 中较小的一个决定。

$$G=\frac{C_T k_s Y}{N_1}\ (h_g \gg k_s) \tag{4-23}$$

$$G=\frac{C_T h_g Y}{N_1}\ (h_g \ll k_s) \tag{4-24}$$

沉积速率与温度及气流速率之间的关系如下。

(1)在低温情况下，表面化学反应速率 $k_s$ 由式(4-25)控制：

$$k_s=k_o e^{-\frac{E_A}{K_t}} \tag{4-25}$$

式中，$k_o$ 为初始沉积速率；$K_t$ 为沉积温度；$E_A$ 为气流速率。沉积速率对温度变化非常敏感。随温度的升高而成指数增加。

(2)在高温情况下，表面化学反应速率由质量输送控制。

$h_g$ 依赖于气相参数，如气体流速和气体成分等。其输运过程通过气相扩散完成。扩散速度与扩散系数 $D_g$ 以及边界层内浓度梯度成正比。沉积速率和扩散系数 $D_g$ 基本上不随温度变化而变换。沉积速率 $G$(可由式(4-24)得出)与气流速率的关系是在质量输运速率控制的条件下，浓度梯度越大，扩散系数越高，根据菲克第一定律和式(4-26)推导得到式(4-27)。

$$h_g=\frac{D_g}{\delta_s} \tag{4-26}$$

$$\frac{h_g L}{D_g}=\frac{3\sqrt{V}}{2} \tag{4-27}$$

式中，$\delta_s$ 是从速度为零的基体表面到某一特定气流速度时的区域厚度。当气流速率<1L/min 时，沉积速率受质量输送速率控制，由式(4-24)和式(4-27)可知，沉积速率 $G$ 与 $h_g$ 和主气流速度 $V$ 的平方根成正比。当气流速率上升时，沉积速率增大，当气流速率继续持续上升，沉积速率达到一个极大值时，与气流速率无关。气流速率大到一定程度，沉积速率转受表面化

学反应速率控制，且与温度遵循指数关系(式(4-25))。总之，Grove 模型是一个简化的化学气相沉积模型，忽略了反应产物的流速，并减小了温度梯度对气相物质输运的影响，并认为反应速度线性依赖于表面浓度。

Grove 模型成功预测了薄膜沉积过程中的两个区域(物质输运速率限制区域和表面反应控制限制区域)，同时也提供了从沉积速率数据中对 $h_g$ 和 $k_s$ 值的有效估计。

### 4.3.3　边界层模型

边界层是指速度受到其他因素扰动并按抛物线形变化，同时也存在沉积剂浓度梯度的抽象薄层，也被称为附面层、滞留层等。边界层模型示意图如图 4-5 所示。

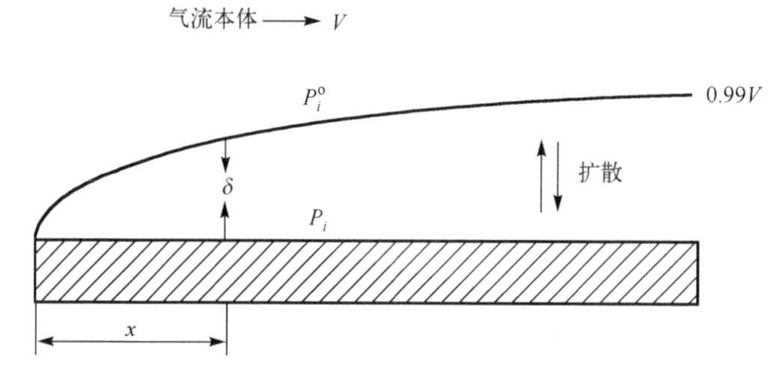


图 4-5　边界层模型示意图

厚度 $\delta(x)$：从速度为零的基体表面到气流速度为 99%的主气流速度 $V$ 时的区域厚度。其形成过程可定义从气流到平板边界时为坐标原点，其中平板截面长度为 $L$，则有

$$\delta(x)=\left(\frac{\mu x}{\rho V}\right)^{\frac{1}{2}} \tag{4-28}$$

式中，$\mu$ 为气体的黏滞系数；$\rho$ 为气体的密度；$V$ 为主气流的速度；$x$ 为沉积截面的横向距离。

边界层的平均厚度为

$$\bar{\delta}=\frac{1}{L}\int_0^L \delta(x)\mathrm{d}x=\frac{2}{3}L\left(\frac{\mu}{\rho VL}\right)^{\frac{1}{2}} \tag{4-29}$$

或

$$\bar{\delta}=\frac{2L}{3\sqrt{Re}} \tag{4-30}$$

其中

$$Re=\frac{\rho VL}{\mu} \tag{4-31}$$

式中，$Re$ 为气体的雷诺数，表示流体运动中惯性效应与黏滞效应的比值，为无量纲数。

当 $Re<2000$ 时，气流为平流型，指反应室中各表面附近的气体流速足够缓慢的情况。

当 $Re>2000$ 时，气流为湍流型。

# 4.4　CVD 沉积 TiN 与 TiC 工艺

## 4.4.1　单层 TiN 沉积工艺及膜层性能分析

TiN 薄膜是首个产业化且广泛应用的硬质涂层材料，其具有高硬度、高熔点以及良好的导电性等优点，利用 CVD 法制备的 TiN 硬质薄膜可用于制造合金刀具，是我国工艺最成熟和应用最广泛的涂层刀具。CVD 技术可以延长硬质合金刀具的使用寿命，降低对进口涂层刀具的依赖性。用 CVD 技术在硬质合金刀具表面制备的 TiN 涂层，可以增强刀具的耐磨性和硬度。与堆焊、热喷涂、涂装、电镀、化学镀等表面涂敷技术相比，CVD 制备的 TiN 涂层厚度较薄，一般在零点几微米至几十微米。装饰用的金黄色的 TiN 膜层常为零点几微米，而要求高耐磨性的 TiN 刀具薄膜厚度也常在几微米。这些膜层虽然较薄，但可大幅度提高工件的耐磨、耐蚀、耐高温等性能。

在工业生产中，通常采用 TiN 的表面薄膜材料，因为 TiN 具有韧性好、与被加工材料亲和力低、不易形成积屑瘤、耐磨损性能好等优点。另外，TiN 薄膜为金黄色，易于识别，较为美观，有利于销售。实际生产中常采用 $N_2$、$H_2$、$TiCl_4$ 等反应体系制备 TiN 薄膜，若采用 $TiCl_4$ 作为 Ti 源，则需使用高纯 $N_2$ 作为氮源，高纯 $H_2$ 作为载气，制备 TiN 薄膜。利用 CVD 制备的 TiN 薄膜因其优异的阻挡性能而被广泛用于制造先进的集成电路器件。这种 TiN 薄膜在高纵横比的接触孔和通孔上具有良好的阶梯覆盖性。与无机前驱体 CVD 相比，金属有机 CVD（Metal-Organic Chemical Vapor Deposition，MOCVD）制备的 TiN 具有以下优点：低沉积温度、无氯污染和足够的阶梯覆盖性。在众多的有机前驱体中，四(二甲氨基)钛（TDMAT）和四乙基氨基钛（TDEAT）是两种应用最广泛的前驱体。

## 4.4.2　单层 TiC 沉积工艺及膜层性能分析

TiC 是具有灰色金属光泽的结晶固体，硬度仅次于金刚石，并且具有弱磁性。它常被用作刀具材料和熔化金属铋、锌、镉的添加剂，也可用于制备半导体耐磨膜和大容量存储设备，是硬质合金的重要组成部分。化学气相沉积在 TiC 硬质合金工业中的应用始于 1968 年，研究人员发现了一种在 200℃下形成金属氧化膜并与基底紧密结合的方法。随后，英国科研人员提出了一种在金属基底或化合物上沉积薄膜的方法，用这种方法制备的 TiC 薄膜可以提高工件表面的硬度和耐磨性。它主要利用挥发性碳氢化合物和卤化钛在金属表面反应沉积 TiC 薄膜。1969 年，英国研究人员采用 CVD 法生产 TiC 薄膜，并申请了相关专利。利用 CVD 法获得的 TiC 薄膜使切削速度提高了 20%～30%，从而促进了切削工业的快速发展。1970 年以后，CVD 技术开始在 TiC 薄膜工业生产中得到进一步应用。

在 CVD 制备 TiC 薄膜时，沉积温度、沉积时间、沉积压力、$CH_4$ 和 $TiCl_4$ 的流速是影响 TiC 膜层质量的主要因素。其中 $CH_4$、$TiCl_4$ 的流量和沉积温度的影响最显著，且最难控制，所以必须首先确定气体流量和沉积温度的范围。图 4-6 是不同沉积温度的 TiC 薄膜的 SEM 图，沉积温度为 900～1050℃。当温度为 900℃时，涂层表面起伏大，呈团状，颗粒形状不明显。当温度达到 1000℃时，颗粒状的微粒会逐渐显现，但微粒小，薄膜有间隙，不致密。这是因为沉积温度低，形核率高，结晶核的生长速度低，不能充分地向一侧生长，所以 TiC 膜的密度必须降低。当温度为 1030℃时，形成的 TiC 薄膜颗粒呈现出微小的等轴状，非常均匀，薄膜没有空隙并且更加致密。当温度升高到 1050℃时，TiC 部分的颗粒开始进行薄片生长。由试验结果可以得到 TiC 薄膜的厚度是 1～2μm，且薄膜中含有 Ti、C、Fe 三种元素，其中 Ti、C 元素的含量逐渐增加，Fe 元素的含量逐渐减少。

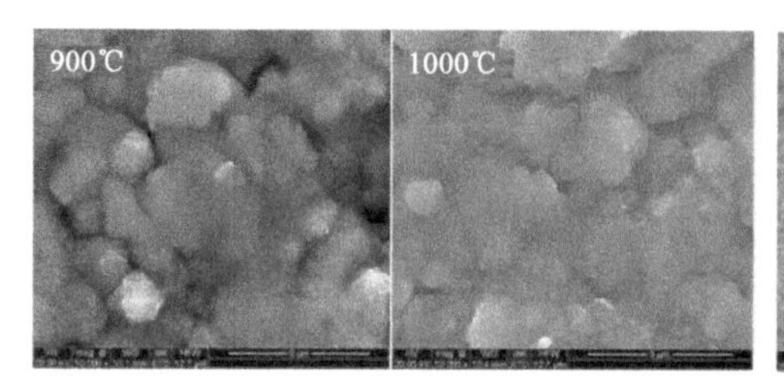


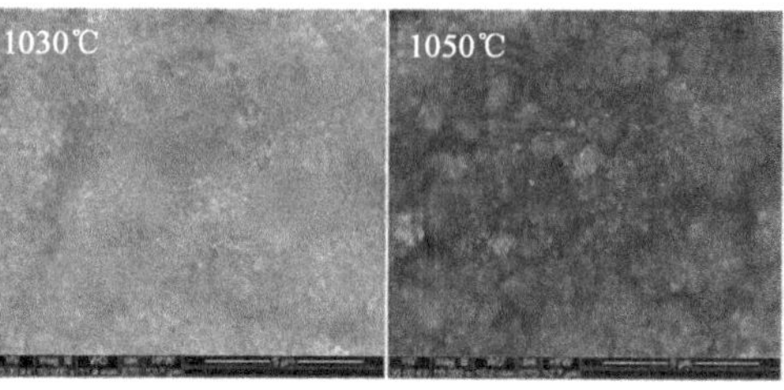


图 4-6　不同沉积温度的 TiC 薄膜的 SEM 图

### 4.4.3　多层 TiC-TiN 沉积工艺及膜层性能分析

20 世纪 70 年代初，CVD 在制备半导体和电子电路保护膜方面取得了成功，这为 CVD 技术在其他领域的发展奠定了基础。大多数保护薄膜是由不同材料制成的多层薄膜或薄膜系统，以延长产品的使用寿命。从此，硬质薄膜得到快速发展，相继出现了性能更好的第二代 $TiC-Al_2O_3$ 和第三代 $TiC-Al_2O_3-TiN$ 复合薄膜。

过渡金属碳化物和氮化物，尤其是和钛金属组成的化合物，具有良好的机械性能和物理性能，如高硬度、高熔点和耐磨耐蚀性能，所以它们得到了很大的关注。TiN 和 TiC 具有相同的结构，通过不同比例的组合可以形成 TiC-TiN，它兼具了 TiN 和 TiC 两种物质的性能和优点。相较于 TiN，TiC-TiN 具有更好的耐磨性能，这是因为 TiC-TiN 有着更高的硬度，由于碳的存在充当了润滑剂的作用，降低了摩擦和磨损。纯的 TiC 由于内部压应力较高，会导致部分薄膜崩落，而 TiC-TiN 的内部应力是可以忽略不计的，所以膜层和基体具有高的结合力。过渡金属碳氮化物可以看成碳化物和氮化物组成的合金，因此，$TiC_x-TiN_{1-x}$ 可以在一个很广的成分范围内变化，$x$ 可以在 0 到 1 的范围内取值。这种成分变化和空位机制可以影响它的热力学性能、机械性能、电学性能等。以 $TiCl_4$、$H_2$、$CH_4$、$N_2$ 为反应前驱体，在其他条件不变的情况下，通过改变 $CH_4/N_2$ 来改变 TiC-TiN 中碳和氮的成分含量，从而制备 $TiC_x-TiN_{1-x}$，具体工艺参数见表 4-2。

表 4-2　CVD 法制备 TiC-TiN 层工艺参数表

| 参数试样 | 沉积温度/℃ | 沉积压力/MPa | 沉积时间/min | $TiCl_4$/(L/min) | $CH_4$ ∶ $N_2$ |
| --- | --- | --- | --- | --- | --- |
| 1 | 1000～1050 | 0.05 | 40 | 4～7 | 1∶3 |
| 2 | 1000～1050 | 0.05 | 40 | 4～7 | 1∶2 |
| 3 | 1000～1050 | 0.05 | 40 | 4～7 | 1∶1 |
| 4 | 1000～1050 | 0.05 | 40 | 4～7 | 2∶1 |

通过改变 $CH_4/N_2$ 比，可以得到不同形貌的 TiC-TiN 薄膜，其各种薄膜的沉积速率也是不同的。从图 4-7 中可以看出，随着 $CH_4/N_2$ 比的增加，晶粒的尺寸逐渐减小，沉积速率增大时，

当 $CH_4/N_2$ 比继续增大时，晶粒尺寸增大，沉积速率减小。当 $CH_4:N_2 = 1:3$（图 4-7(a)）时，TiC-TiN 薄膜的晶粒是呈长条状的，表面不致密，随着 $CH_4:N_2$ 比增大到 1:2（图 4-7(b)）时，薄膜晶粒尺寸减小，并且可以看到表面有些晶粒聚集在一起，晶粒排列也很密集，再看薄膜的截面图，会发现薄膜的厚度由原来不到 1μm 增加到了 2μm，这说明薄膜的沉积速率增加了。沉积速率可以看作单位时间内薄膜的厚度的增加量，在一定时间内，薄膜越厚，薄膜的沉积速率越大。沉积速率大，会导致快速、密集的成核，所以晶粒尺寸会减小，并且晶粒很密集。$CH_4:N_2$ 继续增大，沉积速率增大，晶粒尺寸减小，当 $CH_4:N_2 = 1:1$（图 4-7(c)）时，沉积速率达到最大，薄膜厚度为 2.1μm。但是，当 $CH_4:N_2$ 再继续增大到 2:1（图 4-7(d)）时，晶粒尺寸开始增大，沉积速率也开始减小，薄膜厚度为 1.5μm。

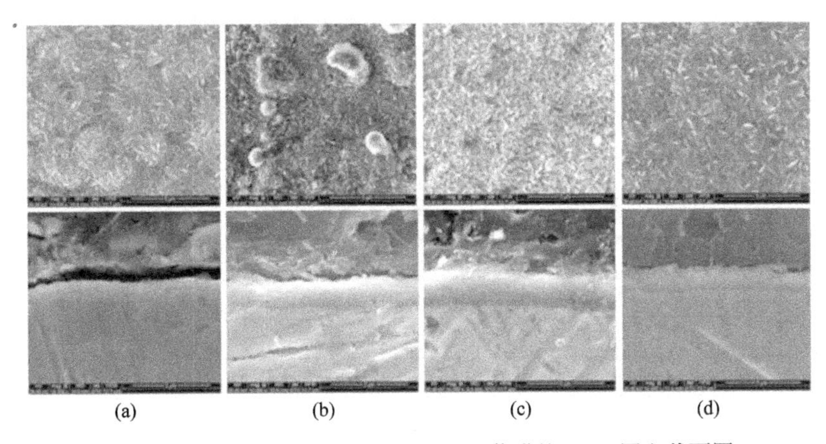

图 4-7　不同 $CH_4:N_2$ 比的 $TiC_x$-$TiN_{1-x}$ 薄膜的 SEM 图和截面图

从表 4-3 中可以看出，随着碳含量的增加，TiC-TiN 薄膜的硬度也在逐渐增加，当 $CH_4/N_2$ 比为 1:1 时，硬度达到最高值 2198HV，当 $CH_4/N_2$ 比继续增加时，薄膜硬度开始下降。

**表 4-3　不同 $CH_4/N_2$ 比的 TiC-TiN 薄膜的显微硬度值**

| 硬度(HV) | 薄膜($CH_4/N_2$) | | | |
|---|---|---|---|---|
| | 1:3 | 1:2 | 1:1 | 2:1 |
| | 2020 | 2111 | 2198 | 2087 |

硬度变化的原因主要有以下三个。

(1) 薄膜厚度。随着薄膜厚度增加，薄膜硬度也在增加，当 $CH_4/N_2$ 比超过 1:1 时，薄膜沉积速率下降，薄膜厚度减小，导致薄膜硬度也下降。

(2) 晶粒细化。随着 $CH_4/N_2$ 比增加，晶粒尺寸减小，样品 3（$CH_4/N_2 = 1:1$）的晶粒尺寸最小，根据 Hall-Petch 公式（式(4-32)），晶粒尺寸越小，越有利于硬度的改善，这也和研究结果中硬度的测试结果相吻合。

$$\sigma_s = \sigma_o + kd^{-\frac{1}{2}} \tag{4-32}$$

式中，$\sigma_s$ 为材料的屈服强度；$\sigma_o$ 为阻止位错滑移的摩擦力；$k$ 为与晶体类型有关的常数；$d$ 为晶粒直径。

(3) $CH_4/N_2$ 比。随着 $CH_4/N_2$ 比增加，相对于 Ti—N 键，晶体中 Ti—C 键占的比例增大，

而 Ti—C 键是键能更强的化学键，所以增加了硬度。研究表明，C 原子部分取代 N 原子，使 TiC-TiN 晶格产生畸变可能是这类薄膜硬度得以提高的主要原因。

# 4.5　各种材料的沉积工艺

## 4.5.1　氧化物沉积工艺

金属氧化物材料涂层的制备合成方法的发展一直备受关注，固态反应、溶胶-凝胶法和化学气相沉积法是最为常见的合成方法。固态反应适用于结构较为简单的材料，制备结构相对复杂的材料可能会降低涂层的化学均匀性。溶胶-凝胶法制备出的材料具有良好的均匀性，但制备过程较难控制。而化学气相沉积法可在活化环境中沉积氧化物涂层，为制备高质量氧化物涂层提供了新的思路。表 4-4 总结了 CVD 法制备氧化物的薄膜工艺。

表 4-4　CVD 法制备氧化物的薄膜工艺

| 薄膜种类 | 沉积剂 | 沉积剂气化温度/℃ | 沉积温度/℃ | 气氛 |
|---|---|---|---|---|
| $Al_2O_3$ | $AlCl_3$ | 130～160 | 800～1000 | $H_2$+$CO_2$ |
| | Al(acac)$_3$ | ～240 | 800～1000 | Ar+$O_2$ |
| $SnO_2$ | $SnCl_4$ | ～150 | 800～1000 | $H_2$+$CO_2$ |
| $SiO_2$ | $SiCl_4$ | ～0 | 800～1000 | $H_2$+$CO_2$ |
| $ZrO_2$ | $ZrCl_4$ | ～290 | 800～1000 | $H_2$+$CO_2$ |
| $Y_2O_3$/ $ZrO_2$ | Y(dpm)$_3$/ Zr(dpm)4 | ～150 | 800～1000 | Ar+$O_2$ |
| $WO_3$ | 钨丝 | — | 600～800 | Ar+$O_2$ |

利用 Al(acac)$_3$(acac：乙酰丙酮)作为沉积剂，通过 Ar 将源蒸气带入 CVD 腔中，加入适量氧气与前驱体蒸气混合，保持一定压力，并预热至 800℃进行化学气相沉积，最终得到 $Al_2O_3$ 薄膜涂层。同时，可以将沉积剂换为 $AlCl_3$，改变沉积气氛为 $H_2$/$CO_2$ 时，同样可以得到 $Al_2O_3$ 薄膜。

氧化钨($WO_3$)是一种宽带隙的 n 型半导体材料，其带隙范围为 2.6～3.2eV，具体取决于其结晶度和缺氧情况。利用 CVD 沉积的单斜或四方相 $WO_3$ 和 $WO_x$ 多用于气体传感领域，沉积温度相对较低，通常为 600～800℃。

氧化锡($SnO_2$)是一种 n 型宽带隙(3.6～4.0eV)半导体材料，多用于制备透明导电电极、抗反射薄膜和气体传感器涂层。通过 CVD 合成的 $SnO_2$ 的最常见沉积剂包括金属锡盐($SnCl_2$ 和 $SnCl_4$)、[Sn(OtBu)$_4$]和其他不太常见的前驱体材料，如 Sn$(NO_3)_4$、配合物[$(CH_3(CH_2)_3CH(C_2H_5)$ $CO_2)_2$Sn]和[Sn(18-crown-6)$Cl_4$]，通常采用氧气作为反应载气。

利用激光作为辅助能量源的 LCVD，可在激光束直径区域大小范围内提高沉积速率。将 Y(dpm)$_3$ 与 Zr(dpm)4(dpm：二新戊酰甲烷)作为沉积剂，在氩气和氧气的气氛下，利用激光器照射衬底，可沉积 $Y_2O_3$ 稳定的 $ZrO_2$ 薄膜，同样地可以使用 Al(acac)$_3$(acac：乙酰丙酮)作为沉积剂，用双管喷嘴引入氧气，与衬底上方的前驱体蒸气混合，利用 LCVD 制备氧化铝薄膜。

## 4.5.2　硫化物沉积工艺

过渡金属硫化物(Transition Metal Dichalcogenides，TMDs)具有良好的晶体结构和可控的能带结构，可以应用于纳米器件、光电子和光催化的研究。CVD 技术比传统化学合成方法更加有效，因此被引入制备硫化物材料，合成出拥有连续大面积、薄厚均匀和较高晶体质量的单层及多层 TMDs。

单层 TMDs 的典型 CVD 装置如图 4-8 所示。S 和过渡金属氧化物(如 $MoO_3$)粉末储存在石英坩埚中，石英坩埚依次放置在石英管的反应室加热区域的中间位置，基板(如 $SiO_2$/Si、石英、蓝宝石等)倒扣在过渡金属氧化物粉末的坩埚上。首先，反应室内的空气由载气(如 $N_2$、Ar、Ar/$H_2$ 等)或真空泵驱动吸出，然后 S 和金属氧化物被相应地加热以形成饱和蒸气。载气将 S 和金属氧化物蒸气转移到基板表面形成 TMDs。

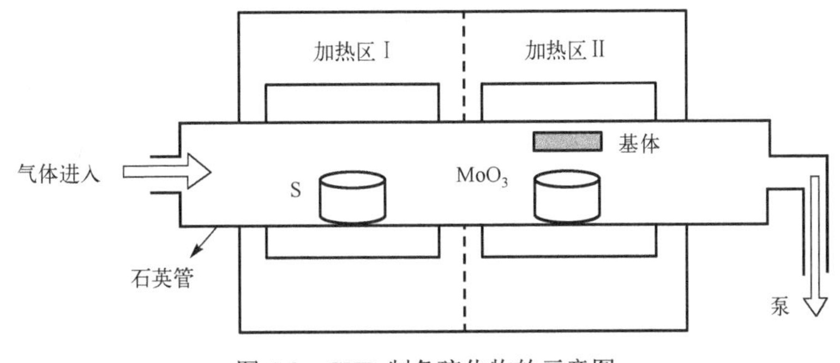


图 4-8　CVD 制备硫化物的示意图

TMDs 的生长过程包括空间气相反应和表面生长。在气相反应期间，前驱体蒸气产生各种中间基团，如低价过渡金属氧化物(如 $MoO_{3-x}$)、过渡金属氧化物(如 $MoO_2$)和过渡金属硫化物(如 $MoS_2$)。这些基团通过输运气体传输到基底表面，并进行吸附、扩散、反应和解吸。最后，过渡金属硫化物在基底上生长。

一般来说，影响单层过渡金属硫化物薄膜性质的主要有以下几个因素：过渡金属氧化物与 S 族单质之间的配比、反应温度、载流气体、衬底以及前驱物与衬底之间的距离，具体分析如下。

(1) S 的含量决定了单晶畴区的形态和大小，而 $MoO_3$ 的含量决定了晶核位置的数量和 $MoS_2$ 薄膜面积的范围。通过调节过渡金属氧化物和 S 族单质的质量，可以在一定程度上调节单层 TMDs 的生长和晶畴尺寸。

(2) CVD 系统中的反应温度包括初始蒸发温度和衬底温度。通过调节过渡金属氧化物和 S 族单质的蒸发温度可以控制中间蒸气的分压，这会影响不同中性基团在基底上的吸附和表面结合反应。过低的硫蒸气压将导致形成低价过渡金属氧化物或过渡金属氧硫化物纳米颗粒，不利于 $MoS_2$ 的生长。另外，过高的蒸气分压会形成各种非挥发性中间基团，抑制 $MoO_3$ 的蒸发，不利于在衬底上形成 $MoS_2$。

(3) 反应前驱物需要将载气输送至基底表面，载气通常选择化学性质不活跃的气体，惰性气体 Ar 是最佳选择。Ar 或 $N_2$ 是否用作载气似乎对整体 TMDs 的生长没有影响，因为它们的化学性质均不活跃。它们主要被引入 CVD 中是因为需要它们将蒸气从前驱体传输到衬底表面。然而，如果利用 CVD 沉积 $WSe_2$ 和 $MoSe_2$ 等硒化物，载气中必须混有 Ar 才能在衬底上形成相应的 TMDs。

### 4.5.3 氮化物沉积工艺

大多数过渡的氮化物在固态时具有金属光泽、高熔点和高硬度，并拥有特殊的光学和电学性质，广泛应用于耐高温材料、防腐耐磨薄膜、催化剂等领域。氮化钛(TiN)常被用作硬质合金刀具的表面保护层，以提高其耐磨性和使用寿命。研究还发现，TiN 具有很高的生物相容性，在医疗领域有着广阔的应用前景，如用于人工关节的无机薄膜。

传统的合成金属氮化物的方法是与 $N_2$ 或 $NH_3$ 反应。化学气相沉积作为一种新的材料制备技术被应用于这类化合物的制备。有关沉积氮化物薄膜的工艺总结见表 4-5。

表 4-5 沉积氮化物薄膜工艺

| 薄膜种类 | 沉积剂 | 沉积剂气化温度/℃ | 沉积温度/℃ | 气氛 |
|---|---|---|---|---|
| BN | $BCl_3$ | –30～0 | 1200～1500 | $N_2+H_2$ |
| TaN | $TaCl_5$ | 250～300 | ～1200 | $N_2+H_2$ |
| TiN | $TiCl_4$ | 20～80 | 1100～1200 | $N_2+H_2$ |
| ZrN | $ZrCl_4$ | 300～350 | 1150～1200 | $N_2+H_2$ |
| VN | $VCl_4$ | 20～50 | 1100～1300 | $N_2+H_2$ |
| AlN | $AlCl_3$ | 100～130 | 1200～1600 | $N_2+H_2$ |
| $SiN_4$ | $SiCl_4$ | –40～0 | 1000～1600 | $N_2+H_2$ |
| HfN | $HfCl_4$ | 300～350 | ～1200 | $N_2+H_2$ |
| $Th_3N_4$ | $ThCl_4$ | 600～700 | ～1600 | $N_2+H_2$ |

### 4.5.4 碳化物沉积工艺

碳作为地球上最丰富的元素之一，在自然界中以石墨、金刚石和煤等形式存在。碳化物材料具有优异的性能，在电子、薄膜、多相催化以及生物和医学领域应用广泛。制造碳化物的方法主要包括化学气相沉积法、碳热还原法、溶胶-凝胶法、模板生长法、电弧放电法、微波加热法、热蒸发法等。现在最常用的是化学气相沉积法、碳热还原法、溶胶-凝胶法。其他方法制备工艺复杂，花费高，生产率低，大规模工业化生产不易进行。碳热还原法制备的产物杂质多，反应温度一般比较高。CVD 在制备碳化物时，具有反应温度低、组成控制性和重复性好、结晶率和纯度高等优点。表 4-6 总结了 CVD 沉积碳化物薄膜的相关工艺特点。

表 4-6 CVD 沉积碳化物薄膜工艺

| 薄膜种类 | 沉积剂 | 沉积剂气化温度/℃ | 沉积温度/℃ | 气氛 |
|---|---|---|---|---|
| BeC | $BeCl_3+C_6H_5CH_3$ | 290～340 | 1300～1400 | $H_2$ |
| SiC | $SiI_4+CH_4$ | ～50 | 1925～2000 | $H_2$ |
| TiC | $TiCl_4+C_9H_5CH_3$ | 20～80 | 1100～1200 | $H_2$ |
| ZrC | $ZrCl_4+C_6H_6$ | 200～250 | 1200～1300 | $H_2$ |
| WC | $WCl_6+C_6H_5CH_3$ | 160～230 | 1000～1500 | $H_2$ |
| NbC | $NbCl_5+CH_4$ | — | 1000 | $H_2$ |

续表

| 薄膜种类 | 沉积剂 | 沉积剂气化温度/℃ | 沉积温度/℃ | 气氛 |
|---|---|---|---|---|
| 碳纳米管 | 乙烯 | — | 550 | $H_2$+$N_2$ |
| | 苯 | — | 750 | Ar |
| | 乙炔 | — | 700 | $H_2$+Ar |

石墨烯自 2004 年发现以来一直是二维碳化物材料的重点研究领域，其结合了陶瓷和金属的特性，广泛应用于电子、催化、储能等领域。作为一种由六角蜂窝形晶格组成的二维 $sp^2$ 杂化碳纳米材料，它保持了近乎完美的晶体结构和优异的晶体学性能。由于其独特的光学性能、电学性能和机械性能，石墨烯在材料科学、微纳加工、能源、生物医学和药物传输等领域中十分重要。在过去的几十年里，有各种各样的技术被用于生产高质量、大面积的石墨烯，包括高定向热解石墨的机械剥离、SiC 外延生长法和化学气相沉积法。

在所有制备方法中，CVD 是大规模制备高质量石墨烯最重要的方法。利用 CVD 制备石墨烯最常用的前驱体是气态甲烷($CH_4$)、乙炔($C_2H_2$)。由于化学键的断裂需要很高的能量，因此沉积反应温度很高。以 $CH_4$ 为前驱体时，反应温度需达 900℃。当温度低于 600℃时，无法达到化学键解离所需的能量，因此以 $CH_4$ 为前驱体在低温条件下利用 CVD 制备石墨烯是不可能的。虽然在高温条件下制备石墨烯的时间较短，但生产出来的石墨烯的质量很高。在光电领域，石墨烯的加入可以显著提高光电子器件的导电性，但在一些光电器件上制备石墨烯需要非常低的温度，通常低于 600℃，因此，在低温条件下( $<$ 600℃)通过 CVD 制备石墨烯已成为未来发展的必然趋势。前驱体的类型和衬底的类型是影响石墨烯生长温度的关键因素。目前，关于利用低温化学气相沉积法(Low Temperature CVD，LTCVD)进行石墨烯制备的发展已有多篇综述，并且描述了各种降低 CVD 石墨烯沉积生长温度的方法。使用 $C_2H_2$ 作为碳源，低温(600℃)下在 Ni 表面合成了少层石墨烯(Few Layer Graphene，FLG)。$C_2H_2$ 的高热解率会导致石墨烯出现高缺陷密度的特点。一般通过控制 $C_2H_2$ 的流量来优化 LTCVD 制备的 FLG 薄膜的质量。中等流量的 $C_2H_2$ 气体有利于高质量石墨烯的生长。

影响低温合成石墨烯的主要因素是前驱体的类型和基体的种类。前驱体有气态、液态和固态三种形态。选择结合能低的气态前驱体(如 $C_2H_6$、$C_2H_4$、$C_2H_2$)对降低反应温度非常重要。液态芳烃(如 $C_6H_6$、$C_7H_8$、$C_2H_5OH$)和固态烃(如 PMMA、PS、PVP)已成为制备石墨烯的主要碳源。由于这些前驱体是环状烃结构，结合能低，因此可降低石墨烯的生长温度。此外，基体的种类对石墨烯的合成温度也有重要影响。由于高催化活性 Cu 基板具有低碳溶解度，石墨烯的生长温度可以显著降低并可获得优质单层石墨烯。对于具有高碳溶解度的单金属催化剂，如 Ni、Co 和 Fe，合成石墨烯的温度可以降低，但很难控制石墨烯的层数，可以通过调整基体厚度和沉积状态来获得均匀可控的优质石墨烯薄膜。

在常见的 CVD 工艺中，使用金属催化剂可促进石墨烯的合成，可用酸性溶液将金属催化剂蚀刻掉，制备进一步研究和应用所需的基体。尽管使用金属催化衬底材料的 CVD 制备石墨烯价格较低，但石墨烯转移可能会造成不必要的损坏，如结构断裂、金属蚀刻残留物和机器污染等问题。这大大降低了石墨烯的质量，并且影响了石墨烯的应用。因此，最为关键的是直接在介电基板上制备连续的石墨烯薄膜。MgO、$Al_2O_3$、$SiO_2$、BN、$Si_3N_4$ 已被许多研究人员用于直接制备石墨烯。然而，利用 LTCVD 对石墨烯的无损转移工艺或非转移生产技术发展石墨烯的合成仍面临巨大挑战。探索石墨烯的大规模无损转移生产工艺，这也是目前 CVD 技术的新方向。

## 4.6　PECVD 与超硬薄膜制备

### 4.6.1　PECVD 过程的动力学

等离子体增强化学气相沉积(Plasma-enhanced Chemical Vapor Deposition，PECVD)是制造人造金刚石及其他超硬薄膜的一种手段，该方法具有许多优点，如颜色等级高、成膜质量好等。PECVD 借助微波和射频，使含有薄膜组成的气态物质发生电离，在局部形成等离子体，等离子体的化学活性强，易发生反应，在基板上可沉积质量优异的薄膜。总之，PECVD 是利用反应气体辉光放电产生等离子体来制备薄膜的，等离子体中含有大量的高能电子，这些高能电子在化学气相沉积过程中提供了必要的活化能，改变了反应系统的能量供给方式。高能电子和气相分子的碰撞促进了反应气体分子的化学键断裂和重新组装，产生活性高的自由基，同时整个反应系统可保持较低的温度。这个特征使得 PECVD 技术具有低温生长和无转移的优点。

### 4.6.2　PECVD 特点

PECVD 装置主要在等离子体作用下电离气态前驱物，形成激发态的活性基团，这些活性基团通过扩散到达衬底表面，并进一步触发化学反应以实现薄膜生长。PECVD 包括射频增强等离子体化学气相沉积、甚高频等离子体化学气相沉积、介质层阻挡放电增强化学气相沉积和微波电子回旋共振等离子体增强化学气相沉积。

PECVD 还被称为等离子体化学气相沉积，因为其通过与利用辉光放电产生的等离子体中的反应气体进行非弹性碰撞，使反应气体分子电离或激发，降低化合物的分解或化学结合所需的能量，从而显著地降低反应温度。

PECVD 与传统的 CVD 化学反应的热力学原理有很大的不同。在传统的 CVD 中，气体分子的解离可以根据热活化能的大小来选择。而 PECVD 所产生的气体分子解离，由于其能量供给方式不同，是非选择性的。因此，PECVD 沉积的薄膜与以往的 CVD 沉积的薄膜有很多不同，如膜成分、结晶取向等。PECVD 设备的性能指标主要包括生长薄膜的均匀性、致密性，以及设备产能。要保证生长薄膜的质量，除了要保证设备的稳定性，还必须掌握和精通其工艺原理及影响薄膜质量的各种因素，影响 PECVD 工艺质量的因素主要有极板间距和反应室尺寸、射频电源的工作频率、射频功率、气压和衬底温度。PECVD 具有以下优点。

(1)PECVD 的沉积温度低，沉积速率快。PECVD 的沉积温度比 TCVD 低得多，这是因为在 PECVD 装置中，辉光放电形成的等离子体中的电子平均能量可达 1～10eV，电子和离子的密度可达 $10^9$～$10^{12}$ 个/$cm^3$，在如此多高能粒子碰撞下，反应气体可以完全解离和激发，形成高活性的离子和化学基团。这对半导体工艺掺杂是十分有利的。采用 PECVD 可以较容易地在掺杂衬底上沉积各种薄膜。另外，在高速钢上沉积 TiN、TiC 等硬膜，若采用 TCVD，则基体就会退火变软。若采用 PECVD 则可以使沉积温度降到 600℃以下，避免基体退火。

由于沉积温度低，对基体影响小，可避免因高温造成晶粒粗大或生成膜与基体之间的脆相，而且低温沉积模式有利于非晶薄膜和微晶薄膜的生长。

(2) PECVD 工艺可对基体进行离子轰击，特别是直流 PECVD，这可对基体进行溅射清洗，增加了薄膜与基体的结合强度。另外，由于离子的轰击作用，有利于在膜与基体之间形成过渡层，也提高了薄膜与基体的结合力。

(3) PECVD 可减小因薄膜和基体材料热膨胀系数不匹配所产生的内应力。这是因为 PECVD 制备的薄膜成分均匀、针孔少、组织致密、内应力较小。

单晶片模式的平行板系统有望成为未来传统 PECVD 工艺的主流。设备和工艺上的改进包括提升薄膜的均匀性，减少薄膜颗粒和消耗性气体和部件的使用，并降低晶圆片两侧的损伤。在优化 PECVD 反应器和工艺时，有三个基本因素需要考虑：等离子体稳定性和均匀性的变化、优化等离子体密度、严格控制基体温度和基体在等离子体中的位置。这些因素的变化会影响薄膜的性质，而平行板系统适合于满足这些要求。Schade 等利用 40.68MHz 的励磁线圈装置，开发了单片平行板 PECVD 系统。基体温度由氦气背向装置控制，以避免在基体背面沉积。稳定的等离子体被限制在远离反应室壁的电极之间，用来优化等离子体密度以获得足够的沉积速率和良好的薄膜均匀性。

### 4.6.3 PECVD 制备超硬薄膜

超硬薄膜材料通常由Ⅲ、Ⅳ和Ⅴ主族元素构成的单质或共价键化合物组成，目前能够满足这个标准的材料有金刚石、类金刚石(Diamond-like Carbon，DLC)、立方氮化硼(CBN)、碳化氮($C_3N_4$)等碳化物。利用 PECVD 法将这些材料沉积到基体表面即可获得超硬薄膜，这些薄膜具有与材料本身同样的优良特性，如极高的硬度、极低的摩擦系数、极强的耐磨和耐腐蚀性能、良好的导热和化学稳定性能、宽禁带宽度等。这些优异的性能使 PECVD 广泛应用于航空航天、精密加工以及医疗器械生产等领域。

## 4.7 CVD 的应用

### 4.7.1 CVD 在切削工具中的应用

刀具材料是指制造加工刀具所使用的材料。刀具材料需具有一定硬度(HRC60 以上)、强度和韧性、良好的热硬度、热强度、耐磨性和可制造性。随着机械工业的进步，高速切削、重切削、干切削等特殊加工方法的普及和应用，对金属切削刀具的加工性能提出了更高的要求。许多传统的刀具材料已逐渐不能满足对很多加工材料的要求，但将高耐磨性涂层(碳化物、氮化物、碳氮化合物、氧化物和硼化物等)沉积涂覆在刀具表面，能有效地提升刀具性能，减少刀具在车、铣、钻孔和其他加工过程中出现的磨损。

对于很多难加工材料，工业上通常利用天然单晶金刚石和人工合成金刚石钻头进行切割与磨削，如结晶金刚石工具、烧结聚晶金刚石工具、金刚石磨石等。在切削和钻孔时，通过 CVD 将金刚石薄膜沉积在硬质碳化钨上，增加断裂强度和耐热性。金刚石薄膜硬质合金刀具在切削刀具方面有很大的优势，这是由于其具有高硬度、低摩擦系数、钻孔工艺系数、优异的耐磨性和化学惰性等优点。这使得金刚石薄膜硬质合金工具备受关注，能大幅提高切削性能和刀具寿命。

为了提高涂层刀具的使用性能，多涂层刀具广泛应用于生产。基于厚膜α-$Al_2O_3$和Ti(C, N)的涂层材料具有良好的抗高温氧化性、优异的结合力和匹配性。它能在硬质合金表面形成高性能复合涂层，对延长刀具的切削寿命有非常显著的效果。采用复合化学气相沉积法制备厚膜α-$Al_2O_3$硬质合金刀具的方法及刀具的性能特点如下：刀具基体为碳化钨硬质合金材料，硬度高、耐磨性好、红硬性好、耐高温塑性变形能力强等，能可靠地支撑薄膜，防止自身塑性变形。厚膜α-$Al_2O_3$薄膜硬质合金刀具的制备工艺是采用中温化学沉积(MT-CVD)和高温化学沉积(HT-CVD)相结合的CVD技术，即MHT-CVD。MHT-CVD在同一沉积室连续沉积，最终在基体表面形成复合薄膜。根据MHT-CVD的应用特点，在不同的沉积阶段采用不同的沉积工艺技术以及不同薄膜材料，设计了多层薄膜结构，形成TiN+Ti(C, N)+过渡层+$Al_2O_3$的四层结构。其中TiN因与金属的亲和力较小，抗黏附能力和抗月牙形磨损能力强使涂层性能更加优越，可提高涂层的整体性能。薄膜样品复合薄膜处的断口金相微观形貌如图4-9所示。第一层为薄膜TiN。第二层Ti(C, N)采用MT-CVD，依靠$TiCl_4$-$CH_3CN$-$H_2$-$N_2$的沉积体系进行沉积，其厚度为2～4μm，沉积温度为900℃。第三层为Ti(C, N)和α-$Al_2O_3$之间的过渡层。最外层为厚度5μm以上的α-$Al_2O_3$。

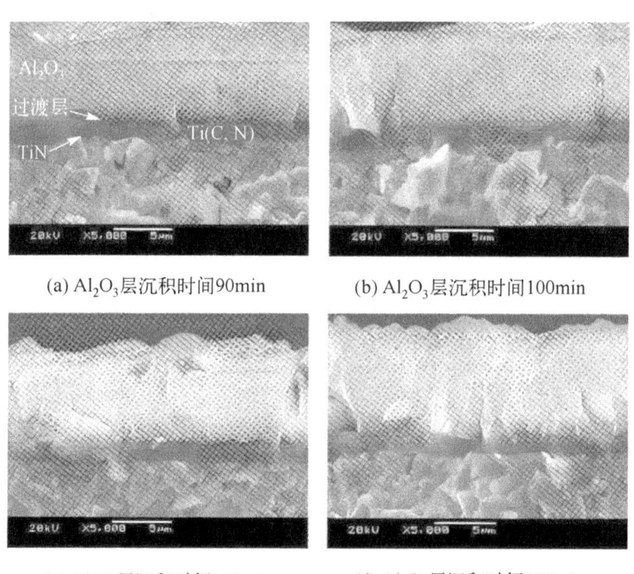


(a) $Al_2O_3$层沉积时间90min　(b) $Al_2O_3$层沉积时间100min

(c) $Al_2O_3$层沉积时间110min　(d) $Al_2O_3$层沉积时间120min

图4-9　薄膜样品复合薄膜处的断口金相微观形貌

利用CVD法制备的金刚石薄膜已用于切割和钻孔软材料，如铝和铜合金。通过机械研磨抛光方法获得具有亚微米级锋利尖锐的工具是非常困难的。因此，有研究者应用离子束加工来锐化金刚石薄膜硬质合金刀具的切削刃。采用0.5～10keV $Ar^+$离子束加工的CVD金刚石薄膜刀具可以获得20～80nm级的刀尖宽度，此时刀尖的锐化速度取决于离子束能量，刀具的切削性能急剧上升。

利用CVD法可以沉积高质量的超细颗粒金刚石膜。与微晶金刚石膜和纳米金刚石膜相比，超细颗粒金刚石膜具有较低的表面粗糙度和较高的电阻。为了评价三种自制磨机的切削性能，在相同条件下对 CVD 法沉积 SiC(20vol%)颗粒增强的铝基复合材料进行了铣削对比试验。结果表明，薄膜金刚石磨机的失效形式为磨损失效，而超细颗粒复合薄膜金刚石磨机的磨损为正常的机械磨损，未发现剥落。这也表明复合金刚石薄膜的结合强度有显著提高。不同磨损形态(长度为 200mm)的微晶金刚石薄膜和超细晶粒金刚石薄膜的铣刀工具也验证了这一点，如图 4-10 所示。超细颗粒金刚石薄膜工具中侧面底部边缘的和侧刃边缘的磨损形态如图 4-10(a)和(b)所示，工具后刃下边缘和侧刃后侧的磨损形貌分别如图 4-10(c)和(d)所示。

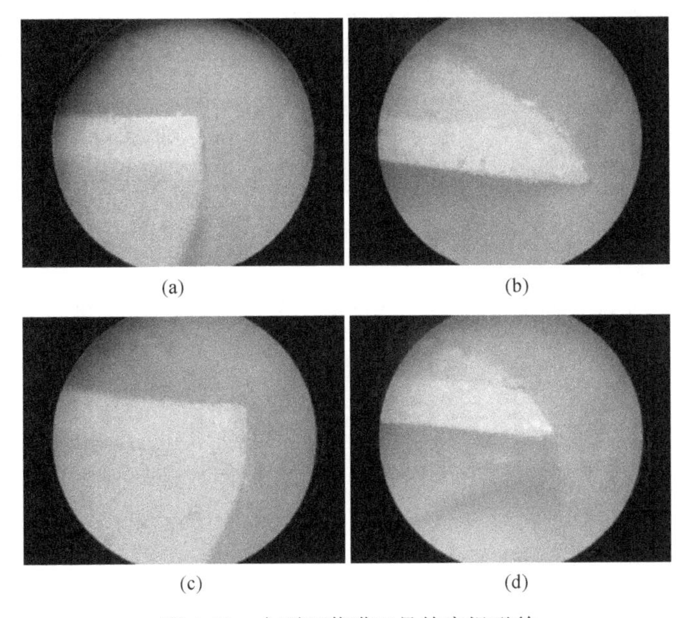

(a)　(b)　(c)　(d)

图 4-10　金刚石薄膜刀具的磨损形貌

总体来说，CVD 涂层在降低刀具磨损中主要起到如下作用：与基体材料相比降低了沉积层的导热性，使更多的热量保留在切屑和工件中，降低了磨损效应，延长了刀具寿命，降低了成本。但是 CVD 工艺处理温度高，易造成刀具变形和材料抗弯强度的下降；薄膜内部为拉应力状态，使用中易导致微裂纹的产生；CVD 工艺所排放的废气、废液也会造成环境污染。

## 4.7.2　CVD 在半导体中的应用

化学气相沉积技术可广泛应用到集成电路、半导体、金属精制、光伏电池、高技术陶瓷等制造领域，其中集成电路、半导体是其主要应用领域。在全球市场中，CVD 设备生产企业主要有美国应用材料(Applied Materials)、美国拉姆研究(Lam Research)、日本东京电子(Tokyo Electron)、瑞士梅耶博格(Meyer Burger)、德国 Centrotherm 等。我国集成电路、半导体产业发展迅速，规模不断扩大，技术不断进步，对薄膜沉积相关设备的需求快速增长，对 CVD 设备的需求快速上升。在此背景下，我国 CVD 设备生产企业开始增多，代表性企业主要有北方华创、捷佳伟创、无锡松煜等。但与国际先进企业相比，我国 CVD 设备行业技术实力较弱，市场份额占比较低，国外企业占据主导地位。

CVD 技术广泛应用于金刚石膜压力传感器的制造中。大面积金刚石薄膜气相合成技术的出现以及金刚石材料微细加工技术、掺杂半导体的薄膜合成技术、电极形成、绝缘膜形成以及性能测试技术的进步，极大地拓展了金刚石材料在电子方面的开发应用，已经从最初的散热片、温度传感器扩大到压力、加速度、紫外线、气体传感器，以及整流元件、发光元件和场效应管等各个方面。金刚石具有的高硬度、高弹性模量、高受拉屈服强度、高热导率、化学惰性、低摩擦系数等优点，使其成为包括压力传感器在内的微机电器件的优良材料。金刚石膜的图形化是微电子或微机械器件制作的关键技术之一。金刚石硬度高，化学稳定性好，因此很难用加工硅的方法将金刚石腐蚀或加工成所需的图形。目前，主要采用金刚石膜的选择性生长以及刻蚀法对金刚石膜进行图形化处理。金刚石膜的选择性生长是先将耐高温材料(如氮氧化合物)沉积在衬底上，再利用光刻技术刻蚀出所需的图形，然后进行掺杂金刚石膜的生长，最后再将掩膜材料去除的方法。掩膜材料一般可用二氧化硅、铝或钛。根据金刚石薄膜的质量及刻蚀参数的不同，其刻蚀速率范围为 10～100nm/min。刻蚀法是利用干法刻蚀技术在金刚石膜上直接刻出所需的图形，可以用离子刻蚀、回旋共振刻蚀、激光刻蚀以及离子束辅助刻蚀等刻蚀工艺。一般多用离子刻蚀在氧等离子体 CVD 中对金刚石膜进行刻蚀。

### 4.7.3　CVD 合成单晶金刚石

金刚石具有许多优良的物理性能和化学性能，如高硬度、高导热性、高化学稳定性、高透光性、宽禁带、负电子亲和性、高绝缘性和良好的生物相容性。金刚石优异的物理化学性能使其在许多领域得到了成功的应用，这也使得金刚石成为近几十年来最具潜力的新型功能材料之一。然而，天然金刚石的数量少，价格高，限制了其市场应用。因此，科学家正以此为基础寻找合适的合成方法，以缓解大量的工业需求。而人造金刚石具有与天然金刚石相同的结构和性能，且成本较低，所以具有广泛的工业应用和商业前景。

**1. CVD 金刚石薄膜的合成及机理**

金刚石较难合成，原因是制备金刚石的原料石墨在室温和大气压下是一种热力学上稳定态的碳同素异形体。尽管金刚石和石墨在室温与常压下的标准焓差仅为 2.9kJ/mol，但要克服势垒实现这种转变是极其困难的。因此，有必要寻找合适的方法和工艺条件来合成金刚石。目前，金刚石的人工合成方法一般分为高温高压(High Temperature High Pressure，HTHP)法和化学气相沉积法两种。

通用电气公司使用 HTHP 法以石墨为原料，在 2000K 的温度下引入合适的金属催化剂，将其置于数万个大气压下，最终合成直径从纳米到毫米不等的金刚石颗粒。用这种方法合成的金刚石也被称为高温高压金刚石。由于用这种方法合成的金刚石具有较高的污染程度，并且是粉末或粒状的，因此它只能用于机械工业，如机械加工、切削工具、光学元件的研磨和抛光。为了充分提高金刚石的力学性能、光学性能、电学性能和声学性能，人们一直在尝试探索其他合成金刚石的方法。CVD 法具有设备简单、操作方便、重复性高、反应温度低、压力低、掺杂简单均匀等优点。在制备过程中只要将气源比控制合适，气体密度好，就可以直接合成金刚石。

到目前为止，已经开发了十多种方法用于 CVD 金刚石薄膜的生产，不同 CVD 方法制备出的金刚石薄膜可应用于不同的场合(图 4-11)。CVD 金刚石的成膜机理基本相同，但由于沉积过程中材料的甲基、活性氢原子、氢离子和其他碳氢基团组成的等离子体具有不同的能量模式，导致其机理略有不同。金刚石的气相沉积过程可以分为成核和晶体生长两个阶段。而为了获得纳米金刚石材料，有必要对基板进行预处理来提高成核密度。在机械刮板处理期间，颗粒物会损伤衬底表面，因此形成了许多表面悬挂键，提供了含有碳的自由基的附着位置，提高了成核密度。机械刮板处理通常分为机械研磨法和超声波刮板法两种。机械研磨后的基板的成核点往往沿着裂痕分布，而利用超声波刮板法清洁后的基板表面的损伤和成核分布更均匀。金刚石颗粒的超声刮板的成核效果是最好的，因为金刚石被刮擦之后表面有碳残留，其有强化金刚石成核的效果。

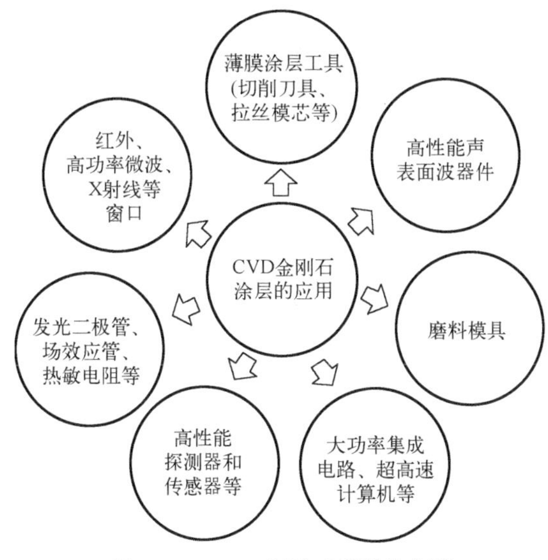


图 4-11　CVD 金刚石薄膜的应用

**2. 制备金刚石薄膜的多种 CVD 方法**

通过 HTHP 法得到的单晶金刚石中是含有氮的，其大多呈现黄色或淡黄色。而通过 CVD 方法获得的高质量的单晶金刚石是完全无色透明的，几乎没有杂质，如果在晶体生长过程中有选择性地注入掺杂气体，则可以制造不同颜色的金刚石。制造单晶金刚石的 CVD 方法主要有三种类型：热丝 CVD(Hot Filament CVD，HFCVD)法、直流等离子体电弧喷射 CVD(DC Arc Plasma Jet CVD，DC-PJCVD)法和微波等离子体 CVD(Micro-wave Plasma CVD，MPCVD)法。与 HFCVD 法相比，MPCVD 法可利用热丝(钽丝、钨丝等)在高温下可以避免对金刚石的污染，提高金刚石的纯度。与 DC-PJCVD 法相比，MPCVD 法在沉积过程中可以连续并缓慢地调整加热器，使试验中的沉积温度稳定地变化，避免电弧点火和熄灭过程中对沉积造成影响，减少在点火和熄灭过程中产生的热冲击造成金刚石从基板上脱落等问题。通过调整 MPCVD 装置的反应腔结构，可以产生大面积稳定的等离子体，这为制造高品质的大颗粒单晶体金刚石提供了有利的途径。因此，MPCVD 法对金刚石制备的优越性是显而易见的，其也是目前国内外制造单晶金刚石应用中最广泛的方法。为了获得高质量的单晶金刚石，MPCVD 法需要控制材料在生长过程中受到的各种因素，掌握沉积参数之间的相互作用也十分重要，具体来说，是否对衬底进行预先热处理，微波功率密度(Microwave Power Density，MWPD)大小，$CH_4/H_2$ 浓度比的高低，以及氮气的含量是最主要的影响因素。

衬底温度对沉积金刚石的外观、质量和生长速率有显著影响，主要通过调节输入功率、压力和系统冷却达到调节衬底温度的目的。适当提高衬底温度有助于提高金刚石的沉积率，因为提高温度可改变衬底表面的生长响应率和吸附基团之间的迁移率，从而提高金刚石的沉积率。由于金刚石的最佳沉积温度范围有限，衬底温度过高或过低均不利于金刚石的沉积，通常在 800～1200℃。

提升 MWPD 是在高生长速率下制备出高质量单晶金刚石的有效方法。提高 MWPD 主要采用两种方法：一是提高碳源浓度($CH_4/H_2$)，增加等离子体球单位体积中含碳活性基的数量，并提供足够的金刚石生产原料；二是需要提高沉积压力和微波功率并保持碳源的浓度，而沉积压力的增加也可能会导致活性碳基团的增加，同时等离子体球体积会变小、MWPD 增大。但超高的 MWPD 产生的高密度原子氢会引起石英谐振腔腐蚀，从而可能污染生长中的金刚石，同时需要解决高微波功率产生的散热问题。采用 MPCVD 法合成的单晶金刚石，由于在较高的大气压条件下，高浓度活性基团会更容易出现，更有助于金刚石的沉积。试验表明，在 32kPa 的大气压下，金刚石单体的沉积率为 20～75μm/h，最佳生长温度为 1030～1250℃，在 $N_2$ 浓度小于 10mg/L 的情况下，单晶金刚石的沉积质量最优。

# 本 章 小 结

在化学气相沉积(CVD)工艺中，不同类型材料的薄膜通过材料原子气态分子的化学反应沉积到基体表面上。本章首先简要概述了 CVD 沉积薄膜的主要概念、原理、应用以及分类，然后讨论了沉积过程中的化学反应及沉积动力学模型，最后介绍了通过 CVD 制备不同类型薄膜的相关技术。

## 参 考 文 献


李娜，张儒静，甄真，等，2020. 等离子体增强化学气相沉积可控制备石墨烯研究进展[J]. 材料工程，48(7)：36-44.

李伟，2009. 硬质合金竖式沉积炉温度场模拟及结构优化研究[D]. 长沙：中南大学.

刘明，王子欧，奚中和，等，2000. 磷掺杂纳米硅薄膜的研制[J]. 物理学报，49(5)：983-988.

刘显刚，安建成，孙佳佳，等，2021. 化学气相沉积法制备 SiC 纳米线的研究进展[J]. 材料导报，35(11)：11077-11082.

王淑涛，张祖德，2003. 化学气相沉积法制备氮化钛[J]. 化学进展，15(5)：374-378.

王铄，王文辉，吕俊鹏，等，2021. 化学气相沉积法制备大面积二维材料薄膜：方法与机制[J]. 物理学报，70(2)：121-134.

王晓愚，毕卫红，崔永兆，等，2020. 基于化学气相沉积方法的石墨烯-光子晶体光纤的制备研究[J]. 物理学报，69(19)：175-182.

薛锴，2008. 涂层刀具切削性能评价及其实验研究[D]. 上海：上海交通大学.

杨旭，何晓雄，胡冰冰，等，2014. 硅基底的 CVD 扩磷工艺研究[J]. 合肥工业大学学报(自然科学版)，37(2)：192-195.

袁肇耿，赵丽霞，2009. 肖特基器件用重掺 As 衬底上外延层过渡区控制[J]. 半导体技术，34(5)：439-441.

曾静，胡石林，吴全峰，等，2021. 化学气相沉积法制备高纯硼粉的技术进展[J]. 材料导报，35(5)：5089-5094.
曾祥才，宋洪刚，吴春涛，等，2010. 复合化学气相沉积法制备厚膜 α-$Al_2O_3$ 涂层硬质合金刀具[J]. 工具技术，44(2)：44-46.
赵嫚，2016. CVD-TiC/TiCN/TiN 复合涂层微观结构及其力学性能的研究[D]. 浙江：宁波大学.
周健，袁润章，余卫华，等，2000. 微波等离子化学气相沉积金刚石膜涂层氮化硅刀具[J]. 人工晶体学报，29(3)：300-304.
祝祖送，朱德权，邱俊，等，2017. 化学气相沉积单层 VIB 族过渡金属硫化物的研究进展[J]. 人工晶体学报，46(6)：1175-1183.
SCHADE C, PHAN A, JOSLIN K, et al., 2021. Material loss of silicon nitride thin films in a simulated ocular environment[J]. Microsystem technologies, 27(6): 2263-2268.
CAI Z Y, LIU B L, ZOU X L, et al., 2018. Chemical vapor deposition growth and applications of two dimensional materials and their heterostructures[J]. Chemical reviews, 118: 6091-6113.
UHLMANN E, BRUCHER M, 2002. Wear behavior of CVD-diamond tools[J]. CIRP annals-manufacturing technology, 51(1): 49-52.
CHEN X P, ZHANG L L, CHEN S S, 2015. Large area CVD growth of graphene[J]. Synthetic metals, 210: 95-108.

# 第 5 章　物理气相沉积

气相沉积是指利用固态物质或液态物质受热所形成的蒸气制备薄膜的技术。气相沉积主要有物理气相沉积（PVD）和化学气相沉积（CVD）。CVD 在第 4 章中已经做了详细介绍，本章主要介绍 PVD。

PVD 是在真空状态下，采用蒸发等物理手段，把材料源形态改变成为气态或者电离态，使用气体/离子体在基体表面沉积具有某种特殊功能的薄膜制备技术。例如，反应式 PVD 采用的是与靶源材料性质相同的物质，并按一定的反应要求注入某种气体（如氮、氧和碳氢化合物气体），使沉积过程起反应而生成化合物膜层。

PVD 过程简单、安全、清洁、膜层密度均匀、与基体结合紧密。PVD 可应用于多个行业，特别是在航空方面、汽车制造、医疗器械、刀具制造等行业，可实现多种功能薄膜的制备，例如，制备具有耐磨、耐腐蚀的刀具和模具薄膜，能够提升刀具和模具的耐用度，除此之外，有薄膜的刀具还有硬度高、稳定性高、抗黏着性好、摩擦系数低、切削速度快等优势。

PVD 的主要方法有真空蒸镀、溅射镀膜、电弧等离子体镀、离子镀膜和分子束外延等，以真空蒸镀、溅射镀和离子镀作为三种主要类型。近年来，薄膜技术和薄膜材料的发展突飞猛进，相继出现了离子束增强沉积技术（Ion-Beam-Enhanced Deposition）、电火花沉积技术（Electron Spark Deposition）、电子束物理气相沉积技术（Electron Beam-PVD）和多层喷射沉积技术（Multi-layer Spray Deposition Technique）等。本章主要介绍真空蒸镀、溅射镀膜和离子镀膜三种技术的基本原理和应用发展。

## 5.1　真 空 蒸 镀

### 5.1.1　真空蒸镀的基本原理

每种物质的固、气、液形态在不断变化，在一定温度下，从某一物体表面蒸发逸出的气体分子和这种气体分子从环境返回至原物体表面，如果蒸发量与返回量平衡，可以求出该物体的饱和蒸气压，计算公式为

$$p_s = Ke^{-\frac{\Delta H}{RT}} \tag{5-1}$$

式中，$\Delta H$ 为分子蒸发热；$K$ 为积分常量；$R$ 为气体普适常量，值为 8.3144J/(mol·K)；$T$ 为环境温度。

蒸发率的定义如下：当环境为真空时，物体表面的静压强为 $p$，在单位时间内从蒸发物质单位表面积上逸出气体的质量，其可表示为

$$\varGamma = 5.833\times10^{-2}\alpha\sqrt{\frac{M}{T}}(p_{\mathrm{s}}-p) \tag{5-2}$$

式中，$\varGamma$ 的单位为 $\mathrm{g/(cm^2\cdot s)}$；$\alpha$ 为蒸发系数；$M$ 为摩尔质量。

蒸发出的物质会沉积在目标器件的表面，进而形成镀层。

通过式(5-2)得出，蒸发率 $\varGamma$ 与环境压强 $p$、环境温度 $T$ 有关，$T$ 越低，$p$ 就越小，反之蒸发率 $\varGamma$ 越大（$T$ 可以通过加热来增大）。同时，$p$ 的大小决定了真空度的高低，其中，气体分子的平均自由程为

$$\bar{\lambda} = \frac{1}{\sqrt{2}\pi n d^2} \tag{5-3}$$

式中，$d$ 为分子有效直径；$n$ 为单位体积的气体分子数，$n=\dfrac{p}{kT}, k=1.38\times10^{-23}$。

$\bar{\lambda}$ 值的大小决定了蒸发材料的气体分子到达镀件表面的难易程度，值越大，形成的薄膜越均匀牢固，所以真空蒸镀膜要在真空条件下进行。

真空蒸镀的原理如图 5-1 所示。真空环境下，待镀材料在加热到一定温度后会蒸发。此时，膜材会以微粒的形式进入环境中。因为环境是真空的，所以金属和非金属比在大气压力下更容易蒸发。通常，真空中的金属和稳定化合物只要加热到使其饱和蒸气压超过 1.33Pa，就会迅速蒸发。在高真空条件下，当蒸气分子的平均自由程大于真空室的线性尺寸时，膜蒸气的物质离开蒸发源，几乎不会受到其他干扰分子的影响，直接到达基体的表面。由于基体的表面温度低，所以蒸气可以在其表面上凝结形成膜。为了增加靶材与基体的结合度，需要对基体进行一定的活化处理。

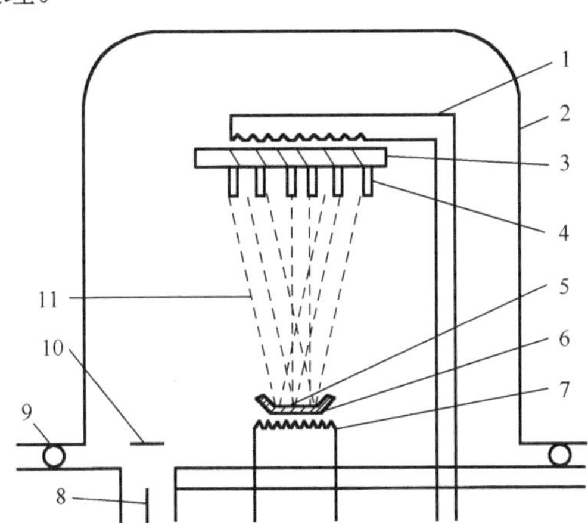


图 5-1　真空蒸镀的原理

1-镀件加热电源；2-真空室；3-镀件支架；4-镀件(三用阀)；5-蒸发制膜材料(锡青铜)；6-蒸发器；7-加热电源；8-排气口；9-真空密封；10-挡板；11-蒸气流

真空蒸镀膜需要两种条件：真空条件和蒸发条件。

### 1. 真空条件

在蒸发过程中，颗粒密度和残余气压相对较低时，颗粒会以直线的方式飞行，不然易发生碰撞导致运动方向的变化。如果平均自由程大于蒸发源和衬底之间的距离，则可获得充足的真空要求，可以得到：

$$\frac{N_1}{N_0}=1-\exp\left(\frac{L}{\overline{\lambda}}\right) \tag{5-4}$$

式中，$L$ 为蒸发物质的既定的真实路程；$\overline{\lambda}$ 为气体分子的平均自由程；$N_0$ 为蒸发源挥发出的蒸气分子数；$N_1$ 为蒸发源与衬底之间有接触的蒸气数量；

在室温下即25℃时和气压为 $p$（单位为Pa）的要求下，残气的平均自由程可以表示为

$$\overline{\lambda}=\frac{6.65\times 10^{-1}}{p}\ (\text{cm}) \tag{5-5}$$

由式(5-5)计算可知，在室温下，$p=10^{-2}$ Pa 时，$\overline{\lambda}=66.5$ cm，分子碰撞两次之间的距离为66.5cm。

蒸发粒子在飞向基片途中发生碰撞的比率和气体的真实行程与平均自由程的比率成正比。当平均自由程增加时，散射的颗粒会变少。为了减少颗粒散射现象，在蒸发时，颗粒的 $\lambda$ 必须远远大于 $L$。现在一般蒸发仪的蒸距不超出50cm。因此，在试验前将真空度调至 $10^{-2}$Pa，可以防止蒸发出去的颗粒过度散射。

除此以外，剩余气体对于镀层的影响也很重要。真空室内的剩余气体分子来自真空室表面的解吸、设施的泄漏等。通常，在一般的高真空系统中，在内表面上的单层分量会超过气相。剩余的气体分子会影响所有真空空间表面，包括薄膜表面的形成。在蒸发过程中，材料到基板的速率应大于剩余气体到基板的速率。唯有如此才能合成出纯度好的薄膜，这对活性金属材料的基体非常关键。

在 $10^{-4}$～$10^{-2}$Pa 压力下蒸镀时，到达基底的蒸气和剩余气体分子的数量基本相同。因此，薄膜设备的排气设备需合理设计，以确保薄膜的蒸气分子比剩余气体分子更快到达基体表面，以降低剩余气体对薄膜的影响和污染，增加纯度。值得注意的是，由于水分子会与金属发生反应生成氢气，当水含量较高时，蒸气压会增加。为了降低水的影响，可以通过加热分解的方式来提高膜层的质量。

**2. 蒸发条件**

众所周知，在真空环境下，物体蒸发会变得相对容易，蒸发的温度也会下降。大部分金属是可以通过蒸发的方式变成气态的。例如，Fe元素的熔化温度为1535℃，而蒸发温度为1477℃。通常，当真空中加热到其饱和蒸气压超过1.33Pa时，金属及其热稳定化合物会迅速蒸发。膜材蒸发时，当足够的热量支撑其克服分子或者原子间的吸引力时，分子或者原子才能逃逸出表面。已知温度越高，分子所具有的动能就越大。

膜材的蒸发速率与饱和蒸气压 $p_v$、物质的摩尔质量 $M$ 和温度 $T$ 有关。根据气体分子热运动理论，设气体的压力为 $p$，温度为 $T$，可以通过公式计算得出在单位时间内单位蒸发面积的分子数为

$$z=\frac{1}{4}n\overline{v}=\frac{p}{\sqrt{2\pi mkT}}=\frac{pN_A}{\sqrt{2\pi MRT}} \tag{5-6}$$

式中，$z$ 为碰撞概率；$n$ 为分子密度；$\overline{v}$ 为气体分子的算术平均值；$m$，$M$ 分别为气体分子的质量(g)和摩尔质量(g/mol)；$k$ 为玻尔兹曼常数，值为 $1.38\times10^{-23}$J/K；$N_A$ 为阿伏伽德罗常数，值为 $6.023\times10^{23}$/mol。

蒸发过程中，设蒸发进入气相中的分子为 $a_{\mathrm{v}}$ ，则重新返回蒸发表面的为 $(1-a_{\mathrm{v}})$ ，称 $a_{\mathrm{v}}$ 为蒸发系数，范围为 $0<a_{\mathrm{v}}\leqslant 1$。当 $a_{\mathrm{v}}<1$ 时，表明有部分蒸发分子在离开蒸发表面后回到了蒸发表面；当 $a_{\mathrm{v}}=1$ 时，表明蒸发分子完全蒸发。

在一定温度下，真空环境中，蒸发的液相或者固相分子保持平衡状态下的压力被定义为饱和蒸气压。饱和蒸气压 $p_{\mathrm{v}}$ 通过克拉珀龙-克劳修斯方程(式(5-7))可以计算得到：

$$\frac{\mathrm{d}p_{\mathrm{v}}}{\mathrm{d}T}=\frac{\Delta H_{\mathrm{v}}}{T(V_{\mathrm{g}}-V_{\mathrm{L}})} \tag{5-7}$$

式中，$\Delta H_{\mathrm{v}}$ 为摩尔气化热；$V_{\mathrm{g}},V_{\mathrm{L}}$ 分别为气相和液相的摩尔体积；$T$ 为热力学温度；$R$ 为气体普适常数， $R=8.3144\mathrm{J/(mol\cdot K)}$ 。

由于 $V_{\mathrm{g}}\gg V_{\mathrm{L}}$ ， $V_{\mathrm{g}}-V_{\mathrm{L}}\approx V_{\mathrm{g}}$ ，在低气压下可得 $pV=nRT$ ，令 $V_{\mathrm{g}}=RT/p_{\mathrm{v}}$ ，代入式(5-7)，可得

$$\frac{\mathrm{d}p_{\mathrm{v}}}{p_{\mathrm{v}}}=\frac{\Delta H_{\mathrm{v}}}{R}\cdot\frac{\mathrm{d}T}{T^{2}} \tag{5-8}$$

表 5-1 给出了一些金属膜材气化热与温度的关系式，由于 $T$ 的变化范围为 $10\sim10^{3}$，摩尔气化热 $\Delta H_{\mathrm{v}}$ 为慢变函数，所以可以把气化热看作常数，对式(5-8)进行积分可得

$$\ln p_{\mathrm{v}}=\frac{\Delta S_{\mathrm{v}}}{R}\cdot\frac{\Delta H_{\mathrm{v}}}{TR} \tag{5-9}$$

式中， $\Delta S_{\mathrm{v}}$ 为摩尔蒸发焓，在热平衡条件下可以看作常数。

令 $A=\Delta S_{\mathrm{v}}/(2.302R),B=\Delta H_{\mathrm{v}}/(2.302R)$ ，式(5-9)可近似看成：

$$\lg p_{\mathrm{v}}=A-\frac{B}{T} \tag{5-10}$$

在蒸气压低于 $10^{-2}$Pa 时，式(5-10)可以精确地描绘出蒸气压和温度的关系。一些金属膜材的 $A$、$B$ 值如表 5-2 所示。

**表 5-1　常用金属膜材气化热与温度的关系式**

| 材料 | 气化热 $\Delta H_{\mathrm{v}}$ /(kJ/mol) |
|---|---|
| Al | $(67580-0.20T-1.61\times10^{-3}T^{2})\times4.1868$ |
| Cr | $(89400+0.20T-1.48\times10^{-3}T^{2})\times4.1868$ |
| Cu | $(80070-2.53T)\times4.1868$ |
| Au | $(88280-2.00T)\times4.1868$ |
| Ni | $(95820-2.84T)\times4.1868$ |
| W | $(202900-0.68T-0.33\times10^{-3}T^{2})\times4.1868$ |

**表 5-2　一些金属膜材的 $A$、$B$ 值**

| 材料 | $A$ | $B$ | 材料 | $A$ | $B$ |
|---|---|---|---|---|---|
| Li | 10.2 | $8.07\times10^{3}$ | In | 10.36 | $1.248\times10^{4}$ |
| Na | 9.84 | $5.49\times10^{3}$ | C | 14.86 | $4.0\times10^{4}$ |
| K | 9.40 | $4.48\times10^{3}$ | Co | 11.82 | $2.111\times10^{4}$ |
| Cs | 9.04 | $3.80\times10^{3}$ | Ni | 11.88 | $2.096\times10^{4}$ |

续表

| 材料 | A | B | 材料 | A | B |
|---|---|---|---|---|---|
| Cu | 11.08 | $16.98\times10^3$ | Ru | 12.62 | $3.38\times10^4$ |
| Ag | 10.98 | $14.27\times10^3$ | Rh | 12.06 | $2.772\times10^4$ |
| Au | 11.02 | $15.78\times10^3$ | Pd | 10.90 | $1.970\times10^4$ |
| Be | 11.14 | $16.47\times10^3$ | Si | 11.84 | $2.13\times10^4$ |
| Mg | 10.76 | $7.65\times10^3$ | Ti | 11.62 | $2.32\times10^4$ |
| Ca | 10.23 | $8.94\times10^3$ | Zr | 11.46 | $3.03\times10^4$ |
| Mo | 10.76 | $3.085\times10^4$ | Th | 11.64 | $2.84\times10^4$ |
| W | 11.52 | $4.068\times10^4$ | Ge | 10.84 | $1.804\times10^4$ |
| U | 10.72 | $2.33\times10^4$ | Sn | 10.00 | $1.487\times10^4$ |
| Mn | 11.26 | $1.274\times10^4$ | Pb | 9.90 | $9.71\times10^4$ |
| Fe | 11.56 | $1.997\times10^4$ | Sb | 10.28 | $8.63\times10^3$ |
| Sr | 9.84 | $7.83\times10^3$ | Bi | 10.30 | $9.53\times10^3$ |
| Ba | 9.82 | $8.76\times10^3$ | Cr | 12.06 | $2.0\times10^3$ |
| Zn | 10.76 | $6.54\times10^3$ | Os | 12.72 | $3.7\times10^4$ |
| Cd | 10.68 | $5.72\times10^3$ | Ir | 12.20 | $3.123\times10^4$ |
| B | 12.20 | $2.962\times10^4$ | Pt | 11.66 | $2.728\times10^4$ |
| Al | 10.92 | $1.594\times10^4$ | V | 12.20 | $2.57\times10^4$ |
| La | 10.72 | $2.058\times10^4$ | Ta | 12.16 | $4.021\times10^4$ |

在可求得 $p_v$ 的情况下，按照 Hertz-Knudsen 公式，材料的蒸发速率可设为 $R_v$，可得

$$R_v = \frac{dN}{Adt} = a_v \frac{p_v - p_h}{\sqrt{2\pi mkT}} \tag{5-11}$$

式中，d$N$ 为膜材蒸发粒子数；$A$ 为蒸发表面积；$p_v$ 为膜材在温度 $T$ 的饱和蒸气压(Pa)；$p_h$ 为蒸发物对蒸发表面造成的静压力；$a_v$ 为蒸发系数。

由式(5-11)可知，当 $p_h$ 为 0 时，$a_v = 1$ 时，可得到最大的蒸发速率 $R_v$：

$$R_v = \frac{p_v}{\sqrt{2\pi mkT}} = \frac{N_A p_v}{\sqrt{2\pi MRT}} \approx 2.65\times10^{24}\frac{p_v}{\sqrt{MT}} \tag{5-12}$$

单位时间内单位面积上蒸发的材料量为

$$\begin{aligned} R_m = mR_v &= p_v\sqrt{\frac{m}{2\pi kT}} = p_v\sqrt{\frac{M}{2\pi RT}} \\ &\approx 4.37\times10^{-4}\sqrt{\frac{M}{T}}p_v(\mathrm{g/(cm^2\cdot s)}) \end{aligned} \tag{5-13}$$

通常，在计算真空中的蒸发速率时，用式(5-12)和式(5-13)即可完成较为精确的计算。

### 5.1.2　真空蒸镀的蒸发源

为了获得均匀的沉积层，要求蒸气在基体表面分布均匀。薄膜厚度的均匀性很大程度上取决于蒸发源的形状，蒸发源主要的形状有点状蒸发源和面状蒸发源。蒸发源应具备以下三

个条件：①为了能获得足够的蒸镀速度，要求蒸发源能加热到其平衡蒸气压在 $1.33\times10^{-2}$～1.33Pa 的温度；②存放蒸发材料的小舟或坩埚与蒸发材料不发生任何化学反应；③能存放沉积一定膜厚所需要的蒸镀材料。

**1. 点状蒸发源**

点状蒸发源为一个表面积为 $A$ 的小球，对所有方向上的蒸发量相等(在球的表面的微基体上的膜厚度是相等的)。设小球状的蒸发源为 $dA_1$，如果用 1g/s 的速率向各个方向发射，在单位时间内，设每个方向上通过立体角 $d\omega$ 的发射质量 $dm$ 为

$$dm = \frac{m}{4\pi} d\omega \tag{5-14}$$

如图 5-2 所示，若蒸发的物质与蒸发角之间的夹角为 $\theta$，其面积为 $dA_2$，由于 $d\omega = dA_2 \cdot \cos\theta / r^2$，所以实际发射到基体的质量为

$$dm_2 = \frac{m}{4\pi} \cdot \frac{\cos\theta}{r^2} dA_2 \tag{5-15}$$

设膜材的密度为 $\rho$，单位时间内在 $dA_2$ 上的凝结厚度为 $t$，$dm_2 = \rho t dA_2$，则在单位时间内沉积在 $dA_2$ 上的膜材的平均厚度 $t$ 为

$$t = \frac{m}{4\pi\rho} \cdot \frac{\cos\theta}{r^2} \tag{5-16}$$

由式(5-15)和式(5-16)可知，单位面积上的沉积质量与基体的空间位置有关，与蒸发源到基体的空间距离 $r$ 的平方成反比。

当点状蒸发源对平面进行蒸发时，如图 5-3 所示，由于平面的面积较大，不能简单地看成蒸发源的球面。设点状蒸发源 $dA_1$ 和平面之间的距离为 $h$，到平面上 $P$ 的距离为 $r$，$h$ 和 $r$ 成 $\theta$ 角，$P$ 与 $O$ 之间的距离为 $b$。根据三角函数 $\cos\theta = h/r$、勾股定理 $r^2 = h^2+b^2$，把等式代入式(5-15)，由此可得 $P$ 点膜层的厚度为

$$t = \frac{mh}{4\pi\rho(h^2+b^2)^{\frac{3}{2}}} \tag{5-17}$$

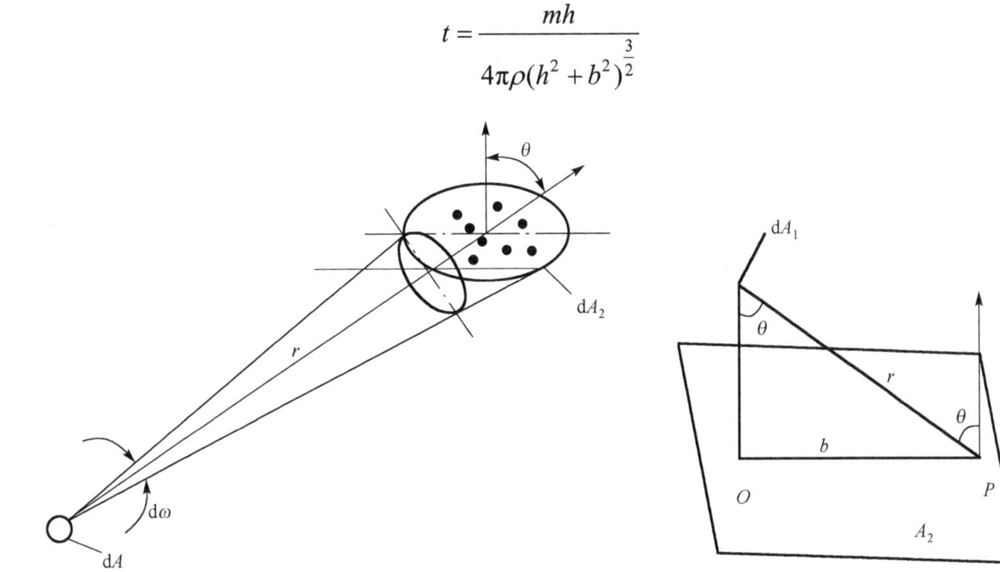


图 5-2　点状蒸发源的发射　　图 5-3　点状蒸发源对平面的蒸发

同理可得，在式(5-17)中，$b=0$ 时(即在 $O$ 点)，设膜厚为

$$t_0=\frac{m}{4\pi\rho h^2} \tag{5-18}$$

所以在距离 $O$ 点 $b$ 的 $P$ 点处的厚度与 $O$ 点处的厚度之比为

$$\frac{t}{t_0}=\frac{1}{\sqrt{1+\left(\frac{b}{h}\right)^2}} \tag{5-19}$$

式(5-19)为点状蒸发源的膜厚分布公式。

## 2. 面状蒸发源

面状蒸发源 $dA_1$，以 $m$(g/s)的蒸发速率从面状源蒸发材料，在单位时间内，穿过与面源法线夹角为$\varphi$立体角 $d\omega$ 的蒸发质量为 $dm$，可以通过余弦定理表示：

$$dm=\frac{m}{\pi}\cos\varphi d\omega \tag{5-20}$$

如图 5-4 所示，接收面状蒸发源的平面 $dA_2$ 与发射角之间的夹角为$\theta$，那么到达 $dA_2$ 上的蒸发材料质量 $dm_2$ 为

$$dm_2=\frac{m}{\pi}\frac{\cos\varphi\cos\theta}{r^2}dA_2 \tag{5-21}$$

设膜材的密度为$\rho$，单位时间内沉积在 $dA_2$ 平面上的膜材平均厚度为

$$t=\frac{m}{\pi\rho}\frac{\cos\varphi\cos\theta}{r^2} \tag{5-22}$$

与式(5-16)相比而言，在同等条件下，平面蒸发源的最大膜厚是点发射源的 4 倍。

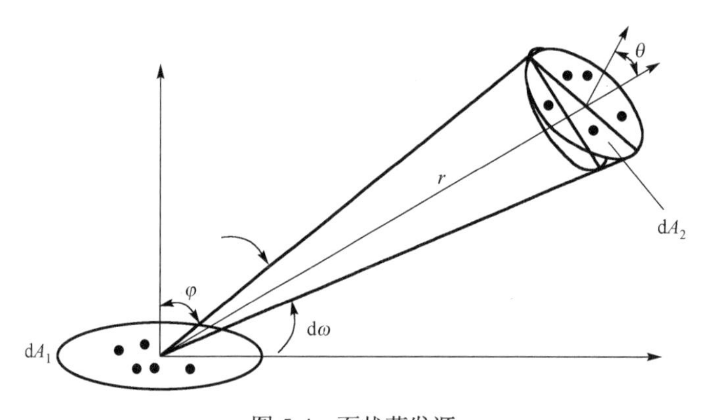


图 5-4　面状蒸发源

图 5-5 为面状蒸发源对平面的蒸发，面状蒸发源 $dA_1$ 与平面 $A_2$ 平行，两者间距为 $h$，$A_2$ 平面与 $P$ 点的间距为 $r$，$P$ 点与 $O$ 点的距离为 $b$。根据三角函数 $\cos\varphi=h/r$、勾股定理 $r^2=h^2+b^2$，代入式(5-22)，可求得 $P$ 点的膜的厚度为

$$t=\frac{m}{\pi\rho}\frac{h^2}{(h^2+b^2)^2} \tag{5-23}$$

当 $b=0$ 时，$O$ 点处的膜厚 $t_0$ 为

$$t_0=\frac{m}{\pi\rho}\frac{1}{h^2} \tag{5-24}$$

同理可得面状蒸发源对平面蒸发的膜厚公式为

$$\frac{t}{t_0}=\frac{1}{\left[1+\left(\frac{b}{h}\right)^2\right]^2} \tag{5-25}$$

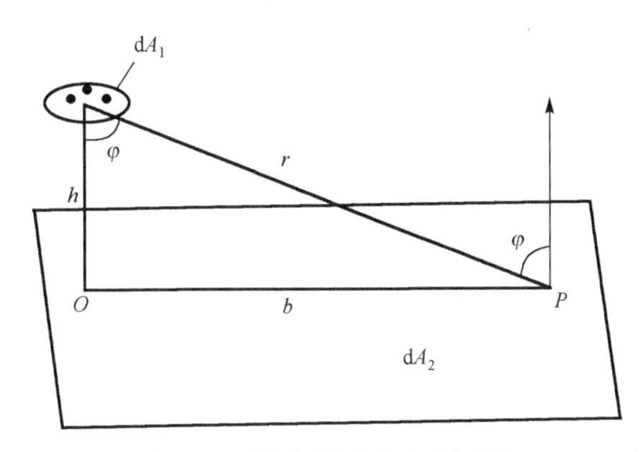


图 5-5　面状蒸发源对平面的蒸发

除了蒸发源的形状，其位置也很重要。从式(5-22)可以得知点状源必须设置在基体围成的球体中心。对于平面源，由式(5-25)可知，要想获得均匀的膜厚，需要 $\theta=\varphi$，所以要把基体设置在球面上。二者的膜厚分布公式为

$$t=\frac{m}{4\pi\rho}\cdot\frac{1}{R^2} \tag{5-26}$$

当基体比较小时，要注意蒸发源与基体的相对位置。一般采用圆形平面源，通过将圆形平面源拆解成多个环形平面源的膜厚之和，为获得均匀膜厚需要满足以下条件：①蒸发源在基体中心线上；②若蒸发的距离为 $L$，蒸发源的半径为 $R$，则有 $L\geqslant 2R$；③若基体的直径为 $D$，则 $D\leqslant 2R$。

主流的加热方式为电阻加热、电子束加热、感应加热、电弧加热、激光加热(非导电材料)等。

电阻式蒸发源有很多优点，如简单、经济实惠，所以被广泛使用。电阻加热发热材料一般选用 W、Mo、Ta、Nb 等高熔点金属，以及 Ni、Ni-Cr 合金，可以加工成需要的形状，在内部放上膜材，一般蒸发的材料有金、银、硫化锌、氟化镁、三氧化铬。电阻蒸发源加热电压一般为 4～8V，电流为 100～300A，膜材直接蒸发加热或浸入石墨和坩埚中。从表 5-3 可知，膜材的蒸发温度一般在 1000～2000℃，在选择蒸发源材料时其熔点要高于膜材的蒸发温度。同时，为了减少蒸发源的干扰，膜材蒸发时温度要控制在小于压强为 $1.33\times10^{-6}$Pa 时的温度，在影响较小的情况下，可以选择与 $1.33\times10^{-3}$Pa 对应的温度。不同蒸发源材料的性质不同，例如，W 会在加热过程中变脆，同时钨还会和水蒸气作用，形成挥发性氧化钨，因此要采用间接加热的方式。

表 5-3　蒸发源材料的熔点和饱和蒸气压的温度

| 蒸发源材料 | 熔点/K | 相应饱和蒸气压的温度/K | | |
|---|---|---|---|---|
| | | $1.33\times10^{-6}$Pa | $1.33\times10^{-3}$Pa | 1.33Pa |
| C | 3427 | 1527 | 1853 | 2407 |
| W | 3683 | 2390 | 2840 | 3500 |
| Ta | 3269 | 2230 | 2680 | 3330 |
| Mo | 2890 | 1865 | 2230 | 2800 |
| Nb | 2714 | 2035 | 2400 | 2930 |
| Pt | 2045 | 1565 | 1885 | 2180 |
| Fe | 1808 | 1165 | 1400 | 1750 |
| Ni | 1726 | 1200 | 1430 | 1800 |

材料之间的反应和扩散也是需要考虑的影响因素，例如，高温环境下，钽会和铝、铁、镍发生反应。合金会使熔点下降，使得蒸发源容易燃烧，所以蒸发源必须选择不能形成合金的材料。

镀材与蒸发源材料之间的湿润性也需要考虑。熔融状态的待蒸镀材料会和放置蒸发源的器皿表面形成润湿、半润湿和不润湿的状态。一般面蒸发采用润湿条件，点蒸发采用润湿度小的材料。润湿度决定了其蒸镀的面积和稳定程度，表面张力决定了润湿状态。图 5-6 给出了三种润湿形态。

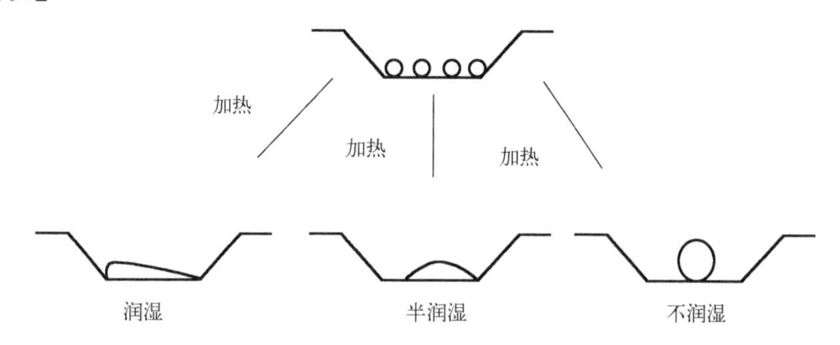


图 5-6　蒸发材料和镀膜材料的润湿性

电阻源要求为高熔点、低蒸气压且与蒸发材料无反应的材料。除了一般使用的金属高熔点材料钨、钼和高性能石墨外，近年来也采用氮化硼作为蒸发源材料。氮化硼的导电性、耐腐蚀性和抗熔融性能都较为出色，能够降低其对镀层的影响，但缺点也很明显，其合成的成本较高。这些材料都可以加工成要求的形状，满足真空蒸发的需求。

丝状源工作时，由于表面张力的作用，膜材会润湿在丝状源上，所以一般丝状源适用的膜材需具备好的润湿性和低的蒸发量。多股丝状源可用于防止蒸发源在熔断时由于丝状源面积变大而导致蒸发量的提升。在操作过程中，初期电流增加不宜过快，以防止膜材喷洒或脱落。使用丝状源时应注意温度的控制。这种蒸发源的缺点很明显，由于形状的限制，能一次蒸发的量较少，同时由于电阻丝的加热升温，单位时间的蒸发量会变化。将电阻丝缠绕成锥形或者柱形的蒸发源，这类形状的蒸发源可以用来蒸镀一些大颗粒和润湿性较差的材料。

除了丝状源类型的电阻蒸发源，还可以通过加工 W、Ta 等片材做成类似盘状和槽状的蒸发源。粉末材料可由适当尺寸的颗粒制成，并放置在舟中。

当电阻式蒸发源无法蒸镀一些材料时，可以采用电子枪加热的方式。电子枪蒸发源是一种高能量密度的蒸发源，功率密度可达 $10^4$～$10^9$W/cm$^2$，用于蒸发熔点较高的金属或者化合物，如铬、氧化锆等。电子束加热蒸发源是利用热阴极发射电子在电场作用下，成为高能量密度的电子束，直接轰击到膜材上。电子束的动能转化为热能，使材料加热气化，完成蒸发镀膜。

电子在电场中所获得的动能为

$$eU = \frac{1}{2}mv^2 \tag{5-27}$$

其中，$1\text{eV} = 1.602\times10^{-19}\text{J}$；$v = \sqrt{2\eta U}$，$\eta = e/m$（电子的核质比）。

假设电子流率为 $n_e$，则其发热量为

$$Q_e = n_e \cdot e \cdot Ut = IU \cdot t \tag{5-28}$$

式中，$I$ 为电子束的束流(A)；$t$ 为电子束流的作用时间(s)；$U$ 为电位差(V)。

当 $U$ 很高时，$Q_e$ 的值就可以使材料蒸发出去。相较于电阻式加热，电子束加热蒸发的优势在于它可以蒸发熔点更高的材料，同时可以避免坩埚材料被污染。较高的能量也易于获得较好的薄膜质量。缺点在于价格方面，由于其较为复杂的设计和耗能，成本较高。此外，如果蒸发源周围的蒸气浓度过大，电子束会与其发生反应，影响膜层质量。电子束蒸发源主要由电子枪和坩埚组成。蒸发源中 e 形枪使用最多，其工作原理是加热钨灯丝达到高温后发射电子，电子在高压电场的作用下加速获得能量，电子束流经磁场偏转 180°，射向蒸发物质，快速加热。e 形枪的优点在于电子枪附近的正离子在正交电磁场的作用下，产生了与电子相反的偏转方向，向远离坩埚的方向运动。

水冷坩埚也是电子束蒸发源中重要的部分。坩埚采用水冷结构，内中放置金属锭，因此需要使用与坩埚配合良好的金属锭。在生产过程中，每次放入的金属锭的量和坩埚的接触状态必须得到保证，这是为了保证热能传递的一致性。

电子流的轨迹在洛伦兹力的作用下会在磁场内发生改变，射向蒸发源，偏转半径为 $r_m$(单位为 cm)，其计算式为

$$r_m = \frac{mv}{eB} \tag{5-29}$$

式中，$e/m$ 为电子的核质比；$v$ 为电子速度，加速由电压决定。电子束的偏转半径与加速电压的平方根成正比，与磁场强度 $H$ 成反比，即

$$r_m = 3.37\frac{1}{H}\sqrt{U} \tag{5-30}$$

因为电子的质量远小于离子的质量，所以在电荷数量相同的情况下，离子偏转半径会比电子大很多，方向相反。

除了电子束蒸发源外，还有高频感应加热蒸发、激光束加热蒸发、空心热阴极电子束蒸发、电弧加热蒸发等方法。

高频感应是利用感应加热的原理把金属加热到蒸发温度。将坩埚放置在螺旋线的中间部位，内置膜材，在线圈中通入高频电流，可以通过感应产生感应电流将自身加热。图 5-7 为高频感应加热蒸发的工作原理图。感应线圈中通过的高频电流最小频率为 8kHz。

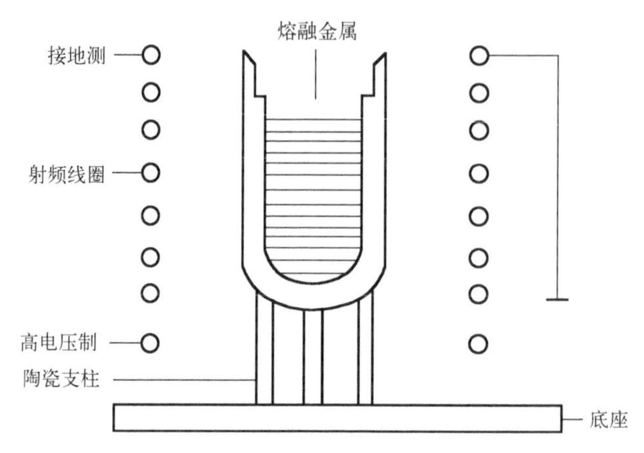


图 5-7　高频感应加热蒸发的工作原理

激光束加热蒸发是将激光束作为热源加镀膜材料，其原理如图 5-8 所示。激光束的密度可达 $10^6$W/cm$^2$，可以通过非接触方式将膜材气化并沉积到基体表面成膜。根据不同的工作方式，可将其分为脉冲输出或连续输出。脉冲输出可以在短时间内将材料直接蒸发，而连续输出可以缓慢蒸发材料。这项技术的优点在于可以实现化合物的蒸发沉积，不会发生分馏现象，减少对膜层污染和膜层表面带电现象。激光束的高能量可以增加膜层的结晶度。激光蒸发束是沉积介质膜、半导体膜、金属膜和化合物膜的好方法，其缺点在于加热过程中存在颗粒散射的现象，且设备成本高昂。

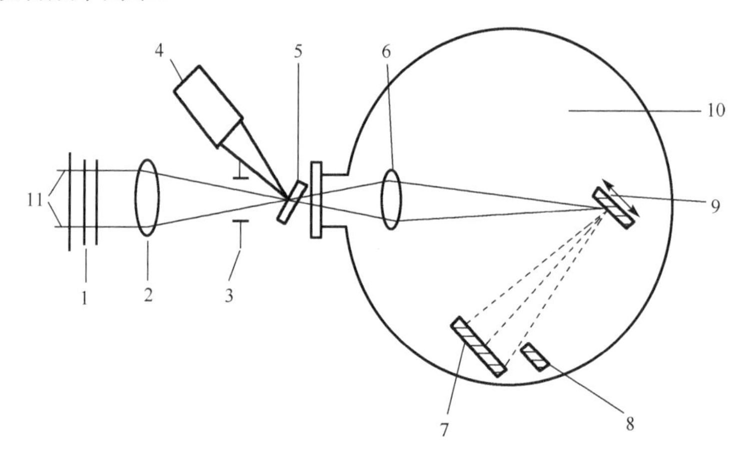


图 5-8　激光束蒸发装置

1-玻璃衰减器；2-透镜；3-光圈；4-光电池；5-分光器；6-透镜；7-基片；8-探头；9-靶；10-真空室；11-激光器

空心热阴极电子枪具有长脉冲和较大电流的特点，作为热源一般在离子镀膜时使用。在真空环境中，在空心阴极中通入 Ar 气并接电，控制气压为 1～$10^{-2}$Pa，电压为 100～150V，电流为几安培。在激励电压作用下，使得 Ar 电离，形成电离层，此时 $Ar^+$不断碰撞激发，温度会逐渐上升到 2300～2400K，活性 $Ar^+$会进入第二次电离，此时阴极转为热阴极。形成稳定等离子体后电压也会下降至 20～40V，而电子束流也达到峰值，此时即为空心热阴极放电。其中电子束在加速阳极的作用下，从小孔引出进入射出枪头。通过两层栅网飞出的电子会被坩埚处的电位吸引，以极高的速度轰击坩埚中的膜材使其加热蒸发并最终沉积在衬底上。它的优点是大部分气体会通过阴极，由于阴极温度高，电子束密度高，因此原子蒸发，电子束可以很大程度上被电离。坩埚上方的离化率可达到 20%。由于较低的电压和较大的电流，坩埚寿命较长。

电弧加热蒸发源是在高真空下通过两种导电材料制成的电极之间产生电弧放电，利用电弧高温使电极材料蒸发。电弧源放电有三种形式：交流、直流和电子轰击。电弧加热蒸发避免了加热丝、坩埚和蒸发物的反应与污染，也可以蒸发高熔点的难熔材料。电弧加热蒸发的缺点是电弧放电在微米内会溅射靶材料颗粒，对膜造成损害。

### 5.1.3　真空蒸镀合金膜和化合物膜的制备

两种及以上合金的蒸发遵循拉乌尔定律。拉乌尔定律是指在合金溶液中，各个成分的平衡蒸气压 $p_i$ 与其对应的摩尔分数 $x_i$ 成正比，比例系数为该成分单独存在时的平衡蒸气压 $p_i^0$：

$$p_i = x_i p_i^0 \tag{5-31}$$

当溶液的所有成分皆为理想溶液时，按分压定律得到的总蒸气压为

$$p_i = \sum x_i p_i^0 \tag{5-32}$$

然而，实际上合金溶液并非理想溶液，添加修正值后将式(5-31)改为

$$p_i = \gamma_i x_i p_i^0 \tag{5-33}$$

式中，$\gamma_i$ 为活度系数。

对于二元合金 $A$、$B$ 蒸发时的 $A$ 和 $B$ 的组元的蒸发速度比值为

$$\frac{R_A}{R_B} = \frac{\gamma_A X_A p_A^0}{\gamma_B X_B p_B^0}\sqrt{\frac{M_B}{M_A}} \tag{5-34}$$

对于合金体系，不同元素的蒸发速率不同，低熔点的金属先蒸发，高熔点的金属还没到达蒸发温度或蒸发很慢，就产生了先沉积和后沉积的成分不同现象，即分馏现象。为了获得具有精确成分的薄膜，需要一种特殊的蒸发方法，一般采用闪蒸或者多个蒸发源同时蒸发。闪蒸法又称瞬时蒸发法，把膜材做成颗粒状，把颗粒单个地放置在蒸发源上，尽可能地把每个粒子瞬间蒸发。将要蒸发的合金材料转化成细颗粒或粉末，逐个滴入高温坩埚中，每个颗粒瞬间完全蒸发。该方法也适用于三元合金、四元合金和其他多元合金的蒸发，可确保镀层的成分与镀材的一致。然而，闪蒸的蒸发速率很难控制。除了闪蒸法，可以采用多蒸发源蒸镀法，在制备多元合金薄膜时，原则上可将这些元素装入各自的蒸发源中，分别加热和控制，即可独立控制几种元素的蒸发速率，以确保沉积薄膜的成分。该方法要求蒸气源之间进行保护，以避免蒸气源之间相互污染。

化合物的蒸发与合金不同，大部分化合物会在蒸发时分解，一般不采用普通的蒸镀方法。但是，某些化合物，如氯化物、硫化物、硒化物和碲化物，甚至少量氧化物和聚合物，都可能被蒸发，因为它们很少分解，或者它们冷凝后会重新化合。

在计算化合物的蒸镀时，一般采用反应式蒸镀，把活性气体导入真空室，活性气体的原

子和分子以及从蒸发源蒸发的原子、分子发生反应，然后沉积在基片上制备成化合物薄膜，如 $SiO_2$、ZnS 等。粒子之间的化学反应可以在空间(即气体的相态)、基底上或两者上进行。然而，一般认为衬底上发生化学反应的概率很高。反应与蒸发温度、蒸发速率、反应气体分压和底物温度有关。作为蒸发源的材料可以是金属、合金或复合材料。反应蒸发主要用于制备高熔点复合薄膜。

### 5.1.4　真空蒸镀的应用及发展

真空蒸镀适合镀制各种金属、合金和化合物薄膜，广泛用于光学、电子、轻工和装饰等工业领域。

**1．耐磨、耐蚀薄膜**

耐磨薄膜要求具有较高的硬度和较低的摩擦系数。与传统的电镀相比，真空蒸镀可以制备较均匀的薄膜。真空蒸镀可以提高薄膜的耐磨性和耐蚀性。机械零部件可以采用真空蒸镀的方式进行镀膜。在耐腐蚀方面，传统的电镀隔膜已经逐步被真空蒸镀铝膜取代，不仅能够提高镀层的耐磨性，而且可以减轻重量。

**2．铝镜制备**

真空蒸镀铝膜制镜比传统的化学方法镀制银镜有许多优点，它可以节省大量的贵金属白银，铝镜的反射率与银镜差不多，但它比银镜的抗蚀性能好，影像清晰，耐用，产品质量好。真空蒸镀铝膜工艺简单，质量容易控制，没有环境污染，成本低廉。

真空蒸镀铝膜制镜工艺通常采用钨丝蒸发源，钨丝长期加热晶粒会长大变脆，被铝侵蚀变细，极易损坏。因此，镀膜工艺中铝料的用量、蒸发源加热的温度(加热电流)需要严格控制，以延长钨丝的寿命。

**3．塑料制品金属化**

塑料制品旋钮、手柄、框架、化妆品容器、灯饰、工艺品等的表面，用真空蒸镀技术镀制一层金属薄膜，已经得到广泛的应用。塑料金属化最常用的镀膜材料是铝、镍、铬等，其中铝价格低廉，金属反光性好，而且可以着色成多种颜色，使用得最多。塑料制品金属化工艺通常在镀膜前处理中需要涂底漆，镀后处理需要涂面漆以保护镀膜。塑料制品膜的金属化处理通常使用半连续卷绕镀膜机，目前国外镀膜机的卷绕速度可达 200～400m/min，幅宽 1～2m，卷长 6000～30000m。

常用的塑料膜基片材料有聚酯、聚氯乙烯、尼龙 6、聚碳酸酯、乙烯、聚丙烯、聚四氟乙烯、玻璃纸、苯乙烯等。塑料膜的金属化处理用于装饰膜的典型应用是制作金银丝，最常用的基体是聚酯薄膜。薄膜材料主要是铝，金和银也用于高级装饰。在聚酯基片上镀铝并在表面涂透明保护膜，再经切丝就可以制成单层结构的银丝。若在膜层或膜片上染上透明油熔性染料，就可以做成金色或其他颜色的丝，把两张镀铝的聚酯膜片的铝膜层黏合在一起就构成双层结构的金银丝。金银丝主要用于制造布料、台布、手工艺品、帘布面料等装饰用材料。

除上述几个方面外，真空蒸镀还广泛应用于光学、电子、半导体、自动化、太阳能利用等科技和工业领域。目前计算机和电子信息行业发展迅速，电子元件和集成电路等微电子元件将会是未来的发展趋势，但是目前还存在镀膜结合度差、合金膜难以蒸镀的缺点。

# 5.2 溅射镀膜

## 5.2.1 溅射镀膜的基本原理

在溅射镀膜时，当阳离子轰击阴极靶材时，入射离子首先撞击靶材表面的原子，导致弹性碰撞，将动能直接传递给靶材表面上的原子或分子。靶材表面原子获得动能，然后将其传输到材料内部的原子，经过一系列级联碰撞过程后，当一个原子或分子获得动量，并具有克服表面势垒的能量(结合能)时，它可以摆脱附近其他原子或分子的束缚而成为溅射原子。

溅射过程是离子通过一系列碰撞进行能量交换的过程。从离子入射转移到原子飞溅，原子的能量仅为原始入射能量的 1%左右，大部分能量通过级联碰撞在目标表面消耗，并转化为内在的网状振动。大多数溅射出的原子来自靶材表面几十纳米的区域。可以认为，当靶材溅射时，原子开始从表面分离。如果轰击能量不足，靶材表面上的原子只会振动而不会溅射。如果轰击能量非常高，离子注入现象会发生，溅射的原子数与轰击的离子数之间的比例将降低。

溅射镀膜的特点在于以下方面。

(1) 对溅射靶材的形状和大小没有具体的限制，且能在大面积上制作均匀薄膜。

(2) 溅射速度由溅射输出和目标轰击电流密度决定，通过工作电流调节控制溅射速度。

(3) 靶材使用寿命长，溅射设备适合长期运行和自动化。因此，所制备的薄膜性能稳定，重复性好。

(4) 由于靶材是固体蒸发源，因此可以自由选择工件和靶材的相对位置，以便于在不同工件上沉积薄膜。

(5) 使用的大多数气体为氩气、氮气等，安全可靠，无危险。

(6) 满足成分要求的合金薄膜可制成合金靶、复合靶和镶嵌靶。

(7) 高熔点材料、电介质和绝缘材料也容易转化为膜，结合强度良好。

当离子能量为 50～100eV 时，在靶中溅射的大部分粒子为靶的单原子，电离态仅占 1%左右。如果入射离子的能量太高，更多的复合粒子将溅射出来。

由于溅射出的粒子是由能量在几百电子伏特到几千电子伏特之间的反应离子交换能的激增而形成的，所以溅射粒子间的能量分布、溅射粒子的类型和能量以及溅射时粒子释放的方向与靶材有关。通常从不同靶材释放出的粒子的能量不同，能量分布的峰值通常随入射离子能量的增加而增加，与靶原子的表面结合有联系。溅射原子的角度分布不仅取决于靶材和入射离子的种类，还取决于入射离子的入射角和入射能量以及靶的温度。

轻元素粒子的平均输出能量较低，而重元素粒子的输出能量较高。一般来说，溅射原子的动能从几个电子伏到几十个电子伏不等，比热蒸发原子的 0.04～0.3eV 动能高 10～100 倍。考虑到溅射空间中空气的高压以及颗粒与气体原子碰撞造成的部分能量损失，溅射出去颗粒的能量至少比热蒸发能量高 1～2 个数量级。这是溅射薄膜/衬底的结合力比热蒸发薄膜的结合力高且膜更致密的主要原因。

与溅射产额有关的因素有离子能、离子类型、靶温度、离子入射角和靶的成分。从入射粒子轰击靶电极位射出原子的平均数被定义为溅射产额，也称为溅射系数或溅射速度，用$\eta$表示。溅射产额$\eta$越大，薄膜的形成速度越快。溅射颗粒的动能大多小于20eV，且大部分为电中性。

溅射速率定义为$R$，溅射产额设为$\eta$，入射离子流设为$j_i$，可以得到

$$R \propto \eta \times j_i \tag{5-35}$$

### 1. 入射离子能量与溅射产额的关系

当入射离子的能量小于或等于某个能量值时，将不会发生溅射。当离子能量增加到一定值时，就会发生溅射，此时$\eta$为零，这时的离子能量为溅射能量阈值(阈值能量)。低于能量阈值的离子射入后基本不会发生溅射现象，只有在其能量超过阈值后才会发生溅射效应。在$10\sim10^4$eV时，入射离子能量越大，溅射产额越大。在一定范围内，溅射产额与离子能量成正比；能量增加时，溅射产额增加的趋势减小，偏离线性。超过$3\times10^4$eV时，溅射产额随入射离子能量的增加而降低。这是因为入射离子将被注入晶格，进入靶材表面更深的部分，发生离子注入现象。

### 2. 溅射产额与靶材原子序数之间的关系

同一入射离子(如$Ar^+$)，在同一能量范围内轰击不同原子序数的材料，靶材原子的外层电子逐渐填满，溅射产额$\eta$增加，出现周期性的高低变化。Cu、Ag等的溅射产额最高，Ti、Zr、Nb等的溅射产额最小。

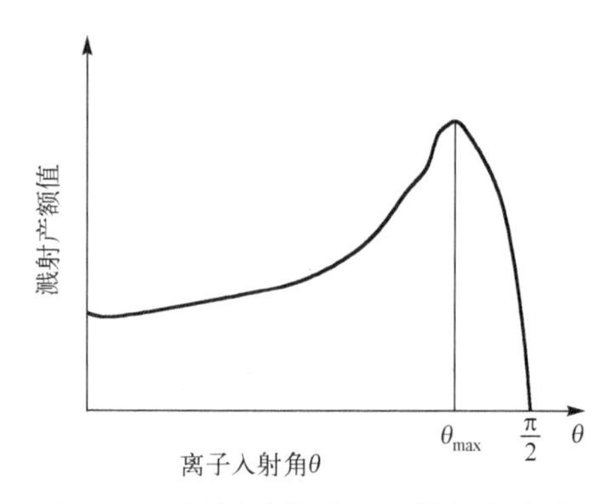


图5-9　溅射产额与离子入射角的关系

### 3. 溅射产额与入射角的关系

溅射产额与离子入射角的关系如图5-9所示。在同一条件下，入射角$\theta$越大，溅射产额$\eta$先增大后减小。观察图5-9可知，$\theta=0°$时(垂直入射)，此时二者呈正相关；$\theta$为70°～80°时，$\eta$会出现一个最大值。继续增加$\theta$时，$\eta$迅速下降至0。改变材料后，$\eta$与$\theta$的变化是不一样的。对于小溅射产额的金属，$\theta$对溅射产额有较大的影响，反之对于大溅射产额的金属，其溅射产额受到入射角的影响较小。

相对于单晶材料，晶面指数的高低决定了其溅射产额与多晶材料的高低。平行入射时，晶面指数越高，单晶材料的溅射产额越高；反之晶面指数越低，多晶材料的溅射产额越多。

### 4. 溅射产额与工作气体压力的关系

当工作气体压力很低时，溅射产额不随压力变化。当工作气体压力较高时，溅射产额随压力增加而减少，因为溅射出的粒子会与工作气体相互碰撞，部分的溅射粒子会被弹回阴极的表面，导致产额降低。

### 5. 溅射产额与温度的关系

在一定温度范围内，溅射产额基本不受温度影响，当目标表面温度超过这个区间时，溅射产额会有快速升高的趋势。因此，在镀膜时，通过控制靶材的温度，防止溅射产额急剧增加而不稳定也很重要。

## 5.2.2　溅射镀膜方法

直流溅射是指利用直流辉光放电激发出的离子对材料进行轰击电离，使其沉积到衬底上形成薄膜。直流溅射根据电极数量可分为二极、三极或四极直流溅射。采用交流电时，直流溅射变为交流溅射，因为一般采用的交流电频率是固定的，所以又称为射频溅射。射频溅射的优势是可以沉积绝缘材料。在溅射时处在可与靶材反应的环境，可以用来弥补因化学性质不稳定的靶材，这种溅射称为反应溅射。磁控溅射在利用电子激发出 $Ar^{+}$离子后，其对处于阴极的靶材轰击发生溅射，而二次电子在磁场作用下发生运动，因此可以实现非常高效的沉积。中频溅射属于磁控溅射的一种，它是当反应溅射发生靶中毒、阳极消失时采用的方法。为了合理调控沉积质量，非平衡磁控溅射技术被用来实现此目标。下面将介绍几种主要的溅射镀膜方法。

### 1. 直流二极溅射

图 5-10 显示的是直流二极溅射装置。将靶材放在直流电的负电位，即阴极靶，在阳极放置需要被沉积的衬底，阴极有冷却结构，需要与真空室连接并且需要接地。预处理时，真空室需将压强降至 $10^{-4}$～$10^{-3}$Pa。然后引入工作气体(Ar)，当压力增加到 1～10Pa 时，在阴极和阳极之间施加不同的直流电压 500～5000V，导致等离子体放电。阳离子在电场中加速射向阴极(靶材)并轰击阴极靶材，使得靶材溅射。电子继续电离并与氩气体原子碰撞，产生新的阳离子和二次电子以维持放电。最后，电子在电场的作用下与能量最高的阳极发生碰撞。从阴极靶溅出的靶原子飞到衬底上，最后沉积在衬底上形成薄膜。

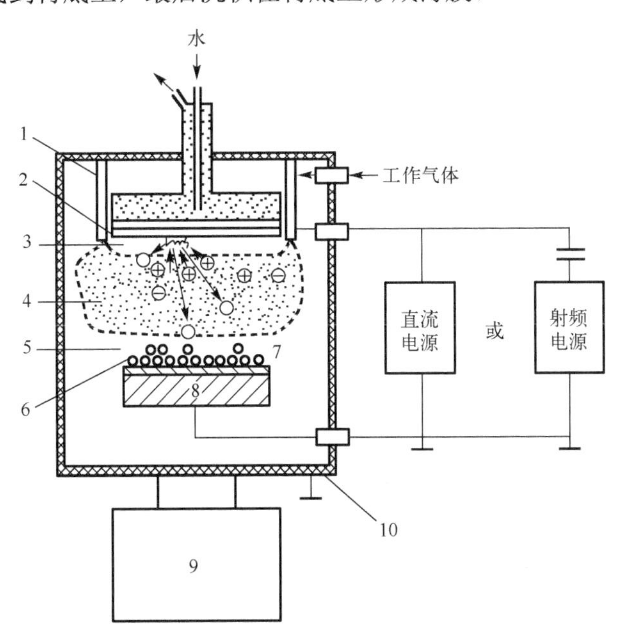


图 5-10　直流二极溅射装置示意图

1-接地屏蔽；2-水冷阴极(靶)；3-阴极暗区；4-等离子体；5-阳极鞘层；6-溅射原子；7-基片；8-阳极；9-真空泵；10-真空室

直流二极溅射镀膜的最大优点就是结构简单，三个主要工艺参量为：工作压力 *P*(Ar 为主要气体)、电压 *U* 和电流 *I*。三个参数只要有两个参数固定，第三个也就固定了，操作时重复性很好。均匀沉积面积可达到靶直径 75%，膜厚偏差范围为±5%～±10%。黄伟其等通过对离子流、直流电压和惰性气体的控制找到了最佳镀膜条件。直流二极溅射镀膜存在以下缺点。①一般溅射装置的排气系统基本上都用油扩散泵系统，二极溅射的工作压力比较高(>1Pa)，在此压力范围内，扩散泵几乎不起作用，主阀处于关闭状态，排气速度小，本底真空和氩气中残留气氛对溅射镀膜影响极大。②镀膜的沉积率很低，10μm 以上厚膜就不适合用此种方法。由于其放电时，两极距离过大会导致镀膜速率下降，距离过短，放电将难以保持。过高的电压导致靶材的散热慢也是一个原因。③基片由于电子的轰击温度过高，会发生不可逆的损伤。

**2. 直流三极溅射**

直流三极溅射采用直流电源，在二极溅射的基础上，增加一个发射热电子的热阴极(接地)，用来激发 $Ar^+$离子轰击靶材。靶电极依然处于负电位较高处，形成直流三极的溅射镀膜方法。这种方法可以降低溅射的气压，增大放电电流，并且独立控制，同时由于基片和热阴极在系统中的极性相同，减少了流向基片的电子。直流三极溅射的沉积速率是直流二极溅射的两倍，因为其电压可达到千伏。缺点是通过热阴极发射电子流，很难获得均匀的等离子区，大型工件的沉积不易采用这种方法。热阴极材料可以使用钨丝，通过控制热阴极，可以控制温度和电荷。直流四极溅射是指在直流三极溅射的基础上，加入了辅助用的阳极，用来稳定等离子区域，这样可以方便操作电子流。为了让等离子体聚拢，还需在电子方向上施加大的磁场。

**3. 磁控溅射**

磁控溅射是为了提高直流二极溅射的沉积速率，减少二次电子对衬底的轰击。磁控溅射技术的原理如下：在直流二极溅射的基础上，在其阴极上设置环形的封闭磁场，磁体设置在靶上，设置磁场与之前的电场构成电磁场，组成了约束电子的陷阱。电子在电场 $E$ 的作用下加速，当它在飞向基底的过程中与气体原子 Ar 发生碰撞时，被 $Ar^+$和电场 $E$ 电离，电子上升到基板，而 $Ar^+$在电场 $E$ 的作用下加速飞向阴极，并以高能撞击目标表面，导致目标溅射。在溅射粒子中，中性靶原子(或分子)沉积在基板上。同时，溅射的二次电子在阴极区加速，落入电磁场陷阱，不是直接到阳极，而是在磁场中洛伦兹力的作用下，以摆线和螺旋线的组合形式在目标表面附近旋转。电子的运动通过电磁场限制在靠近目标表面的等离子体区域，这大大增加了到达阳极前的行程，增加了碰撞电离的可能性，增加了该区域气体原子的电离速率，并增加了轰击离子的数量，从而实现了磁控溅射高速沉积的特性。在多次碰撞后部分电子的能量逐渐下降，转化为低能电子(慢电子)。这部分低能电子在电场 $E$ 的作用下，最终会落在目标的基板上。传递到基板的能量非常小，所以在沉积过程中基底温度较低。

磁控溅射离子镀膜机由真空室、真空系统、进气系统、真空度测量系统、加热系统、工件转架系统和磁控溅射靶组成。另外，配有靶电源、工件偏压电源。磁控溅射靶有平面形、圆锥形、柱状形。平面形中，又有圆形、方形。靶材背后通冷却水。平面磁控溅射技术是在平面靶材前方建立正交电磁场。电子在正交电磁场所受的力为

$$F=-eE=-e(V\times H) \tag{5-36}$$

式中，$V$ 为电子运动速度；$e$ 为电子电荷量；$E$ 为电场强度；$H$ 为磁场强度。

平面磁控溅射靶为平衡磁控溅射靶，特点是靶材背面的磁体产生的磁场会把电子向靶附

近聚拢。但是如果电子距离靶的距离过远，磁场无法对其产生影响。这种结构称为平衡磁控溅射靶。最佳距离在60～100mm，过远之后沉积效率降低，特别是对于化合物薄膜，如氮化钛等，工艺难度会上升。

除了平衡磁控溅射外，还有非平衡磁控溅射。与平衡磁控溅射不同，非平衡磁控溅射的心部采用工业纯铁，周围使用钕铁硼。非平衡磁控溅射阴极的磁场可将等离子体扩展到远离靶面处，使基片浸没其中。在调节时，位于远离目标的磁场也可能与位于远离目标表面的电子有关。沉积膜的性质在很大程度上与轰击板表面的离子有关。在非平衡的磁溅射系统中，靶材与平板之间的磁场提高了低能量离子轰击的数量。因此，在较低的工作压力下，可以在衬底上获得更好的薄膜。在非对称磁控制系统中，进入板上的离子及其密度在很大程度上取决于系统中的放电电流以及从靶到基板的距离。试验结果表明，离子沉积受系统中放电电流的影响，与系统中的放电电压成正比，而薄膜的沉积速度与放电电流成正比(在恒定电压下)。当放电电压和放电电流不变时，附加电磁线圈中电流的变化可以调节基板上离子流中离子与原子的关系。

现阶段磁控溅射仍然存在以下问题：①靶材刻蚀不均匀，这是由磁场结构设计不合理导致的，通过结构改善，能够实现放电区域扫描，有利于提高材料的利用率；②金属离化率低，通过采用非平衡磁控溅射靶、提高靶之间等离子的浓度和增加电子密度等方法可以解决这个问题；③靶中毒，主要是由正离子堆积、阳极消失和迟滞效应造成的，通过采用改善电源频率和反应气体的量等方法可以解决这个问题。

### 5.2.3 溅射镀膜合金膜和化合物膜的制备

合金和化合物的溅射与单质(单原子固体)的溅射有区别。化合物由于各元素溅射产额的差异，产生选择性溅射问题。根据碰撞级联理论，每个掺杂原子的溅射量与其摩尔质量的比值及其升华能力成反比。由于靶面形成交换层，溅射膜组分一般接近靶材成分。

轰击开始时，溅射率高的组分先溅射出去，使得低溅射率组分在表面的比例增加。由于加热和离子轰击，处于较深处的组分因为与表面组分浓度不同，产生浓度差，发生扩散现象，使得表面成分在向新的平衡状态变化。表面层稳定后，镀层组分将与稳定后的表面层组分相同，但与原始材料的组分有区别。随着溅射的继续，表层不断被溅射，内部成分向表层移动，从而使溅射组分保持相对稳定的状态。

金属合金层的变化深度为1～10nm，当有氧化物时，其深度约为100nm。元素的扩散系数、增强的发射离子扩散效应和表面温度的升高影响层厚和表面达到稳定状态的时间。为了具有与靶材相同的合金成分，镀膜时靶体必须处于低温状态，这也可以防止易溅的金属部件进入上表面。当扩散迁移效应降低时，在溅射率高的组分溅射出后，在表面上溅射率较低的元素的浓度会相对增加，并且在该元件多次溅射时，使沉积膜接近靶材成分。一般来说，在稳定放电下，根据靶材成分产生的原子会被溅射，溅射的好处之一是膜组分稳定。但在某些情况下，由于不同组分选择性溅射的差异，膜与靶成分的差异可能较大。为了获得一种确定成分的膜，除专门设计的靶外，为了最大限度地降低目标温度，应尽可能降低衬底温度，以减少黏附速度的差异，并选择适当的工艺条件，最大限度地减少对镀层的反溅射。在不易制备较大的均匀合金靶时，可以使用单元素组成的复合靶。这种情况下，扇形的复合靶溅射效果最好，较易控制组分。当合金膜元件需要有较大差异时，通常采用辅助阴极法。主阴极靶由合金的主要成分组成，辅助阴极靶由合金添加剂组成。为了形成合金膜，同时对不同的目标进行溅射，通过调节辅助阴极靶的电流，可以任意改变掺杂膜中添加的组分数量。

大多数化合物在 10～100eV 范围内被离解，若注入离子的能量在溅射时超过这个范围，则在靶内溅射时会发生化合物离解，膜组分与靶的比例发生变化。化合物的离解产物往往是气体原子，可以从抽吸系统中抽出。因此，为了补偿膜组分化学分配的差异，必须引入适当数量的“反应气体”来消除偏离，并通过反应溅射进行化学分布。例如，在溅射氧化物、氮化物或硫化物时，需要一定比例的 $O_2$、$N_2$、$H_2S$ 等。此外，在溅射过程中，人工引入一些活性反应气体与分散并沉积在基板上的材料反应，可以获得靶材料以外的薄膜。

常见的反应气体包括 $O_2$、$N_2$、$CH_4$、$C_2H_2$、CO 等。在溅射过程中，反应过程可能会根据不同的反应气体压力在基板或阴极上发生(反应后以化合物的形式迁移到基板上)。当反应气体压力较高时，它可以在阴极扩散靶上反应，然后作为化合物迁移到衬底上形成薄膜。一般来说，反应溅射压力相对较低，因此气相反应不明显，主要表现为固相在基体表面的反应。通常，由于等离子体中的大电流，它能有效地促进反应气体分子的分解、激发和电离。在反应溅射过程中，产生一股强大的粒子流，粒子流由传输能量的自由原子组成。随着靶原子从阴极流向衬底，化合物获得足够的激活能后在衬底上形成薄膜。

反应磁控溅射是通过反应性气体与扩散颗粒发生反应产生复合膜的工艺。反应磁控溅射制备的复合薄膜的特性如下。

(1) 使用的靶材(单元素靶材或多元素靶材)和反应气体可以很容易地获得高纯度，从而制备出高纯度的复合薄膜。

(2) 可以通过调整沉积工艺参数来制备化学化合物或非化学化合物，通过调整薄膜成分来调节薄膜特性。

(3) 衬底温度通常不是很高。此外，成膜过程通常不需要加热到基板的极高温度，因此对基板材料的限制较少。

(4) 反应磁控溅射适用于制备均匀的大面积薄膜，并可进行工业薄膜生产。

反应磁控溅射在实际生产过程中也存在以下困难。

(1) 化合物靶材成本过高。

(2) 在直流反应溅射中，反应区域不稳定，在系统内的各个位置都有可能发生，最终导致靶中毒等后果。

(3) 沉积速率低下。

(4) 设备成本较高。

### 5.2.4　溅射镀膜的应用及发展

以溅射镀膜的功能来分，可将膜分为以下几类：电学薄膜、磁学薄膜、光学薄膜、机械学薄膜、化学薄膜和装饰学薄膜。按照这些分类，镀膜在产业部门的应用又可分为电子元件、太阳能利用、光学利用、机械化学应用等方面。从实用性角度来分，又可分为单层薄膜和多层薄膜，将多种薄膜做成复合薄膜可以满足多种功能的需求。

溅射镀膜在电子工业领域又可分为 IC 半导体、显示元件、磁记录、约瑟夫元件、光电子学和其他电子器件(电阻薄膜、印刷机薄膜热写头、压电薄膜和电极引线)。在太阳能利用领域又有太阳能电池膜、选择性吸收膜、选择性反射膜等。在光学领域有反射镜和孔板的应用。

在机械、化学应用领域分为润滑薄膜、耐磨损薄膜、耐腐蚀薄膜和耐热薄膜。在塑料工业领域有塑料装饰薄膜和硬化薄膜。下面将通过应用实例进行详细说明。

**1．溅射镀膜在半导体领域的应用**

硅半导体的电极引线要具备低电阻、结合度好和成本低等特点，因此一般采用铝材，使用批量式溅射装置，但是因为溅射系统内的残留气体和油污的影响，制备的薄膜并不均匀，不能将其作为引线。为降低溅射系统的负面影响，需要采用冷凝泵等清洁系统。对于引线来说，需要具有较低的电迁移率和较好的台阶覆盖度。电迁移率是指直流电环境下，材料向两极端堆叠，导致引线断线。相比于真空蒸镀，溅射镀膜可以提高引线的寿命。因为在膜材中加入少量的铜、硅等元素可延长其寿命，但是采用真空蒸镀镀合金薄膜时，因为不同元素的蒸气压不同易发生分馏，难以控制薄膜成分。台阶覆盖度是指台阶最薄处与均匀处之比。溅射镀膜过程中，膜材原子会与气体发生碰撞，形成多角度的散射，沉积在基板上，故台阶覆盖度比真空蒸镀高。

在引线有穿插时需要对其进行分离，一般采用二氧化硅。出于对引线防腐、耐腐蚀、防断线的考虑，采用溅射镀膜的方式进行平坦化和钝化处理。

**2．Ta 薄膜及 Ta 化合薄膜**

Ta 薄膜应用面广泛，在电子元件行业有着重要作用。但由于 Ta 元素自身的性质，依靠普通溅射法无法稳定获得高质量薄膜。但是，利用平面磁控溅射法可以有效获得较高质量的薄膜。在平面磁控溅射系统中，在 3kW 功率下，在氮气和氩气氛围中，能以 130Å/min 的速度沉积，且通过改变分压，能够制作不同结构的 Ta 薄膜，适应不同电子需求。

**3．刀具薄膜和耐腐蚀薄膜**

为增加刀具的硬度和寿命，一般采用 TiN、TiC 等复合薄膜。如果采用常规的化学气相薄膜，沉积温度较高，对于回火温度较低的高速钢来说会增加镀后的后处理工序。采用多个磁控溅射靶可以有效地解决这个问题，不仅能够延长刀具的寿命(提升 3～4 倍)，而且能够减少成本。

除了刀具薄膜外，溅射镀膜还可应用于制备耐腐蚀薄膜。当 Cr 与 Mo 同时存在时，可以增加钝化膜的耐蚀性。通过溅射镀膜可以制备 Fe-Ni-Cr-P-B 非晶态薄膜，其具有很好的耐腐蚀性。

溅射镀膜具有许多优点，对镀层的质量、耐热性、耐蚀性等均有显著的提升。溅射镀膜技术已经日趋成熟，且溅射镀膜的工业化较为成熟，磁控溅射作为溅射镀膜中具有沉积速度快、温度低的方式被广泛应用。同时，溅射镀膜依然存在一些问题，如何控制溅射后的气体渗透、靶材的冷却等，还需要深入地研究。

## 5.3 离子镀膜

离子镀膜工艺是指在真空条件下通过气体放电使气体或蒸发材料部分电离，蒸发材料在工作气体离子或蒸发材料离子的轰击下沉积在衬底表面的薄膜制备技术。

离子镀膜可以分为两大类。①蒸发离子镀：采用不同种类的升温方式加热膜材，蒸发膜材，将蒸发出的颗粒激发成离子态，通过改变压力沉积在衬底上。加热类型的离子镀有很多种，根据蒸发材料的区别，有电阻式、电子束、等离子式、感应加热式等。根据蒸发材料的电离和激活又可分为辉光放电式、等离子束式等。将不同类型的蒸发源和不同的离化原子进行搭配，可以形成更多种类的方法，如直流离子镀、热阴极离子镀等。②溅射离子镀：与蒸发加热不同，它是将电子轰击溅射的膜材电离成离子态，再沉积到衬底上。配合 5.2 节中溅射镀膜中的方法，又可以组合成磁控溅射离子镀、非平衡磁控溅射离子镀等方法。

## 5.3.1　离子镀膜的原理及特点

将腔体内预先抽至一定的真空度($10^{-4}$～$10^{-3}$Pa)，将氩气通入后，接入电流，设置衬底在负电位，蒸发源在正电位，这样在两者之间便会存在一个具有低气压、低温度的等离子区。衬底成为阴极，由于其为辉光放电，在衬底周围形成阴极暗区。氩离子在暗区加速轰击到衬底上，起到预处理清洁表面的作用。由于轰击产生的能量会使膜材蒸发，当其蒸发的颗粒进入等离子区域时，与其中的各种粒子(电子、氩原子和氩离子)撞击并部分形成离子态，部分变成激发态。在电场加速的作用下，离子态的膜材会冲击衬底形成镀层。整个成膜过程的能量由离子提供，与蒸镀不同，并不是靠加热蒸发。离子镀膜的原理如图 5-11 所示。一个重要的因素是施加的负偏压，负偏压是用来在沉积膜层时提供加速作用的。根据负偏压的供电有可调直流偏压、高频脉冲偏压等技术。脉冲偏压的频率、幅值、占空比可调，有单极脉冲，也有双极脉冲。采用脉冲偏压技术可使偏压值与基片温度参数分别控制。

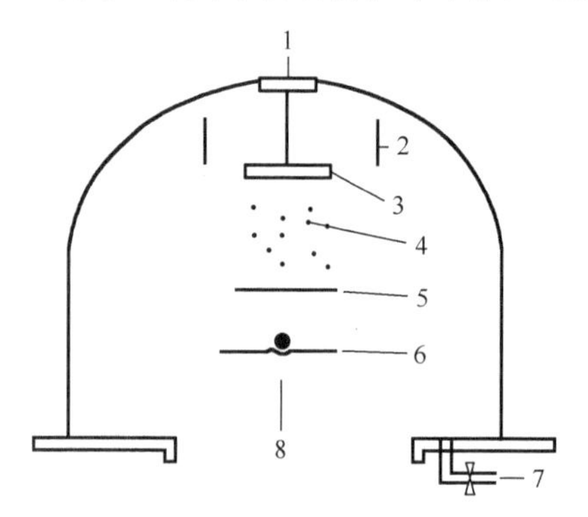


图 5-11　离子镀膜原理图

1-接负高压；2-接地屏蔽；3-基板；4-等离子体；5-挡板；6-蒸发源；7-充气阀；8-真空系统

构成离子镀膜需要三个基本要素：首先要有一个等离子区间，然后要获得膜材的离子态，最后需要一定的负偏压将离子轰击到衬底上。

离子镀膜的优点如下。

(1)镀层质量好。离子轰击可提高膜的致密度，改善膜的组织结构，使得膜层的均匀度好，镀层组织致密，针孔和气泡少。

(2)镀层结合力好。在离子镀膜过程中，高能粒子到达工件表面，对工件表面进行轰击和清理污染物，以达到与镀膜一样的净化效果。基底原子也可以被溅射出来，未离化的原子也会在工件周围的等离子体中电离。被工件吸引后，基体离子返回工件表面，然后向下溅射。因此，薄膜层和衬底之间的成分形成一层逐渐基于薄膜的混合层，也称为伪扩散层。

(3)沉积面积大。电离后，膜材离子会发生多次碰撞，可以沉积在负电位衬底的所有位置，这是蒸镀无法实现的。

## 5.3.2　常用的离子镀膜方法

离子镀膜技术按照膜材形态可分为固态离子镀和气态离子镀，其中固态又可根据膜材离子提供的方式分为蒸发型、磁控溅射型，还可以依据放电的种类不同分为辉光放电型和弧光放电型。

直流二极型离子镀：使用电阻加热的蒸发源，利用衬底和蒸发源之间的光产生离子，并向衬底施加1～5kV的负极性电压以加速离子并沉积薄膜。当真空室抽真空至$10^{-4}$Pa时，充入工作气体(Ar)使真空室气压为0.5～5Pa，基板加负极性电压1～5kV，排气功率为1.5～5kW。当满足点火条件时，蒸发器源和基板之间产生辉光放电。由于衬底具有负电势，所以在衬底前面形成电势阴极降区域和负辉光区域，并且在衬底和蒸发源之间形成低温等离子体区域。蒸发源产生的金属蒸气原子在移动到基体的过程中会与高能电子发生非弹性碰撞，使一些蒸气原子电离并产生离子。离子在电位阴极区加速，能量高达10～1000eV，轰击衬底表面。当离子沉积速率高于放电速率时，可在衬底表面沉积膜。由于气体压力高，电阻加热的蒸发源主要用于沉积熔点低于1400℃的金属薄膜；对于熔点较高的薄膜，应使用电子束蒸发源。为了确保电子枪运行所需的高真空条件，必须使用压差板将电子室与离子薄膜室分离，并采用两套真空系统。通过这种方式镀的膜的附着度较好。当薄膜在1Pa压力下镀覆时，粒子的平均自由行程约为几毫米。颗粒可以完全分散并向各个方向入射到基底上，形成均匀的薄膜。缺点是：轰击粒子的高能量，会使形成的薄膜被侵蚀，并导致基板温度升高。薄膜具有柱状晶体结构，使薄膜表面粗糙，形成速度慢。此外，由于辉光放电电压和离子加速电压无法分别控制和调节，因此薄膜工艺参数较难控制。

将二极型添加多个阴极可将其转变为多阴极型离子镀，多阴极型离子镀改善了低压下难以激发和维持放电的缺点。在四极型离子镀中，在蒸发源和衬底之间添加了一个电子发射器和一个收集电子的阳极。两个电极形成一个电子发射电场。当阴极灯丝被加热时，它可以发射数百毫安到10A的电子流。在电子收集器的作用下，电子流垂直通过蒸发粒子流，这增加了与蒸发膜粒子流碰撞电离的概率，并提高了电离速率。随后，电子收集器收集电子。如果去掉电子收集器，就变为一个三极型离子镀。三极型离子镀装置的热电子发射阴极和腔室或阳极形成发射电子流的流场。热电子发射电流可达10A，衬底电流密度可提高10～20倍。多极型离子板的工作压力仅为0.1Pa，衬底放电电压仅为200V。多阴极离子板的放电电流大，放电电流变化范围宽。衬底放电电压不高，衬底温度低，离子轰击造成的损伤小。多阴极电离率可达10%左右，可用于反应离子镀。

在离子镀膜过程中，将$O_2$、$N_2$和$CH_4$等反应气体引入镀膜室，并采用各种放电方式激活或电离金属蒸气和反应气体的原子与分子，从而促进它们的化学反应，并在基底上获得化合物膜。这种镀覆方法称为反应离子镀。反应离子镀装置加上一个大约10V的探极，以吸引环境中的电子，在探极和蒸发源之间形成等离子体放电。因此，膜材料被蒸发，电离和活化被加速，使得反应更加迅速。基板由加热器加热，基板可被热电偶精确测量和控制。蒸发源通常是电子枪。气闸结构分为上室和下室。上室是蒸发室，下室是来自电子束源的热线发射室。两个腔室之间有一个压差孔。电子枪发射的电子束通过压差孔偏转并聚焦在坩埚中心，以加热和蒸发薄膜材料。这种发射源可以加热和蒸发高熔点金属，提供电子以激活金属蒸气粒子，并为制备高熔点复合薄膜提供良好的热源。坩埚与基体之间设有检测电极和反应气体分散环。

射频放电离子镀采用的蒸发源是电阻加热或电子束加热。蒸发源与基板的一般距离为20cm，蒸发源与基板之间设置高频感应线圈。感应线圈一般为7根，用直径为3mm、高度为7cm的铜线绕制。射频频率为13.56MHz，射频功率一般为0.5～2kW。基板连接负畸变电压0～2000V，排气工作压力为$10^{-3}$～$10^{-1}$Pa，仅为直流二极管型的1%。膜室分为三个区域：①以蒸发源为中心的蒸发区域；②以感应线圈为中心的电离区；③离子加速区和以衬底为中心的离子到达区。当分别调节蒸发源的功率、感应线圈的射频激励功率和衬底的偏压时，这三个区域可以独立控制，从而有效地控制沉积过程，提高薄膜的物理性能。射频离子屏蔽不仅可以制备高质量的金属薄膜，而且可以制备复合薄膜和合金薄膜。

空心阴极离子镀的放电原理与空心阴极蒸发镀类似，均为利用弧光放电加热离子轰击靶材。聚焦线圈水冷枪中的空心钽管是电子发射源(负极)，带有蒸发材料的水冷坩埚是蒸发源(正极)，镀件放在坩埚上方的桌面架子上(负偏压)。等离子体电子束集中在阳极坩埚中的电镀方向对靶材进行熔融和蒸发。电子在流动过程中不断电离 Ar 和镀材，当基底上的负偏压从几伏特增加到几百伏特时，离子和中性粒子会撞击基底并沉积形成薄膜。

真空阴极离子沉积或电弧离子镀是在电弧放电技术的基础上发展起来的一种薄膜方法，电弧在目标表面的真空环境中形成等离子体，然后用一定的能量将离子沉积到产品表面。真空阴极离子源具有离子能量高、离解度高、离子衍射能力好等一系列优点。阴极电弧中的离子源可广泛应用于各种离子注入装置，高离子能量导致电弧离子薄膜层中的膜结合性能优于其他 PVD 工艺(如磁溅射、喷涂等)，从而使真空阴极电弧成为一种重要的薄膜制备方法，如金刚石型硬膜、复合材料膜、金属连接层、纳米热结构多层膜等。

磁控溅射离子镀是将磁溅射与离子薄膜相结合的技术，原理是在真空室中填充氩气，并在磁溅射靶上叠加负偏压，Ar 在电场作用下，击中靶材目标溅射出膜原子，膜原子在基板负偏压下加速运动时部分电离，最终将薄膜沉积在衬底上。预先将内部抽成一定的真空度后通入 Ar，把 400～1000V 的直流电施加在阳极和处于阴极的磁控溅射靶上，形成辉光放电，电离形成氩离子。通过电场，不仅能使氩离子轰击靶材，还能使靶材具有高能量并发生溅射现象，射出的颗粒在等离子区域被进一步电离，经由负偏压沉积在镀件上。磁控溅射与离子镀结合后具有溅射产额稳定、靶材与基体结合度提升、膜层均匀化、细化晶粒等优点。

### 5.3.3 离子镀膜的应用及发展

离子镀膜将真空蒸镀与辉光等离子放电技术结合在一起，可以提升镀层的各种性能，并且适用范围很广。其兼具真空蒸镀和溅射镀膜的优点，同时有较高的膜生成效率，对基底和膜材没有要求，适合镀各种薄膜和复合薄膜。离子镀膜的应用可分为以下几类。

**1. 耐磨薄膜**

刀具和轴承是需要长期承压的机械零部件，因此需要具备较高的硬度和寿命。汽车的发动机缸套长期工作在摩擦力较大的环境下，缸套内表面需要具备较高的耐磨度。Cr 镀层可以有效提高缸套的耐磨度。但是依靠传统的蒸镀和电镀工艺，只能制备含有单一元素的薄膜，无法实现合金薄膜的均匀沉积。离子镀膜在沉积合金薄膜和多成分薄膜时有较好的表现。将离子镀膜应用在车床刀具方面，离子镀的 TiC、TiN 膜的洛氏硬度是电镀的 2～3 倍。相比于电镀和蒸镀，寿命要高 5～10 倍。除了车床刀具，日常生活中的常用刀具，如菜刀和剪刀等，经过离子镀后也能够有较长的寿命。

**2. 耐蚀薄膜**

在制备耐蚀薄膜的工艺中，传统的方法主要是电镀、蒸镀和溅射镀膜。然而，这些方法制备的薄膜由于会出现析氢、针孔等缺陷，膜层质量不佳且膜材的选用对环境不友好，所以使用受限。离子镀膜具有高的结合度和较高的质量。出于环保的考量，目前离子镀铝膜已经逐步取代电镀镉膜。离子镀铝膜具有较好的附着力和高的抗腐蚀性。电镀铝膜的综合性能没有离子镀铝膜优异，在机械性能方面具有较大的劣势。在镀层的尺寸控制方面，离子镀能够将铝膜尺寸保持在有效的范围内，对尺寸公差影响较小。目前常用的离子镀膜材料主要有铝、锌、金、钛、镍等。

**3．装饰、电子工业**

离子镀膜可以产生颜色丰富的镀层，如金色、银色。通过材料的活性反应，可以制备仿金或者仿银镀层。有色薄膜的附着力强且具有较好的机械性能，在各行业均有广泛的应用。在手表行业、相机行业等制作昂贵物品行业里，离子镀有色薄膜不仅可以提升产品性能，而且具有美观的作用。

由于离子镀膜的制备要求较低，在不同的基底上均可形成薄膜，对膜材的种类也无要求，在电子工业领域具有巨大的应用潜力，特别是在导电物质和非导电物质之间制备薄膜。因此，离子镀是制备微带电路、磁性材料和电极的适配工艺。

除了上述三种领域外，离子镀膜在润滑镀层、耐高温镀层等方面均有较好的应用。目前离子镀膜的发展主要是在激励气体放电的方式方面。放电类型由辉光放电向弧光放电发展，电源方面由直流向交流发展，磁场激励将由永磁体和电磁线圈组合产生。

# 本章小结

物理气相沉积技术是一种广泛应用的薄膜制备技术。本章分别介绍了真空蒸镀、溅射镀膜和离子镀膜的原理、特点、应用及发展趋势。物理气相沉积在特殊功能复合膜的制备和特殊领域的工艺与原理的研究也将成为未来的重点研究方向。随着工艺设备的不断更新，以及原理技术的不断发展，物理气相沉积技术的应用前景会更加广阔。

## 参考文献

陈超，2018. 影响真空蒸发镀膜膜厚的因素分析[J]. 数字通信世界，8：65.

史月艳，陈士元，杨晓继，等，1996. 磁控溅射电致变色非晶态氧化钨薄膜[J]. 太阳能学报，17(4)：358-364.

韩旭，朱琳，董群，等，2015. 反应溅射镀膜技术与离子镀技术的异同[J]. 装备制造技术，(1)：211-212.

侯立永，王秀海，2020. 蒸发台e型电子枪的工作原理与维修技术[J]. 电子工业专用设备，49(1)：58-62.

黄伟其，宋源，2011. 真空直流溅射镀膜的条件分析[J]. 贵州科学，29(2)：1-4.

姜燮昌，2002. 大面积反应溅射技术的最新进展及应用[J]. 真空，3：1-9.

李冬雪，2015. 溅射镀膜技术在薄膜材料制备上的研究进展[J]. 电大理工，1：8-9.

令晓明，杨帆，成佰新，等，2011. 真空蒸镀铝及保护膜的表面形貌和光学性能研究[J]. 真空与低温，17(2)：91-95.

王福贞，刘欢，那日松，2014. 离子镀膜技术的进展[J]. 真空，51(5)：1-8.

王俊，郝赛，2015. 磁控溅射技术的原理与发展[J]. 科技创新与应用，(2)：35.

王伟，2018. 浅析真空镀膜技术的现状及进展[J]. 科学技术创新，28：146-147.

王银川，2000. 真空镀膜技术的现状及发展[J]. 现代仪器，(6)：1-4.
吴笛，2011. 物理气相沉积技术的研究进展与应用[J]. 机械工程与自动化，(4)：214-216.
闫继超，2009. 磁控溅射技术在刀具涂层中的应用[J]. 科技信息，(22)：282-283.
张存君，1997. 镀膜技术在陶瓷上的应用[J]. 江苏陶瓷，30(2)：18-21.
张以忱，2014. 真空技术及应用系列讲座 第十九讲 真空溅射镀膜[J]. 真空，52(2)：79-80.
甄聪棉，李壮志，侯登录，等，2017. 真空蒸发镀膜[J]. 物理实验，37(5)：27-31.

# 第 6 章　表面耐磨涂层

## 6.1　磨 损 机 理

磨损是指由于摩擦副表面的相互作用而使材料从表面上移除的现象。磨损机制大致可分为四个类型：黏着磨损、磨粒磨损、疲劳磨损和腐蚀磨损。在实际情况下，经常是几种磨损形式共存，且磨损形式的主次关系通常会随工况的改变而发生变化。

### 6.1.1　黏着磨损

当摩擦副表面发生相对滑动时，由于黏着效应所形成的黏着点发生剪切断裂，被剪切的材料或脱落成磨屑，或由一个表面迁移到另一个表面，此类统称为黏着磨损。根据磨损程度，黏着磨损可分为涂抹、擦伤、胶合和咬死四种。它们的磨损形式、摩擦系数和磨损程度有所不同，但共同的特征是都会发生材料转移，以及沿滑动方向形成不同程度的划痕。黏着磨损是一种非常严重的磨损形式，其特点是磨损率高，摩擦系数大而不稳定。

两个摩擦表面相互接触，在载荷的作用下表面的部分微凸体相互接触并发生弹塑性变形，形成黏着结点，摩擦表面发生相对滑动时，黏着结点在剪切作用下断裂，一种理想情况是刚好在接触的界面间断开，这时无论是材料的转移还是磨损都可忽略，但通常情况并非如此。图 6-1 简要说明了微凸体之间的黏着点剪切断裂形成转移颗粒的机理，最初，微凸体在载荷作用下产

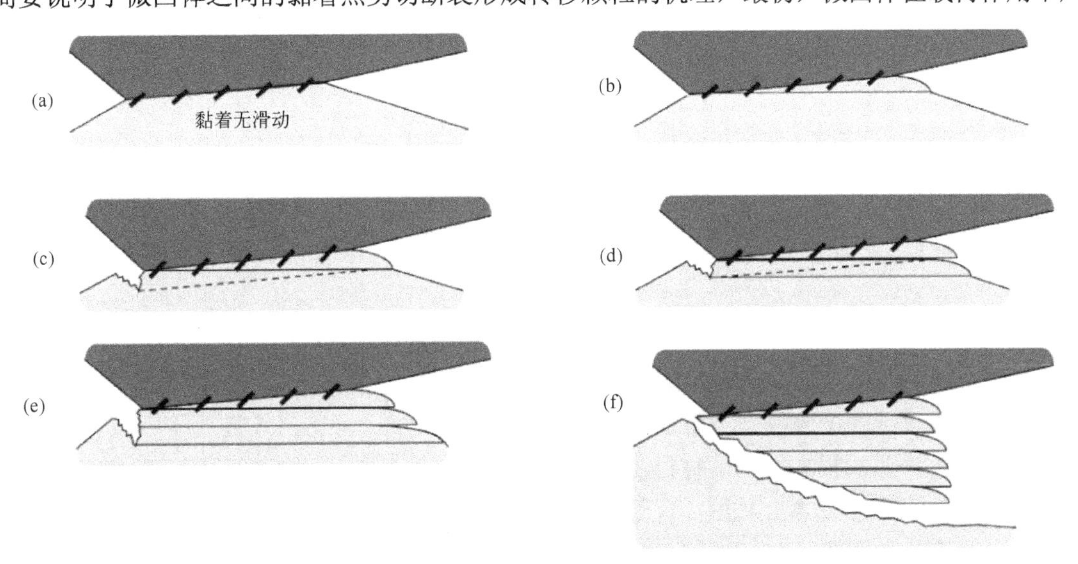


图 6-1　黏着转移颗粒形成过程示意图

生黏着(图 6-1(a))；在摩擦力的作用下，较软或较尖锐的微凸体上的材料会以形成剪切带的形式变形(图 6-1(b))，以适应相对运动，此时，接触面间尚未发生宏观滑移；当第一条剪切带达到极限时，由于剪切滑移作用会在塑性区的尾部形成裂纹并向基体扩展，楔形块形成并长大(图 6-1(c))；此后，裂纹顶端会产生第二个剪切带(图 6-1(d))并重复以上过程形成更多的剪切带(图 6-1(e))；随着裂纹的不断扩展，最终楔形块会因剪切断裂从表面脱离，形成块状的转移颗粒(图 6-1(f))。这种因黏着转移而产生的“颗粒”会在摩擦表面间被挤压，随进一步黏着而长大并在摩擦剪切作用下被拉长，最终在摩擦作用下从表面上以近似片状的磨屑脱落下来。

黏着磨损理论是由 R.Holm 首先提出的，Archard 等对此理论进一步完善。Archard 等提出了一种简单的黏着磨损模型，如图 6-2 所示。假设黏着点是平均半径为 $r$ 的圆，较软材料的受压屈服极限为 $\sigma_s$，当表面处于塑性接触状态时，$n$ 个黏结点承受的总载荷 $W$ 为

$$W = n\pi r^2 \sigma_s \tag{6-1}$$

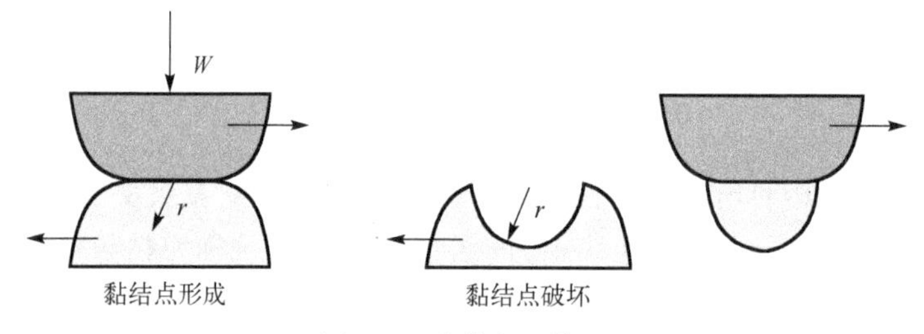


图 6-2　黏着磨损模型

设黏结点沿球面破坏，则当滑动位移为 $2r$ 时，黏结点断开，所产生的每个磨屑为半球形，其体积均为 $\frac{2}{3}\pi r^3$，那么表面单位摩擦滑动行程中的磨损量 $v$ 为

$$v = \sum_{i=1}^{n} \frac{\frac{2}{3}\pi r^3}{2r} = \frac{1}{3}\sum_{i=1}^{n} \pi r^2 = \frac{1}{3} n\pi r^2 \tag{6-2}$$

设滑动距离为 $s$，则总磨损量 $V = vs$，那么可得

$$V = vs = \frac{1}{3} n\pi r^2 s = \frac{Ws}{3\sigma_s} \tag{6-3}$$

由于并非所有的黏着点都会形成磨屑，可假设在 $n$ 个黏着点中形成半球形磨屑的概率为 $K$，则 Archard 公式为

$$V = K\frac{Ws}{3\sigma_s} \tag{6-4}$$

从式(6-4)不难发现，黏着磨损的磨损量与施加在磨粒上的载荷和滑动距离成正比，与被磨损材料的硬度或强度成反比，而与材料的接触面积无关。

黏着磨损产生的根本原因是材料在紧密接触时都有相互黏着的倾向，黏着现象必须在一定的压力和温度条件下才会发生。有观点认为黏着是接触点的塑性变形和瞬时高温使材料熔化或软化而产生的焊合，也有观点认为黏着是冷焊作用，不必达到熔化温度即可形成黏结点。影响黏着磨损的因素主要分为两类，一是摩擦副本身的组织和特性，晶体结构类型相同、互

溶性好的金属间的黏着倾向更大，塑性材料的黏着性比脆性材料高，单相金属的黏着性比多相金属高；二是外部因素的影响，例如，载荷和表面温度，当表面压力达到临界值且经过一段时间后才会发生胶合，载荷是胶合磨损的决定因素。黏着磨损是大多数金属滑动接触失效的根本原因，有效预防黏着磨损对工程机械的正常运行至关重要。

### 6.1.2　磨粒磨损

硬颗粒或者硬突起物在摩擦过程中引起表面材料脱落的现象，称为磨粒磨损。根据磨粒通过磨损表面的方式，磨粒磨损可以分为二体磨粒磨损和三体磨粒磨损两种基本模式。二体磨粒磨损和三体磨粒磨损的模型如图 6-3 所示，当磨粒沿一个固体表面相对运动产生的磨损称为二体磨粒磨损，最典型的例子就是砂纸在物体表面上的作用，而在三体磨粒磨损中，磨粒不是固定在某一表面上，而是可以自由地在两摩擦表面之间滚动和滑动，类似于研磨作用。以上两种磨粒磨损模式看似相同，但其实存在着显著的差异。研究结果表明，三体磨粒磨损比二体磨粒磨损要低 10 倍左右，二体磨粒磨损与微观切削机理密切相关，而三体磨粒磨损所涉及的磨损机制偏向于挤压剥落和疲劳破坏。三体磨粒磨损所涉及的材料去除机制是较慢的，

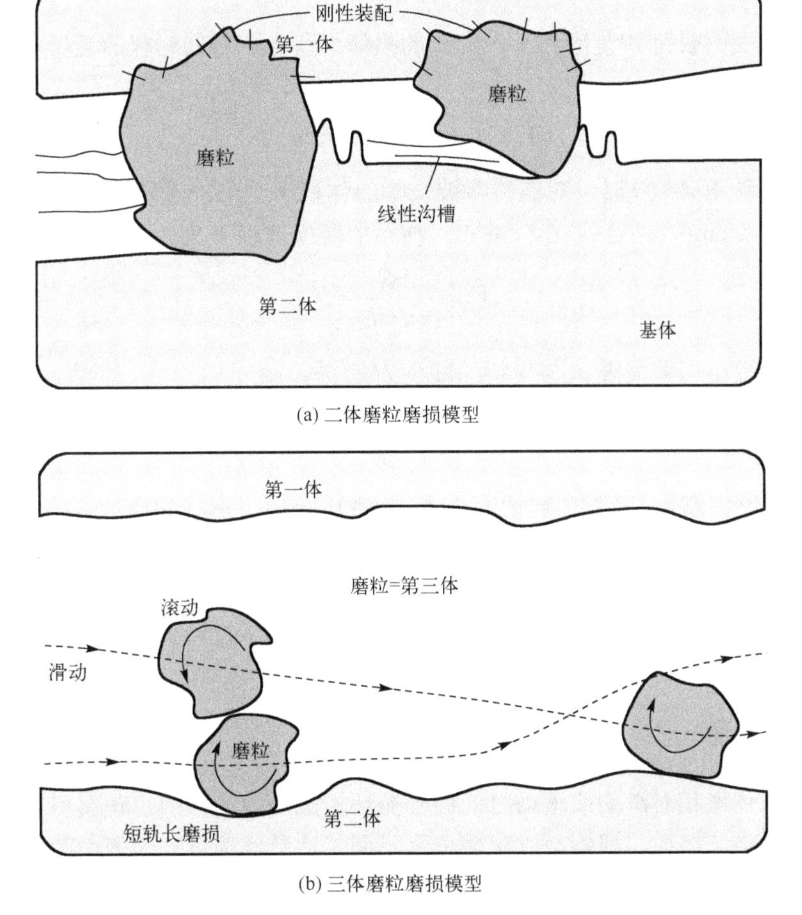


(a) 二体磨粒磨损模型

(b) 三体磨粒磨损模型

图 6-3　二体磨粒磨损模型和三体磨粒磨损模型

其磨损表面呈现出随机形貌，表明表层材料是随着磨粒的连续接触而逐渐被去除的。在三体磨粒磨损中，磨粒通常会与材料表面产生极高的接触应力，韧性材料的表面会在高压应力作用下产生塑性变形或疲劳，而脆性材料表面则会发生脆裂或剥落。

一般来说，磨粒磨损的机理主要是磨粒的犁沟作用，即微观切削过程。因此，根据微观切削机理提出了磨粒磨损的简化模型，如图 6-4 所示。

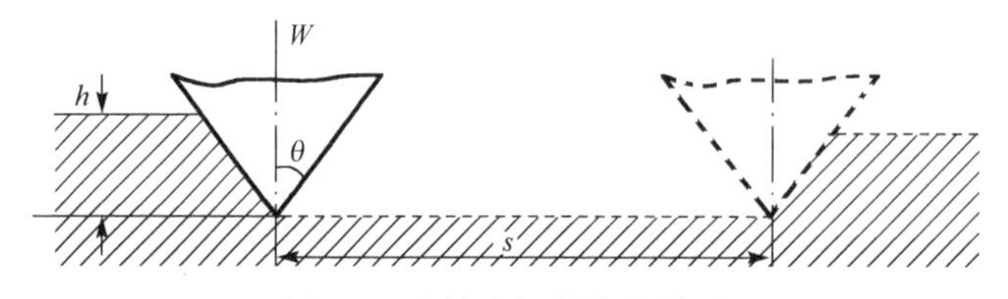


图 6-4　磨粒磨损的简化模型

假设磨粒为一个锥体，磨粒被压入物体表面并且沿表面移动造成材料的去除，为了简化模型，假设所有被该锥体去除的材料都以磨屑的形式消失。在该磨粒磨损模型中，锥体的半角为 $\theta$，压入深度为 $h$，则压入部分的投影面积为

$$A = \pi h^2 \tan^2 \theta \tag{6-5}$$

每个磨粒承受的载荷 $W$ 是磨粒压入部分的投影面积 $A$ 和对偶材料的受压屈服极限 $\sigma_s$ 的乘积，则

$$W = \sigma_s A = \sigma_s \pi h^2 \tan^2 \theta \tag{6-6}$$

当锥体的滑动距离为 $s$ 时，对偶材料被去除的体积 $V$ 为压入部分的横截面积和滑动距离的乘积，即 $V = sh^2\tan\theta$，结合式(6-6)可知，材料的磨损体积 $V$ 为

$$V = \frac{Ws}{\sigma_s \pi \tan \theta} \tag{6-7}$$

由于材料的受压屈服极限 $\sigma_s$ 与材料的硬度 $H$ 有关，故

$$V = K_a \frac{Ws}{H} \tag{6-8}$$

式中，$K_a$ 为磨粒磨损常数，其值由起切削作用的磨粒的硬度、形状和数量等因素决定。式(6-8)表明，磨粒磨损的磨损量与施加在磨粒上的载荷和滑动距离成正比，而与被磨损材料的硬度成反比。虽然简化模型忽略了许多实际因素，但也对提高材料的耐磨性能给出了方向。为了降低材料的磨粒磨损，可以降低磨粒对表面的作用力、提高材料表面硬度、降低表面粗糙度及增加润滑膜厚度等。

### 6.1.3　疲劳磨损

当两个接触体做相对滑动或滚动时，由于循环接触应力的作用，使材料疲劳断裂而剥落下来的过程称为疲劳磨损。根据裂纹萌生位置不同，疲劳磨损可分为表面萌生疲劳磨损和表层萌生疲劳磨损两种，前者裂纹发源于摩擦表面上的应力集中源，如切削痕、碰伤痕、腐蚀或其他磨损痕迹等；后者裂纹发源于材料表层的应力集中源，如非金属夹杂物或空穴等。

疲劳磨损是难以避免的，即便是在具有良好润滑的条件下，材料仍会产生疲劳磨损。传动齿轮、滚动轴承等部件的主要失效形式就是疲劳磨损。疲劳磨损过程是由裂纹萌生、裂纹扩展和断裂的机理决定的，磨损表面通常会发生非常大的塑性应变，这种应变和其导致的材料微观结构的改变对磨损过程有强烈的影响。

表面萌生疲劳磨损和表面裂纹息息相关，主要发生在高质量钢材以滑动为主的摩擦副中。这种由表面裂纹引发疲劳磨损的机理如图 6-5 所示，原生裂纹发源于表面的某个应力集中源，在黏着力和摩擦力的作用下，裂纹沿滑移面或位错胞边界等薄弱界面向下扩展，主裂纹在扩展过程中可能会形成次生裂纹，或与次表层的裂纹相连，当裂纹扩展到表面时，就会形成一个磨损颗粒。

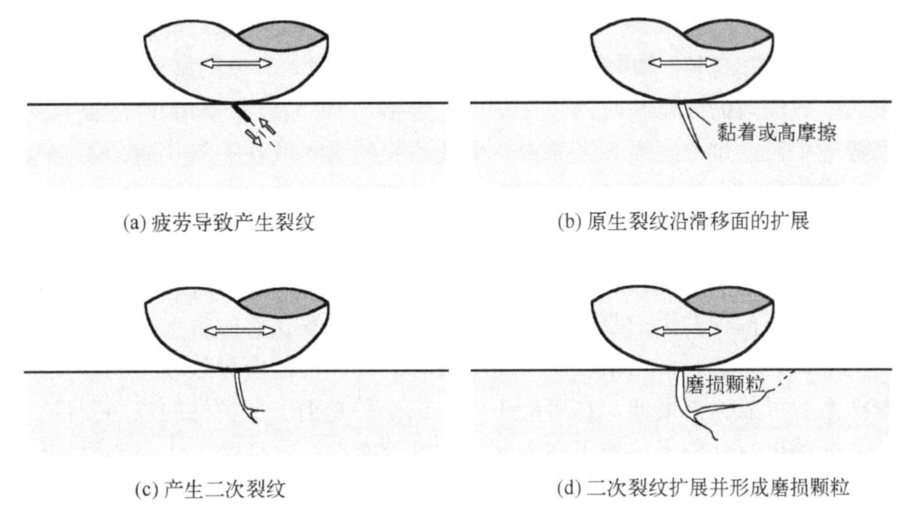


(a) 疲劳导致产生裂纹　　(b) 原生裂纹沿滑移面的扩展

(c) 产生二次裂纹　　(d) 二次裂纹扩展并形成磨损颗粒

图 6-5　表面裂纹萌生和扩展过程示意图

在两个表面的滑动接触过程中，有很大部分的损伤发生在滑动表面之下。在这种情况下，由于三轴压缩应力场的作用，表面裂纹不容易形成，此时材料的次表层仍具有较大的应力场，有利于裂纹的萌生和扩展。裂纹在次表层的萌生和材料的缺陷有关，大多数材料中都含有夹杂物或空穴等其他缺陷，是裂纹扩展的激发源。后续过程和表面萌生疲劳磨损类似，当次表层产生裂纹之后，随着材料的进一步变形，会促进裂纹平行于表面扩展，最终向上延伸到表面，形成一个细长的层状磨损颗粒。

疲劳磨损的影响因素很多，主要来自四个方面。首先是材料本身的性能，材料本身的力学性能和内部缺陷对疲劳磨损寿命有明显的影响，增加材料硬度可以提高抗疲劳磨损能力，硬度越高，裂纹越难以形成，材料中的非金属夹杂物等容易成为应力集中源，导致疲劳裂纹的早期出现，严重缩短接触疲劳寿命。其次是载荷，载荷直接影响疲劳裂纹的萌生和扩展，是决定疲劳磨损寿命的基本因素。然后是润滑剂或介质，润滑油膜的厚度直接影响疲劳磨损，增加润滑剂黏度可以提高弹流油膜厚度，减轻粗糙峰的互相作用，从而提高抗接触疲劳能力。最后是工作环境的影响，在有腐蚀介质的环境中，或者矿物油中含有水分，都会加速接触疲劳磨损，温度升高，使润滑剂的黏度降低，油膜厚度减小，导致接触疲劳磨损加剧。

### 6.1.4　腐蚀磨损

摩擦过程中，金属与周围介质发生化学或电化学反应而产生的表面损伤称为腐蚀磨损，氧化磨损和特殊介质腐蚀磨损是常见的两种腐蚀磨损。在摩擦过程中，材料和环境中的氧反应形成了氧化膜，然后氧化膜不断地被磨去而造成的磨损称为氧化磨损。特殊介质腐蚀磨损是指摩擦副在除氧以外的其他介质(如酸、碱、盐等)中工作，并和它们发生作用形成各种不同的产物，又在摩擦中被除去的磨损过程。

氧化磨损是最为常见的腐蚀磨损，多发生在金属在空气或氧气下的干滑动过程中。最早，氧化磨损的假设是根据钢在不同载荷和不同滑动速度下的干滑动过程中产生的磨屑的化学成分的变化提出的，空气中的氧会从根本上改变干滑动金属的摩擦系数和磨损率。研究发现，当载荷和滑动速度足够高时，摩擦表面温度可达几百摄氏度，产生的磨屑由铁转变为氧化铁；当在摩擦表面形成较厚的氧化膜时，发生从严重磨损(一种黏着磨损)到轻度磨损的过渡，此时的摩擦系数适中而稳定，磨损表面光滑。氧化磨损的大小取决于氧化膜的结合强度和氧化速度，当氧化膜韧性好，与基体的结合强度较高，或者氧化速度高于磨损率时，能起减摩作用，磨损量较小，反之，若厚的氧化膜破裂或缺失，往往会产生黏着磨损，导致磨损量较大。

材料在特殊介质腐蚀磨损过程中可能发生以下四种情形：第一种是在表面形成了一种能够抑制腐蚀和磨损的持久性保护膜，但持久性的腐蚀产物膜在实际情况下是极少的；第二种是生成了一层寿命较短的膜，由于膜的不断形成和破坏，可能会导致较高的磨损率，在这种情况下，摩擦系数可能变得很低，也可能不低；第三种是由于保护性的表面膜局部磨损，剩余膜与基体之间的电耦合作用导致了磨损区域的快速腐蚀，这通常发生在高腐蚀性介质中；第四种是腐蚀过程和磨损过程单独作用，而材料损失为两个过程之和，但磨损和腐蚀几乎不会完全独立地进行。

上述的第二种情况是最常见的特殊介质腐蚀磨损形式，因为大多数腐蚀膜都是由脆性的氧化物或其他离子化合物组成的。在这种磨损形式中，常常有着腐蚀和磨粒磨损的共同作用，其腐蚀-磨粒磨损过程如图 6-6 所示，该模型展示了在腐蚀作用和磨粒作用下的表面膜的循环

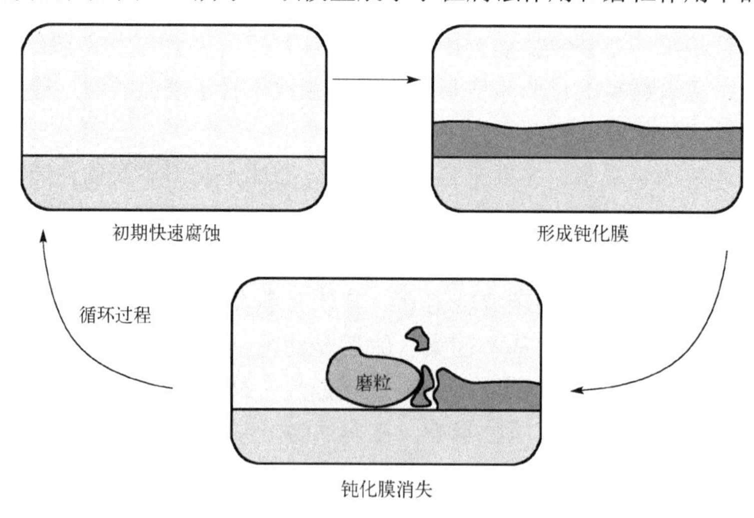


图 6-6　腐蚀-磨粒磨损过程示意图

形成与破坏过程，起初，表面在腐蚀作用下生成了一层钝化膜，而随后的磨粒磨损过程会破坏钝化膜从而加速腐蚀，导致材料的快速磨损。特殊介质腐蚀磨损和氧化磨损过程较为相似，当腐蚀加速时，磨损也加速，但若在某种介质中使金属形成一层致密的并与基体结合强度高的保护膜，也可使腐蚀磨损速度减小。

### 6.1.5　耐磨表面的设计

磨损是机械部件、工程构件的主要失效形式之一，是造成材料和能源消耗的重要原因。绝大多数的机械装备都在摩擦磨损作用下服役，当磨损逐渐积累到临界状态时，会导致零件的损坏，甚至使整个设备因其表面局部损伤而失效。由于磨损导致的零件损坏过程发生在摩擦副的表面区域，因此提高材料表面区域的耐磨性对减少摩擦学系统的磨损是特别有效的。近年来，随着材料学和摩擦学的迅速发展，具有优异摩擦磨损性能的耐磨涂层备受关注。

表面涂层技术是新发展起来的能有效延长机械零件使用寿命的重要技术。为了获得减摩耐磨的表面涂层，首先要了解零件的工作条件和可能发生的磨损形式，从而设计涂层性能和选择涂层材料；其次是根据各种涂层方法特点及其适用范围，选择适合的涂层工艺，因此，表面涂层设计是一项重要的工作。

进行表面涂层设计时首先要考虑工况条件，根据涂层受力状态和工况条件需要选择涂层类型。例如，为了提高表面耐磨性应选用陶瓷或合金涂层材料，而涂层工作温度很高或温度变化很大则应选用耐热合金或陶瓷涂层。应根据涂层的工况条件，设计涂层厚度、结合强度、尺寸精度，以及是否需要后续的机械加工等。此外，还要考虑到涂层和基体材质、性能的适应性，应保证涂层与基体的材质、尺寸外形、物理化学性能、热膨胀系数、表面热处理状态等应有良好的适应性，当然，还需要确保技术上的可行性。

耐磨涂层的性能受到制备方法和工艺参数的制约，只有选择合适的制备工艺才能得到理想的耐磨涂层。热喷涂和气相沉积是最为常用的涂层制备方法，它们有着各自的优势和应用领域。热喷涂技术的基体材料和零件的形状尺寸一般不受限制、操作灵活，制备的涂层具有种类多、基体热影响小和厚度变化范围较大等优点，使用热喷涂技术制备的合金、陶瓷及金属陶瓷复合涂层在汽车、航空航天、工程设备等领域得到了广泛应用。气相沉积技术是一种获得薄膜厚度在微/纳米级的干式镀膜技术，气相沉积耐磨薄膜具有致密度高、结合力好等优点，在金刚石涂层、类金刚石涂层和氮化物薄膜等制备方面具有广泛的应用。

## 6.2　热喷涂耐磨涂层

热喷涂技术可以在基体表面制备出远优于本体材料的高性能功能化涂层，其厚度可以从几微米到几毫米，仅为结构尺寸的百分之一，却可以显著提升本体材料的耐磨性。

热喷涂涂层具有不均匀性。因为原料粉末颗粒的尺寸、化学成分和相组成不可能完全相同，而送粉的过程也无法保证恒定的速度和位置，焰流的温度和速度也会随时间而改变，在上述因素的影响下，粒子到达基体时的状态各不相同，它们可以是熔化、半熔化甚至是固体的。熔化颗粒会形成薄饼状或者花瓣状扁平颗粒，只有底部的部分面积与基体接触，而半熔化或者固态颗粒往往难以和已沉积的涂层形成良好的结合，这些都导致了孔隙的存在。

涂层的晶相成分与原材料不同，这和以下因素有关：①在喷涂过程中，熔化或半熔化的粒子会发生快速的凝固和冷却，经常在凝固过程中形成非晶相，或者在冷却过程中形成亚稳相；②在喷涂过程中，多组元的粉末在喷涂过程中的选择性蒸发会使材料的化学成分发生改变；③在喷涂过程中，粒子会与工作气体及周围环境气氛进行化学反应(氧化反应、还原反应、脱碳反应)，使得喷涂材料的成分发生改变。

常用的热喷涂耐磨涂层可按其材料类别分为合金(金属基)涂层、陶瓷基涂层和多相复合涂层三类，其中常用的金属基涂层有 Ni 基、Fe 基等；常用的陶瓷基涂层则包括 $Al_2O_3$ 基、$Cr_2O_3$ 基；多相复合涂层包括金属与硬质相复合涂层、金属与润滑相复合涂层、陶瓷与润滑相复合涂层。不同成分的涂层具有不同的特性，因而有着不同的应用。本节主要介绍热喷涂合金涂层、陶瓷涂层和金属陶瓷涂层的摩擦磨损性能及应用。

### 6.2.1 合金涂层

金属或合金材料是最早应用的热喷涂材料之一。热喷涂金属及其合金材料以丝材和粉末为主，初期大多是常见的 Fe、Ni、Al、Cu 等合金，后来逐渐发展到以自熔性合金为主的阶段。自熔性合金是一类被广泛使用的热喷涂材料，是指包含一定量的 B、Si 元素，具有脱氧、造渣、除气和良好浸润性能的合金。除此之外，非晶合金涂层和高熵合金涂层也在不断发展。由于非晶合金中不存在晶界、位错等晶体缺陷，所以非晶合金展现出了优于传统合金的特殊性能；而高熵合金独特的组元设计也使其具备了超高强度、塑性、优异的耐蚀、耐磨性等传统合金无法比拟的性能。基于非晶合金和高熵合金的优异性能，非晶合金涂层和高熵合金涂层在耐磨涂层领域具有广泛的应用空间及发展潜力。

#### 1. Ni 基合金涂层

NiCrBSi 涂层是 Ni 基合金涂层中应用最广泛的，具有优良的耐腐蚀、耐热、耐低应力磨粒磨损和抗黏着磨损等综合性能。合金中 Cr 既能产生固溶强化，还会与 B 和 C 结合生成 CrB、$Cr_7C_3$、$Cr_{23}C_7$ 等硬质相，起到沉淀强化作用，提高涂层的耐磨性能。适当提高合金涂层中的 B、C、Si 元素含量，可通过提高涂层硬度，增加耐磨性能，但 B 和 C 的增加也会导致涂层韧性的降低。为了控制涂层的脆性，一般 B 含量在 1wt.%～4wt.%，Si 含量在 2.0wt.%～4.5wt.%，B、Si、C 总量不宜超过 7.5wt.%。

对于热喷涂 NiCrBSi 涂层而言，其结构和性能的主要影响因素集中在制备工艺和材料成分两个方面。NiCrBSi 涂层采用的喷涂工艺方法主要包括大气等离子喷涂、火焰喷涂和超声速火焰喷涂等。

喷涂工艺参数对于大气等离子喷涂 NiCrBSi 涂层的结构和性能具有明显的影响。电弧功率、喷涂距离和等离子气体流量等工艺参数对等离子喷涂 NiCrBSi 涂层的显微组织和性能都有影响。随着电弧功率增加，电弧热输入增加，可以改善粒子的熔化状态，使涂层的致密程度增加，显微硬度上升。增加 Ar 气流量，可以稳定电弧并增加束流的强度，能更有效地约束粒子的运动轨迹，改善粒子的加热加速效果，因而可以获得更致密的涂层。喷涂距离影响粒子的加热时间和飞行速度，适中的喷涂距离可以得到最好的粒子熔化状态，涂层结构最为致密。对工艺参数进行优化，可以改善涂层的致密度，提高涂层的硬度和结合力，使涂层具有更好的耐磨性能。

超声速火焰喷涂(HVOF)非常适用于 NiCrBSi 涂层，相比于大气等离子喷涂，HVOF 涂层更加致密。NiCrBSi 涂层的高致密度与 HVOF 的技术特点相关，HVOF 的焰流速度高达 1500～2000m/s，在如此高的速度下，熔融或部分熔融的颗粒喷射到基体表面，发生充分变形，最终得到了致密的涂层。采用 HVOF 制备的 NiCrBSi 涂层在不同温度下的摩擦磨损机制有所不同，涂层在室温下会发生明显的黏滑现象，而在 300℃下表现出低且稳定的摩擦系数。NiCrBSi 涂层的主要磨损机制为磨粒磨损和疲劳磨损，工作温度的升高会导致涂层的硬度下降，磨粒磨损加剧，涂层在 300℃时的磨损率有所上升，耐磨性能下降。

改变涂层的材料成分是改变涂层结构及性能最直接的方法。为了进一步提高 NiCrBSi 涂层的性能，引入如 Mo、WC、TiN、$Al_2O_3$、YSZ 和 $Fe_2O_3$ 等金属和陶瓷颗粒作为增强相。研究者分别制备了 30wt.%WC 复合的 NiCrBSi-30WC 涂层以及 30wt.%WC 和 15wt.%Mo 共同复合的 NiCrBSi-30WC-15Mo 涂层，复合提高了涂层的硬度，增加了涂层的耐磨性。NiCrBSi-30WC-15Mo 的耐磨性较 NiCrBSi 提升了 25%，耐磨性能最佳，NiCrBSi-30WC 次之。其中，NiCrBSi 涂层以磨粒磨损和疲劳剥落为主，而 NiCrBSi-30WC 和 NiCrBSi-30WC-15Mo 涂层为疲劳剥落。低的界面结合强度制约了涂层的耐磨性能，原料粉末中添加 $ZrH_2$ 能在喷涂过程中提供高能量和高内聚力，改善涂层的耐磨性能。Zr 具有高化学活性，与 NiCrBSi 涂层的化学反应能促进原子扩散，改善界面结合。图 6-7 给出了 NiCrBSi 涂层和 NiCrBSi-Zr 涂层的横截面组织，涂层中呈白色条纹状的为 Zr 颗粒，Zr 颗粒均匀分布在涂层中。相比于 NiCrBSi 涂层，NiCrBSi-Zr 涂层显示出非常致密的微观结构，几乎没有孔隙，其平均孔隙率仅为 0.6%，

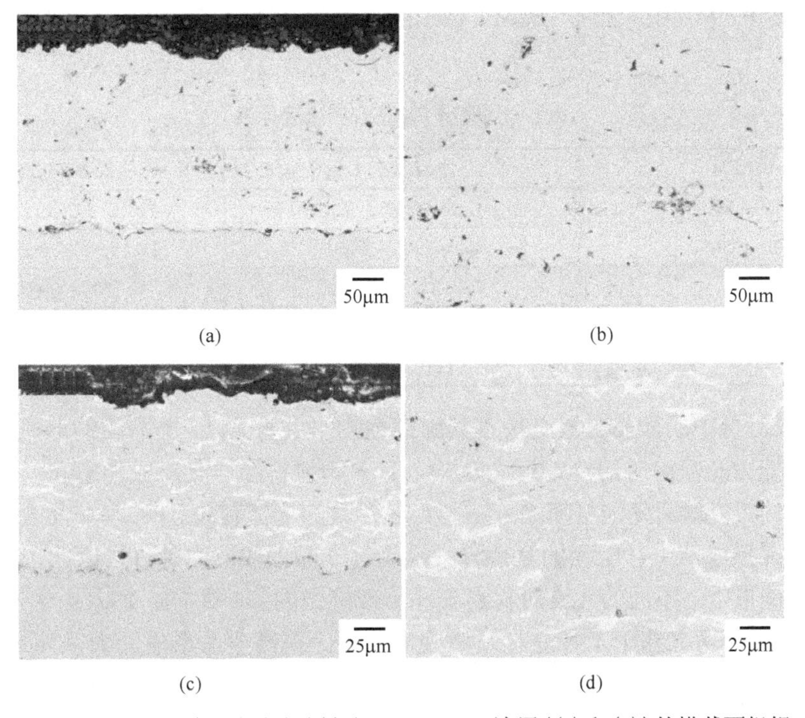


图 6-7 NiCrBSi 涂层((a)和(b))和 NiCrBSi-Zr 涂层((c)和(d))的横截面组织

且 NiCrBSi-Zr 涂层在与不同的对摩球（GCr15、$Si_3N_4$、$ZrO_2$）摩擦时具有较小的摩擦系数和更好的耐磨性。耐磨性的增强和涂层的内聚强度息息相关，NiCrBSi-Zr 涂层由于良好的层间结合，粒子很少剥落，在 NiCrBSi-Zr 涂层的磨损表面能形成光滑的转移层，减少了与对摩表面的直接接触，提高了涂层的耐磨性能。

合适的热处理工艺可以改善 NiCrBSi 涂层的结构，提高涂层的摩擦磨损性能。在等离子喷涂过程中，熔融粒子在快速冷却过程中会形成非晶相，导致涂层的结晶度较低。较高的热处理温度会使涂层发生再结晶，逐渐析出 CrB 相和 $Ni_3B$ 相。在 600℃和 700℃热处理后，涂层由非晶结构转化为硼化物、碳化物和 γ-Ni 相。热处理对涂层摩擦系数的影响较小，但对磨损率的影响较为明显，在 600℃热处理后的涂层具有最好的耐磨性，相比喷涂态涂层磨损率降低了 40%。对涂层进行重熔也可改变涂层的组织结构，获得优异的耐磨性能。涂层经重熔后，原有的层片状结构转变成了致密的铸态，致密性得到显著改善。重熔还可以促进元素扩散和反应，使涂层与基体的结合强度从 50MPa 提高到 200MPa。重熔可以增加涂层中的 CrB、$Cr_2B$、$Cr_7C_3$、$Cr_{23}C_6$ 等硬质相含量，使涂层平均硬度增加，高的结合强度和硬度使得涂层具有优异的耐磨性能。

### 2. Fe 基非晶涂层

非晶合金是液态合金熔体在极大的冷却速率下（$10^6$K/s 以上）凝固时，合金原子来不及有序排列结晶而得到的一类合金，具有优异的性能。由于材料的非晶形成能力和制备工艺的限制，很难获得大块非晶合金。热喷涂技术由于其快速冷却的特点，是制备非晶涂层的一种理想方式。Fe 的非晶形成能力较强，在快速冷却过程中更易形成非晶相，且 Fe 基非晶涂层的制备工艺简便，成本较低，具有广阔的应用前景。目前开发出的典型 Fe 基非晶涂层体系如表 6-1 所示。其中，M 为类金属，ETM 为前过渡金属，即Ⅲ～Ⅴ族，而 LTM 为后过渡金属，即Ⅳ～Ⅷ族。

表 6-1　典型 Fe 基非晶涂层体系

| Fe-ETM-M | Fe-LTM-M | Fe-ETM-ETM-M |
|---|---|---|
| Fe-(Nb)-(B,Si) | Fe-(Cr,Mo,W,Mn)-(C,B,Si) | Fe-(Y)-(Cu,Cr,Mo)-(C,B) |
| Fe-(Nb)-(P,B,Si) | Fe-(Cr,Mn)-(B,Si) | Fe-(Y,Nb)-(Cr,Mn)-(B,Si) |
|  | Fe-(Cr,Ni)-(C,B,Si) | Fe-(Nb)-(Co/Ni)-(B,Si) |
|  | Fe-(Cr,Mo,Ni)-(P,C,B,Si) | Fe-(Nb)-(Ni,Cr,W)-(B,Si) |
|  | Fe-(Cr)-(B) | Fe-(Nb)-(Cr)-(B,Si) |

Fe 基非晶涂层中的非晶含量是决定其耐磨性能的主要因素。非晶相的形成主要和材料本身的非晶形成能力及喷涂时的冷却速度有关，其中，材料的非晶形成能力和材料的体系密切相关，而喷涂时的冷却速度则与喷涂方法和工艺参数的选择有关。Fe 基非晶合金的组元数量直接关系到非晶形成能力，组元的复杂程度越高，非晶形成能力越好，因此，合金中的组元数至少为三个或以上。不同的元素对材料非晶形成能力的影响不同，加入原子半径较小的 B、Si 等类金属元素会增大原子半径差异，增强混乱度，提高非晶形成能力，而加入 Nb、Y、Mo 等过渡金属元素不仅会使体系的原子尺寸差变大，还能与类金属元素形成类似网状或骨架结构，阻碍原子的扩散和迁移，提高合金的非晶形成能力。非晶形成能力越强，制备的涂

层中非晶含量越高，涂层的耐磨性越好。

合适的喷涂方法可以提高过冷度，改善涂层的结构和性能。超声速火焰喷涂、等离子喷涂、高速电弧喷涂和爆炸喷涂是制备非晶合金涂层的常用方法。有学者采用超声速火焰喷涂技术在 API 5L X80 钢基体上制备了 $Fe_{60}Cr_8Nb_8B_{24}$ 非晶涂层，对比了基体和涂层在不同条件下的摩擦磨损性能，发现了钢基体的磨损明显更加严重(磨损率约 $8.5\times10^{-4}mm^3/(N\cdot m)$)，其磨损机制主要为黏着磨损和氧化磨损；Fe 基非晶涂层的塑性变形很小，只形成少量塑性沟槽，没有明显的裂纹或断裂，其磨损率比基体低近两个数量级(磨损率约 $1\times10^{-5}mm^3/(N\cdot m)$)，涂层主要的磨损机制为氧化磨损。爆炸喷涂、电弧喷涂等喷涂技术也被用于制备非晶涂层，爆炸喷涂可得到非晶含量更高的涂层，如所制备的 $Fe_{51.33}Cr_{14.9}Mo_{25.67}Y_{3.4}C_{3.44}B_{1.26}$ 非晶涂层中非晶含量高达 85.54%，但有关爆炸喷涂的研究较少。电弧喷涂沉积效率高、成本低，适于制备大面积非晶涂层，其热输入量不太高，也有利于获得非晶相。采用电弧喷涂制备的 FeCrNiCBSi 非晶涂层中非晶含量为 49%，显微硬度高达 $1200HV_{0.1}$，其耐磨粒磨损性能是 Q235 钢的 16.8 倍。

喷涂工艺参数对 Fe 基非晶涂层具有重要的影响。在电弧喷涂中，喷涂电压对 Fe 基非晶涂层耐磨性能的影响最大，其次是喷涂压力和喷涂距离。在最佳喷涂工艺参数下制备的涂层的耐磨性能可达到 Q235 钢的 15.6 倍。喷涂距离对于涂层的非晶相含量及孔隙率都有一定的影响。较短的喷涂距离有利于获得非晶态的涂层，但喷涂距离较短时，粒子熔化不充分，涂层致密度低，与基体的结合性较差。非晶相含量多有利于涂层耐磨性能的提高，但孔隙的存在又会降低涂层的耐磨性能。因此，喷涂距离与涂层耐磨性能之间是一个综合因素作用的结果，只有选择合适的喷涂距离才能获得理想的涂层。喷涂功率对涂层耐磨性能也有类似的影响规律，喷涂功率较小时(30kW)有利于提高涂层的非晶程度，但涂层的孔隙较多，提高喷涂功率(35kW、40kW)后涂层的非晶含量降低，致密度提高，采用适中的喷涂功率(35kW)时涂层具有最好的耐磨性能。

非晶涂层的破坏机制主要是非晶涂层与基体界面处的黏结断裂，改善涂层与基体的界面结合强度对提高非晶涂层的使用寿命至关重要。通过引入黏结层制备多层复合涂层是提高非晶涂层性能的一种重要途径，图 6-8 为超声速火焰喷涂铁基整体式非晶涂层和由非晶层及 NiCrAl 层交替组成的多层复合涂层的横截面组织。NiCrAl/非晶层及 NiCrAl/基体之间的界面

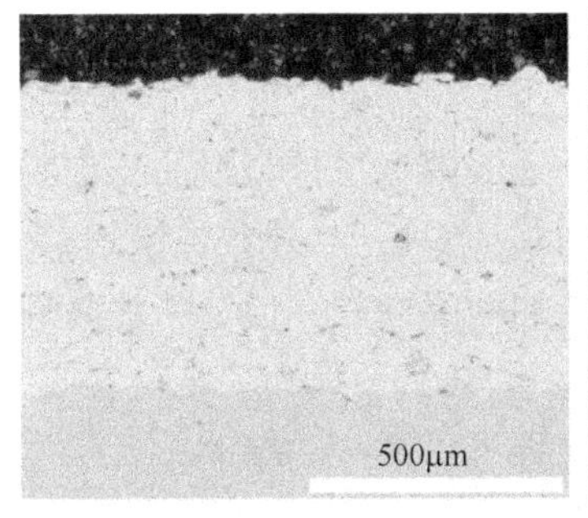


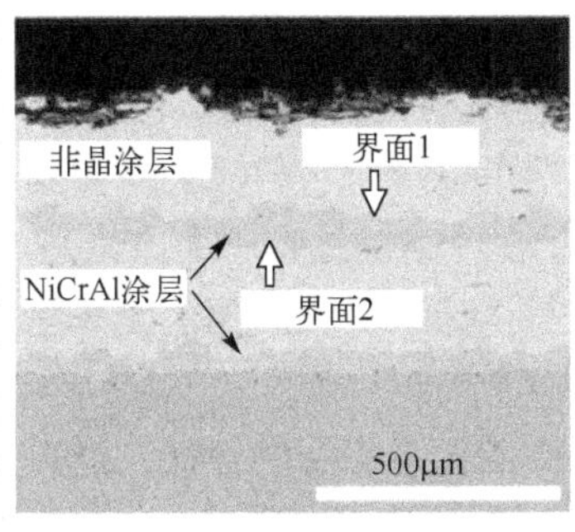


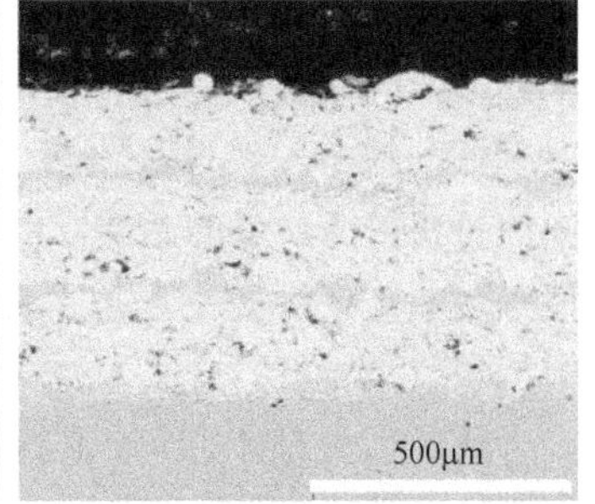


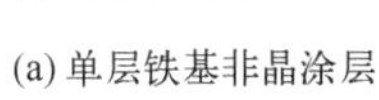
(a) 单层铁基非晶涂层

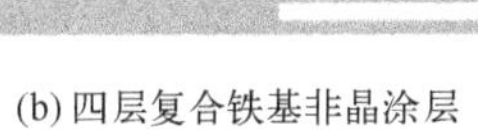
(b) 四层复合铁基非晶涂层

(c) 六层复合铁基非晶涂层

图 6-8　单层铁基非晶涂层、四层复合铁基非晶涂层和六层复合铁基非晶涂层的横截面组织

粗糙且结合良好，使得复合涂层具有更高的硬度和结合强度，较整体式涂层具有更好的界面韧性和抗冲击性能，在这种多层复合涂层中，软黏结层的加入能够阻碍裂纹扩展，缓解应力集中，显著提高涂层的摩擦学性能。

3．高熵合金涂层

高熵合金是近几年来发展起来的一种新型合金，它是由五个或更多主元组成的等熵或近等摩尔比合金。高熵合金具备四大效应：热力学上的高熵效应、结构上的晶格畸变效应、动力学上的迟滞扩散效应以及性能上的鸡尾酒效应。这些效应使其具备了优异的力学性能、超高强度、塑性、优异的耐蚀性和耐磨性等传统合金无法比拟的性能。

高熵合金涂层在保留高熵合金优异性能的同时降低了材料的成本，更有利于实际应用。由于热力学上的高熵效应和动力学上的迟滞扩散效应，高熵合金涂层主要由简单的BCC、FCC或HCP固溶体相构成，且易于形成非晶、纳米晶和纳米复合物。2004年我国首次利用等离子喷涂制备了 $AlSiTiCrFeCoNiMo_{0.5}$ 和 $AlSiTiCrFeNiMo_{0.5}$ 两种高熵合金涂层。涂层呈现出典型的层状结构，主要由结构简单的BCC固溶体相组成，涂层的孔隙率、含氧量都较低，但也存在着孔隙和氧化物等缺陷。

高熵合金涂层的组元元素种类和含量都会影响涂层整体的组织结构与性能。Al元素具有较大的原子半径，可以提高晶格畸变，促进 BCC 相的生成，提高涂层的硬度和耐磨性。Ni元素也能促进BCC相的形成，提高涂层的硬度；Cr元素的加入有利于形成连续 $Cr_2O_3$ 膜，提高涂层的耐高温软化性能；此外，加入少量非金属元素也可以改善涂层的性能，例如，B 元素能够促进 BCC 相及硼化物的生成，提高涂层的耐磨性能，而适量的 Si 可以提高涂层的耐磨性和抗高温氧化性。

制备工艺的不同会对涂层的结构和性能产生重要的影响。目前，制备高熵合金涂层的方法主要有高速电弧喷涂、等离子喷涂、超声速火焰喷涂和冷喷涂等。电弧喷涂的生产成本最低，适用于大块涂层的制备，但电弧喷涂的速度较低，粒子氧化较多，相变难以控制，涂层中杂质相较多，耐磨性差。等离子喷涂是制备高熵合金涂层应用最广的一种热喷涂技术，但涂层中往往会存在孔隙、偏析、氧化夹杂等不良因素，如图 6-9 所示。通过对比等离子喷涂 $NiCo_{0.6}Fe_{0.2}Cr_{1.5}SiAlTi_{0.2}$ 高熵合金涂层和块体合金性能差异，可知涂层的孔隙率为 1%～5%，还出现了 $Al_2O_3$ 和 $Cr_2O_3$ 等氧化物夹杂，导致涂层性能下降；高熵合金涂层硬度为 429 HV，相比于高达 1045 HV 的块体硬度，硬度下降明显。超声速火焰喷涂的粒子速度最高可以达到 800m/s，因此制备的涂层相较等离子喷涂更加致密，氧化物较少，耐磨性较好。冷喷涂的工作温度低，粒子不经过高温熔化，可以减少材料氧化或相变，最大限度保持材料的结构和成分，从而获得高质量的涂层。粒子在冷喷涂过程中会产生强烈的塑性变形，导致位错的增殖、塞积等现象，还会发生动态再结晶，导致晶粒细化，提高涂层的耐磨性能，但冷喷涂高熵合金的沉积效率较低。

合适的后处理工艺可以改善高熵合金涂层的性能。退火处理可以提高涂层的结合强度，获得更优异的耐磨性能。在 800℃和 Ar 气氛保护下，对 FeCoNiCrMn 高熵合金涂层保温 2h 后进行退火处理，退火使得涂层的硬度从 270HV 左右增加到 330HV 左右，退火涂层中氧化物含量的增加减少了摩擦过程中的黏着力，并提供自润滑效果，使得摩擦系数下降。高温退

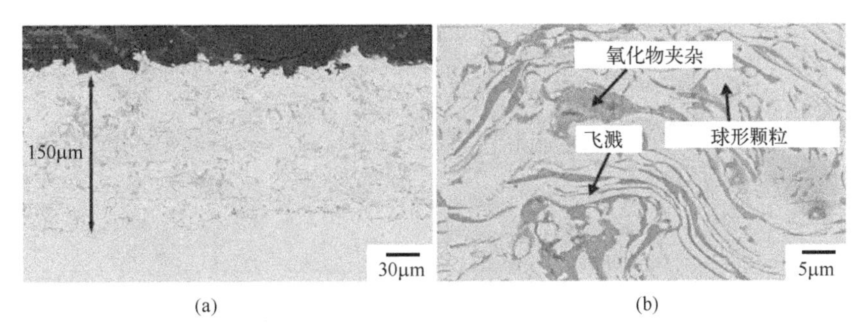


(a)　　(b)

图 6-9　FeCoNiCrMn 高熵合金涂层的截面组织

火起到了烧结作用，促进了粒子间形成完全的冶金结合，使得退火后涂层的磨损率显著降低，不到喷涂态的 1/5。对高速电弧喷涂 FeCrNiCoCu 高熵合金涂层在 100～900℃下保温 2h 进行回火处理，涂层中的非晶结构在 500℃附近发生晶化转变，析出纳米晶粒，纳米晶的弥散分布提高了涂层的硬度；若继续提高热处理温度，将导致纳米晶的长大，强化作用减弱，同时高温增加了涂层的氧化程度，在涂层中形成较多松软的 $Fe_3O_4$ 相，不利于硬度的改善，结构的变化使得涂层的耐磨性能较热处理前有了明显提高，在 500℃时表现出了最佳的耐磨性能。

## 6.2.2　陶瓷涂层

陶瓷材料一般具有硬度高、熔点高、高温稳定性好等特点，是热喷涂涂层的一个重要组成部分。陶瓷涂层一般采用等离子喷涂的方法来制备，喷涂用的陶瓷粉末一般可用熔炼后破碎法、烧结后破碎法、喷雾法、溶胶-凝胶法、团聚法来制作。陶瓷涂层主要以 $Al_2O_3$、$Cr_2O_3$、$TiO_2$ 和 $ZrO_2$ 等金属氧化物作为原料，而 WC、$Cr_2C_3$ 等通常采用合金作为黏结剂制备成金属陶瓷复合涂层，其主要特性将在 6.2.3 节的金属陶瓷涂层中介绍。

### 1. $Al_2O_3$ 陶瓷涂层

$Al_2O_3$ 资源丰富，具有许多优良的性能，是使用最多的陶瓷涂层。$Al_2O_3$ 呈无色或白色，熔点为 2050℃，有多种结晶形态，包括 α-$Al_2O_3$（六方）、β-$Al_2O_3$（立方）和 γ-$Al_2O_3$（正方）。α-$Al_2O_3$ 俗称刚玉，其显微硬度约为 21GPa，弹性模量为 400GPa，密度为 3.95～4.1g/$cm^3$，化学稳定性高，与熔融金属的反应性低。在低温下 $Al_2O_3$ 为 γ 结构，加热到 1200℃以上就会转变为 α-$Al_2O_3$，这时体积会收缩 13%。α-$Al_2O_3$ 是 $Al_2O_3$ 相中最稳定的一种，所以一般热喷涂用的都是 α-$Al_2O_3$。

在金属基体上制备热喷涂 $Al_2O_3$ 涂层，可将陶瓷耐高温、耐磨损、耐腐蚀等优点与金属材料的强韧性、可加工性、导热等优点结合起来，已在诸多领域得到了应用。等离子喷涂法是所有制备 $Al_2O_3$ 涂层的方法中应用最为广泛的，特别是超声速等离子喷涂，可以获得优质的 $Al_2O_3$ 涂层。图 6-10 显示了等离子喷涂 $Al_2O_3$ 涂层表面、断口和截面的形貌。涂层表面相对粗糙，有较多的凸起和气孔，大部分粉末熔化良好；断口呈现出较典型的脆性断裂，表明涂层脆性较高；涂层相对完整，内部存在少量孔隙，基体、黏结层和涂层之间结合紧密，有利于提高涂层的力学性能和摩擦学性能。

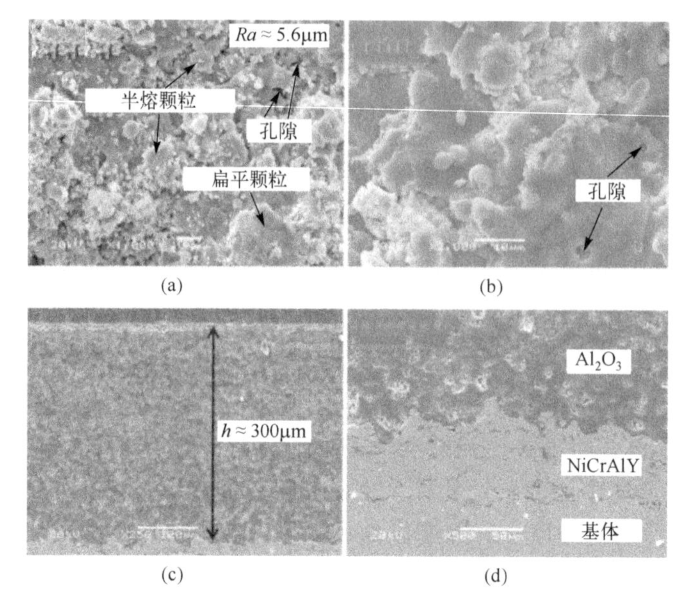


图 6-10　$Al_2O_3$ 涂层的表面(a)、断口(b)和截面((c)和(d))的形貌

等离子喷涂涂层的结构和性能强烈依赖于喷涂工艺参数，选择合适的喷涂参数是获得高质量涂层的关键。喷涂功率和喷涂距离对涂层的结构和摩擦磨损性能有重要影响，增加喷涂功率，提高等离子射流的温度和粒子的有效加热长度，可以改善粉末的熔化状态，提高扁平粒子间的结合强度，使涂层更加致密。喷涂距离也会影响到粉末的熔化状态、粉末撞击基体时的速度以及由此导致的粉末变形程度。喷涂距离的增加导致了涂层的孔隙率变大，影响涂层性能。随着喷涂功率的提高和喷涂距离的降低，涂层的摩擦系数和磨损率下降，表明在较高的喷涂功率和较短的喷涂距离下 $Al_2O_3$ 陶瓷涂层有着更好的耐磨性能。

涂层的材料成分体系与涂层结构和性能密切相关。$Al_2O_3$+$TiO_2$ 涂层具有良好的耐磨损、耐腐蚀和耐冲蚀性能，其中 $TiO_2$ 的比例主要有 3wt.%、13wt.%、20wt.%、40wt.%、50wt.%等几种。$TiO_2$ 对钢、铝、钛等金属的润湿性更好，具有更好的黏结性能，能够提高涂层的致密度；另外，$TiO_2$ 可以与 $Al_2O_3$ 固溶，提高涂层的韧性和耐蚀性。$Al_2O_3$+$TiO_2$ 涂层的硬度虽然只有 $Al_2O_3$ 涂层的 2/3，但较低的孔隙率、良好的致密度和结合强度，使其表现出了比纯 $Al_2O_3$ 涂层更好的耐磨性。$Al_2O_3$+13wt.%$TiO_2$ 涂层在不同载荷(40N、80N、120N)下的磨损失效方式不同，载荷较小时，磨痕光滑平整，塑性变形明显，主要失效形式为疲劳剥落和脆性断裂；随着载荷增加，塑性变形减少，界面处裂纹扩展较多，主要以疲劳剥落为主；载荷进一步增加，犁沟效应变得明显，磨痕中有较多细小 $Al_2O_3$ 颗粒和剥落凹坑，主要失效形式为颗粒剥落和磨粒磨损。

添加稀土元素可以对 $Al_2O_3$ 涂层进行改性，改善涂层的结构，提高涂层的性能。稀土元素主要偏聚在晶界处，可以阻止晶界移动，细化晶粒，同时还能消除杂质净化界面。$Y_2O_3$、$La_2O_3$ 等稀土氧化物是良好的表面活性元素，可以改善 $Al_2O_3$ 材料的润湿性能，降低 $Al_2O_3$ 陶瓷的烧结温度。$Y_2O_3$ 和 $La_2O_3$ 倾向于分布在基体颗粒的表面，并且易于形成低熔点液相，促使颗粒间的物质向孔隙处填充，从而提高涂层的致密度，改善显微组织，提高耐磨性能。

### 2. $Cr_2O_3$ 陶瓷涂层

$Cr_2O_3$ 呈绿色、亮绿色或深绿色，熔点约为 2300℃，是六方晶体结构，高温物相稳定。与 α-$Al_2O_3$ 一样，$Cr_2O_3$ 也属于刚玉型结构，$Cr_2O_3$ 的维氏硬度比 α-$Al_2O_3$ 更高，约为 29GPa。由于硬度高，$Cr_2O_3$ 涂层也是一种很好的耐磨涂层。

$Cr_2O_3$ 涂层一般可采用超声速等离子喷涂、大气等离子喷涂、水稳等离子喷涂工艺制备。等离子喷涂 $Cr_2O_3$ 涂层的耐磨性能优异，其质量磨损量仅为 40Cr 钢的 1/78，涂层的耐磨性是 45 钢的 3.3 倍。为了提高 $Cr_2O_3$ 涂层的性能和节约成本，可将干冰喷射技术应用在等离子喷涂工艺中，干冰喷射是指通过喷射干冰颗粒对基体进行预处理并在喷涂过程中冷却样品。图 6-11 显示了干冰喷射对涂层微观结构的影响，两种涂层结构差异显著，无干冰喷射涂层中存在大量的孔隙，而使用干冰喷射后涂层结构更加致密，加入干冰喷射可使 $Cr_2O_3$ 涂层的孔隙率由 6.6%降至 2.0%，涂层与基体的结合力由 13.2MPa 提高至 46.5MPa，大大改善了涂层的耐磨性能。$Cr_2O_3$ 涂层还具有优异的抗冲蚀磨损性能，$Cr_2O_3$ 陶瓷涂层的抗冲蚀磨损性能优于 $Al_2O_3$ 和 $Cr_3C_2$+NiCr 涂层。

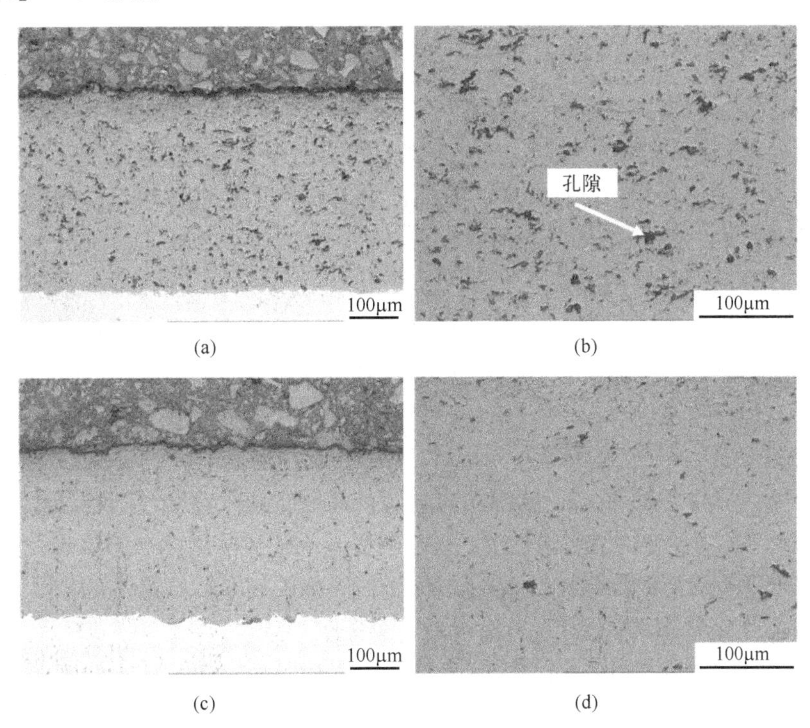


图 6-11　无干冰喷射（(a)和(b)）和有干冰喷射（(c)和(d)）等离子喷涂 $Cr_2O_3$ 涂层的截面形貌

与 $Al_2O_3$ 涂层类似，等离子喷涂 $Cr_2O_3$ 涂层的结构和摩擦磨损性能也与喷涂工艺参数密切相关，在喷涂过程中，喷涂电流、喷涂距离、Ar 流速和 $H_2$ 流速是最为主要的四种影响因素。增大喷涂电流，使 $Cr_2O_3$ 颗粒获得的能量增大，颗粒的熔化程度和飞行速度增加，颗粒扁平化效果更好。随着喷涂电流的增加，涂层表面变得平整，孔隙明显减少。随着喷涂电流从 570A 增至 650A，显微硬度和结合强度显著增加，涂层的摩擦系数由 0.562 减小至 0.437，磨损深度由 6 μm 减小至 4 μm，涂层的耐磨性能提高。

喷涂距离直接影响到粒子撞击基体的动量大小。随着喷涂距离的增加，涂层的磨损率先降低后增加。$Cr_2O_3$粉末在等离子弧区被加热熔化并获得一定的速度，其速度在离喷嘴某一距离处为极大值。喷涂距离小于或大于这段距离，都不利于得到致密完整的涂层，从而影响涂层的耐磨性能。

Ar 和 $H_2$的流速关系到等离子焰流的温度和速度，会影响到涂层的耐磨性能。增加 Ar 和 $H_2$的流速，会使喷涂功率增大，既改善了粒子熔化状态，又有利于获得更均匀致密的涂层，同时也增加了涂层的耐磨性能。但流速过大，会降低离子浓度，导致等离子焰流的温度和热焓降低、速度变大，粒子熔化不均匀，最终导致涂层组织疏松，耐磨性能恶化。

在 $Cr_2O_3$中加入 $TiO_2$ 、$SiO_2$等一些金属氧化物也可以改善涂层的性能。$Cr_2O_3$-$TiO_2$涂层具有自润滑特性，在摩擦时表面会形成一层摩擦膜，降低涂层的磨损。$Cr_2O_3$-$SiO_2$-$TiO_2$三元复合系陶瓷涂层是以 $Cr_2O_3$为主的复合氧化物涂层，$SiO_2$和 $TiO_2$的加入，可以增强与基体的结合力，显著提高耐磨性能，其抗磨料磨损性能比纯 $Cr_2O_3$涂层提高了 1.5 倍，是已知 $Cr_2O_3$涂层中耐磨性最好的。

### 6.2.3　金属陶瓷涂层

碳化物陶瓷的熔点高、硬度高，在高温下易被氧化，且碳化物颗粒与基体的附着力较差，单独作为喷涂材料制备涂层比较困难。一般要通过金属(Co、Ni)作黏结剂，制成金属陶瓷粉末才能将硬而脆的碳化物颗粒粘连起来，只有改善塑性，才能进行喷涂。应用最为广泛的金属陶瓷涂层是 WC-Co 系和 NiCr-$Cr_3C_2$系。

**1．WC-Co 硬质合金涂层**

WC 具有优异的红硬性，到 1000℃时硬度下降较小，是高温硬度最高的碳化物。WC 的主要缺点是抗高温氧化性能差，在 500℃以上时开始氧化，在氧化性气氛中受热会“失碳”，分解成 $W_2C$ 和 C。

WC-Co 是最为常用的金属陶瓷复合涂层。WC 具有高的硬度和耐磨性，Co 有一定的强度和塑性，作为黏结相与 WC 组合，能得到同时具备高硬度和一定韧性的耐磨涂层。但 WC 的脱碳会严重影响 WC-Co 涂层的耐磨性能，WC 的脱碳不仅会降低涂层的沉积效率，而且这些脱碳相的存在降低了涂层的韧性，脱碳相过多会削弱 WC 粒子对耐磨性的贡献。因此，有效抑制 WC 的分解是制备高质量 WC-Co 涂层的一个关键。

喷涂粉末的特性对涂层的结构和性能有重要的影响，粉末中韧性相的比例决定了涂层的硬度和韧性等性能。根据 Co 含量的不同，可将 WC-Co 涂层分为 WC-10Co、WC-12Co、WC-15Co、WC-17Co、WC-25Co 等。随着 Co 含量的提高，涂层的硬度下降，韧性上升。粉末制备工艺的不同会使制备的涂层的结构与性能明显不同，WC-Co 粉末主要有合金化 WC-Co 粉末和 Co 包覆 WC 粉末两种。Co 包覆 WC 粉末可以降低脱碳的可能性，并使涂层均质化程度更高、质地更均匀，从而改善涂层的耐磨性能。此外，WC 颗粒尺寸也会影响涂层的形成，原始 WC 粉末尺寸过小会导致脱碳倾向增加，尺寸过大会影响涂层的致密度，均不利于得到优异的耐磨性能。

热喷涂方法对 WC-Co 涂层具有显著的影响。WC-Co 涂层的热喷涂技术主要包括等离子喷涂、超声速火焰喷涂及爆炸喷涂三种方法。利用等离子喷涂可以得到具有较高的硬度和结合强度的 WC-Co 涂层，但是等离子喷涂工艺中 WC 的脱碳现象比较严重，这制约了该工艺的应用。超声速火焰喷涂具有喷涂粉末速度高、喷涂温度低，以及涂层具有较低的气孔率和较低的脱碳率等特点。HVOF 制备的 WC-Co 涂层的耐磨损性能明显优于等离子喷涂涂层，已逐渐取代等离子喷涂制备的 WC-Co 涂层。爆炸喷涂作为一种高速喷涂技术，可以提供给粉末最高 800～1200m/s 的速度，爆炸喷涂过程的脱碳量比其他热喷涂工艺小很多，能够获得具有更高硬度和耐磨性的 WC-Co 涂层。

优化工艺参数能改善 WC-Co 涂层的耐磨性能。合适的焰流温度能够获得理想的涂层性能，焰流温度过高会促进 WC 的分解，导致涂层硬度下降，影响涂层的耐磨性能。HVO/AF 超声速火焰喷涂系统可以在 HVOF、HVO-AF 和 HVAF 三种状态下工作，焰流温度可在 1400～2800℃连续调节。HVOF 状态下，焰流温度高，WC 出现了较多的分解，降低了涂层的硬度；而 HVO-AF 和 HVAF 涂层在相组成上差别很小，但 HVO-AF 的焰流速度更高，粒子沉积时的速度更快，获得的涂层硬度更高，耐磨性能更加优越。等离子气体的选择也会影响涂层的结构组成，在 $Ar\text{-}N_2$ 气体喷涂涂层中，$W_2C$ 相含量高于 $Ar\text{-}H_2$ 气体喷涂涂层，即 $Ar\text{-}N_2$ 气体促进了 WC 分解，不利于获得高质量的涂层。

喷涂距离对涂层的结构和性能的影响比较复杂，过大或过小的喷涂距离都有不利的影响。随着喷涂距离的减小，焰流中粉末颗粒的速度提高，加热时间变短。一方面，可以减少 WC 在高温焰流中的分解，提升涂层硬度，改善耐磨性能；另一方面，会影响涂层的致密程度和结合强度，涂层性能下降。在爆炸喷涂中，随着喷涂距离的增加(70～130mm)，涂层的孔隙率先减小后增大，而涂层的结合强度及显微硬度先增大后减小。在 110～120mm 处，涂层有着较优的结构和性能。爆炸喷涂制备的 WC-Co 涂层有着优异的耐磨性能，在载荷为 20N 和 60N 条件下和 WC-Co 对摩球(硬度为 1750HV)进行摩擦时，摩擦系数保持在 0.3～0.5，磨损率保持在 $10^{-7}mm^3/(N\cdot m)$ 数量级。

在实际应用中，WC-Co 涂层可用于高温工况，其高温摩擦学性能引起了人们的关注。WC-Co 涂层在高温下的耐磨性能与其氧化行为有关。图 6-12 给出了 WC-Co 涂层在不同温度下和不同气氛中的磨损机理示意图。涂层在氩气中的磨损较空气中更高，这与涂层的氧化有关。当在空气中滑动时，氧的持续供给和摩擦氧化的发生促进了氧化物的形成，从室温下直至 600 ℃时，磨损表面上形成的氧化物能够起到抑制磨损的作用；当温度进一步升高时，强烈的氧化导致严重的磨损，因而 WC-Co 涂层不适用于 600℃以上的场合。

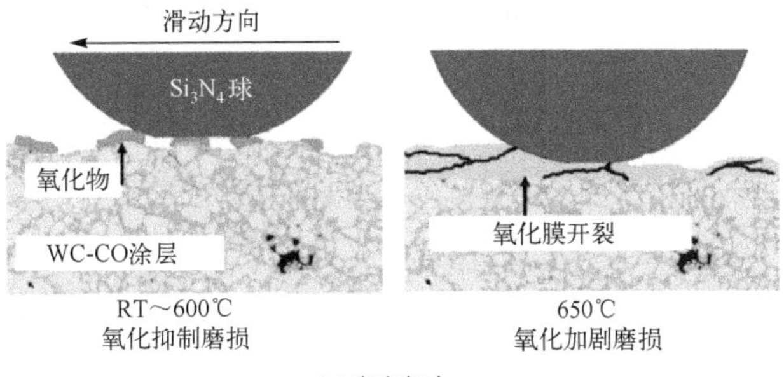


(a) 在空气中

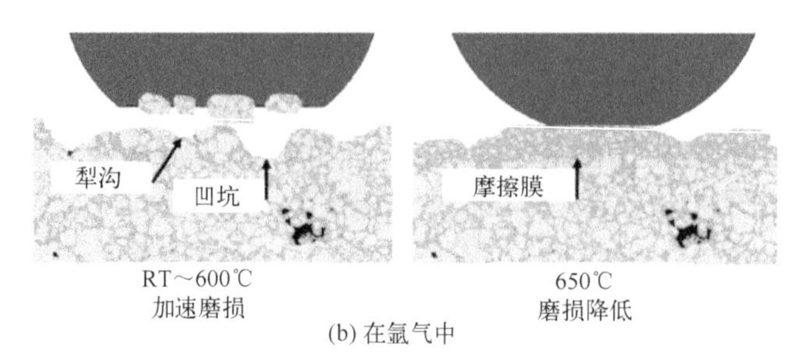

(b) 在氩气中

图 6-12　不同温度下 WC-Co 涂层在空气和氩气中的磨损过程

### 2. NiCr-$Cr_3C_2$ 复合涂层

铬的碳化物有 $Cr_3C_2$、$Cr_7C_3$ 和 $Cr_{23}C_6$ 三种，$Cr_3C_2$ 是其中最常见与最重要的一种。$Cr_3C_2$ 呈金属灰色，为斜方晶系，熔点为 1810℃，密度为 6.68g/$cm^3$，显微硬度约为 21GPa，弹性模量约为 400GPa。相比于 WC，$Cr_3C_2$ 在金属型碳化物中的抗氧化能力最强，在空气中要达到 1100～1400℃才会严重氧化，是综合性能优异的抗高温氧化、摩擦磨损和耐燃气冲蚀材料。

为了改善涂层的韧性，$Cr_3C_2$ 常和一些高温金属如 NiCr 等组合在一起制备成涂层。与 WC-Co 喷涂粉末类似，NiCr-$Cr_3C_2$ 粉末结构也分为混合型及包覆型。在 NiCr-$Cr_3C_2$ 系中，NiCr 合金含量一般为 25wt.%，此外还有 7wt.%、15wt.%和 20wt.%等几种。随着 NiCr 成分含量的增加，涂层的韧性加大，但硬度降低，耐磨性较差。NiCr-$Cr_3C_2$ 粉末中 NiCr 合金本身通常选用 80wt.% Ni 和 20wt.% Cr。

NiCr-$Cr_3C_2$ 涂层主要通过等离子喷涂、超声速火焰喷涂和爆炸喷涂三种方法进行制备，其中，爆炸喷涂涂层和超声速火焰喷涂涂层的耐磨性更高。等离子喷涂的组织结构相对疏松，孔隙率高，涂层的硬度低且分布不均。而超声速火焰喷涂和爆炸喷涂的射流速率更高，颗粒铺展更充分，涂层的组织更加致密，使涂层的结合强度达到了等离子喷涂涂层(28MPa)的 2 倍以上，硬度也更高，更好的结合强度和硬度分布提高了涂层的耐磨性能。采用 HVAF 和 HVOF 工艺制备的 NiCr-$Cr_3C_2$ 涂层在高载荷下，HVAF NiCr-$Cr_3C_2$ 涂层的耐磨性优于 HVOF NiCr-$Cr_3C_2$ 涂层，图 6-13 为两种涂层的截面及表面形貌，两种涂层的显微结构总体较为相似，

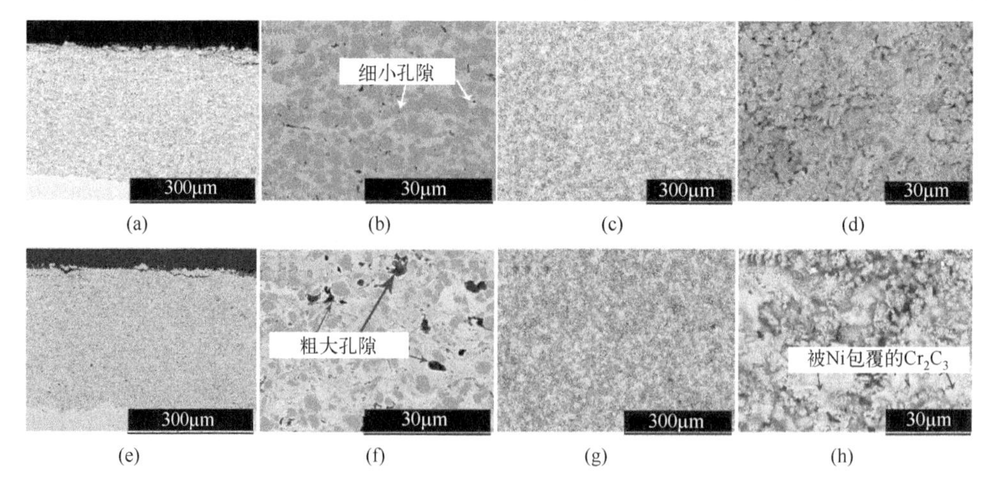


图 6-13　HVAF((a)～(d))和 HVOF((e)～(h))喷涂的 NiCr-$Cr_3C_2$ 涂层截面和表面形貌

涂层组织致密，内部无明显裂纹，但相比于 HVAF 涂层，HVOF 涂层的孔洞明显更大，在非润滑条件下，较高的孔隙率会降低涂层的耐磨性能。

NiCr-$Cr_3C_2$ 涂层的磨损机理主要以黏着磨损和磨粒磨损为主。NiCr-$Cr_3C_2$ 涂层由黏结相 NiCr 和硬质相 $Cr_3C_2$ 组成，NiCr 相硬度较低，在摩擦过程中，部分突出的 $Cr_3C_2$ 被压入 NiCr 相中，随着摩擦热的产生和积累，涂层与对摩副发生黏着磨损。随着摩擦的继续进行，黏结相 NiCr 会优先被去除，涂层中的硬质相会和摩擦副接触并受到剪切应力作用，导致部分硬质颗粒发生脱落，被部分或整体拉出从而形成凹坑，剥落的硬质颗粒会作为新磨粒继续磨损，造成磨粒磨损。

对摩材料对摩擦磨损行为有直接的影响。当 NiCr-$Cr_3C_2$ 涂层与一种经表面处理的钢在室温下进行滑动摩擦时，在涂层表面形成了钢的转移层并保护了摩擦面，提高了涂层的耐磨能力。SiC 的硬度高，散热性能好，在摩擦过程中，不易因高温产生黏着点，涂层的摩擦系数较小，其磨损形式主要以疲劳磨损为主。GCr15 的硬度较低，$Si_3N_4$ 的导热性差，和 NiCr-$Cr_3C_2$ 涂层进行摩擦时，均会发生黏着磨损，使摩擦系数升高。NiCr-$Cr_3C_2$ 涂层与 $Al_2O_3$ 陶瓷不相容，它们构成的摩擦副具有较大的磨损量。在 NiCr-$Cr_3C_2$ 涂层和 $TiO_2$ 涂层摩擦副中，两种涂层的熔点较接近，在摩擦过程中容易发生黏着，而 $TiO_2$ 涂层的强度比较低，在磨损过程中易发生 $TiO_2$ 向涂层表面的转移而形成转移层。$TiO_2$ 的弹性模量非常小，输入摩擦系统的能量容易通过材料的变形等吸收，从而减轻摩擦副材料的磨损，导致 NiCr-$Cr_3C_2$ 涂层/$TiO_2$ 涂层摩擦副具有较小的磨损量。

NiCr-$Cr_3C_2$ 涂层具有较高的显微硬度、较好的耐磨性，但在实际工作环境中，有时会造成对摩材料产生较严重的磨损，通过在涂层中添加润滑剂可以减少使用过程产生的摩擦磨损。目前常用的高温润滑剂包括 $MoS_2$、金属及其氧化物(Mo、$MoO_3$、PbO 等)、氟化物($BaF_2$、$CaF_2$)等，其中，氟化物会在高温下软化而具有润滑性，性能稳定，在 NiCr-$Cr_3C_2$ 涂层中较为常用。

### 6.2.4　应用

通过热喷涂方法制备的涂层材料组合可以有效地发挥各种材料的优点，同时避免它们各自的局限性。热喷涂耐磨涂层已在汽车、航空、船舶、工程设备等诸多领域取得了广泛的应用，具有广阔的应用前景。

汽车缸套内壁耐磨涂层是热喷涂耐磨涂层的一个典型应用。乘用车发动机缸体常由耐磨性较差的铝硅合金制成，采用大气等离子喷涂在气缸内壁制备了 NiCrBSi-YSZ、$Al_2O_3$/13wt.%$TiO_2$(AT13)以及 $Al_2O_3$/13wt.%$TiO_2$-Mo(AT13-Mo)涂层，分别在油润滑、边界润滑及干摩擦条件下进行测试，发现降低汽车发动机缸套磨损的最佳涂层为 AT13-Mo，其摩擦系数仅为 0.123。Sulzer Metco 公司则提出了 SUMEbore 涂层解决方案，它通过大气等离子喷涂将 SUMEbore 涂层涂覆 EMD 16-710G3A 发动机气缸内壁进行了实机试验，结果表明试验机器相比于现今标准发动机油耗降低了至少 50%。现代大多数柴油机使用的燃料都含有各种各样的硫化物，因此燃料在燃烧的过程中易形成硫酸，引起气缸套的低温酸腐蚀。WC-Co 涂层具有优良的抗氧化性能、耐磨性、抗腐蚀性以及高的硬度和强度等优点，在以球墨铸铁为材料的气缸套内壁制备了 WC-Co 涂层，结果表明该涂层可提高缸套的硬度、强度和耐蚀性，延长了气缸套的使用寿命。

热喷涂较早应用于航空航天，其涂层品种多，应用范围广。当代新型航空涡轮发动机中有一半以上的零部件都是有涂层的部件(零件数达 2000 多个，有 3000 多处)，热喷涂耐磨涂层是其中较为广泛的应用。发动机中一些常用的耐磨涂层应用如表 6-2 所示，以热喷涂 WC 基陶瓷涂层为例，除了轴类零件，航空发动机上的机匣、叶型、盘等零件的易磨损部位也均采用了 WC-12Co 涂层。另一种高性能陶瓷 ZrC 因其优异的性能也在航空航天等重要领域被广泛应用，采用反应等离子喷涂技术在 ZrC 陶瓷基体表面制备 $ZrB_2$-SiC-ZrC 复合涂层(超高温陶瓷)可用于飞船发动机的超高温耐磨涂层。$ZrB_2$-SiC-ZrC 复合涂层具有优异的抗氧化性和耐烧蚀性，涂层整体硬度最大可达 1116.6HV。

**表 6-2　发动机中常用的耐磨涂层**

| 功能 | 涂层材料 | 喷涂方法 | 使用温度/℃ | 应用举例 |
|---|---|---|---|---|
| 耐撞击 | WC-Co | D，P | ≤450 | 钛合金压气机阻尼台，空气导管 |
| | CoCrNiW | D，P | ≤840 | 涡轮叶片叶冠 |
| | TiC | D，P | ≤850 | 涡轮叶片叶冠 |
| | NiCrBSi | D，P，F | ≤900 | 风扇叶片阻尼台，安装边 |
| 耐微震 | NiCr-$Cr_3C_2$ | D，P | ≤980 | 涡轮部分 |
| | Cu-Ni-In | P | ≤450 | 压气机叶片榫头等 |
| | 铝青铜 | P | ≤300 | 4～8 级扇形块焊接组件 |
| 耐黏着 | Mo | P，F | ≤350 | 轴 |
| | $Cr_2O_3$ | P | ≤540 | 耐磨环 |
| | NiCrBSi | P，F | ≤600 | 涡轮叶片叶冠配合面 |

注：D 代表爆炸喷涂；P 代表等离子喷涂；F 代表氧乙炔火焰喷涂。

钢铁工业的主体设备大都在高温、高负荷及腐蚀环境的恶劣条件下工作，因此存在大量磨损、腐蚀及热破损等难题。各式各样的辊类件在钢铁加工过程中不可或缺，热喷涂耐磨涂层可以有效改善辊类件的使用寿命。例如，通过等离子喷涂技术喷涂在炉内辊制备耐磨耐热涂层，可适于高达 1100℃的炉内气氛（通常为 $N_2/H_2$）。在冷轧加工辊上热喷涂 WC-Co 涂层，经过特殊处理后，可以极大延长辊的使用寿命，其耐磨性可达镀铬辊的 5～10 倍。在连铸辊上制备爆炸喷涂 $Cr_3C_2$-NiCr 涂层，该涂层的致密度高，与基体结合良好，提高了连铸辊的抗高温氧化性能与耐磨性。该连铸辊在连铸机上使用 7000 次后，涂层表面仍未发生明显变化，相比之下，无涂层连铸辊表面仅在 3740 次后就出现了明显裂纹，涂层连铸辊的使用寿命大大增加。

工程机械是装备工业的重要组成部分，热喷涂耐磨涂层已在很多机械设备中进行了应用。在失效高温球阀基体上喷涂 $Al_2O_3$-$TiO_2$ 或 WC-Co 涂层，可以有效改善球阀类部件的磨损问题。在叶轮叶片上制备 $Cr_3C_2$-NiCr 涂层，可以提高叶片的抗冲蚀性能，减少叶片冲蚀减薄损伤。液压系统中的柱塞泵是传动的动力源，若柱塞副被腐蚀或被磨损，将殃及整个系统的功能甚至无法工作。传统柱塞采用镀铬工艺，镀层厚 35μm，镀层厚极易剥落，镀层硬度较低，容易被磨蚀或被拉毛而产生渗漏。通过在液压柱塞上喷涂陶瓷或金属陶瓷涂层，能够提高柱塞的耐磨耐蚀性能，使用寿命是镀铬工艺的 3～5 倍，具有较好的经济效益与技术效益。

# 6.3　气相沉积耐磨薄膜

采用气相沉积技术在构件上沉积一定厚度的耐磨薄膜，可以很好地改善构件的原有性能，延长使用寿命。目前较为常用的气相沉积耐磨薄膜主要为一些共价键材料(如金刚石、类金刚石、c-BN、CN、BCN 等)和一些金属的氮化物、碳化物、硼化物(如 TiN、CrN、WC、TiC、SiC、$TiB_2$)等。这些薄膜材料具有很高的熔点、硬度和弹性模量，耐磨性优良。不同成分的气相沉积薄膜具有不同的特性，因而有着不同的应用。本节将主要介绍 DLC 薄膜、TiN 薄膜等耐磨薄膜的摩擦磨损性能及应用。

## 6.3.1　DLC 薄膜

类金刚石碳基(DLC，也称非晶碳)薄膜是一类含有金刚石结构($sp^3$ 杂化键)和石墨结构($sp^2$ 杂化键)的亚稳非晶态物质。DLC 薄膜处于热力学非平衡状态，其原子排列为近程有序、远程无序，这种近程有序主要表现为 C—C 原子之间的 $sp^3$ 和 $sp^2$ 杂化键的结构，$sp^3$ 杂化键影响其力学性能，$sp^2$ 杂化键影响其热稳定性和自润滑性。因此，DLC 薄膜的性质介于金刚石和石墨之间，兼具了两者的优良特性，在具有良好的耐磨性的同时还具有自润滑特性，是一种优异的表面耐磨改性薄膜。

根据有无氢元素来划分，DLC 薄膜主要分为不含氢 DLC 薄膜和含氢 DLC 薄膜两大类。不含氢 DLC 薄膜分为非晶碳(a-C)薄膜、金属掺杂非晶碳(a-C∶Me (Me＝W、Ti、Mo、Al 等金属))薄膜和四面体非晶碳(ta-C)薄膜三种，其中常见的是四面体非晶碳(ta-C)薄膜。ta-C 薄膜中以 $sp^3$ 杂化键为主，$sp^3$ 杂化键的含量一般高于 70%，硬度范围为 50～80GPa，弹性模量范围为 300～500GPa。含氢 DLC 薄膜根据含氢量可细分为含氢非晶碳(a-C∶H)薄膜、四面体形含氢非晶碳(ta-C∶H)薄膜、金属掺杂含氢非晶碳(a-C∶H∶Me (Me＝W、Ti、Mo、Al 等金属))薄膜和改性含氢非晶碳(a-C∶H∶X(X=Si、O、N、F、B 等))薄膜。

DLC 薄膜也存在制约其应用的问题：①热稳定性差，在环境温度超过 200℃后，薄膜内部因析氢而开始石墨化，薄膜的力学性能开始下降，进而影响其摩擦学性能；②内应力大，这不仅限制了薄膜的厚度，还减弱了薄膜的结合强度；③对环境敏感，摩擦性能受环境因素影响较大。

DLC 薄膜的摩擦学特性会受到诸多因素的影响，如沉积方法、掺杂元素、基体材料、表面粗糙度等。不同制备方法沉积的 DLC 薄膜的摩擦学性能存在很大的差异。目前已经开发出了一系列 DLC 薄膜的沉积技术，如等离子体增强化学气相沉积(PECVD)法、磁控溅射(MS)法等。例如，在采用等离子体增强化学气相沉积法制备 DLC 薄膜时，所采用的气氛会直接影响 DLC 薄膜的摩擦磨损性能。有研究表明，使用的等离子体碳氢气氛(如甲烷、乙烯等)中 H/C 的比例越高，所制备的 DLC 薄膜的摩擦系数越低。在 $25\%CH_4+75\%H_2$(H/C=10)下制备的 DLC 薄膜的摩擦系数低至 0.003，而 100% $CH_4$(H/C=4)下制备的 DLC 薄膜的摩擦系数提升至 0.015；而当 $H_2$ 含量>90%时，难以制备出完整的 DLC 薄膜。使用 $CH_4/He$、$CH_4/Ar$、$CH_4/N_2$ 三种等离子体来制备 DLC 薄膜，相较于其他两者，在 $CH_4/N_2$ 下制备的薄膜的结合力、硬度、应力和摩擦性能都出现了下降。采用磁控溅射法制备 DLC 薄膜时，调整功率大小会对碳原子的杂化方式、沉积速率及空间结构产生影响，改变基底偏压会沉积形成不同的薄膜结构和性能。利用离子束沉积技术制备得到的 DLC 薄膜一般具有较小的内应力和较好的结合性能。

通过控制掺杂元素的类型和含量可以制备出带有特定结构和性能的DLC薄膜。研究表明，通过 H 原子的掺杂，可以改变 $sp^3$ 和 $sp^2$ 杂化键的构成比例，影响 DLC 薄膜的力学性能和摩擦性能，使摩擦系数在 0.001～0.6 范围内变化；除此之外，还可以通过掺杂各类金属或非金属元素进一步改善 DLC 薄膜的性能。目前，常用的金属掺杂元素主要有 Ti、Cr、W、Fe、Mo、Co、Ag、Al 和 Cu 等，非金属掺杂元素主要有 Si、B、N、F、O 和 S 等。DLC 薄膜中掺杂适量的金属元素，可形成纳米晶-非晶结构，不仅能在有效降低薄膜内应力的同时保持薄膜的高硬度，还可以提高薄膜的摩擦学性能和对环境的适应性。

DLC 薄膜中的内应力主要是由游离的高能 C 离子对薄膜表面进行轰击产生的。当 DLC 薄膜中掺杂其他元素时，如掺杂元素为亲碳元素(Ti、Cr、W、Mo、Nb)时，掺杂元素会与薄膜中的C原子键合，减少C原子的悬键数量，从而减少内应力；当掺杂元素为弱碳元素(Al、Cu、Ag 等)时，通过键角畸变可以减少 DLC 薄膜结构的无序程度，从而达到减少内应力的目的。

W 掺杂 DLC 薄膜在 400℃和 500℃下，仍能保持非常低的摩擦系数(0.07～0.08)和磨损率($(1.05\sim3.62)\times10^{-5}mm^3/(N\cdot m)$)，这是由于 W 在掺入 DLC 薄膜中后与 C 形成了热稳定性好的 WC 相，提升了薄膜的热稳定性；同时，WC 被嵌埋在均匀、致密的非晶碳中，阻碍了其与外界的接触，进一步提升了 WC 的高温抗氧化能力。另外，薄膜表面还会生成大量的 $WO_3$，因 $WO_3$ 的耐高温和自润滑性较好，故薄膜在高温下也能保持较好的摩擦学性能。

含氢 DLC 薄膜在干燥氮气环境下的摩擦系数很低(0.001～0.003)，而在潮湿的空气中，由于氧化物质的存在($O_2$、水蒸气)，薄膜的摩擦系数上升明显(0.05～0.15)。当 DLC 薄膜在掺 Ti 之后，不仅在相对湿度小于 40%时能表现出超低的摩擦系数(0.008)，而且当相对湿度达到 100%时，其摩擦系数也能保持在一个较低的数值(0.03)。这是因为 Ti 在薄膜中以 $TiO_2$ 形式存在，发挥了固溶强化作用，提高了薄膜的抗氧化性，抑制了薄膜力学性能因氧化而产生的退化。在潮湿的环境下，掺 Si 的 DLC 薄膜中的 Si 能与水反应生成硅酸反应膜，该膜具有一定的润滑效果，降低了薄膜的摩擦系数。

一般来说，随着基体硬度的增加，DLC 薄膜的摩擦系数会不断减小，使用寿命不断增加。例如，在未处理的钛合金和经氮化处理后的钛合金表面分别沉积了 DLC 薄膜，未处理的钛合金表面的 DLC 薄膜的摩擦系数为 0.1～0.2，而经氮化处理后钛合金表面的 DLC 薄膜的摩擦系数降低至 0.04，磨损寿命也显著延长。在不同表面硬度的 Al 合金表面直接沉积 DLC 薄膜，经试验后发现，硬度较低的表面上的 DLC 薄膜所表现出的摩擦系数较高，失效更快；而硬度较高的表面上的 DLC 薄膜的摩擦系数更低，耐磨性得到极大提高。但有一些基体材料，虽然表面硬度较高，但其表面的 DLC 薄膜的摩擦性能较差。例如，玻璃和氧化铝、氧化锆等氧化物，虽然其表面硬度较高，在其表面镀 DLC 薄膜后也能得到非常低的摩擦系数，但由于氧化物表面的稳定性较高，无法与 C 形成强有力的化学键，如玻璃中的氧化物只能与 DLC 薄膜形成一种 O═C 双键作用及弱的界面吸附作用，因此在高载荷下，薄膜容易从基体表面上脱落失效。因此要在一种材料的表面沉积出较好效果的 DLC 薄膜，该材料必须具有以下特点：与碳有相近的晶格匹配、热膨胀系数以及能与碳形成强有力的化学键。

大多数基底材料都不易与碳形成化学键，而且与 DLC 薄膜的硬度、弹性模量、热膨胀系数差别较大，为此，可以通过施加过渡层来减小材料之间的差异，增强薄膜与基体的结合力来解决该问题。例如，在丁腈橡胶(NBR)表面沉积 DLC 薄膜，可选用 Si—C 过渡层，经试验后发现添加 Si—C 过渡层的 DLC 薄膜的柔性增强，硬度下降，结合力增强，摩擦系数降低。又如，在低合金钢的表面沉积带 Si 过渡层的 DLC 薄膜，因层间 Si—C 键的形成，提高了薄膜的附着力，避免了薄膜的快速分层和性能恶化，延长了薄膜的使用寿命。不同的基体材料有不同的过渡层选择。例如，金属或金属基的硬质合金材料一般会选择金属基(如 Ti、Cr 等)作为过渡层，在减弱内应力的同时还能提高薄膜的承载能力、黏结力和摩擦学性能；而陶瓷表面($Si_3N_4$、SiC 等)则会选择性能更接近的 Si 来作为过渡层，以提高薄膜与陶瓷基体的黏结力和摩擦学性能。

DLC 薄膜的摩擦学性能还与摩擦过程中摩擦接触点的表面化学和物理状态有关，因而受测试环境如湿度、气氛的影响很大。表 6-3 给出了各种 DLC 薄膜在不同气氛环境下的摩擦学性能。总体而言，不含氢 DLC 薄膜( ta-C 和 a-C)的摩擦学性能主要由表面的自由悬键决定，在真空或者惰性气体中，表面自由悬键所引起的强黏着作用，导致其摩擦系数较高(高达 0.4 以上)；而在高湿度下，水分子或者氧分子能够有效地消除自由悬键，使摩擦系数降低。而含氢 DLC 薄膜由于氢的加入使结构更为复杂，其摩擦学性能在不同气氛下表现出非常大的差异。

**表 6-3　各种 DLC 薄膜在不同气氛环境下的摩擦学性能**

| 项目 | DLC 薄膜的种类 | | | |
|---|---|---|---|---|
| | 金刚石薄膜 | 不含氢 DLC 薄膜 | 含氢 DLC 薄膜 | 掺杂或改性 DLC 薄膜 |
| 结构 | CVD 金刚石 | a-C | a-C∶H | a-C∶Me |
| | | ta-C | ta-C∶H | a-C∶H∶Me |
| | | | | a-C∶H∶X |
| | | | | Me=W,Ti··· |
| | | | | X=Si,O,N,F,B··· |
| 原子结构 | $sp^3$ | $sp^2$ 和 $sp^3$ | $sp^2$ 和 $sp^3$ | $sp^2$ 和 $sp^3$ |
| 含氢量 | | >1% | 10%～50% | |
| $\mu$(真空环境) | 0.02～1 | 0.3～0.8 | 0.007～0.05 | 0.03 |
| $\mu$(干燥氮气) | 0.03 | 0.6～0.7 | 0.001～0.15 | 0.007 |
| $\mu$(干燥空气) 5%～15% RH | 0.08～0.1 | 0.6 | 0.025～0.22 | 0.03 |
| $K$(真空) | 1～1000 | 60～400 | 0.0001 | |
| $K$(干燥氮气) | 0.1～0.2 | 0.1～0.7 | 0.00001～0.1 | |
| $K$(干燥空气) 5%～15% RH | 1～5 | 0.3 | 0.01～0.4 | |
| $K$(潮湿空气) 15%～95% RH | 0.04～0.06 | 0.0001～400 | 0.01～1 | 0.1～1 |

注：$\mu$ 为摩擦系数；$K$ 为磨损率($\times10^{-6}mm^3/(N\cdot m)$)。

### 6.3.2　TiN 薄膜

TiN 是典型的 NaCl 型立方晶系，晶格常数为 0.4239nm。TiN 块体呈金黄色，且具有金属光泽，其密度为 5.22g/cm$^3$，熔点为 2930℃，显微硬度约为 21GPa，弹性模量约为 590GPa。TiN 薄膜的硬度高、耐磨性好，具有良好的化学稳定性、抗腐蚀和抗高温氧化性能，且与钢材的热膨胀系数差异小，膜基体结合强度高，因而被广泛用作机械加工刀具、刃具、各种材料成形模具和耐磨部件的耐磨薄膜，是第一种产业化并被广泛应用的硬质薄膜。

采用不同制备方法获得的 TiN 薄膜的耐磨性能表现出较大差异。目前，TiN 薄膜可通过各种气相沉积方法获得，主要包括化学气相沉积、磁控溅射和离子镀等。这里主要介绍几种常用工艺及其对 TiN 薄膜的结构和性能的影响。

CVD 具有设备及操作简单、制备时间短等优点，但 CVD 通常要在高温环境下进行(900～1100℃)，这对衬底材料是极大的限制，还会造成薄膜晶粒长大，降低薄膜的质量；而且，沉积 TiN 薄膜往往以氯化物为环境介质，产生的有害气体在高温下会对衬底材料造成侵蚀并危害人体健康。另外，可以通过各种辅助工艺，如等离子体增强化学气相沉积，降低沉积温度。

PVD 的沉积温度都显著低于 CVD，是制备 TiN 薄膜最有效的方法。通过磁控溅射和电弧离子镀在 Ti 合金基体上制备了 TiN 薄膜，发现两种薄膜的摩擦学性能存在差异。电弧离子镀 TiN 薄膜的摩擦系数在经过磨合后稳定在 0.35 左右，而磁控溅射 TiN 薄膜在摩擦初期具有更低的摩擦系数，但随着磨损时间的增加，摩擦系数逐渐增大到 0.4。两种薄膜的磨损机理均为磨粒磨损，但电弧离子镀 TiN 薄膜具有更高的硬度和厚度，承载能力强，因而表现出比磁控溅射 TiN 薄膜更好的耐磨性能。

影响 TiN 薄膜摩擦学行为的因素有很多，但实质上决定 TiN 薄膜摩擦磨损性能的因素还是薄膜本身的结构和性能。TiN 薄膜的耐磨性能与薄膜的硬度、韧性和结合强度等力学性能密切相关，一般而言，随着薄膜硬度的提高，薄膜的耐磨性能会更好；同样，提高薄膜的结合强度，也会显著改善薄膜的耐磨性能。

通过优化工艺参数，可以改善 TiN 薄膜的耐磨性能。增大靶电流，薄膜沉积速率增加，厚度随之变大，还会使基体温度升高，导致晶体由柱状晶生长向致密的等轴晶生长转变，薄膜硬度随之增加，耐磨性能优异，但过高的靶电流会产生一些负面影响。对于电弧离子镀而言，在薄膜制备过程中不可避免地会产生金属熔滴，其数量与靶电流呈正比，大量金属熔滴入射到薄膜中，会造成应力集中以及其他缺陷，使薄膜的耐磨性能严重恶化。图 6-14 显示了直流偏压对 TiN 薄膜组织结构的影响，当未加偏压时，薄膜表面呈现出典型的三角形等轴晶形貌，这是 TiN 沿(111)柱状生长的结果；当在薄膜生长期间施加 100V 直流偏压时，薄膜的结构更为紧密，柱状生长痕迹不明显。合适的偏压可以有效增强离子轰击，诱导薄膜的非柱状生长，细化晶粒，提高薄膜硬度和结合力，但过高的负偏压会导致粒子能量过高，粒子轰击将损伤沉积表面，降低薄膜的硬度，还会使薄膜的热应力增大，结合强度下降，薄膜的耐磨性能下降。$N_2$ 含量会显著影响薄膜的结构和性能，随着 $N_2$ 分压增加，薄膜相组成会发生显著的改变，其变化过程为：分压增加，薄膜中 $Ti_2N$ 相增加，当 $N_2$ 分压很低时(0.1Pa)，薄膜主要由 TiN 组成；当 $N_2$ 分压提高时(1.5Pa)，薄膜主要由 TiN +$Ti_2N$ 组成，TiN(111)面择优取向强烈，结合力和硬度达到最高，耐磨性能提高。

此外，薄膜的其他特性，如薄膜的厚度、应力分布等对耐磨性能也有影响。当薄膜厚度低于 1 μm 时，薄膜受基体的影响较大，耐磨性能提升不大；当薄膜厚度大于 2 μm 时，薄膜

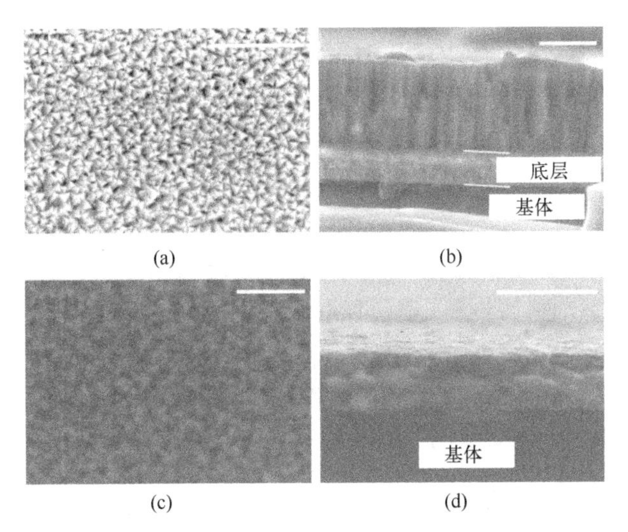


(a)　(b)　(c)　(d)

图 6-14　无偏压((a)和(b))和加偏压((c)和(d))非反应溅射 TiN 薄膜的形貌

的磨损率显著下降，表现出优异的耐磨性能。薄膜内部的应力分布会影响薄膜的磨损性能，气相沉积薄膜内部总是存在着内应力，一般为压应力。在摩擦过程中，薄膜因受摩擦力的作用而产生压应力和原本的残余应力叠加，可能会使局部区域出现薄膜的压碎、微崩和脆断，使得薄膜的磨损加剧。由于薄膜和基体一侧存在应力差，随着磨损的增加，薄膜厚度减小，薄膜更易发生疲劳和断裂，甚至剥落。因此，薄膜耐磨性能和应力差值有关，应力差越大，薄膜耐磨寿命越短。

除了改善制备方法和工艺参数外，还可通过开发新型结构的薄膜来提高 TiN 薄膜的耐磨性能，如多元复合 TiN 薄膜、纳米多层 TiN 薄膜等。多元复合 TiN 薄膜有着比二元 TiN 薄膜更优异的性能，这和薄膜结构的变化有关。通过在薄膜中引入一些金属(Al、Si、Zr、Cr 等)或非金属元素(C、B 等)，可以起到细晶强化和固溶强化的作用，使组织更加致密，改善薄膜的耐磨性能。引入 Al 元素，可以得到硬度、抗氧化性更好的 TiAlN 薄膜。通过比较 TiN 薄膜、TiAlN 薄膜和 45 钢的摩擦磨损性能，发现 TiN 薄膜和 TiAlN 薄膜不仅可以降低摩擦系数，还能显著提高耐磨性，且 TiAlN 薄膜比 TiN 薄膜的抗磨损能力更强。当薄膜中 Al 质量分数较低时，薄膜的磨损机理主要表现为严重的磨粒磨损、黏着磨损；随着 Al 质量分数的增加，磨损机理逐渐转变为轻微的磨粒磨损，磨损率显著下降。在 TiN 薄膜中引入 Si 元素，会在 TiN 柱状晶生长的前沿形成 $Si_3N_4$ 第二相，起到了细化薄膜组织的作用，使薄膜表面粗糙度减小。在 TiN 薄膜中加入非金属元素，如 B 元素，可获得 TiN 纳米晶和 BN 非晶复合结构，使薄膜硬度值最高达 40GPa，耐磨损性能也有显著提升。

通过制备纳米多层薄膜来提高 TiN 薄膜的性能也是一种重要的手段，纳米多层薄膜是由两种或两种以上的纳米级厚度薄膜交替沉积形成的多层薄膜。目前研究较多的纳米多层薄膜为氮化物系列，一般可分为氮化物/氮化物(TiN/VN、TiN/NbN、TiN/VNbN 等)、氮化物/碳化物(TiN/CN$x$、WC/TiN 等)、氮化物/金属(TiN/Nb、(TiAl)N/Mo 等)。研究发现，纳米多层薄膜的硬度明显高于同成分的单层膜的硬度，有的甚至高达金刚石硬度的一半。

软硬交替的 Al/TiN 纳米多层薄膜具有良好的性能。TiN 薄膜在摩擦过程中出现了大量的裂纹及明显的破碎剥落现象，而 Al/TiN 多层薄膜的硬度虽然略有下降，但是表现出了较好的韧性特征，改善了耐磨性能。软硬交替沉积的 Ti/TiN 多层薄膜也表现出了优异的性能，多层交替沉积抑制了 TiN 的柱状晶生长，得到了组织结构更致密、力学性能优良的多层薄膜。Ti/TiN 多层薄膜的摩擦学性能更加优异，具有较低的摩擦系数，磨损率相比于单层 TiN 薄膜更是下降了一个数量级。

纳米多层薄膜不仅具有超硬性能，其摩擦磨损性能也极为优异。关于纳米多层薄膜结构之所以具有优异摩擦磨损性能的相关理论有很多，得到较多认可的是裂纹扩展的影响。纳米多层薄膜的单层厚度仅为纳米级，晶粒尺寸十分细小，薄膜中存在着大量的晶界和缺陷。这会阻碍位错的运动，进而影响裂纹在薄膜内的扩展，同时，相邻层之间性能存在差异，容易使裂纹产生分叉、偏斜，影响裂纹的扩展，最终提高薄膜的摩擦磨损性能。

### 6.3.3　其他气相沉积薄膜

CrN 薄膜有硬度高、摩擦系数低、耐磨损能力强、耐腐蚀性好、耐热温度高等特点。与之前所介绍的 TiN 基薄膜相比，CrN 薄膜具有更好的韧性，在铁基体料上沉积时会得到更好的结合强度。相较于钢与钢摩擦和 TiN 与钢摩擦，其与钢的摩擦系数要更低，这是因为薄膜的摩擦表面易形成一层组织致密、硬度高并且结合紧密的氧化层，这提高了薄膜的摩擦学性能。因此 CrN 薄膜作为硬质耐磨薄膜，被广泛用在机械零部件、刃具和刀具的表面，来延长机械器具的使用寿命。例如，在内燃机活塞密封环表面沉积 CrN 薄膜，可以达到减摩、节约润滑剂及耐腐蚀的效果。此外，在金属模具领域中，CrN 薄膜也有应用，在高温下 CrN 的表面将会因氧化而形成致密度高、热稳定性好的 CrO 薄膜，这种薄膜能为内部的 CrN 提供非常好的隔热能力，从而延长模具的使用寿命。

$TiB_2$ 薄膜具有耐磨损、耐腐蚀、抗氧化性好、导电性强等特性，在机加工、模具成形等领域被广泛用作硬质耐磨薄膜。$TiN/TiB_2$ 纳米多层结构薄膜的硬度随着 TiN 单层厚度的降低和 $TiB_2$ 单层厚度的增加而稳步地提高，薄膜的硬度与 $TiB_2$ 的体积分数呈线性关系，因而多层结构薄膜的硬度不会超过单层 $TiB_2$ 薄膜的硬度；但是，当 TiN 和 $TiB_2$ 单层厚度之和小于 24nm 时，多层结构薄膜的磨损性能却优于单层薄膜，这显示出多层结构的特点。

除了常见的硬质耐磨薄膜外，在某些特殊环境下，还需要具有良好减摩效果的薄膜。$MoS_2$ 薄膜和 Au 薄膜是优异的减摩耐磨薄膜，在高真空条件下应用较为广泛。$MoS_2$ 是二维过渡金属硫化物中最为典型的一种，为六方晶系层状结构。相邻的 $MoS_2$ 层之间受到较弱的范德瓦耳斯力作用，当受到外力发生剪切作用时，$MoS_2$ 层之间很容易发生层间滑移。当作为润滑材料时，这种层间滑移能够带来低摩擦系数和低磨损率，从而起到优良的润滑效果，但 $MoS_2$ 薄膜的摩擦学性能对外界环境较为敏感。在干燥或无氧环境下摩擦时，$MoS_2$ 薄膜的摩擦系数较低，摩擦寿命更长。当法向载荷为 1N 时，高纯度（S/Mo 原子比大于 1.97）$MoS_2$ 薄膜在真空摩擦环境下表现出稳定的超低摩擦状态，其摩擦系数小于 0.002，但薄膜在真空或干燥惰性气氛下并没有表现出很长的摩擦寿命。当薄膜处于湿度较高的环境时，氧气和水分子容易吸附在薄膜表面，破坏了薄膜易于剪切的特性，同时导致薄膜发生氧化，从而导致 $MoS_2$ 薄膜的摩擦系数上升，磨损率也大幅增加。温度也会对 $MoS_2$ 薄膜的摩擦磨损性能产生较大影响，当温度低于 $MoS_2$ 氧化温度（370℃）时，温度变化对薄膜摩擦学性能的影响不大，但当温度高于 370℃时，薄膜表面将因氧化而生成 $MoO_3$，这种氧化物的剪切阻力高于 $MoS_2$，这会导致薄膜摩擦系数增加。

Au 是一种贵金属，具有极佳的塑性和延展性。Au 是 FCC 结构，密度为 18.8g/cm$^3$，熔点为 1064℃，比热容为 25.31J/(mol·K)，热导率为 315W/(m·K)，热膨胀系数为 $14.2\times10^{-6}$ 1/K。Au 薄膜的制备工艺对其结构和摩擦磨损性能具有重要的影响，通过设计和控制薄膜的微观结构，采用 PVD 技术能够制备具有低粗糙度、高致密度以及优异的机械性能和摩擦学性能的 Au 薄膜。例如，利用 PVD 技术制备的 PdNiAu 合金化真空导电润滑薄膜的导电性、耐磨寿命、磨损率、电噪声、表面粗糙度、厚度均匀性及耐热冲击性能都已达到了目前航天器要求的应用技术指标(磨损率 $10^{-15}$～$10^{-16}$m$^3$/(N·m)量级，耐磨寿命 2 万转)。Au 作为软金属，易发生黏着并使 Au 向与它接触的摩擦面转移，通常会通过掺杂其他金属元素或者材料来提高 Au 薄膜摩擦学性能。Ni 掺杂对 Au 薄膜的结构影响较大，微量的 Ni 掺杂可以改变薄膜的(111)晶面择优取向度，减小薄膜的晶粒尺寸，而 Cu 掺杂几乎不改变晶面择优取向度，但会使薄膜的晶粒增大且疏松。Ni 或 Cu 元素掺杂对薄膜的力学性能的影响都较小，但对摩擦学性能的影响明显。掺杂少量的 Ni 元素，薄膜的真空载流摩擦学性能增加，而 Cu 的掺杂会使真空载流摩擦学性能变差。在 30CrMnSi 钢基体上通过磁控溅射法制备出 Au/TiN 复合薄膜，该薄膜具有良好的减摩耐磨性能，可在较宽的温度、湿度和磁场范围内，保持稳定摩擦磨损性能，在接触压力不大于 1GPa 条件下，摩擦系数小于 0.15，摩擦次数超过 $3\times10^5$，当接触压力增大至 3GPa 时，薄膜的摩擦系数增大，耐磨寿命减少。

### 6.3.4　应用

气相沉积薄膜的工业应用主要集中在材料表面改性上，可以解决耐磨、抗氧化、抗腐蚀以及一些特殊的性能要求。利用气相沉积技术可以在基体上沉积耐磨性好的难熔金属(或非金属)化合物薄膜(TiN、TiC、$TiB_2$、TiBN、$Al_2O_3$、$MoS_2$ 等)，这些耐磨薄膜已被广泛应用于模具、刀具、汽车、航空航天等领域。

气相沉积耐磨薄膜在机械加工刀具领域有着重要的应用。这类薄膜主要以氮化物、氧化物、碳化物和硼化物为主，硬度较高，与基体结合力强，且一些种类的薄膜还具有减摩效果，能极大延长刀具的使用寿命。使用 PECVD 在 K35 硬质合金钻头上沉积 TiN 薄膜，可用于加工航空发动机超硬高温材料，其使用寿命可提高一倍，且钻头经刃部修磨后，TiN 层在边缘的部位并未脱落，仍能起到延长寿命的作用。在立式铣刀上沉积 TiN 薄膜，加工结果表明，明显提高了刀具的切削速度和出屑率，减少了刃部的发热，生产效率和刀口精度明显提高。此外，金刚石和类金刚石薄膜在刀具，特别是在高速切削刀具、硬切削刀具、干切削刀具和精密切削刀具等领域具有重要应用。日本 Suntomo 公司已将金刚石薄膜成功地应用在螺旋钻头、硬质合金刀片等刀具上，但金刚石在高温下会与铁发生化学反应，产生较大的损失，所以具有金刚石薄膜的刀具不能加工钢铁工件；DLC 薄膜也能有效延长刀具的使用寿命，减少因刀具磨损而产生的损失。与未涂覆薄膜的刀具相比，沉积了一层耐磨 DLC 薄膜(3500HV)的高速钢刀具具有更好的切削铝箔性能。

气相沉积耐磨薄膜在模具领域也有着重要的应用。热作模具的工作温度较高，还多伴随着剧烈的摩擦、磨损和冲击载荷等工况，导致模具的使用寿命较短。对在 400～500℃重高温工作的铝型材挤压材模具表面沉积 TiN 薄膜，通料量由原来的 2.5t 提高到 5t 以上，具有更好的耐磨性和抗疲劳性。相比于一般硬质合金拉丝模，金刚石制作的拉丝模具有更高的加工效率和使用寿命，但高昂的成本限制了它的使用，因此，在硬质合金拉丝模表面沉积金刚石薄膜可提高其使用性能。在某零件的翻边凸模上沉积 DLC 薄膜，冲裁次数可达 800 万次以上，使用寿命延长了 3 倍。在紫铜精密冲模上沉积 DLC/Ti/Si 梯度薄膜，可改善工件的表面粗糙度，模具寿命提高 5～8 倍。

气相沉积薄膜在汽车领域也有着重要的应用。基于 DLC 薄膜的低摩擦特性，在发动机节能降耗上的应用是一大研究方向。相比于 TiN、CrN 等硬质薄膜，尼桑汽车公司发现在凸轮和从动件表面制备的 DLC 薄膜即使在润滑不足的部位仍具有很小的摩擦，是减摩表面处理的发展方向。在赛车减震器滑动部分沉积高平整度的 DLC 薄膜，使得该部件与滑动摩擦副的摩擦降低了 30%。在发动机铝活塞群部制备 DLC 薄膜，不仅减少了活塞和连杆的摩擦力，还增加了活塞的耐磨性，其发动机功率在低转速时提高至少 1%，在高转速下能达到 2%左右。现代汽车公司在曲柄连杆和活塞上制备了 DLC 和 $MoS_2$ 纳米薄膜，极大地减小了气缸的摩擦力，比普通型号的燃油节省 41.1%。

此外，气相沉积薄膜在机械行业其他领域也有着较多的应用，如液压、气动、精密轴承、齿轮、密封等系统。DLC 薄膜作为轴承、齿轮及活塞等易磨损机件的减摩耐磨层，能有效提高机械零部件的性能和寿命；在无润滑条件下 DLC 薄膜可使齿轮最大承重力提高 10%～40%，寿命延长 2 倍。

# 本 章 小 结

现代表面工程可以采取多种方法制备出优于本体材料的功能涂层，提高材料表面的耐磨性，有效改善材料的摩擦磨损性能。本章首先介绍了四种磨损失效形式及耐磨表面的设计原则，然后概述了多种热喷涂涂层和气相沉积薄膜在诸多领域取得的应用。耐磨涂层(薄膜)的性能受到多方面因素的影响，通过优化制备工艺和改进涂层材料体系，可以不断提高表面的耐磨性能，拓宽涂层(薄膜)的应用领域。

## 参 考 文 献

陈立佳, 赵力东, 王旭, 等, 2021. NiCrBSi 超音速火焰喷涂层在不同温度下的磨损行为[J]. 焊接学报, 42(5): 7.

范晓彦, 李镇江, 孟阿兰, 等, 2015. Al/TiN 软硬交替多层膜的制备及摩擦磨损性能研究[J]. 润滑与密封, 40(6): 7.

刘黎明, 2018. 气缸内壁耐磨涂层的制备及其摩擦学性能研究[D]. 扬州: 扬州大学.

宋贵宏, 杜昊, 贺春林, 2007. 硬质与超硬涂层: 结构、性能、制备与表征[M]. 北京: 化学工业出版社.

王海军, 2008. 热喷涂材料及应用[M]. 北京: 国防工业出版社.

王俊, 张立, 李克, 等, 2000. 爆炸喷涂 $Cr_3C_2$-NiCr 涂层及其在连铸辊上的应用[J]. 上海交通大学学报, 34(8): 4.

温诗铸, 2002. 摩擦学原理 [M]. 2 版. 北京: 清华大学出版社.

薛群基, 王立平, 2012. 类金刚石碳基薄膜材料[M]. 北京: 科学出版社.

雍青松, 王海斗, 徐滨士, 等, 2016. 类金刚石薄膜摩擦机理及其摩擦学性能影响因素的研究现状[J]. 机械工程学报, 52(11): 13.

张晔睿, 常秋梅, 李长银, 2021. 等离子喷涂 WC-12Co 涂层性能及其在航空发动机中的应用[J]. 热加工工艺, 50(8): 3.

BRAUNOVIC M, MYSHKIN N K, KONCHITS V V，2006. Electrical contacts: fundamentals, applications and technology[M]. Florida: CRC Press.

DENG W, LI S J, HOU G L, et al., 2017. Comparative study on wear behavior of plasma sprayed $Al_2O_3$ coatings sliding against different counterparts[J]. Ceramics international, 43(9): 6976-6986.

DONG S J, SONG B, HANSZ B, et al., 2013. Microstructure and properties of $Cr_2O_3$ coating deposited by plasma spraying and dry-ice blasting[J]. Surface and coatings technology, 225: 58-65.

GENG Z, LI S, DUAN D L, et al., 2015. Wear behaviour of WC-Co HVOF coatings at different temperatures in air and argon[J]. Wear, 330-331: 348-353.

HUANG P K, YEH J W, SHUN T T, et al., 2004. Multi-principal-element alloys with improved oxidation and wear resistance for thermal spray coating[J]. Advanced engineering materials, 6(1-2): 299-303.

MAHADE S, MULONE A, BJORKLUND S, et al., 2021. Investigating load-dependent wear behavior and degradation mechanisms in $Cr_3C_2$-NiCr coatings deposited by HVAF and HVOF[J]. Journal of materials research and technology, 15: 4595-4609.

MARTÍNEZ-MARTÍNEZ D, LÓPEZ-CARTES C, FERNÁNDEZ A, et al., 2013. Exploring the benefits of depositing hard TiN thin films by non-reactive magnetron sputtering[J]. Applied surface science, 275: 121-126.

STACHOWIAK G W, BATCHELOR A W, STOLARSKI T A , 1993. Engineering tribology[M]. Amsterdam: Elsevier.

XIAO J K, TONG H, WU Y Q, et al., 2020. Microstructure and wear behavior of FeCoNiCrMn high entropy alloy coating deposited by plasma spraying[J]. Surface and coatings technology, 385: 125430.

ZHANG C, ZHOU H, LIU L, 2014. Laminar Fe-based amorphous composite coatings with enhanced bonding strength and impact resistance[J]. Acta materialia, 72: 239-251.

# 第 7 章　表面防腐涂层

## 7.1　金属腐蚀机理

### 7.1.1　基本概念

金属腐蚀是指金属受到环境介质的作用，在金属表面发生化学反应、物理溶解或者电化学反应而造成表面或者结构上的破坏，其本质是金属原子被氧化从而失去电子的过程。在自然界中金属腐蚀现象非常普遍，如铁制品的锈蚀、铝制品出现白斑、铜制品出现铜绿等。

一般而言，金属的冶炼是将金属元素从化合物转变成单质的耗能过程，在自然界中除了金、铂、铱等极少数金属外，几乎所有单质金属都处在热力学不稳定状态。金属在腐蚀过程中会释放电子，重新返回稳定的化合物状态。金属腐蚀是金属失去电子变成离子形式，同时伴随着能量释放，使得金属材料的热力学自由能降低。这是金属腐蚀发生的根本原因。从金属腐蚀的本质上来讲，人们可以延缓金属腐蚀的进程，但是不可能完全阻止腐蚀的发生。

金属材料在现代社会中被广泛使用，而每一刻都在发生的金属腐蚀毫无疑问给人类的生产生活带来了巨大的损失。全球金属因腐蚀而造成的损失高达全年金属产量的 20%，据统计，每年由于金属腐蚀而造成的直接经济损失占到当年国民经济生产总值的 5%，金属腐蚀还会对环境和资源产生重大的影响。2020 年我国因腐蚀造成的损失达到 5 万亿元，而每年我国各类自然灾害所造成的损失总和大约为 5000 亿元。腐蚀损失是各类自然灾害所造成的损失的 10 倍之多。

工业革命以后，人们对金属材料的需求大大提升，对金属腐蚀的研究越来越深入，20 世纪英国冶金科学家建立了腐蚀极化图，同时期比利时科学家和美国科学家分别建立了电位-酸度(E-pH)图和腐蚀科学手册。相比于国外，我国的腐蚀科学研究起步晚，但发展迅速，师昌绪院士、曹楚南院士等一批专家学者做出了卓越的贡献。

### 7.1.2　常见类型

金属腐蚀的分类有很多种，最常见的分类方式是按照金属的腐蚀机理来划分，可以分成电化学腐蚀和化学腐蚀，前者在金属腐蚀中占绝大部分。按照腐蚀的外在表现形式可将金属腐蚀分为全面腐蚀或局部腐蚀，局部腐蚀又可分为缝隙腐蚀、孔蚀、晶间腐蚀、磨损腐蚀和应力作用下的腐蚀等。

地下金属构件的腐蚀也越来越被人们重视，研究表明微生物可对不锈钢、碳钢、铝、玻璃混凝土等造成严重的腐蚀。美国的油井腐蚀有一半以上都是由硝酸盐还原菌造成的。随着对海洋资源勘探开发工作的进行，对于海洋环境下金属腐蚀的研究也逐步发展成为一个重要的研究领域。中国科学院海洋研究所的侯保荣院士研究了海洋钢结构浪花飞溅区的腐蚀行为，并且自主研发出了一套具有自主知识产权的可带水操作的海洋钢结构浪花飞溅区新型复层矿脂包覆防腐技术。

### 7.1.3　腐蚀机理

(1) 电化学腐蚀：这一类腐蚀占据了金属腐蚀的绝大部分。它的腐蚀机理是由于金属和腐蚀介质组成了腐蚀原电池。以常见的钢铁材料为例，钢铁表面在与空气接触时，空气中的水分会在金属表面形成一层水膜，进而将空气中的 $CO_2$、$SO_2$ 等溶解在这一层水膜中，从而形成一层腐蚀介质。钢铁材料中除铁元素以外，还存在碳元素这类非金属元素，铁和碳元素这类非金属元素就构成了腐蚀电池，铁为阳极，阳极上的单质铁失去电子形成亚铁离子，并在进一步的氧化下形成三价铁离子，而在阴极的非金属元素表面则会因电解质溶液的酸碱性不同发生不同的反应，一般可分成两类：强酸环境下的析氢腐蚀 ($2H^{+}+2e^{-} \longrightarrow H_2$) 和弱酸或中性溶液下的吸氧腐蚀 ($2H_2O+O_2+4e^{-} \longrightarrow 4OH^{-}$)。

(2) 化学腐蚀：金属材料在高温空气中或在非电解溶液中由于纯化学反应而引起的腐蚀。这种反应是金属材料直接与非电解质中的氧化剂发生氧化还原反应。金属的电化学腐蚀和化学腐蚀不同，化学腐蚀并没有腐蚀电流产生。例如，金属铜在高温环境下会直接被氧气氧化成氧化铜，钢铁冶炼中高温气体在钢铁表面生成的氧化铁，这些都属于化学腐蚀。

(3) 全面腐蚀：全面腐蚀是生活中最容易观察到的腐蚀方式，这种腐蚀均匀地发生在材料表面，导致金属材料均匀变薄。防止全面腐蚀最常用的方法是针对特定腐蚀环境选择合适的金属和合金，如不锈钢-硝酸、镍和镍合金-碱、铝-污染大气、钛-热的强氧化性溶液、碳钢-室温浓硫酸等。

(4) 局部腐蚀：指金属腐蚀仅发生在金属的某个部分或者某几个部分。局部腐蚀又可分为缝隙腐蚀、孔蚀、晶间腐蚀、磨损腐蚀和应力作用下的腐蚀等。与全面腐蚀相比，局部腐蚀不容易被直接观察到，且危险性极大。当金属构件受到局部腐蚀时，通常并没有明显的预兆。以四川省宜宾市南门大桥为例，由于承重钢缆受到应力腐蚀发生断裂，在 2001 年轰然倒塌。

(5) 缝隙腐蚀：这类局部腐蚀常发生在被腐蚀介质侵入的表面缝隙处。在实际生活中，它的形成与孔穴、螺钉这类容易在连接缝隙内积存少量静滞溶液的结构有关。想要形成缝隙腐蚀，缝隙的宽度必须宽到液体能够流入，又必须窄到能够维持液体的静滞。通常这类腐蚀发生在宽度约 0.1mm 的窄缝处。工程上为了减少缝隙腐蚀，在机械设备的设计上应尽量避免出现液体静滞区，使液体彻底排尽。在容易受到腐蚀的区域，连接方法尽可能选用对接焊，不用铆接或螺纹连接。选择垫片和填料应采用不吸水的材料，长期不使用的设备需要更换耐湿的填料。

(6) 孔蚀：也称点蚀，这类腐蚀一般集中发生在金属表面。作为破坏性和隐患最大的腐蚀形态之一，孔蚀经常发生在化工行业中，特别是在含氯介质中工作的不锈钢设备。蚀孔的孔径一般较小，洞口又常有腐蚀产物覆盖，所以在检查设备时必须去除腐蚀产物，不然很难发现。研究表明，大部分的孔蚀与氯化物、溴化物密切相关。在海水中工作的设备要格外注意孔蚀。目前防止孔蚀的方法以选择合适的耐孔蚀金属材料为主，在不锈钢中添加钼可以大大提高不锈钢的抗孔蚀能力，在强孔蚀介质中工作的设备材料可以选择钛和镍铬钼合金这一类具有很强抗孔蚀能力的材料。此外，在溶液中加入缓蚀剂也能防止孔蚀。

(7) 磨损腐蚀：腐蚀介质对金属表面不断破坏并冲刷，在冲刷和腐蚀的共同作用下，金属材料发生的磨损腐蚀失效会更严重。与机械磨损不同，磨损腐蚀不会出现固体的金属粉末的脱落，而是腐蚀流体将腐蚀产物从金属表面冲离。由于腐蚀流体对金属表面的冲刷作用会使金属腐蚀产物不断被冲走，不断露出新的表面，从而发生激烈的腐蚀反应，故失效速度很快。一般发生磨损腐蚀时腐蚀表面会呈现出具有一定方向性的波纹状或沟洼状。常见的包括气体、水溶液、液态金属在内的介质都可以成为磨损腐蚀的腐蚀介质。这类腐蚀容易在弯头、泵、鼓风机、离心机和推进器的叶轮、换热器管等设备或零件中发生。常用的防止磨损腐蚀的方法是：选用具有良好耐磨损、耐腐蚀性能的材料；对工作介质过滤，尽量减少介质中存在的固体颗粒；采用耐蚀、耐磨的涂层，如用等离子喷涂各种耐磨蚀合金；改进结构设计，减少会使工作介质流动方向发生突然改变的结构；改变腐蚀环境等。

(8) 晶间腐蚀：这类腐蚀发生于晶界与晶界之间，属于一种比较常见的局部腐蚀。它是由晶界的杂质或晶界区某一合金元素增多或减少而引起的。控制途径主要采用添加稳定化元素和固溶淬火等。

(9) 应力腐蚀：按照应力腐蚀的机理可以将其分为阳极溶解和氢致开裂两类。阳极溶解型应力腐蚀存在争议，早期提出的理论主要有晶界择优溶解机理、应力导致离子吸附机理等。20 世纪 80 年代之后，人们为了解决一些实际的应力腐蚀问题，相继提出了一些新的理论，包括选择性阳极溶解、膜破裂机制等。

氢致开裂的主要理论包括氢压理论、弱键理论、氢降低表面能理论等。氢压理论主要认为当金属中存在过量的 H 时，在室温下，H 会在金属的缺陷处结合生成 $H_2$，随着时间推移越来越多的 $H_2$ 聚集在缺陷处，氢压随之增大，当氢压大于金属的屈服强度时，就会造成局部的塑性变形。弱键理论则认为金属中的 H 会降低金属原子之间的共价键的结合强度。当局部出现应力时，这些被弱化了的原子共价键更容易出现断裂，从而形成微裂纹。氢降低表面能理论则认为氢吸附在金属的裂纹处，会降低金属的表面能，使裂纹扩展所需要的临界应力下降，但该理论未考虑塑性变形功的缺陷。至今，仍然没有一种理论可以较好地解释大多数的应力腐蚀破坏现象。

控制应力腐蚀的方法：需要注重设计合理，在设计过程中尽量减少尺寸和形状的突变，需要控制应力集中。另外，在选择材料方面也应避免采用对介质具有应力腐蚀敏感的金属材料。

(10) 微生物腐蚀：这类腐蚀是一种有微生物生命活动参与下的电化学腐蚀。相对其他腐蚀的研究，微生物腐蚀的起步较晚，发展却很迅速。20 世纪 80 年代人们开始正视这个造成全美油井设备腐蚀 77%以上的“罪魁祸首”。英美等主要工业强国纷纷在 80 年代成立了微生物腐蚀研究机构。目前对微生物腐蚀的研究主要包括对硫酸盐还原菌引起的厌氧腐蚀，铁氧化菌、硫化菌、铁细菌等细菌造成的好氧腐蚀，黏稠性细菌膜生成菌引起的腐蚀，以及藻类蕈类等其他类生物腐蚀。相应防护方法也有很多，包括改变工况环境，使用有机涂层、阴极保护、杀菌剂和生物防治等。

### 7.1.4　影响因素

自然界中能够导致金属材料发生腐蚀的因素有很多，在不同情况下金属发生腐蚀的原因也不尽相同。介质的温度、酸碱度、污染物、氧含量等都是金属发生腐蚀的重要因素。一般将影响腐蚀的因素根据材料和环境可以分为与材料相关的内因和与介质环境相关的外因。

1. 内因

影响腐蚀的内因主要包括金属种类、热处理方式、应力情况和金属材料中的杂质等。金属种类会影响腐蚀电池反应。不同金属的活性不同，腐蚀倾向也不同。而合理的热处理可以消除内应力，减少晶界缺陷，提高材料的耐腐蚀性，反之则会降低金属材料的耐腐蚀性。加工方式的选择也会在一定程度上影响材料的耐腐蚀性。不合理的加工和装配会使材料内部产生应力，这些应力会增加局部腐蚀的可能性。金属材料中的杂质会在电解质溶液中和金属元素组成腐蚀电池，使金属发生电化学腐蚀的可能性大大提高。

2. 外因

早期对金属腐蚀的介质环境的研究主要集中在大气环境下和酸性气体环境下，20 世纪 80 年代之后微生物环境下的金属腐蚀成为研究热门，近三十年来，随着对海洋资源重视程度的升高，对于海洋环境下的各类腐蚀的研究也成为一个新的热门研究方向。$Cl^-$对金属的腐蚀尤其是对奥氏体不锈钢的腐蚀更是已经成为一个工业上急需解决的难题之一。有研究者对恒变形 U 形试件进行了腐蚀试验，研究奥氏体不锈钢在 $H_2S$、NaCl 溶液中的应力腐蚀开裂行为，试验结果表明开裂是由 $Cl^-$导致的阳极溶解机理控制的，裂纹在小孔底部起源，呈台阶状扩展到了内部。

研究表明，温度越高，奥氏体不锈钢发生孔蚀的可能性越大，$Cl^-$含量的影响与温度的影响趋势相同，随着含量的上升发生开裂的可能性随之增大。溶液中的氧气含量会改变腐蚀的形式，无论是去除溶液中的氧气还是充分提供氧气都可以令材料难以发生点蚀，腐蚀类型会转变成均匀腐蚀。而溶液中的氢会加剧阳极腐蚀。研究发现，当腐蚀环境偏碱性时，钢材点蚀倾向会显著降低。

大量研究表明，微生物附着在金属表面形成的生物膜会影响金属表面的电化学反应，进而促进金属腐蚀的发生。生物膜的结构组成、形成过程与微生物腐蚀的发生密切相关。人们对于不同类型的菌类造成的微生物腐蚀也提出了一些假说来解释：硫酸盐还原菌的主要假说包括有浓差电池机理、代谢产物机理和阴极去极化机理等；硫氧化菌会通过氧化金属中的硫元素，将其氧化成亚硫酸和硫酸，最终导致腐蚀的形成；对于硝酸盐还原菌造成的腐蚀，研究人员给出了“生物阴极硝酸盐还原理论”这一解释。在自然界中，几乎不存在单一的微生物群落，微生物对于金属的腐蚀往往存在着多种微生物的共同作用。对于微生物腐蚀的研究，应该向着多种微生物共同作用方向上进行。

## 7.2　金属腐蚀破坏的试验方法及表征方法

### 7.2.1　试验方法

金属腐蚀试验是为了检测金属抗腐蚀性能发展而来的一门实验科学，这类试验的目的在于研究不同环境因素对金属腐蚀的影响规律，研究各种腐蚀机制，评价腐蚀产物对环境的影响，在给定环境中确定各种防腐蚀方法的可靠性。

按照腐蚀形式可以分成全面腐蚀和局部腐蚀，全面腐蚀是一种均匀的腐蚀，对于这一类腐蚀的研究通常采用的是重量法，相对全面腐蚀，局部腐蚀的情况复杂，试验方法需要因事而异。

**1. 重量法**

重量法是将试块浸泡在腐蚀介质中，根据腐蚀前后试件质量的变化来测试金属的腐蚀速率。重量法一般分为失重法和增重法两种。前者用于在不损伤金属材料的前提下腐蚀产物容易去除的情况，后者用于腐蚀产物不易清除的场合，单位一般采用 $g \cdot m^{-2} \cdot h^{-1}$，表示金属受到均匀腐蚀时，单位时间、单位面积上金属质量的变化量。

重量法腐蚀试验简易、方便、结果直观，是测量全面腐蚀速率的基本方法之一。但它的局限性也很大：试验时间长，试验结果易受试样制备和腐蚀介质的影响，容易受到操作因素的影响等。

**2. 应力腐蚀试验**

根据加载方法不同，应力腐蚀试验可以分为恒位移法、恒载荷法和慢应变速率法。

(1) 恒位移法需要通过弯曲拉伸使试样发生变形，并借助机械结构来维持固定。这种评定方式的试验装置简单且便于实现，可以对数个试样同时试验，因此在应力腐蚀试验中被广泛使用。使用的试样通常有光滑试样和预制裂纹试样两种。采用光滑试样，试验简单，成本较低。但由于试样在制造上难免存在缺陷，会导致试验在裂纹上存在高度的随机性，难以对数据进行分析。与光滑试样相比，对于预制裂纹试样，其约束裂纹随机出现的同时，大大缩短了裂纹孕育时间，测试周期短，数据集中度好。缺口和预制裂纹能真实反映实际工程构件的损伤状态，试验结果与实际情况较为吻合，可以定量研究应力腐蚀门槛值以及裂纹扩展速率等动力学参数。

(2) 恒载荷法是将试样的一端固定之后，另一端附加上恒定的拉伸载荷。将试样浸泡在腐蚀介质中，记录应力腐蚀开裂发生的时间。在试验过程中，附加载荷虽不会发生变化，但试样的有效负载面积会由于裂纹的不断加深而不断减少，使附加应力上升，最终导致试样的断裂。

在实际工程中，装备在正常工作情况下外载荷基本恒定，而装备会受到加工技术的限制，存在一定的制造缺陷。这些装备在使用过程中会由于外部载荷的原因，缺陷不断加深。因此相较于恒位移法，恒载荷法更加适合初始应力明确、试验过程中载荷保持恒定的情况。

(3) 慢应变速率法是给处于腐蚀介质中的试样施加一个缓慢的应变速率载荷。慢应变速率法主要用来测试材料的应力腐蚀敏感性。对于多数材料，最为敏感的应变速率为 $10^{-7} \sim 10^{-6} s^{-1}$。过快的应变速率容易使腐蚀介质来不及和金属材料发生反应，过慢则会影响试验效率。与前两种方法相比，慢应变速率法具有试验周期短、效率高等明显的优越性。

**3. 孔蚀试验**

(1) 化学浸泡法。将试样浸泡在加速金属腐蚀的腐蚀介质中，通过测量蚀孔的深度，可以研究材料的耐孔蚀的性能。目前大量文献表明，金属材料的孔蚀和氯离子脱不开关系，通过测量临界孔蚀温度，蚀孔成核所需的最低氯离子浓度，确定金属材料的孔蚀敏感性。

(2) 电化学测量法。任何一个稳定的蚀孔在形成之前都需要经过亚稳态阶段。这些亚稳态的蚀孔在萌生、生长和钝化过程中会产生微小的电流信号，通过研究这些电信号有助于了解蚀孔从亚稳态蚀孔的萌生到发展成稳定蚀孔的过程。

**4. 晶间腐蚀试验**

晶间腐蚀是金属材料在特定的腐蚀介质中沿晶界发生腐蚀，导致材料性能降低的现象。从原理上看，晶间腐蚀的各种试验方法都是通过选择适当的浸蚀剂和浸蚀条件对晶界区进行加速选择性腐蚀，通常可以用化学浸蚀方法和电化学方法来实现。

(1) 化学浸蚀方法现已比较成熟，且在大多数国家中已经标准化，主要的方法有硫酸-硫酸铜-铜屑法、沸腾硝酸法、硝酸-氟化物法、硫酸-硫酸铁法等。

(2) 与传统的化学方法相比，电化学方法的历史较短，尚未被完全标准化，但由于其具有简单、快速、无损等特点，被广泛使用。晶界腐蚀的电化学腐蚀法最早可以追溯到草酸电解浸蚀法，20 世纪 70 年代美国科学家建立了扫描参比电极技术，后来又有人提出以阳极极化曲线上第二活化峰所对应的电流密度作为敏化程度的判据。电化学动电位再活化法同样也是在 70 年代发展而来的，经过几十年的发展，电化学动电位再活化法技术得到了充分的发展，成为目前公认的快速、无损、定量检测不锈钢敏化的电化学测试方法。我国关于电化学动电位再活化法技术在评定不锈钢和镍基合金敏化程度方面已经标准化，国内对于该项技术的研究也有很多，例如，应用于不锈钢-碳钢复合板晶间腐蚀敏感性测试，解决了传统方法测试过程中复合板自身严重电偶腐蚀问题。

目前在国际上金属腐蚀试验方法已经有了全面的标准，包括美国材料与试验的 ASTM 标准、德国 DIN 标准、日本 JIS 工业标准、国际 ISO 标准。美国的 ASTM 标准在各类标准中最为齐全，包含均匀腐蚀、大气腐蚀、海洋腐蚀、室内加速腐蚀、晶间腐蚀、应力腐蚀、电化学腐蚀等。我国在金属腐蚀试验方面的技术标准起步较晚，在制定过程中充分吸取了各国金属腐蚀破坏标准制定的经验，制定出了一套数量多、门类全的标准。

### 7.2.2　表征方法

电化学方法是研究腐蚀发生过程和产生机理的重要手段。常见的电化学研究方法包括电化学阻抗谱等。电化学阻抗谱是一种频率域测量方法，其测定的频率范围很宽，试验重复性好，是目前运用最普遍的频域测量技术。

**1. 电化学阻抗谱**

通过给予测试对象一段不同频率的交流电势波，测量阻抗随电势波频率的变化而发生的变化，或者测量随电波信号频率变化而发生变化的阻抗相位角。通过研究电化学阻抗谱能够定量分析电化学系统的结构和电极过程的性质等，从而获得金属的腐蚀情况。

**2. 扫描电子显微镜(SEM)**

这种显微镜是一种介于透射式电子显微镜和光学显微镜之间的观察手段，它的放大倍率可达 30 万倍以上，分辨率最高可达 1nm。扫描电子显微镜的制样简单，块状或粉末状样品只需要稍加处理或不处理就可以直接用来观察。观察到的图像富有立体感，视场大。通过扫描电子显微镜可以测定微粒在试样表面的分布情况，观察金属表面腐蚀产物的微观形貌。

### 3. X 射线光电子能谱

X 射线光电子能谱(XPS)的基本原理是使用一束 X 射线照射样品时，产生光电效应，即原子内层电子吸收光子的能量之后，动能增加到可以克服原子核对它的引力，逃逸出金属表面，成为光电子。通过分析这些光电子能够了解试样分子和原子层面上的信息，通过分析光电子的谱峰强度（峰面积或峰高）大小，获得相应元素的含量。在实际应用中 XPS 常常与俄歇电子能谱技术(AES)配合使用，但在测量原子内层的电子的束缚能方面上，XPS 比 AES 更具备优势。

### 4. 红外光谱

红外光谱(IR)是分析化合物结构的重要手段，对于红外光谱的研究最早可以追溯到 20 世纪初期。它的基本原理是：组成物质的分子都是由原子通过化学键联结而成，分子中的原子和化学键都在不断运动，这种运动既包括原子外层电子的跃迁又包括原子本身的振动、转动。一般而言，有机分子中的原子和化学键的振动频率与红外光的频率相当，所以通过用红外光照射有机分子时，化学键和官能团会吸收某些波长的红外光，从而引起分子振动和转动能级的跃迁。不同的化学键和官能团吸收的红外光的频率不同。通过分析红外线的被吸收情况，可以得到物质的红外光谱，也称分子的振转光谱。基于红外光谱的基本原理，该项技术非常适用于复杂混合物组成的定性研究中。

## 7.3 金属腐蚀常用的防护涂层

人类对金属的利用最早可以追溯到公元前 4000 年左右的新石器时代晚期。随着对金属工具的利用越来越广泛，金属防腐蚀技术应运而生。防腐涂层技术作为一种经济性好且应用广泛的防腐蚀技术，在工业革命之后，伴随人类对海洋、核能、空间的利用，防腐涂层的研究和开发受到越来越多的关注。防腐涂层不仅能够保护金属免遭环境腐蚀，同时也赋予美观、伪装、警示等作用。总体来说，防护涂层的开发和利用虽然起源较早，但目前仍然是一项具有前瞻性的研究。

我国对防腐涂层利用的历史相当悠久，最早在战国时期的青铜剑上已经利用了 Cr 涂层。改革开放以来，我国腐蚀防护相关的部门、企业和广大的腐蚀防护科学工作者，深刻地认识到腐蚀给国民经济和环境保护造成的巨大危害而努力开展腐蚀防护科学技术工作，开发了许多具有我国特色的腐蚀防护科学技术和耐腐蚀产品。

在涂层耐蚀的机理方面，早期学者认为涂层的防腐机理是在金属材料表面形成一层可以屏蔽水和氧气的屏蔽层，但目前已有大量文献表明防腐涂层不可能起到完全屏蔽作用，涂层仍然具有一定的透气性和透水性，涂料透水和透氧的速度往往高于钢铁表面发生腐蚀消耗水和氧的速度。有部分研究表明涂料的防腐性能可能与导电性有关。

目前普遍认为，表面涂层技术是解决金属腐蚀的最有效手段之一，研究热点包括电镀、热喷涂和激光熔覆技术。电镀的成本最低，但其涂层相对较薄，且与基体的结合界面容易发生腐蚀而脱落。热喷涂技术的效率很高，但涂层中往往不可避免地出现孔隙和裂纹，这会导致涂层过早失效。激光熔覆技术则是利用高能激光束作为热源，热变形小且与基体结合强度高，是一种有效的加工方法。

### 7.3.1　金属涂层

金属涂层一般是把金属或合金覆盖在基体上，将保护对象和腐蚀环境隔离开，从而起到对金属基体的保护作用。从保护涂层和基体金属电极电位区分，可以把涂层分为两类：阳极涂层和阴极涂层。阳极涂层在受到破坏后依旧对基体有保护作用，而阴极涂层受到破坏后则会加速基体腐蚀。

随着对现代海洋资源的开发，海洋环境下的金属材料的耐蚀问题成为亟待解决的问题。海水中含有的 $Cl^-$是一种极强的腐蚀介质，其半径小、活性大，会破坏金属表面的钝化膜，从而引起腐蚀。另外，海洋环境下的微生物的新陈代谢也会加快金属腐蚀的速度。

目前在海洋工程上应用最广泛的金属涂层包括锌、铝及其合金涂层，以及镍基合金涂层、铁基合金涂层等。

**1．锌、铝及其合金涂层**

锌、铝及其合金涂层是目前运用最广泛的金属耐腐蚀防护涂层之一。锌铝合金涂层的防护机理是：锌可以作为牺牲阳极起到保护作用，铝可以被氧化且与大气中的水生成凝胶状水化物而起到钝化保护作用。

一般而言，纯铝由于其低廉的成本、较负的理论电位以及自身相对较高的比能量，在牺牲阳极的阴极保护上存在一定的使用价值。但是用纯铝作为牺牲阳极材料同样有局限性，纯铝在中性溶液中(pH 大于 5.1)会在表面形成水合氧化铝($Al_2O_3·H_2O$)，覆盖在纯铝表面的水合氧化铝是一种高电阻的致密氧化物，会阻止铝的进一步氧化，从而阻碍了铝作为牺牲阳极材料保护阴极材料的作用。相比于 Zn 涂层和 Al-Zn 涂层，Al 涂层的腐蚀电流最大且极化曲线有很强的钝化趋势，不能对基体起到有效的保护作用。

一般选择添加其他元素来解决铝的钝化问题。Zn 元素就是最主要的添加元素，在室温条件下，锌在铝中的溶解度为 2%，随着锌含量的逐步增加，会在晶间偏析富锌成分，形成锌铝固溶体区域。固溶体区域中的锌和铝都是阳极性组分，一般情况下，在与电解质溶液接触的涂层界面上存在锌原子，在腐蚀过程中，富锌成分会优先被腐蚀，在锌铝涂层合金表面形成多个腐蚀孔，从而破坏合金表面氧化膜的致密性和完整性。理论上锌铝合金涂层中铝的质量分数占到 30%时能够取得最好的防腐效果，但在实际的生产过程中，锌铝合金的生产会受制于锌铝的密度差。除此之外，锌铝合金涂层还存在对机械损伤和点蚀敏感的问题，在锌铝合金中加入适量的镁、硅、稀土元素可以显著提高涂层的耐腐蚀性能。

图 7-1 为稀土锌铝合金涂层的 X 射线衍射图谱，涂层的主要成分是铝和锌，在涂层中加入了稀土元素之后，稀土锌铝合金涂层中形成了耐腐蚀性能更优异的尖晶石氧化物 $ZnAl_2O_4$，提升了合金涂层的耐腐蚀性能。

涂层中加入的 Si 元素能够消耗掉涂层中部分的氧，以降低涂层中的氧化物含量。在合金涂层中加入稀土元素还可以改善涂层微观组织，让涂层结构变得更加致密，降低涂层的孔隙率。图 7-2 是 Al-Zn-Si-RE 涂层的腐蚀试验的横截面形貌，可以看出腐蚀产物附着在涂层表面形成了一层保护层，同时还起到了降低涂层表面孔隙率的作用，从而提高了涂层的耐蚀性能。

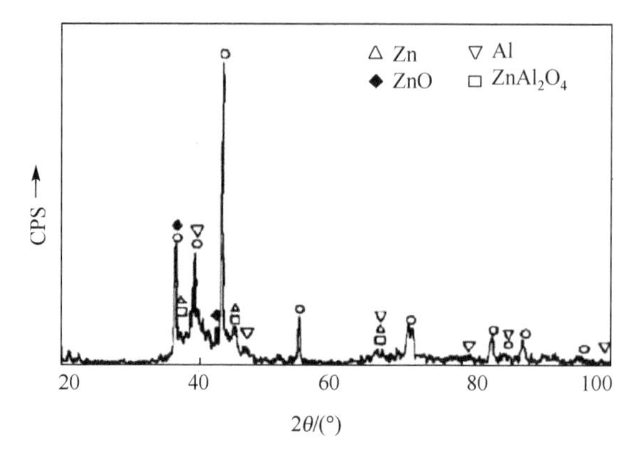


图 7-1　稀土锌铝合金涂层的 X 射线衍射图谱

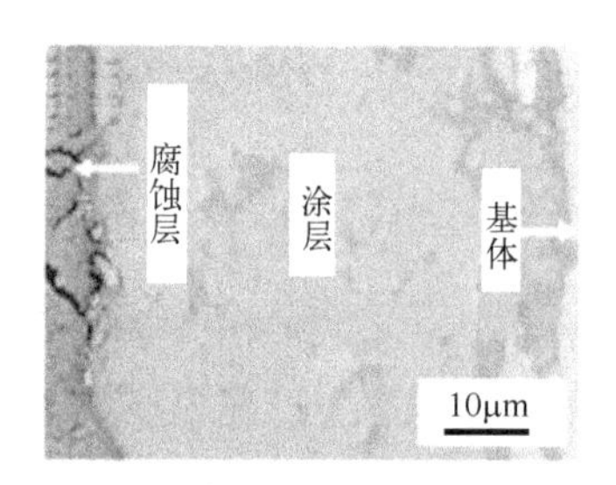


(a) 5d

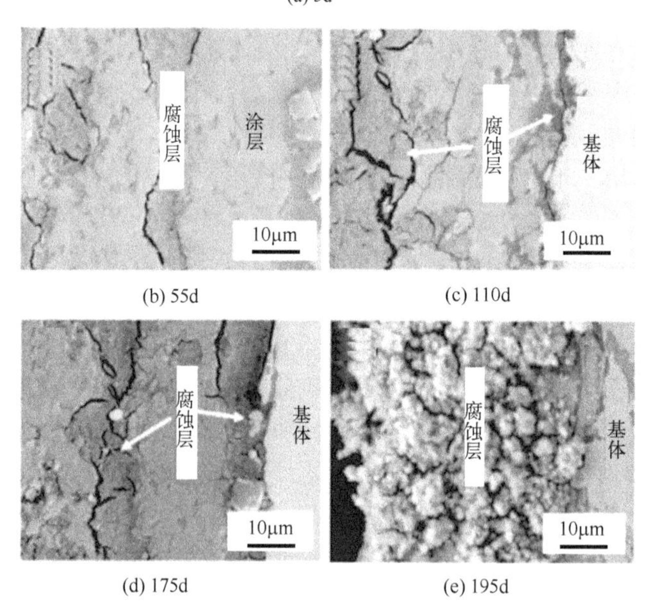


(b) 55d　　(c) 110d

(d) 175d　　(e) 195d

图 7-2　Al-Zn-Si-RE 涂层腐蚀后的横截面形貌图

合理的锌铝合金涂层能够保证钢结构在淡水、海水、大气等复杂环境下防腐寿命超过 20 年，由此可以看出锌铝合金涂层仍然会有巨大的应用前景。

**2．镍基合金涂层**

镍在自然状态下有着优良的耐蚀性，可以在非氧化环境下耐受多种酸、碱、盐溶液的腐蚀。镍基合金涂层是一种重要的涂层，被广泛地运用在海洋资源勘探、核能、化工等行业，以常见的镍铜合金涂层为例，镍铜合金的主要元素有 Ni、Cu、Fe，这类合金涂层在苛刻的腐蚀环境下仍然能够保证良好的耐腐蚀性能，也被称为 Monel 合金。在 HCl 溶液中，Monel 合金涂层中的 Cu 元素会发生晶界腐蚀，腐蚀产物会附着在镍合金涂层表面，并逐渐堆积在涂层表面形成一层保护膜，从而提高了合金涂层的耐腐蚀性能。

图 7-3 是镍基耐蚀合金系列树形图，镍基耐蚀合金按照元素主要可以划分成 Ni-Cu、Ni-Mo、Ni-Fe 等系列。

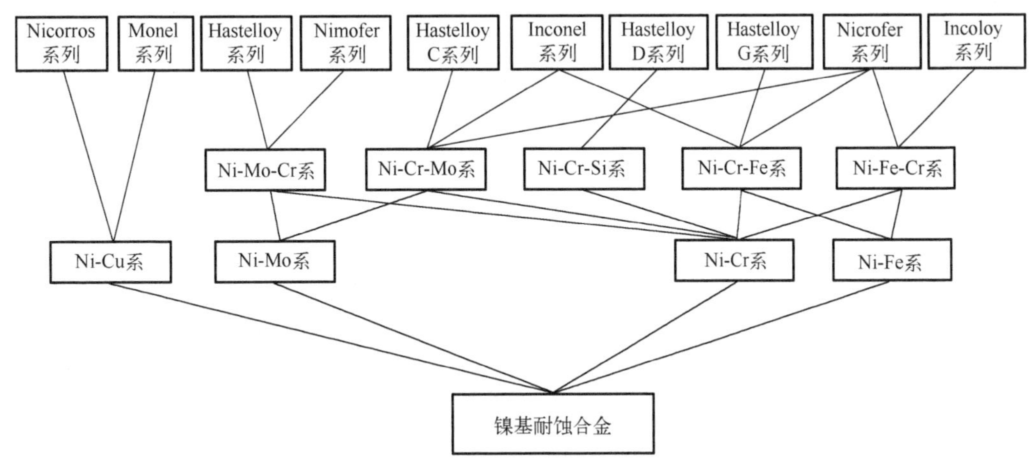


图 7-3　镍基耐蚀合金系列树形图

镍基耐蚀合金的添加元素主要有 Cr、Mo、W、Cu 等多种元素，Cr 元素的添加有效改善了合金的抗氧化性和抗硫化性。Mo 和 W 等添加则增强了合金在酸性环境下的耐蚀能力。

镍基合金涂层的制备工艺也会很大程度上影响涂层的耐腐蚀性能。研究发现利用优化的等离子喷涂工艺制备的 Ni60B 涂层更加致密，涂层的耐蚀能力也得到了很大的提升。不同腐蚀介质对涂层腐蚀电位和腐蚀电流密度的影响如表 7-1 所示。在 Ni60A 合金粉末中加入 2wt.% 的 $CeO_2$，制备的复合涂层在 3.5wt.%NaCl 溶液中的腐蚀电位相较未添加 $CeO_2$ 的 Ni60A 涂层腐蚀电位大大升高，腐蚀电流密度下降了两个数量级，涂层的耐蚀性能显著增强，这主要是因为在添加 2wt.%$CeO_2$ 之后，稀土元素细化了涂层晶粒，改善了组织结构，降低了涂层的孔隙率。混合有 WC 颗粒的镍基复合涂层在 0.05mol/L 盐酸溶液中，随着 WC 质量分数的增加，复合涂层的腐蚀电位先升高后降低，腐蚀电流密度先降低后升高，这是因为适量的 WC 可以均匀地分布在 Ni 基涂层中，缩小涂层各组织间的电位差。但随着 WC 含量的进一步增加，涂层中的原电池数量增加，反而加快了电化学腐蚀的速率。

**表 7-1　不同含量的硬质颗粒对镍基涂层耐腐蚀性参数的影响**

| 粉末 | 腐蚀环境 | 硬质颗粒/(wt. %) | 腐蚀电位/mV | 腐蚀电流密度/($A/cm^2$) |
|---|---|---|---|---|
| Ni60A | 3.5wt.%NaCl 溶液 | | −499 | $9.66\times10^{-7}$ |
| Ni60A | 3.5wt.%NaCl 溶液 | 2%$CeO_2$ | 105 | $6.04\times10^{-8}$ |
| Ni60 | 0.05mol/L 盐酸溶液 | | −458 | $5.73\times10^{-5}$ |

续表

| 粉末 | 腐蚀环境 | 硬质颗粒/(wt. %) | 腐蚀电位/mV | 腐蚀电流密度/($A/cm^2$) |
|---|---|---|---|---|
| Ni60 | 0.05mol/L 盐酸溶液 | 5%WC | –451 | $1.56\times10^{-5}$ |
| Ni60 | 0.05mol/L 盐酸溶液 | 10%WC | –407 | $9.89\times10^{-6}$ |
| Ni60 | 0.05mol/L 盐酸溶液 | 15%WC | –382 | $6.23\times10^{-6}$ |
| Ni60 | 0.05mol/L 盐酸溶液 | 20%WC | –448 | $1.28\times10^{-5}$ |

此外，董娜等研究了钼元素对镍基复合涂层的耐蚀性能的影响。结果表明，钼的含量会影响涂层的抗氧化性和抗热腐蚀性。当钼含量达到 8wt.%时，涂层在高温下有更强的抗氧化性。当钼含量为 6wt.%时，涂层具有良好的抗氯离子腐蚀性。当钼含量为 4wt.%时，涂层具有良好的抗高温腐蚀性和对强碱溶液的耐蚀性。

### 3. 铁基合金涂层

中国的镍资源总量并不丰富，且主要集中在甘肃地区。根据中国有色金属工业协会的数据统计，2019 年中国的镍产量仅有 19.32 万吨，且有 3.74 万吨出口，而表现需求量高达 35.18 万吨，镍矿缺口巨大，且依赖进口。长远来看，我国的镍矿缺口还将继续存在且还有扩大的可能性。全世界前十大铜矿基本都分布在南美洲，且这些铜矿也大多被欧美跨国集团所垄断。总体而言，我国有色金属资源安全形势严峻。面对这种局面，为了保障金属资源战略安全，一方面需要提高有色金属的回收利用率，另一方面由于铁基合金优秀的综合性能和低廉的价格，开发铁基耐腐蚀合金已经成为重中之重。

通过研究激光熔覆高碳铁基合金的组织性能，对铁基合金在含氧中性溶液中的腐蚀反应做出了解释：$2Fe+O_2+2H_2O\longrightarrow 2Fe^{2+}+4OH^-\longrightarrow 4Fe(OH)_2\downarrow$。

表 7-2 为不同碳含量的高碳铁基合金熔覆涂层在 3.5wt.%NaCl 溶液中的电化学腐蚀电位和腐蚀电流密度。从表 7-2 中可以看出，碳含量为 2.5wt.%的高碳铁基熔覆涂层的腐蚀电位(–0.59V)比碳含量为 4.5wt.%的高碳铁基熔覆涂层的腐蚀电位(–0.57V)要低 0.02V，且腐蚀电流密度也相对降低。这表明碳含量为 4.5wt.%的高碳铁基熔覆涂层的耐蚀性要优于碳含量为 2.5wt.%的高碳铁基熔覆涂层。后续发现在涂层中加入 Cr 元素，制备成的熔覆涂层能够更有效地提高熔覆层的耐蚀性。

**表 7-2 不同碳含量的高碳铁基合金熔覆层腐蚀电位和腐蚀电流密度**

| 参数 | 2.5wt.%C | 4.5wt.%C |
|---|---|---|
| 腐蚀电流密度/($\mu A/cm^2$) | 1.97 | 1.95 |
| 腐蚀电位/V | –0.59 | –0.57 |

当钢铁材料在海洋环境下服役时，极易受到海水的腐蚀。为了延长海洋用钢的使用寿命，采用激光熔覆技术在海洋工程用钢 DH36 上制备铁基合金涂层是一种行之有效的手段。图 7-4 为铁基涂层横截面 SEM 图。由图可以看出，在高能激光束的辐射下，熔覆层和基体之间表现出良好的冶金结合，涂层和基体的结合区则主要由平面晶和定向生长的柱状晶组成。图 7-5 为铁基涂层和基体 DH36 钢的极化曲线，可以看出激光熔覆涂层的自腐蚀电流密度为 $7.121\times10^{-8}A/cm^2$，腐蚀电位为–0.456V；DH36 钢的腐蚀电流密度为 $3.849\times10^{-7}A/cm^2$，腐蚀电

位为–0.543V。与基体 DH36 钢相比，铁基涂层的自腐蚀电流密度更小，腐蚀电位更高，这说明铁基涂层可以有效提高 DH36 钢的耐蚀性。

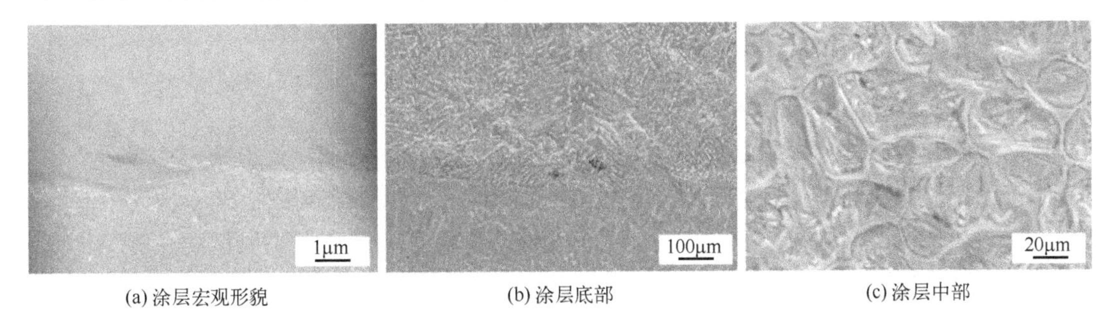


(a) 涂层宏观形貌　(b) 涂层底部　(c) 涂层中部

图 7-4　铁基涂层横截面 SEM 图

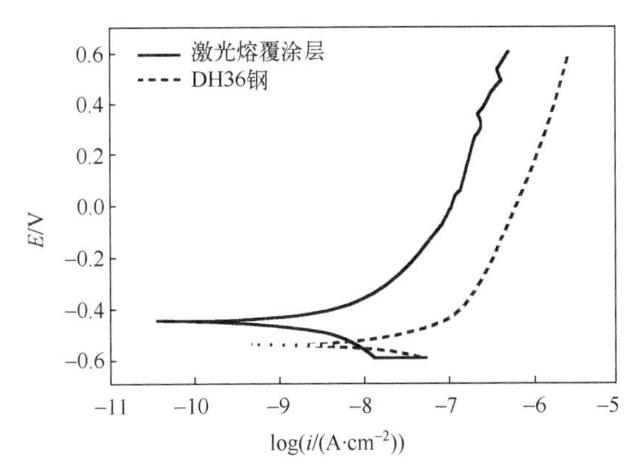


图 7-5　激光熔覆铁基涂层极化曲线

除了传统的铁基晶态合金涂层以外，铁基非晶涂层也是未来的发展趋势之一。非晶合金也被称为金属玻璃，与晶态合金的不同在于非晶合金组织高度无序，非晶合金中不存在孪晶、位错等缺陷，这使得非晶合金有很高的强度、硬度和相当优异的耐腐蚀性能。铁基非晶合金更由于其较低的制备价格、优异的力学性能和耐蚀性被广泛关注。但目前铁基非晶合金还存在着脆性高、较大尺寸的块状非晶合金很难加工等问题。研究表明，将涂层制备技术和非晶合金结合在一起，可以突破非晶合金的尺寸和形状的限制。

封孔处理可以显著提高热喷涂金属涂层的耐腐蚀性能。采用纳米 $Al_2O_3$ 封孔处理后的铁基非晶涂层和 Al、Al-Cu、Al-Si、Al-Mg 涂层表面的孔隙被封孔剂密封，起到了良好的填充作用，减少了孔隙缺陷。在封孔后涂层表面检测到 $Al_2O_3$ 衍射峰，未发现反应产物的形成。电化学结果表明，刷涂封孔、浸渍封孔和超声封孔三种封孔处理方法提高了铁基非晶涂层和铝基涂层的耐蚀性能，且表现出不同的耐蚀效果，依次为刷涂封孔、浸渍封孔和超声封孔。长期盐雾腐蚀试样后发现封孔后铁基非晶涂层腐蚀表面整体未发生严重腐蚀，除边缘处的锈迹外其余地方并未发现腐蚀产物，封孔处理后的铁基非晶涂层腐蚀电位发生正方向偏移，腐蚀电流密度减小，表现出良好的耐蚀性能。封孔后 Al-Cu 涂层和 Al-Si 涂层在盐雾试验中的耐腐蚀性能较差，其次是 Al 涂层和 AlMg 涂层。封孔后铁基非晶涂层在盐雾环境中的长期耐蚀性能优于封孔后的铝基涂层。

## 7.3.2 陶瓷涂层

陶瓷涂层因其优异的隔热耐热性、良好的耐蚀性和耐磨性，被广泛应用于航天、航空、机械工程等领域。

制备高性能陶瓷需要用到 W、Mo、Ta 等元素。

目前美国、英国、德国等发达国家掌握着高性能陶瓷涂层产业链的上游，占据了全球大部分的市场份额。我国是生产陶瓷涂层的大国，但相关企业受制于制备工艺，国内中低端产品产能过剩，高端产品则需要大量进口。依托于本国优势的自然资源，发展高性能陶瓷涂层已经成为当前亟待解决的问题。

高性能陶瓷涂层种类繁多，按照功能可以分为耐磨陶瓷涂层、耐蚀陶瓷涂层和热障陶瓷涂层，如表 7-3 所示。

**表 7-3　陶瓷涂层分类**

| 类别 | 代表 |
|---|---|
| 耐磨陶瓷涂层 | $Al_2O_3$、WC、$MoSi_2$、AlN、$ZrB_2$ |
| 耐蚀陶瓷涂层 | $Al_2O_3$-$TiO_2$、TiN、WC-Co-Cr |
| 热障陶瓷涂层 | MCrAlY/$ZrO_2$-$Y_2O_3$ |
| | MCrAlY/$ZrO_2$-$CeO_2$ |

耐蚀陶瓷涂层的主要作用是保护基体材料不受环境腐蚀，主要包括一些氧化物、碳化物及氮化物。在工程实际中，一些耐蚀陶瓷涂层往往也具有良好的耐磨性。$Al_2O_3$-$TiO_2$ 复相陶瓷涂层在经过 1000h 的动态腐蚀后依旧保持了较好的完整性。TiC 的添加量控制在 20wt.%～30wt.%时 Ni60-TiC 陶瓷涂层既获得了优异的耐磨性能又获得了良好的耐蚀性能。

陶瓷涂层的耐蚀性能很大程度上受制于制备工艺，目前最常用的耐蚀陶瓷涂层的制备方法包括气相沉积、热喷涂、激光熔覆三类，如表 7-4 所示。

**表 7-4　陶瓷涂层的制备工艺**

| 种类 | 具体工艺 |
|---|---|
| 气相沉积 | 物理气相沉积、化学气相沉积 |
| 热喷涂 | 等离子喷涂、超声速火焰喷涂等 |
| 激光熔覆 | 激光熔覆 |

研究发现，通过激光熔覆技术在 Ti 基体上制备 $ZrO_2$-$Y_2O_3$ 涂层，涂层和基体的结合良好且涂层的平均硬度是基体的 3.5 倍。而 Ni-Al/$Al_2O_3$-13wt.%$TiO_2$ 金属陶瓷涂层的硬度是 45 钢的 4 倍。但激光熔覆技术的热源激光束有极强的热功率会造成强烈的热应力，导致涂层因热应力而发生开裂，且由于激光参数对涂层质量影响的复杂性，熔覆涂层的质量很难得到控制。

随着我国在航空航天、船舶制造和国防工业领域上的发展，对于高性能的陶瓷涂层的需求也日益增长。制备高性能陶瓷涂层的工艺有很多，但都存在着一些问题。仅对制备工艺而言，未来的陶瓷涂层的制备工艺需要向着高效率、高质量、低污染、控制简单的方向发展。

对于陶瓷涂层，提高涂层的力学性能和解决涂层与基体的结合强度问题是最基本的出发点。未来的陶瓷涂层可以向着复合结构、梯度结构方向发展。

### 7.3.3　石墨烯涂层

石墨烯是一种 21 世纪发现的新型材料，早期人们对于石墨烯的关注更多是在其优异的力学性能上，后来发现了石墨烯材料极其优异的隔离性，这一发现展示了石墨烯在腐蚀防护领域的巨大应用潜力。目前石墨烯在金属耐蚀涂层上的应用主要有两种途径：第一种是直接在金属基体表面沉积出石墨烯防护涂层；第二种是将石墨烯加入环氧树脂等聚合物基质中。石墨烯有着优异的隔离性，当石墨烯在复合涂料中均匀分散时可以形成防护屏障，既有效填补了有机涂层的孔隙和微裂纹，又提高了涂层的耐蚀性能。

制备石墨烯的方法主要有机械剥离法、氧化还原法、取向附生法、化学气相沉积法等，其中化学气相沉积法是唯一一种能在基体金属表面大面积沉积石墨烯涂层的方式。但无论哪种石墨烯的制备方法目前都存在着很多问题亟待解决：机械剥离法的生产效率低下，工业化生产存在困难；氧化还原法和取向附生法存在着生产出的石墨烯厚度不均匀的问题，难以控制石墨烯材料质量的问题；化学气相沉积法则存在着环境污染的隐患。

利用石墨烯制备有机复合防腐涂层是石墨烯在耐蚀涂层方面应用最广泛且成熟的手段，石墨烯复合涂层耐蚀性能优异的原因主要概括为三个方面：①石墨烯均匀分散在涂料中，石墨烯材料的不可渗透性能够有效提升涂层的耐蚀性；②石墨烯能够有效改善涂层和基体金属的结合强度，提高涂层的耐久性；③石墨烯凭借自身优良的导电性，能够有效改善阴极保护型涂层的耐蚀性能。

目前关于石墨烯涂层的研究主要包括以下三个方面：提高石墨烯在有机涂层中的分散性；石墨烯改善涂层和基体金属的结合强度；石墨烯改善阴极保护型涂层的耐蚀性能。

**1．提高石墨烯在有机涂层中的分散性**

石墨烯的比表面积大、表面能大、易团聚等特点，限制了石墨烯在有机涂料中的均匀分散，石墨烯只有均匀地分散到有机涂料中，才能充分发挥它的不可渗透性，填充涂层中存在的空隙，起到提高涂层的耐蚀性能。大量研究表明，解决该问题的最佳方法是对石墨烯表面进行修饰，主要包括：通过使用一些小分子化合物改变石墨烯的表面结构；使用大分子化合物修饰石墨烯；使用无机纳米氧化物修饰石墨烯。

在利用小分子化合物修饰石墨烯表面来改变石墨烯的表面结构和极性研究方面，使用乙二胺与氧化石墨烯表面的羧基发生脱水缩合反应，制得了氨基化氧化石墨烯(NGO)，并以 NGO 作为添加材料制备了复合防腐涂料。结果表明，涂层在 3.5wt.%NaCl 溶液中的腐蚀速率仅有 $9.57\times10^{-5}$mm/a，比环氧树脂涂层的腐蚀速率($6.82\times10^{-1}$mm/a)低了 4 个数量级，极大地提高了涂层的耐蚀性。

在利用大分子化合物修饰石墨烯表面提高石墨烯在有机涂层中的分散性研究方面，利用聚乙烯醇可以使得氧化石墨烯的表面能降低，从而在提升氧化石墨烯在涂层中的分散性的同时还提高了石墨烯与水性聚氨酯树脂的相容性，使复合涂层的耐蚀性显著提升。

在无机纳米氧化物修饰石墨烯方面，通过将纳米氧化钛($TiO_2$)修饰到氧化石墨烯表面，氧化石墨烯在经过纳米 $TiO_2$ 的修饰之后，分散性得到了很大提高，涂层的耐蚀性能也得到了显著增强。

### 2. 石墨烯改善涂层和基体金属的结合强度

研究表明，在涂料中加入石墨烯制成复合涂层，可以有效地降低涂层的孔隙率、提高涂层与基体的结合强度。图 7-6 是纯环氧树脂与石墨烯/环氧树脂浆料的扫描电镜图，可以看出石墨烯材料充分地填补了环氧树脂的空隙。此外，又由于环氧树脂充分地吸附于石墨烯材料片层之间，有效避免了石墨烯的团聚。图 7-7 是涂层和基体金属的附着力测试结果。涂层中石墨烯含量增加时，涂层附着力显著提高，且断裂方式均为 100%层间断裂，这表明了涂层的结合强度有了显著的提升。当石墨烯含量为 0.2wt.%时，附着力最大，达到 6.11MPa。

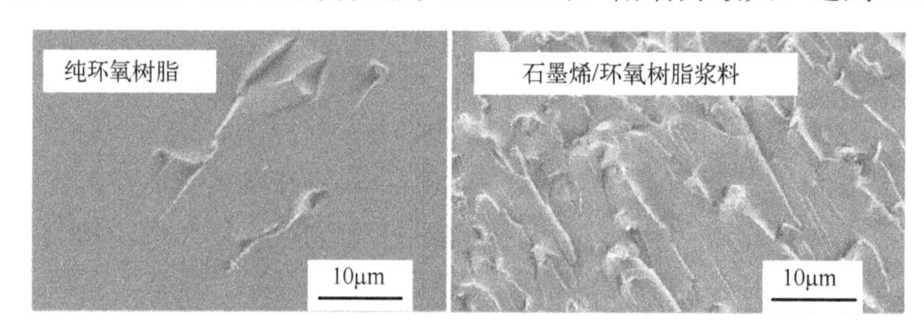


图 7-6 纯环氧树脂与石墨烯/环氧树脂浆料的扫描电镜图

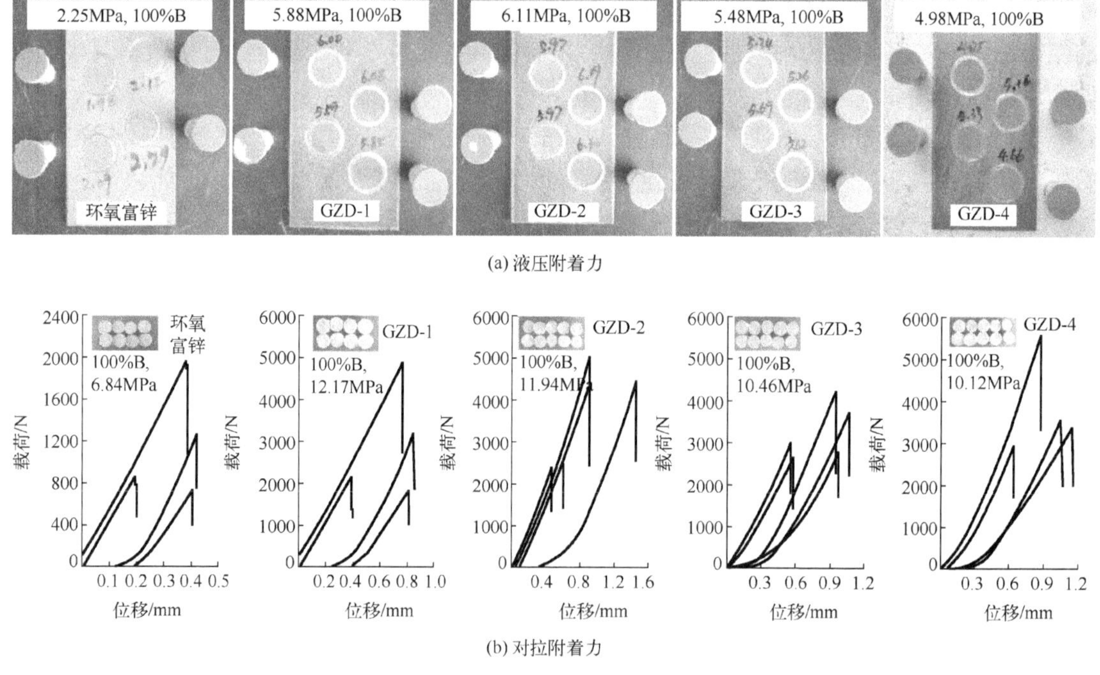


图 7-7 石墨烯改性环氧锌基防腐涂层附着力测试结果

### 3. 石墨烯改善阴极保护型涂层的耐蚀性能

阴极保护型防腐涂层是在涂料中加入一些锌或铝等较为活泼的金属，在使用中活泼的金属锌或铝代替了基体金属被腐蚀，达到牺牲阳极而保护金属基体(阴极)的目的。传统的富锌涂层只有部分锌粉颗粒形成电流通路，阴极保护作用有限，涂层的防腐效果不佳。石墨烯有着良好的导电性和屏蔽性，将石墨烯加入涂料中可以很好地提高涂层的耐蚀性能。

目前石墨烯及其复合涂料的研究和利用处于刚刚起步阶段。国外 CVD Equipment Corporation、Graphene Nanochem PLC、Vorbrck Materials 等，以及国内宁波墨西科技、常州第六元素材料科技、东莞鸿纳新材料科技、上海新池能源科技等企业为石墨烯的产业化走出了第一步。目前石墨烯材料已经建成了吨级生产线，但在产业化道路上仍然存在着一些问题，以氧化还原法为例，每吨重石墨烯的生产需要消耗五十吨的硫酸，生产消耗巨大，生产期间还会产出大量的废气和废液，往往还存在着尺寸、层数不均、环境破坏等问题。

石墨烯生产工艺应该向着绿色无污染方向发展，传统的生产方式耗时耗力且在生产过程中存在污染，从而影响到石墨烯的推广和应用。

# 本 章 小 结

金属腐蚀问题给人类社会的工业生产造成了巨大的损失，本章对金属的腐蚀机理、金属腐蚀破坏研究的试验方法及表征方法和常用的防护涂层进行了阐述，分别对耐蚀涂层及其制备方法进行了介绍，金属涂层是使用最广泛的耐蚀涂层，主要有锌铝合金涂层、镍基耐蚀涂层和铁基耐蚀涂层。近年来，随着材料技术的发展，新型涂层也逐步在工业领域得到应用，陶瓷涂层和石墨烯涂层的运用弥补了传统合金涂层的不足，提高了基体在极端腐蚀环境下的耐蚀能力。

## 参 考 文 献


褚武扬, 谷飚, 高克玮, 1995. 应力腐蚀机理研究的新进展[J]. 腐蚀科学与防护技术, 7(2): 97-101.

党恒耀, 张亚军, 罗先甫, 等, 2018. 常见应力腐蚀标准试验方法对比及应用[J]. 理化检验(物理分册), 54(9): 672-675.

侯保荣, 2014. 海洋钢结构浪花飞溅区腐蚀防护技术[J]. 中国材料进展, 33(1): 26-31.

黄钰, 程西云, 2014. 电弧喷涂锌铝合金涂层的防腐机理和应用现状[J]. 热加工工艺, 43(4): 9-11.

蒋建敏, 董娜, 贺定勇, 等, 2006. 电弧喷涂 NiCrMo 涂层耐蚀性能研究[J]. 稀有金属, 30(1): 34-38.

刘万雷, 常新龙, 张有宏, 等, 2013. 铝合金应力腐蚀机理及研究方法[J]. 腐蚀科学与防护技术, 25(1): 71-73.

钱绍祥, 2019. 激光熔覆铁基合金涂层的组织及耐蚀性能[J]. 铸造技术, 327(6): 613-616.

魏新龙, 朱无言, 朱德佳, 等, 2020. 激光热喷涂制备铁基非晶涂层耐腐蚀性能的研究进展[J]. 南京工业大学学报(自然科学版), 198(1): 1-8.

谢春峰, 2019. 金属腐蚀原理及防护简介[J]. 全面腐蚀控制, 33(7): 18-20.

徐金勇, 吴庆丹, 魏新龙, 等, 2020. 电弧喷涂耐海水腐蚀金属涂层的研究进展[J]. 材料导报, 34(13): 13155-13159.

杨熙, 2013. 电弧喷涂稀土锌铝涂层组织及耐腐蚀性分析[J]. 铸造技术, 257(11): 1496-1498.
查小琴, 邵军, 张利娟, 2009. 不锈钢晶间腐蚀测试方法[J]. 材料开发与应用, 24(3): 60-65.
张继豪, 宋凯强, 张敏, 等, 2017. 激光热喷涂制备高性能陶瓷涂层及其制备工艺发展趋势[J]. 表面技术, 46(12): 96-103.
张帅, 刘福朋, 戴万祥, 等, 2020. 镍基涂层耐磨损性耐腐蚀性的研究现状[J]. 热加工工艺, 49(10): 16-19.
周野飞, 高士友, 王京京, 2013. 激光熔覆高碳铁基合金组织性能研究[J]. 中国激光, 444(12): 46-50.
左禹, 王海涛, 1999. 金属亚稳态孔蚀行为的电化学研究[J]. 腐蚀科学与防护技术, 11(1): 44-52.

# 第 8 章　表面耐气蚀涂层

## 8.1　金属气蚀的破坏机理

### 8.1.1　基本概念

气蚀又称穴蚀、空蚀，其原理是零部件在高速流动和压力变化的流体介质环境下工作，如离心泵叶片等，较大的压差变化导致气泡形核、长大，在零部件表面溃灭，形成的脉冲波冲击金属材料表面，气泡反复形核、长大和溃灭而引起的周期性冲击波造成零部件表面损伤和洞穴状破坏。空化就是这种气泡生长变大接着溃灭的过程，气蚀损伤就是由反复的空化现象造成的，由于高速流体中复杂的环境，气蚀往往产生于零件的局部区域，在金属表面某些特定区域首先形成微小的气蚀坑，随着时间的推移，微小的气蚀坑逐渐扩大形成宏观缺陷。

气蚀是流体环境中合金表面常见的破坏形式之一，在现实生活中能够造成巨大危害，例如，水电站的水轮机遭到气蚀破坏时，将导致出力减少、振动加剧、效率下降等，大大降低水电站的发电效率，严重时还会造成巨大的安全事故。液压系统的空蚀损伤也是时常发生的，液压系统已经广泛应用在生产生活中的各个方面，如船舶舵机、汽车刹车系统等控制系统中，当气蚀损伤产生时，控制系统的灵敏度将大大降低，甚至产生失灵等严重事故，将严重危害系统的工作可靠性。因此，消除或减轻气蚀破坏成为亟待解决的难题。

### 8.1.2　破坏机理

金属气蚀破坏也就是空化气泡反复生长和溃灭产生的能量作用在基体上，也称为空蚀。金属表面和流动液体产生压强差与溶解在液体中的气体都会造成空化气泡的产生。空化气泡反复溃灭产生的能量作用在金属表面，会使材料发生疲劳脱落，从而产生气蚀坑。总体而言，气蚀就是空化强度与材料强度之间的对抗。气蚀过程分为气蚀潜伏期、气蚀加速期、气蚀减速期和气蚀稳定期四个阶段。首先，材料表面发生塑性变形，是气蚀潜伏期；紧接着，材料发生疲劳脱落，即材料基体吸收大量的冲击能量，导致表面加工硬化，材料失重率迅速增加，到达气蚀加速期；一段时间后，单位时间内的质量损失慢慢减少，气蚀率达到最大值后开始下降，到达气蚀减速期；最后，单位时间的质量损失基本不变，这与气蚀坑造成的缓冲作用有关，最终到达气蚀稳定期。这一过程也因液体性质的不同而有差异，空蚀率随时间的变化曲线如图 8-1 所示。

气蚀是由多种因素共同作用产生的结果，涉及材料的种类、流体的性质以及力学冲击等问题，其损伤机理相当复杂。事实证明，任何固体材料在任何液体环境下工作，其表面都会发生气蚀破坏现象，而不同的材料在不同的流体中，其气蚀损伤也是不同的。目前普遍认为存在冲击波、微射流、热效应、化学腐蚀以及电化学腐蚀等多种气蚀损伤机理。

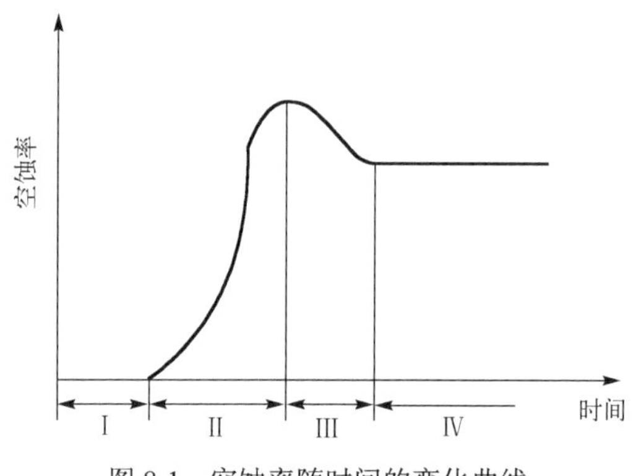


图 8-1　空蚀率随时间的变化曲线

### 1. 冲击波机理

当高速流体内的压力降低，溶解在液体中的空气或者液体蒸发形成的气体汇聚成气泡群，而气泡群到达相对较高压力的位置时，气泡破裂的瞬间会产生巨大的压强，在瞬间压强的加持下液体获得动能，使流体内形成流体冲击波，这种冲击波从溃灭中心做球状辐射波传播。金属过流部件接收到这种冲击波后表面会产生局部塑性变形，甚至产生加工硬化。有些空化泡溃灭后并不是全部消失，一部分空化泡会再生，再生后的空化泡溃灭依然产生冲击波，如此反复的作用使得过流部件表面出现气蚀坑。

可以对空化泡溃灭处的压强进行数值模拟，当空化泡初始半径 $r_0$=1.27mm，泡内气体初始压强 $P_0$=101.325Pa，液体中初始压强 $P_\infty$=1.01325×$10^5$Pa，动力黏性系数 $\mu_0$=1.0×$10^5$ (N·s)/$m^2$，表面张力系数 $\sigma$ = 72.7×$10^3$N/m 时，空化泡中的气体压强 $P_i$ 可采用式(8-1)计算：

$$P_i = P_0\left(\frac{r_0}{r}\right)^{1.3} \tag{8-1}$$

式中，$P_0$ 为空化泡内气体初始压强；$r_0$ 为空化泡初始半径；$r$ 为距离空化泡中心的距离。由式(8-1)可以计算得出空化泡溃灭点的最大压强达 6.8597×$10^9$Pa，但是冲击波压力随时间和距离衰减很快，连续产生的空化泡在边壁材料处溃灭，会连续地对基体材料产生压力冲击导致气蚀破坏。

### 2. 微射流机理

20 世纪首次提出的微射流机理，认为空化泡溃灭晚期会有一束微型射流自空化泡顶部向底部贯穿，到达壁面后形成气蚀。空化泡在接触到金属壁时，由于压力差的存在，空化泡靠近金属壁的一端和远离金属壁的一端溃灭的先后顺序不同，远离金属壁的一端先于靠近金属壁的一端破裂，于是形成了向壁的微射流。微射流也是短暂存在的，冲击发生在一瞬间，持续不断的微射流作用造成金属壁的气蚀破坏，微射流机理示意图如图 8-2 所示，空化泡溃灭早期由球形变成从尾部向内部坍缩的瘦长 U 形，最终微射流突破空化泡近金属壁侧冲向壁面，造成壁面空蚀损伤。金属壁附近的空化泡在溃灭时可以简单分为以下过程：首先远离金属壁一侧的空化泡壁从中间变形下凹，然后下凹形成的射流穿透空化泡使得球形空化泡形成环泡作用在金属壁上，最后环泡溃灭消失或破碎成多个小泡，这些小泡继续溃灭最终消失。

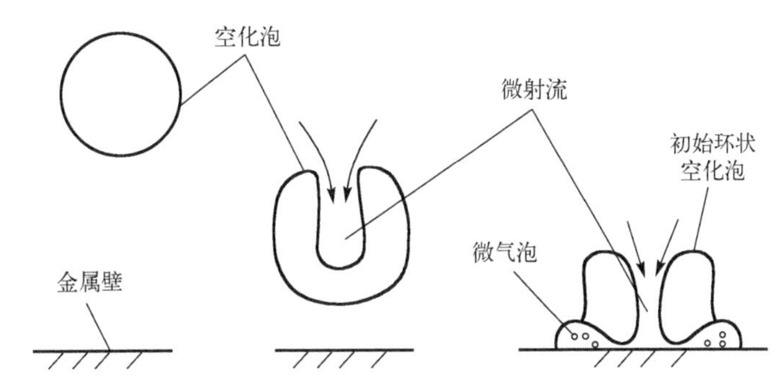


图 8-2　微射流机理示意图

空化泡溃灭过程充满不确定性，溃灭微射流速度只能粗略估算，微射流速度估算公式如下：

$$v = 8.97\left(\frac{H}{R_0}\right)^2 \sqrt{\frac{p_\infty - p_\mathrm{v}}{\rho_2}} \tag{8-2}$$

式中，$H$ 为空化泡中心距壁面距离；$R_0$ 为空化泡初始半径；$p_\infty$ 为环境压力；$p_\mathrm{v}$ 为泡内饱和蒸气压；$\rho_2$ 为液体密度。

从式(8-2)中可以看出，微射流速度与液体中压强、液体密度、空化泡半径以及空化泡到金属壁的距离有关。通过计算和试验观测可知，气泡溃灭时，近表面处的微射流速度可接近200m/s，再加上高的冲击压强，极易造成表面损伤而形成气蚀坑。

**3．热效应机理**

在气蚀试验时常常能看到发光现象，这是由溃灭时气泡中的气体达到高温产生的，这些热气体会随着射流冲击作用接触材料表面，使得材料的局部温度达到其熔点或使其强度降低，进而产生空蚀破坏。气泡溃灭时会产生很高的温度，可达 19000K，空化泡的半径以及压力不同会改变气泡溃灭产生的温度。同时空化泡在溃灭过程中产生短暂的高温，其加热冷却速率也是非常大的，局部高温作用到过流部件表面时，对材料表面造成灼烧，再伴随着冲击波和微射流的共同作用可使金属表面产生严重的气蚀破坏。钢铁材料表面因气蚀损伤造成的气蚀坑周围出现的彩虹环是由空化泡溃灭作用产生高温氧化的 $Fe_2O_3$ 造成的。

**4．化学腐蚀机理**

气泡溃灭放出热量，同时溃灭产生的冲击波和微射流作用到金属材料表面也会产生局部高温，高温高压再加上复杂的流体环境，材料表面会发生疲劳破坏或者被氧化腐蚀，再加上空化泡溃灭高速和高压作用形成的力学作用，能够将被破坏的产物清除，使得溶解在流体中的自由氧和水汽氧元素接触到新暴露出的表面，表面进一步被氧化腐蚀破坏，随着空化泡的反复新生和溃灭，这种化学腐蚀持续进行，造成严重破坏。许多金属在疲劳破坏和化学腐蚀的共同作用下，会形成大小不同的腐蚀坑，这些腐蚀坑使得应力集中，空化泡溃灭产生的冲击波和微射流集中作用到这些腐蚀坑上，进而加速破坏。

5. 电化学腐蚀机理

气蚀过程中，局部高温产生的氧化，再加上气泡溃灭所形成的剧烈的力学作用，使得该区域的表面状态与未发生氧化腐蚀区域的差异很大，该区域内材料的内能急剧变化，与周围区域就会形成强烈的电化学不均匀性，这种同等材料表面电化学性能的差异，促进了电极介质界面附近区域离子与金属表面的电子交换过程，在材料表面形成腐蚀电偶。在气泡溃灭产生的冲击波和微射流的反复作用下，电化学腐蚀在腐蚀点附近持续进行，加剧气蚀的破坏。孙冬柏等研究发现金属材料空蚀后的腐蚀电位低于材料空蚀前的电位，认为空蚀的电化学作用使得金属材料的电位发生了负移，金属材料表面的空蚀区与非空蚀区形成了电偶作用。

材料的气蚀往往不是由单一机理造成的，气蚀破坏是一个复杂的过程，涉及力学、化学、电化学和热学等多种作用，现实中材料的气蚀都是由多种机理共同作用的结果，其相互影响、相互促进造成气蚀的加剧。例如，材料微射流损伤与腐蚀几乎同时发生，并相互影响；在空化效应冲击下，材料有不均匀的变形，局部升温，诱导了水中自由氧引起的材料表面氧化，表面腐蚀区域与表面周围环境的不均匀性促使产生微电池，其阳极区产生腐蚀，同时空化作用也能去除表面的钝化膜和腐蚀产物，从而加速腐蚀。另外，腐蚀造成的表面粗糙度破坏流线并有助于气泡成核，促使气蚀的加剧。当空化造成的冲击波和微射流强度很大时，腐蚀作用造成的气蚀损伤将不明显。

## 8.1.3 影响因素

影响气蚀过程的因素大致可分为外因和内因，外因如液体特性、压强、温度、流体含气量、流体含沙量等；内因就是材料本身的特性，如材料表面结构以及晶体结构等。

1. 液体特性的影响

天然水中含有大量的微粒和空气泡，两者结合可以形成水气相，水气相的存在就为空化的产生提供了条件，如汛期的水流和钻井泥浆等都是挟沙的水流，所以更易造成材料的气蚀破坏。液体的物理特性不同也会造成不同的影响，如表面张力过大将加速空化泡的压缩过程，当空化泡溃灭时，大的液体表面张力也会使空化泡溃灭的压强增大，使得空化泡溃灭产生的冲击波和微射流也相应增大，造成的破坏也更严重。液体黏性的不同也会对气蚀产生影响，当液体黏性大时可减缓空化泡的溃灭速度，相应也会降低空化泡溃灭时的压强，减弱空化泡和微射流的冲击作用，使得气蚀破坏减轻。

2. 压强的影响

工件在水流中工作时，工件的表面气蚀损伤程度会随着高速流体压强的增大而增大。压强差造成空化泡的形成，空化泡溃灭造成材料表面气蚀损伤。对石油钻井设备而言，井筒周围的压强是影响气蚀破坏的一个重要因素，当井筒周围的压强增大时，这种环境下可以抑制空化泡的产生，但是空化泡一旦产生，空化泡溃灭压强导致冲击波和微射流能量更大，因此造成的气蚀破坏将会更严重。

3. 温度的影响

温度对气蚀的影响，主要是通过温度影响流体的性质。液体的表面张力变化与温度变化相关，温度越高，液体表面张力越小，表面张力又具有控制空化泡大小、决定其初生和溃灭的作用，液体表面张力越小，空化泡越不易破裂。当空化泡处于萌发时期时，低的表面张力阻止其发育，最终使得生长出来的空化泡尺寸极小，溃灭产生的能量也减弱；在溃灭的后期，小的表面张力并不能驱动并加速空化泡的溃灭速度，相反还会减弱其溃灭瞬间的压强，减弱气蚀破坏造成的损伤。温度升高，液体的饱和蒸气压强增大，会促使更多的气核发育为气泡，同时温度升高使得动力黏度减少，也会加速空化泡的产生和溃灭，从而增大气蚀损伤的可能性；温度升高会增加液体中气泡的数量，“掺气减蚀”的原理得以体现，空化泡间相互影响的概率变大，使得溃灭压强和冲击波微射流作用变小，故对固体壁面造成的空蚀破坏减弱。

**4. 流体含气量的影响**

气蚀破坏是由流体中产生的气体导致的，所以一般认为流体中含气量越高，空蚀造成的破坏越严重，实际情况并非如此，当流体中的气体量达到一定数量时将改变水流的物理特性，使得气蚀破坏不易发生。当流体中气泡过多时，部分空化泡溃灭产生的冲击波大部分会作用到其他小气泡上，这些小气泡相当于缓冲介质分散掉空化泡溃灭产生的力学作用，减弱其破坏能力。可以用“掺气减蚀”来解释这一现象。小气泡吸收冲击波的原理可总结为两点：形变过程中的热传导损耗，气泡压缩伸张过程中，气泡内气体的温度发生变化，与周围液体发生能量交换，使得冲击波能量转变为热能而损耗；气泡振动，水对气泡面振动产生黏滞阻力作用，因而小气泡吸收冲击波能量后会转变为自身振动而消耗掉。

**5. 流体含沙量的影响**

实际应用中的零件避免不了在含泥沙的环境中工作，在此环境下空化气蚀造成的影响要大于在不含沙的环境，即水流中含沙更易造成零件的气蚀损伤，当水流高速运动时，由于密度大的沙粒惯性的影响，沙粒继续高速流动，使得该处压力降低，压强差的出现使得空化作用增强，进而促进气蚀的发展。但并不是含沙量越高、沙粒的粒径越大，气蚀损伤就越严重，即水流中沙粒粒径和含量适当时，此悬浮质沙将使物体表面研磨光滑，从而抑制空蚀作用。当含沙量一定时，随沙粒粒径逐渐增大，或者当沙粒粒径一定时，随含沙量不断增多，均表现出先促进、后抑制。当空化已经充分产生时，同一含沙量、不同沙粒粒径与同一粒径、不同含沙量下，空化泡分布均呈现为先增大、再接近、后减小的变化趋势，表明沙粒对流体中材料的气蚀损伤并不是单一的促进作用，相反其对表面的打磨作用使得气蚀损伤减弱。

**6. 材料表面结构的影响**

表面形貌是影响表面空蚀过程的重要因素，一般认为光滑表面会减少空蚀，当材料表面粗糙时，高速流体在此处会形成扰动，造成此处压强低于该流体相应温度下的饱和蒸气压，出现局部空化现象。随水流速度增加，在粗糙的材料表面将依次出现阵发性游移型空化、游移型空化和固定型空化，这些空化现象都会造成气蚀损伤；若流速继续增大，空化的范围将发展得很大，当空化泡溃灭时，在材料基体上就会出现不同程度的气蚀。

**7. 材料晶体结构的影响**

材料的晶体结构、堆垛层错和晶粒大小等，直接影响其抗空蚀性能，这是因为材料的微观结构决定了材料的宏观力学性能。在研究金属面心立方晶格时发现，金属在高应力、高应变作用下并不发生明显变化，能够长期抵抗空化泡造成的冲击，具有良好的抗空蚀性能。金属中堆垛层错可阻碍位错运动，气蚀中易形成孪晶，这种孪晶使得金属材料具有优异的抗破坏性能，抵抗气蚀破坏性强。金属材料如果具有细小晶粒，则金属具有高的硬度和优良的力学性能，因此细化晶粒可以提高金属材料的抗气蚀能力。相反，在研究体心立方晶格和密排六方晶格金属时发现，这种金属对高应力和应变过于敏感，在高的冲击作用下会造成晶界断裂，抗气蚀性较差。

## 8.2 金属气蚀破坏研究的试验方法及表征方法

### 8.2.1 试验方法

**1. 磁致伸缩振动气蚀法**

磁致伸缩仪利用高频振荡使水体产生振荡从而产生类似气蚀过程中的空化泡，这种设备也可以称为振动空蚀设备，主要由超声波发生器、超声换能器、变幅杆、支座和循环水箱等组成。这种方法的基本原理是利用具有趋磁性的传感器或者压电传感器在交变电流作用下能够快速伸长或者变短的特性，使得变幅杆在液体中高频振动，导致试样表面产生气泡，或者使产生的气泡作用到试样表面，从而模拟空化气蚀环境。磁致伸缩仪空蚀试验装置的原理示意图如图 8-3 所示，试验可以采用试样固定在变幅杆端面随变幅杆振动的方式，如图 8-3(a)所示；也可以将试样置于变幅杆下方的载物台，使试样距变幅杆下端一定距离，如图 8-3(b)所示。

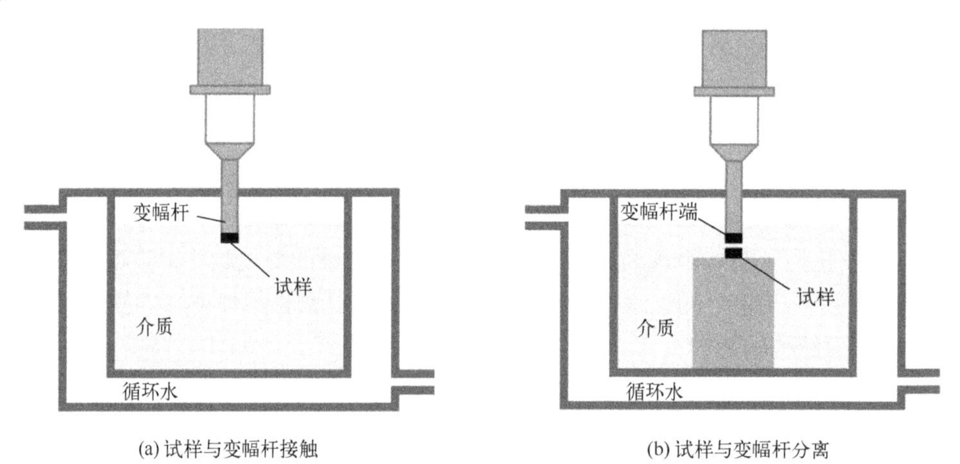


(a) 试样与变幅杆接触　　(b) 试样与变幅杆分离

图 8-3　磁致伸缩仪空蚀试验装置的原理示意图

磁致伸缩仪的优点是空蚀率高、体积小、速度快、气蚀效果显著，同时其功耗低、参数易于控制，能够很好地模拟环境中的气蚀现象，但缺点是，实际环境中液体是流动的，并不断有新的流体进入，试验中的液体是静止的，且模拟出来的气蚀现象是单一的。

**2. 文丘里管型气蚀试验法**

文丘里管型气蚀试验法又称缩放型气蚀法或者循环水槽空蚀法，其原理是当液体流经设有令流道收缩的喉部结构文丘里管道时，在咽部达到一定流速时，流速增大，压强降低，该处所产生的低压可使流经该处的液体空化，即当压强低于水的饱和蒸气压时，喉部后方将出现空化，可在此处形成固定型空穴。将材料试样放置在此处，随着附着的游离型气泡溃灭，材料试样发生气蚀破坏，文丘里管器件如图 8-4 所示。

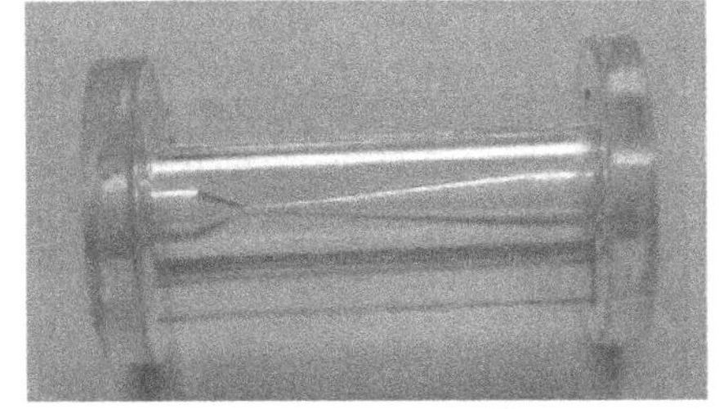
图 8-4　文丘里管器件

该方法中液体的流动情况与实际管道中水流态比较接近，所以常用来研究管道材料的气蚀机理和测定材料的抗气蚀性。文丘里管型空蚀试验装置具有很多优点：能模拟流动型空化空蚀现象，适用于管道中的空蚀现象研究；流经文丘里管时的压强和流速便于控制；通过喉部的设计，可以获得不同强度的空化和空蚀；比旋转圆盘空蚀试验装置更容易观测流场中空化泡的数量、尺寸和分布。但它也有一些缺点：①需要大量的试验介质；②难以控制腐蚀和污染等因素；③空蚀的强度较低，试验耗时较长；④系统结构复杂，造价高昂。

**3. 旋转圆盘气蚀试验法**

旋转圆盘空蚀设备最早是由丹麦 Rasmussen 于 1956 年开始采用的，旋转圆盘空蚀试验装置用于模拟水轮机、螺旋桨等旋转式水力机械所处流动状态下的空蚀行为。旋转圆盘空蚀试验装置结构由驱动系统、旋转圆盘和密封容器三部分组成，旋转圆盘空蚀试验装置示意图如图 8-5 所示。一些装置还配有特定的控制组件和观测组件等辅助设备。旋转圆盘空蚀试验装置的优点在于：①能较好地模拟旋转类水力机械中的流场环境；②转速便于控制，可模拟各种转速条件下的工况。

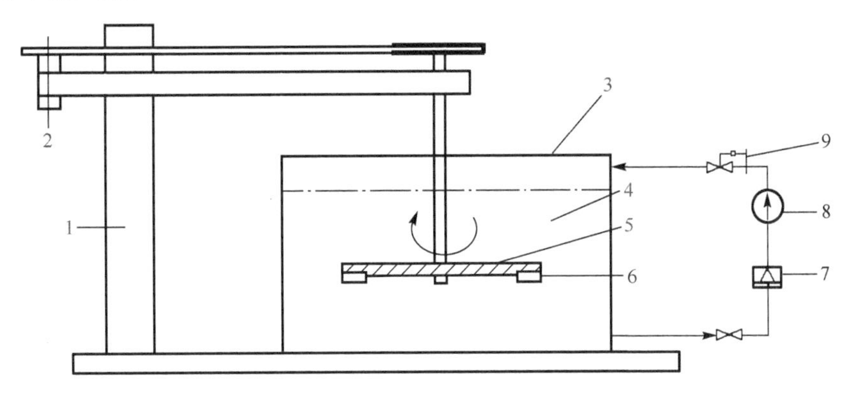

图 8-5　旋转圆盘空蚀试验装置示意图

1-机座；2-电机；3-容器；4-流体介质；5-转盘；6-试样；7-制冷机；8-循环水泵；9-流量阀

该方法的试验原理是：将试样放置在圆盘固定位置，通过设定旋转速度使试样在液体中具有一定的速度，圆盘上特殊的凸台在旋转过程中产生尾流空化泡，这些空化泡正好作用到放置好的试样表面，空化泡溃灭使试样表面产生气蚀损伤。这种方法的特点是其所产生的漩涡型空化具有强大的破坏力。可以通过有限元模拟仿真气蚀损伤发展的过程，空蚀源附近空化泡体积分数的分布云图如图 8-6 所示，从图中可以看到，旋转圆盘转速较低时，旋转圆盘上没有出现空化泡，此时旋转圆盘上并没有产生空化；随着转速的上升，旋转圆盘空蚀源外边缘开始产生空化；随着转速的进一步上升，旋转圆盘上出现空化泡的面积不断扩大，其所出现的空化泡体积分数也越来越大；当转速为 3000r/min 时，空化现象已经非常严重，旋转圆盘空蚀源处产生的空化泡面积已经很大，而且越靠近空蚀源边缘颜色就越深，其所产生的空化泡体积分数越大，空蚀就越严重。

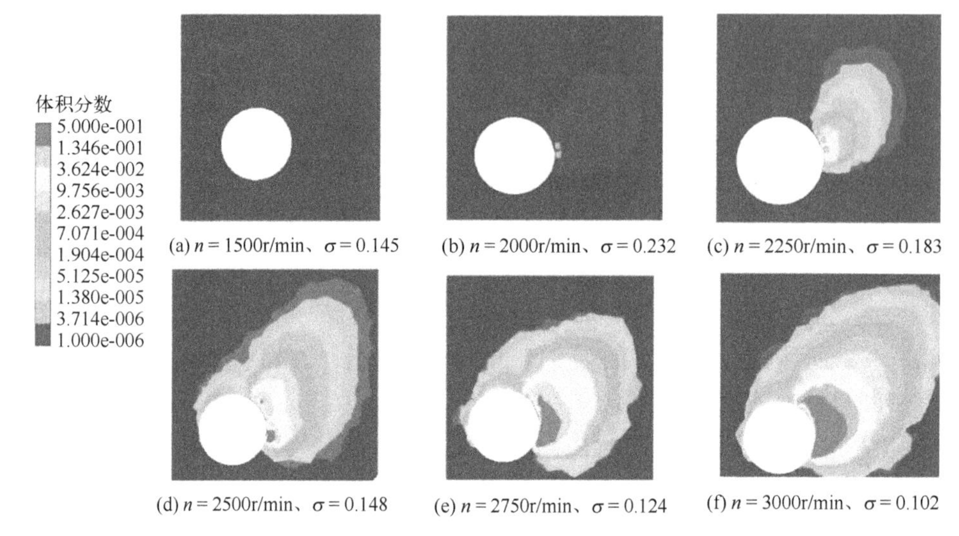


图 8-6　空化泡体积分数的分布云图

### 4．射流空化试验法

此方法可以通过调节阀门来调节高压水射流的压力，通过固定喷嘴的调节器来调节从喷嘴到试样的距离，高压水射流气蚀试验设备示意图如图 8-7 所示。喷嘴的形状结构和喷嘴距试样的距离都能影响气蚀的产生，根据喷嘴结构可以分为中心体空化喷嘴、风琴管空化喷嘴和角形空化喷嘴，如图 8-8 所示。中心体空化喷嘴即在喷嘴出口处设置一柱体，在高速流动的液体情况下柱体的后部将形成尾流区，此区域就能诱导空化现象。风琴管空化喷嘴是水流在出口处设置一个收缩的出口，流体通过此处流出将形成一个压力脉冲，压力脉冲叠加形成驻波，通过共振在喷嘴出口处产生涡环和高强度的空化射流。角形空化喷嘴利用喷嘴出口处的扩散角加强水射流与周围流体的剪切作用，从而诱导空化现象。该试验方法能够快速有效地产生气蚀。

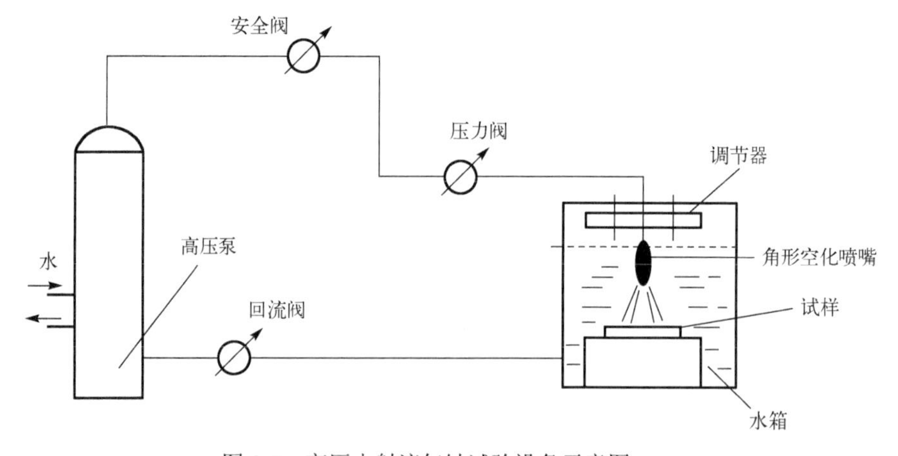


图 8-7　高压水射流气蚀试验设备示意图

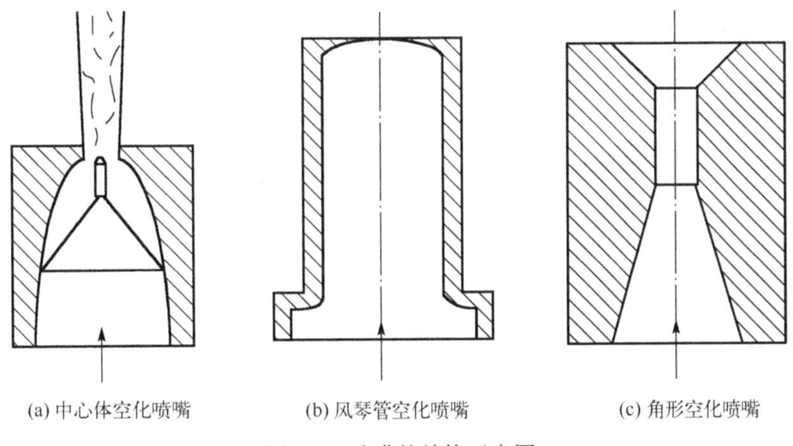


图 8-8　喷嘴的结构示意图

通过此气蚀试验方法对 Q235 钢进行试验，在高压水射流压力和喷嘴到试样距离一定的情况下得出其质量损失和时间的关系如图 8-9 所示。从图中可明显看出试验时间内质量损失变化可分为三个阶段，依次为气蚀孕育阶段、气蚀加速阶段、气蚀稳定阶段。

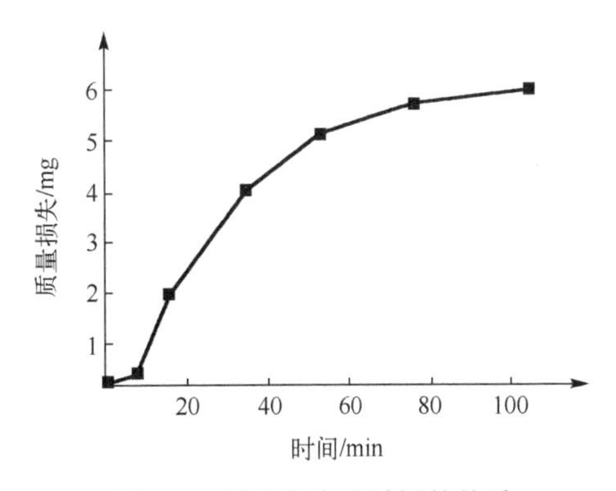


图 8-9　质量损失和时间的关系

**5. 电火花空化泡试验法**

此试验方法是采用电火花放电装置产生气泡，在静水中利用单脉冲高压放电系统诱发的单个空化泡 $A$ 与刚性壁面 $B$ 相互作用，试验装置如图 8-10 所示，再通过高速摄像系统记录空化泡在刚性壁面附近的运动过程。此系统由高速摄像机、镜头组件、照明设备以及计算机组成。由于空化泡的体积微小且寿命周期极短，对温度的变化较为敏感，为了得到可靠、清晰的图像，试验还需借助冷光源的照射，试验中采用冷光源及光纤对拍摄区域进行照明。

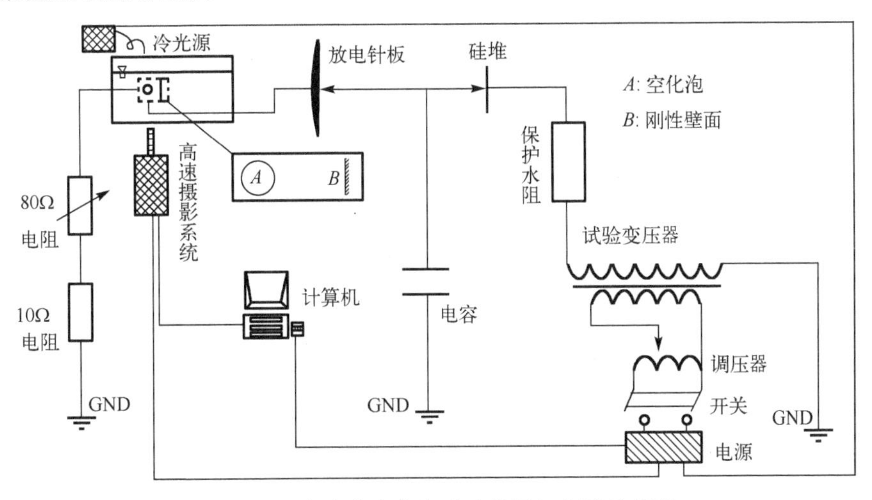


图 8-10　电火花空化泡试验装置与布置示意图

从拍摄的试验结果可以看出，当电流经电路元件、水中电极瞬间脉冲放电完成时，电火花空化泡产生于电极间。为了研究壁面附近空化泡朝向壁面的演变过程以及微射流冲击壁面被反弹后的发展形态，通过拍摄频率为 30000fps 的试验进行了多组次试验，选取具有代表性的空化泡如图 8-11 所示，曝光时间为 80μs，空化泡的最大半径 $R_{max}$=0.857mm，$\gamma/R_{max}$=0.944。空化泡经历产生、收缩、出现内凹状形态和环形气泡直至溃灭，当空化泡完成了此阶段的运动之后，由于空化泡周围复杂的液体流动，出现回弹泡。其溅射回弹现象如图 8-12 所示，壁面的存在使得空化泡在到达壁面后，溃灭后期出现了不同于无壁面时的运动形态，即反射流和溅射流现象，在电极中心至壁面法线两侧形成了两股远离壁面的溅射流，在电极中心至壁面法线上形成了垂直壁面的反弹流。此试验方法对设备要求较高，需要精密的仪器设备，但是能够详细记录气蚀过程空化泡的形成和溃灭过程，以及对试样壁的溅射回弹作用，对研究气蚀机理有很大帮助。

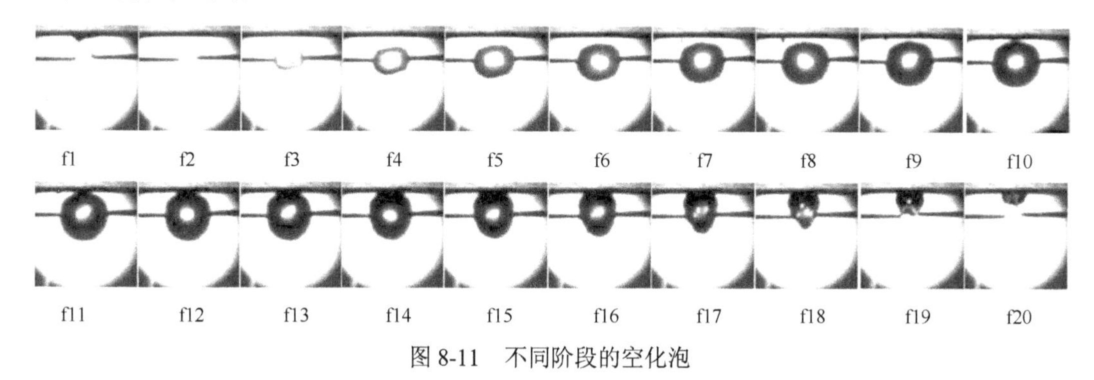


图 8-11　不同阶段的空化泡

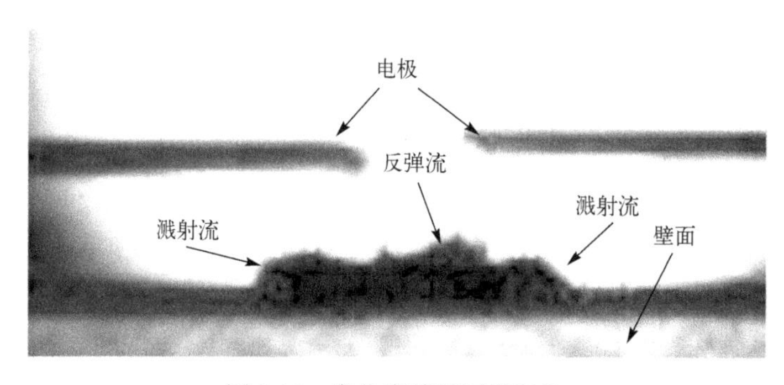


图 8-12　空化泡溅射回弹现象

## 8.2.2　表征方法

气蚀的程度以气蚀强度来衡量。气蚀强度常用单位时间内材料的重量变化、体积变化、形貌变化和表面粗糙度变化作为特征量。金属气蚀破坏后，可以观察其气蚀破坏后的表面形貌来直观表示气蚀破坏程度，也可以通过一定方法来定量表示气蚀破坏的程度。直观观察表面形貌可以借助一些精密先进的仪器来表征，目前常见的仪器有扫描电子显微镜(SEM)、三维轮廓仪和光学显微镜等。用特定方法来定量表征方法常用的有失重法、蚀坑平均深度法、体积法、蚀坑法和空蚀破坏时间法等。

#### 1. 直观形貌法

**1) 扫描电子显微镜**

场发射扫描电子显微镜由电子枪发射出来的电子束，在加速电压的作用下，经过磁透镜系统汇聚，电子束会聚成一个细的电子束聚焦在样品表面，利用聚焦的扫描电子束从样品表面激发出各种物理信号来调制成像，用于表面形貌分析。配置的二次电子探测器、背散射电子探测器、电子背散射衍射(EBSD)探测器等可完成对试样表面形貌的高分辨观察；配备的能谱仪、波谱仪等附件仪器可对样品进行定性分析和半定量分析，对样品无损坏，可在观察样品表面形貌的同时全面了解样品成分、微观组织结构与性能的关系。

**2) 表面形貌仪**

表面形貌仪用来直观表现表面粗糙度，对物体表面轮廓和粗糙度进行二维、三维测量。光学 3D 轮廓仪是利用光学显微技术、白光干涉扫描技术、计算机软件控制技术对工件进行非接触测量，还原出工件 3D 表面形貌宏微观信息，并通过软件提供的多种工具对表面形貌的各种功能参数进行数据处理，实现对各种工件表面形貌的微纳测量和分析的光学计量仪器，测量范围可从纳米级粗糙度到毫米级的表面形貌。此设备能够对气蚀后金属的表面受损程度给出精确直观的表达。

**3) X 射线表面残余应力分析**

此表征方法通过测量 X 射线的位移(残余应变)，并利用胡克定律计算得到残余应力。当试样表面存在残余应力时，相邻的晶面间距会发生变化，当 X 射线以一定入射角照射材料表面时，材料表面发生布拉格衍射后产生的衍射峰会向两侧自动偏移，而偏移的距离与多晶间残余应力大小直接相关。所以用已知波长的 X 射线通过多角度照射试样表面，并测出每个入射角度所对应的衍射角 $2\theta$，即可求出表面残余应力。

#### 2. 定量分析法

这类方法通过测量空蚀试验前后试件表面的质量损失、蚀坑数量、形态和分布来评价空蚀破坏的程度。

**1) 失重法**

失重法是材料耐气蚀能力研究中最基本的方法，同时也是最有效可信的定量评价方法。尽管失重法无法研究材料的气蚀机理，但是通过测量材料在气蚀前后质量的变化，可以较为准确、可信地表征材料的耐气蚀性能。在气蚀面积一定的情况下，分别测量气蚀前和气蚀后的质量，通过质量损失来表征材料的抗空蚀性能，对于失重法，可通过式(8-3)计算金属的气蚀速率：

$$v = \frac{m_0 - m_1}{t} \tag{8-3}$$

式中，$v$ 为金属气蚀速率(g/(m$^2$·h))；$m_0$ 为气蚀前金属试样的质量(g)；$m_1$ 为气蚀后金属试样的质量(g)；$t$ 为金属试件气蚀的时间(h)。该方法使用的试验仪器是分析天平，操作简单，大多数气蚀试验都可以用此方法表征。

**2) 蚀坑平均深度法**

试件空蚀后表面蚀坑深度并不相同，使用表面形貌仪可以表征出气蚀损伤后的表面，气蚀坑深度可以通过不同颜色表达，通过测量和计算试样表面单位面积内的蚀坑平均深度作为衡量空蚀破坏程度的指标。

**3) 体积法**

体积法是根据试件空蚀后的体积损失来衡量空蚀程度，常用的单位为 $cm^3/h$。此表征方法不适于试验塑性较大的材料、受空蚀作用后只有变形而无损失的材料，当材料试验体积损失很小时，其体积损失不易准确测量，所以此方法只适用于损失体积较大材料的空蚀试验。

**4) 蚀坑法**

蚀坑法是通过统计试验材料在气蚀试验后单位时间内、单位面积上气蚀坑点的数来表征材料的抗空蚀性能。此方法只适用于对材料气蚀损伤程度的粗略表达，不能作为主要的表征方法。

**5) 空蚀破坏时间法**

空蚀破坏时间法是用单位面积损失单位质量所需的时间来表征材料表面的空蚀破坏程度，常用单位为 $h/(kg{\cdot}m^2)$。以时间的长短来表现材料的抗气蚀性能，时间越长，耐气蚀损伤性能越强。

想要准确表征金属的气蚀破坏，单一表征方法往往不够，需要多种方法结合，借助现代计算方法来综合表征，试验设备造成的空蚀破坏程度是肉眼和低倍率光镜无法识别的，且材料失重不明显，因此采用显微技术和定量表征方法相结合来对试件表面的空蚀情况进行分析和评价。第一步通过扫描电子显微镜和表面形貌仪等设备来获取试件表面的微观信息，再通过计算机对图片蚀坑信息进行分析，如采用数学计算软件 MATLAB 对图片中的蚀坑进行分析，包括蚀坑识别以及信息统计。蚀坑识别过程为蚀坑边缘的亮度明显高于图中其他部分的亮度，即灰度明显高于其他部分，因此只需选择一个合适的灰度阈值，令图中灰度值小于该阈值的部分全部为黑色，大于该阈值的部分全部为白色，即可将蚀坑轮廓提取出来。对于一些复杂气蚀坑，可以用蚀坑填充和分割，包括临近蚀坑分割和重叠蚀坑分割。后面就是对单幅图像蚀坑信息进行统计，最终得到试样表面的蚀坑总数、蚀坑总面积、蚀坑面积百分比和蚀坑平均直径，如表 8-1 所示。

表 8-1 单幅图像蚀坑信息统计结果

| 试样 | 蚀坑总数 | 蚀坑总面积 $A/\mu m^2$ | 蚀坑面积百分比 $P/\%$ | 蚀坑平均直径 $d/\mu m$ |
|---|---|---|---|---|
| 1 | 3 | 36.39 | 5.31 | 3.93 |
| 2 | 8 | 69.56 | 10.16 | 3.33 |

# 8.3 金属气蚀常用的防护涂层

气蚀过程是一个十分复杂的物理、化学过程，也是一个多学科交叉研究领域，涉及众多学科。气蚀破坏广泛存在于各类军民舰船螺旋桨、海洋大型装备部件、航空发动机泵体、水轮机叶片、水泵零件等中，它缩短了机械零件的寿命，造成巨大的经济损失。研究发现，气蚀损伤造成的气蚀坑只发生在金属表面的某一局部区域，除此区域外的部分完好无损，所以提出区域修复技术或使用耐气蚀的涂层来增强这些容易发生气蚀的区域的方法，这些方法既能节省成本又能有效地提高零部件的耐气蚀性能，即在金属零部件表面制造一层具有良好耐气蚀性能的涂层。抗气蚀涂层一般包括金属涂层、陶瓷涂层和聚合物涂层，或称为硬涂层和软涂层，对于硬涂层，在保持一定韧性的前提下，硬度越高，抗磨蚀性越好。无论哪种涂层，表面光滑度是涂层抗气蚀能力的重要体现。制造涂层的方法很多，如激光表面改性技术、热喷涂技术、微弧火花沉积技术、堆焊技术和表面渗氮技术等。

**1. 激光表面改性技术**

激光表面改性技术是一种比较常见的抗空蚀技术，主要通过激光熔覆、激光冲击处理和激光熔凝等技术对金属基体进行表面处理。其中，激光熔覆技术原理是利用高能激光束将耐气蚀金属粉末与基体同时熔化，形成一个短暂微小的金属熔池，凝固形成的涂层能够和基体产生良好的冶金结合，具有稀释率小、畸变小、快速产生凝固组织、熔覆材料广泛、便于自动化控制等特点，获得的涂层表面具有高强度、高硬度特点，表现出优异的抗空蚀性能。

**2. 热喷涂技术**

热喷涂技术是利用高温热源将耐气蚀材料的粉末或丝材变成熔融或半熔融状态，再高速射向基体，通过不断沉积，在基体上形成具有抗气蚀性能的涂层。热喷涂技术具有对基体热影响作用小、变形小、生产效率高等特点，越来越广泛地应用于金属部件来提高其抗空蚀能力。热喷涂技术的类型也有所不同，例如，等离子喷涂技术，其工艺原理是采用等离子火焰焰流作为热源，再以高速喷射到预备的基体上沉积形成涂层；超声速火焰喷涂技术，其工艺原理是将助燃气体与燃料置于燃烧室中充分燃烧，产生极高的焰流速度，加速熔融后的喷涂材料碰撞到基体表面沉积成涂层；电弧喷涂技术，其工艺原理是利用电弧加热并熔化待喷涂材料，通过高速气流将喷涂材料雾化成小熔滴，加速喷射熔滴至基体表面形成涂层。

**3. 微弧火花沉积技术**

微弧火花沉积也称电火花沉积，是以脉冲微弧直接放电的方式向基体表面提供能量，从而改变材料表面层的元素成分和金相结构，也可以将需要沉积的粉末加热熔化到基体表面从而形成涂层。此涂层制备技术具有热输入量集中、热影响区小、涂层与基体间的结合力强等优点，同时制备涂层的过程中不会改变基体的性能和结构。

**4. 堆焊技术**

堆焊是利用热源使基体和焊料之间熔化结合，来修补金属工件的表面缺陷，也可以利用其强化功能对工件进行强化处理，主要通过将金属材料熔化堆积在工件表面，它的目的不是将工件连接起来，而是借用焊接的手段在工件上堆敷一层具有耐蚀性能的涂层，由于堆焊层与被保护工件表面是冶金结合，可以满足很高的强度要求，所以它是一种快速有效的改变材料表面特性的工艺方法，广泛应用于制造维修、模具制造、船舶电力、航空航天等领域。

涂层的制备不止以上几种技术，利用不同的涂层制备技术可以将不同类型的材料涂覆到金属基体上，从而获得不同的表面性能。常见的抗气蚀涂层有金属涂层、金属陶瓷涂层和聚合物涂层等。

### 8.3.1　金属涂层

金属涂层因具有硬度高、与基体结合好，且易于制备等优点而被广泛应用。目前可在工件基体材料表面制备包括镍基、铁基、钴基、铝基等抗气蚀性能优异的防护层，以满足工件在容易发生气蚀的高速流体环境下的使用需求。

### 1. 镍基涂层

镍基涂层是以镍作为主要元素，在其中掺杂其他金属、非金属或硬质相颗粒通过涂层制备技术制作而成的。镍基涂层具有优异的耐腐蚀、耐气蚀性能，可广泛应用于实际生产中，在不更换零件的前提下以提高材料的性能，节省成本。在实际应用中，需要根据主要性能要求和材料属性优化选择制备方式。

采用激光熔覆的方法在不锈钢表面制备镍基合金涂层，然后采用超声振动空蚀试验设备研究镍基涂层的抗气蚀性能，发现在空化泡溃灭所产生的冲击作用下，熔覆层发生了明显的加工硬化现象。加工硬化的表层有利于材料抵抗空化泡溃灭时的冲击破坏作用，再加上镍铬合金本身的良好性能和硼化物、硼碳化物等析出相的强化作用，使得镍基涂层的抗空蚀能力提高到不锈钢基体的 3 倍；而在不锈钢表面，这种加工硬化并不明显。同时也发现熔覆层与基体以冶金方式结合，能保证涂层充分发挥其优良性能。采用火焰喷焊法在低碳钢表面制备 Ni60 喷焊层，并与水力机械材料 ZG06Cr13Ni5Mo 的抗气蚀性能进行对比，使用磁致伸缩气蚀试验设备对两种材料进行气蚀试验，发现组织较细的 Ni60 喷焊层的硬度远高于 ZG06Cr13Ni5Mo 材料，再加上 Ni60 喷焊层存在大量硼化物、硼碳化物等析出相的强化作用，能够有效抵御气蚀破坏，使得抗气蚀能力明显提高。

### 2. 铁基涂层

铁基合金是硬面材料中使用量大而广的一类，这类材料最大的特点是综合性能良好、使用性能范围很宽。研究发现，在 ZG06Cr13Ni5Mo 不锈钢基体上热喷涂铁基自熔合金涂层，当涂层的孔隙率较低时，其抗空蚀能力约为 ZG06Cr13Ni5Mo 不锈钢基体的 7.5 倍，这归功于热喷涂铁基涂层的高硬度和低孔隙率。铁基非晶合金自开发以来发展迅速，作为耐蚀材料具有极大的优势，与晶态合金不同的是非晶合金没有晶态合金中的位错及晶界等缺陷，因此非晶合金拥有高强度、高硬度、优良的耐磨耐腐蚀性等特性。通过采用高速电弧喷涂技术在 45 钢基体表面上制备铁基非晶涂层，在磁致伸缩气蚀设备上进行耐空蚀试验研究发现，在空化泡溃灭产生的冲击波和微射流的反复作用下，涂层表面首先发生塑性变形，由于铁基非晶涂层中有非晶相，硬度远高于基体以及另一种对比 1Cr18Ni9Ti 不锈钢涂层，进而涂层具有较好的抗空蚀性能。

### 3. 钴基涂层

钴基合金是以钴作为主要元素，含有一定数量的镍、铬、钨等的一类合金。钴基合金具有较高的强度、良好的抗热疲劳、抗热腐蚀和耐磨蚀性能，这些优势能够很好地抵御高速流体因空化泡溃灭产生的高温作用，具有优异的抗气蚀特性。在气蚀过程中钴基涂层由于脉冲应变诱发了马氏体相变，相变的过程吸收了大量空化泡溃灭释放的能量，且在涂层中析出的强化相和钴的金属间化合物的联合作用下，使得钴基合金涂层具有较高的表面硬度进而提高了自身的抗气蚀性能。

### 4. 铝基涂层

铝合金因低密度、良好的可成形性、可焊接性和较高的比强度以及耐腐蚀等优势而获得广泛应用。在铝合金表面采用电火花沉积技术制备了 Al-Si 合金涂层，发现 Al-Si 涂层内 Si 相分布均匀，同时与基体纯铝相比有较高的显微硬度；采用磁致伸缩超声振动气蚀设备对基体和涂层进行耐气蚀性能测试，与基体相比，Al-Si 涂层在气蚀试验后质量损失较少，表现出良好的耐气蚀性能，原因可能是高强度 Si 相的均匀分布使得涂层拥有较好的抗空蚀性能。利用超声波冲击技术在铝合金表面制备了塑性形变强化层，这种塑性形变强化层可以当作涂层覆盖在基体上，与未强化试样相比，强化试样表面的显微硬度可提高近一倍，抗空蚀性能显著提高，这是由于超声波冲击强化后试样表面晶粒细化、择优取向转变、高硬度以及较大的残余压应力等增强了材料的抗空蚀性能。

**5. 形状记忆合金涂层**

形状记忆合金除具有记忆功能的特性，还具有良好的生物相容性和耐磨防腐等优点，在航空、医疗、机械等各个领域具有广泛的应用潜力。这种合金在受到外力作用时，应力诱发的马氏体高度变形，导致马氏体板条的重新取向，在高速流体环境中由于空化泡破裂产生的大量能量可以通过这种机制抵消，使得此类合金具有较高的耐气蚀性能。

研究发现，TiNi 形状记忆合金涂层的抗气蚀能力优于 CuZnAl 合金，经过热处理的 TiNi 涂层的抗气蚀能力优于未经热处理的 TiNi 涂层，这是由于在喷涂过程中，融熔态的合金粒子以很高的速度与冷基体相撞，产生很大的机械应力和热应力，而经热处理之后，大部分应力可释放掉，并且可使组织均匀化，使得涂层的抗穴蚀能力显著增强。在 TiNi 合金中，通过减少 Ni 或者 Ti，添加第三种元素，可以实现较高的滑动临界应力，而这是通过抑制应力诱发马氏体形成过程中位错诱发的滑移变形，来改善 TiNi 合金的超弹性和形状记忆性能等物理性能和机械性能。TiNiCo 涂层的气蚀累计质量损失如图 8-13 所示。TiNiCo 涂层中除了有 TiNi 相和 TiNiCo 相之外，同时含有 $Ti_2Ni$ 和 $TiNi_3$ 等析出相，析出相分布在基质相之中，且涂层中均存在一定的氧化物，呈现细长的带状结构，分布较为发散。在气蚀初期，气蚀破坏最先作用在氧化物上，随着空化泡溃灭产生的微射流反复冲击，氧化物中的裂纹扩展，然后发生脆性断裂，氧化物脱落，这一阶段的主要失效机制为氧化物的脆性断裂。这些氧化物的分布较为分散，当这些氧化物在气蚀破坏中全部剥落后，裂纹在主相中的扩展速度下降，涂层失重

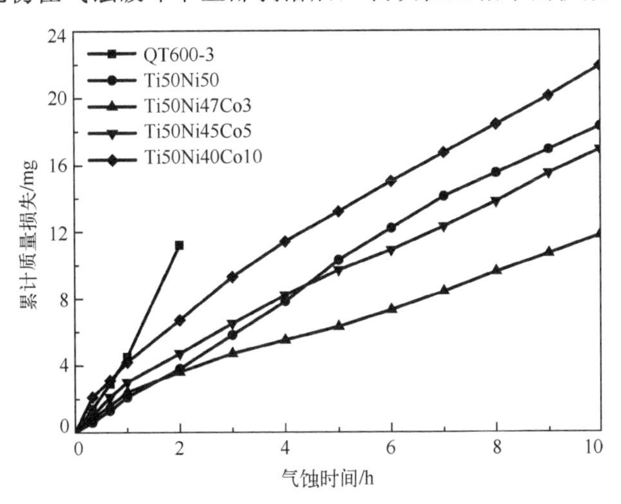


图 8-13　TiNiCo 涂层的气蚀累计质量损失

速率开始下降。脉冲应力反复作用到涂层表面时，涂层内部会被引起位错运动，由于析出相和基质相界面处的原子排列无序杂乱，当位错运动到相界面处时，会因运动受阻而团聚发生塞积，使得界面处应力集中，当应力超出临界值时，就会形成裂纹，造成析出相的脱落，形成气蚀坑，材料表面被破坏，此时，涂层气蚀破坏的主要机制为相界面处裂纹的萌生与扩展。TiNi 相和 TiNiCo 相由于具有形状记忆效应和超弹性，且抵御穴蚀破坏能量较强，使得主相和析出相间发生不一致的塑性变形，导致裂纹最先在析出相中扩展，形成气蚀坑。相界面处的气蚀坑会降低位错运动排斥力，并向气蚀坑移动，同时新的位错也会形成，在应力的反复作用下，位错不断向气蚀坑聚集，使气蚀坑面积持续扩大。随着气蚀的进行，基质相内的位错运动也会使气蚀坑朝基质相内扩展，最终导致涂层的疲劳破坏。

添加金属陶瓷颗粒也是提高 TiNi 基涂层抗气蚀性能的重要手段。NiCr-75wt.%$Cr_3C_2$ 熔凝颗粒更易变形而具有更高的流动性，它们以更有效的方式填充进复合涂层之间的间隙中。因此，适量添加 NiCr-75wt.%$Cr_3C_2$ 颗粒可以降低 TiNi-NiCr-$Cr_3C_2$ 复合涂层的孔隙率。由于气泡溃灭产生的冲击力作用到 TiNi-NiCr-$Cr_3C_2$ 复合涂层表面时，涂层本身存在的孔隙边缘的碎屑开始剥落，因此高孔隙率的涂层易发生气蚀破坏。随着气蚀的进行，新暴露出的界面会继续被气蚀破坏，使得粒子之间的结合逐渐变弱，整个粒子开始剥落，从而加速了质量损失。TiNi-NiCr-$Cr_3C_2$ 复合涂层的气蚀失效表现为硬质相的剥落和相界面处裂纹的萌生和扩展。

### 8.3.2　金属陶瓷涂层

金属陶瓷涂层由于优异的耐气蚀特性而具有巨大的应用潜力，但是其脆性以及和基体结合较弱也限制了其应用。为解决这一问题，在制备金属陶瓷涂层时可以在基体上先制备一层具有良好韧性的金属过渡层，在过渡层上进一步制备得到的金属陶瓷涂层与基体就会有良好的结合，从而获得优异的抗气蚀能力。在 1Cr18Ni9Ti 不锈钢表面采用等离子熔覆技术制备了添加 TiC 陶瓷相的 Ni60 涂层，并采用磁致伸缩气蚀设备研究涂层及 ZG06Cr13Ni5Mo 马氏体不锈钢的抗气蚀性能，结果表明添加 TiC 陶瓷相的 Ni60 涂层具有优异的抗气蚀性能，与马氏体不锈钢相比，涂层拥有较高的硬度，对涂层进行物相分析可知，熔覆层的组织由 γ-Ni 固溶体与硼化物的共晶相组成，且 TiC 陶瓷颗粒作为增强相均匀分布在金属涂层中，形成的复合涂层具有较高的硬度。

WC 是目前一种广泛应用的抗气蚀材料。对采用超声速火焰喷涂制备出低孔隙率的微纳米复合 WC 金属陶瓷涂层，分别采用超声振动空蚀试验和旋转圆盘空蚀试验进行涂层抗空蚀性能测试，发现低孔隙率的复合涂层具有优良的耐气蚀性能，微纳米复合 WC 金属陶瓷涂层结合设备微区结构优化在水电站现场空蚀工况中服役 5.5 年涂层完好，超声速火焰喷涂微纳复合 WC 金属陶瓷涂层可有效提高水电设备的抗空蚀能力，提高机组的安全性。针对水轮机的工况，采用火焰喷涂方法在 304 不锈钢基体上制备出添加 WC 陶瓷粉的钴铬合金涂层，采用磁致伸缩设备研究涂层的抗气蚀性能，得到了该涂层和 304 基体气蚀速率随时间的变化结果，如图 8-14 所示。从图中可以看出，随着气蚀时间增加，涂层单位时间体积损失量速率逐渐降低，并趋于平稳，但是基体体积损失速率随着时间的增加越来越大，表明在长期的高速流体环境下，涂层的耐气蚀能力高于不锈钢基体；气蚀试验的初期，发现涂层的气蚀率高于基体，原因就是火焰喷涂涂层有较高的表面粗糙度，使得空化泡更易于形成，随着气蚀时间的增加，受到持续力学作用使涂层表面变得光滑，且涂层中碳化物硬质相分布在钴铬金属涂层中，涂层的多相性、高硬度使得涂层的耐气蚀能力提高。采用热喷涂方法在 10Co4Cr 中添加 WC 陶瓷颗粒制备出复合涂层，发现涂层的耐腐蚀性能与耐气蚀性能有着相互促进关系，涂层的抗气蚀性能受耐蚀性与硬度双因素影响，且空化的力学破坏对高硬度涂层的气蚀过程有显著影响，硬度相对较高的金属陶瓷防护涂层具有更优异的抗气蚀性能。

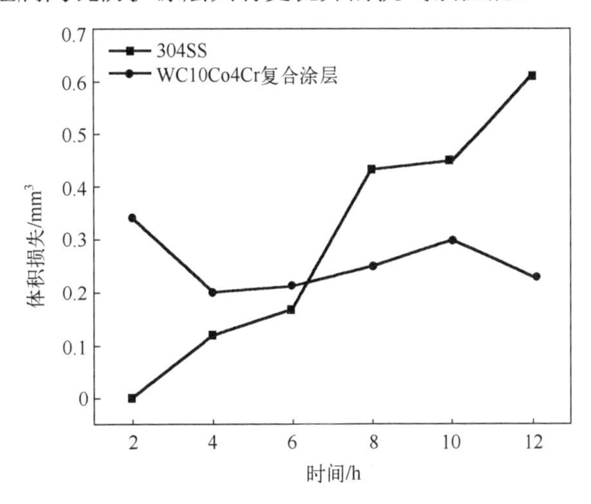


图 8-14　WC10Co4Cr 涂层的气蚀速率随时间的变化曲线

选择合适的热处理温度能提高超声速火焰喷涂 WC-12Co 金属陶瓷涂层的微观结构和力学性能，进而提高其抗气蚀能力。800℃热处理涂层的抗空蚀性能最好，然后依次是 650℃涂层、950℃涂层和喷涂态涂层，最差的是 1100℃热处理涂层。涂层的气蚀率与微观缺陷以及热处理过程中产生的相变密切相关，孔隙、裂纹、未熔或半熔融颗粒等涂层缺陷处成为空蚀破坏的首要攻击目标，高温热处理过程中 η 相 $Co_6W_6C$ 的形成对涂层的抗气蚀性能也会产生不利影响。高频超声振动在变幅杆末端产生大量气泡。气泡云首先在涂层表面上方溃灭，形成冲击波和高压水射流冲击涂层表面。涂层表面的微裂纹、孔隙在冲击波和微射流的持续冲击下逐渐生长和扩展，导致未熔颗粒、硬质相或涂层的剥落，这一气蚀过程是由超声振动设备形成的气蚀气泡完成的，称为一次气蚀过程。在一次气蚀过程中由于气泡的溃灭将再次形成微小气泡，这些微小的气泡将附着在孔隙或裂纹中，随着外部压力的变化生长、溃灭，形成微射流和冲击波，进一步冲击孔隙或裂纹，形成二次气蚀。在冲击波和微射流的反复冲击下，平行于涂层表面的裂纹逐渐扩展到相邻的裂纹或孔隙，导致金属陶瓷涂层的层状剥落，垂直于涂层表面或亚表面的裂纹在反复冲击下向涂层纵深处扩展，进一步加速了金属陶瓷涂层的失效，如图 8-15 所示。

气蚀-腐蚀耦合作用能显著降低超声速火焰喷涂 WC-25WB-10Co-5NiCr、$Cr_3C_2$-25NiCr、WC-10Co-4Cr 和 MoB-25NiCr 四种金属陶瓷涂层的抗气蚀性能。在纯气蚀和气蚀-腐蚀条件下，所有金属陶瓷涂层的质量损失均随测试时长近似线性增加，没有出现气蚀孕育期、加速期和稳定期。气蚀-腐蚀试验后，WC-25WB-10Co-5NiCr、$Cr_3C_2$-25NiCr、WC-10Co-4Cr 和 MoB-25NiCr 涂层的总质量损失分别约为纯气蚀条件下的 1.3 倍、1.9 倍、1.5 倍和 1.7 倍，表

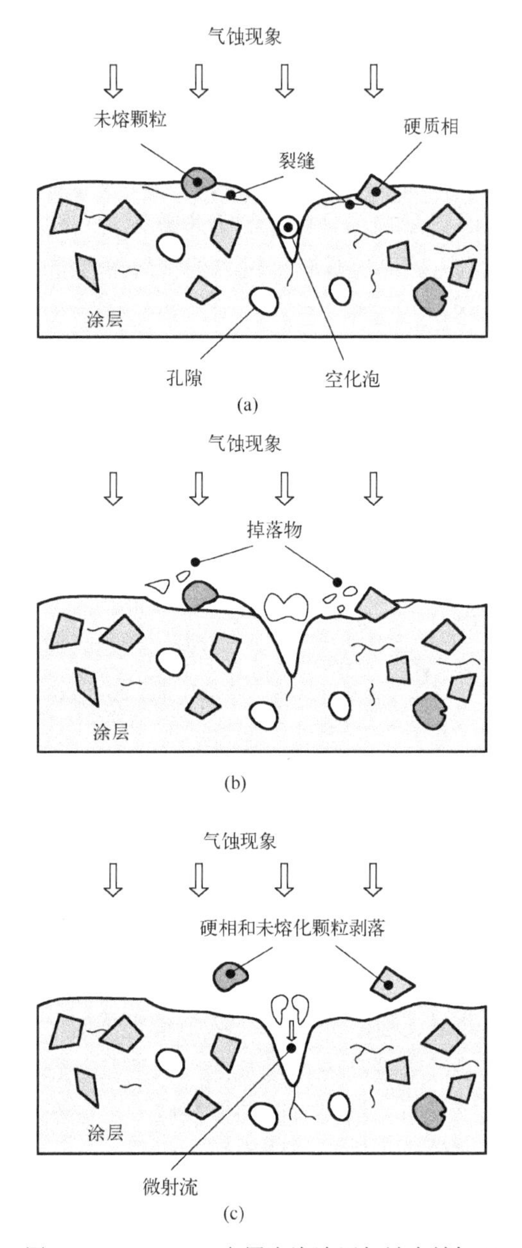


图 8-15　WC-12Co 金属陶瓷涂层气蚀失效机理

明每种涂层在气蚀-腐蚀耦合作用下对涂层的破坏程度均高于纯气蚀作用，且气蚀是所有金属陶瓷涂层质量损失的首要因素。不同的金属陶瓷涂层的气蚀-腐蚀失效机理不同，WC 基金属陶瓷涂层的气蚀-腐蚀失效机理是硬质相和二次相的剥落以及黏结相的溶解，而 $Cr_3C_2$-25NiCr 和 MoB-25NiCr 金属陶瓷涂层空蚀-腐蚀失效的主要原因是裂纹的扩展引起的涂层块状剥落。

## 8.3.3　聚合物涂层

聚合物材料属于黏弹性材料，其分子链具有柔顺性及易于变形的特性，能够传递、吸收和分散空化泡溃灭及水流的冲击压力。聚合物涂层也称软涂层，此类涂层包括聚氨酯涂层、聚脲涂层、超高分子量聚乙烯涂层、环氧树脂涂层等。这些聚合物涂层在特定的环境下也具有优异的抗腐蚀性能。由于聚合物有机涂层不具备导电能力，在海洋中可以有效避免发生电化学腐蚀，这是金属涂层无法避免的。同时有机涂层的制备和金属涂层及陶瓷涂层不同，此类涂层制备操作方便简单、成本低，在一些设备上得到了较大规模的应用。

**1. 聚氨酯涂层**

聚氨酯，全名为聚氨基甲酸酯，作为一种高分子化合物，是由液态的异氰酸酯和液态聚醚或二醇聚酯缩聚生成的一种新型材料。聚氨酯根据制备方式不同可分为泡沫塑料、聚氨酯弹性体、纤维等，其中聚氨酯弹性体由于其结构具有软、硬两个链段，因此可以通过对分子链的设计，赋予材料高强度、高韧性、耐磨、耐油等优异性能，既可制成低硬度、低模量的橡胶，也可制成高硬度、高弹性模量的抗冲击弹性体材料。一般采用多层涂层，最表层为聚氨酯弹性体。聚氨酯弹性体是近年来快速发展的一类新型弹性体材料，具有耐磨、高机械强度、高弹性、耐老化、耐腐蚀等优良性能，这些优异性能与聚氨酯材料的分子结构密切相关。聚氨酯分子主链的特殊构成可以有效分散应力作用，极性和非极性链段的共存也提高了聚氨酯的化学稳定性，同时聚合物内广泛存在的氢键作用，也进一步提高了材料的机械性能。在受到外力冲击或高频振动时，能吸收高达 60%以上的能量，因此，作为抗气蚀材料可有效抵抗空化泡溃灭带来的力学冲击作用，有效消除气蚀带来的破坏。

通过缩聚反应制备了疏水性聚二甲基硅氧烷基聚氨酯，发现聚氨酯涂层与基体结合良好，与高强度环氧树脂相比，空化后表面无明显孔洞和裂纹，质量损失也比较小，聚氨酯涂层具有更优异的抗空蚀能力，可作为金属基体表面的耐气蚀防护涂层。含氟链段的聚氨酯涂层在表面形成了有机氟膜，此膜通过“疏水荷叶效应”呈现出很强的疏水性，具有优异的抗气蚀性能。氟含量的增加，提高了硬段区的弹性模量和抗张强度，与软段区协同，能够缓冲气泡溃灭时对涂层产生的巨大冲击力，表现出优异的抗气蚀性能。通过对比发现具有良好耐磨性能的陶瓷涂层不一定能保证良好的抗气蚀性能，涂层与基体的附着力和抵抗冲击的韧性是涂层耐气蚀性能的重要因素，长时间的气蚀试验表明聚氨酯涂层能够承受较长的潜伏期，抗气蚀损伤能力优异。

**2. 聚脲涂层**

聚脲是一种嵌段共聚物，由异氰酸酯组分和氨基化合物组分根据不同化学计量比例合成，是在聚氨酯基础上发展形成的一种新型环保材料。聚脲是碳酸的聚酰胺，脲基团极性大，可以形成更多的氢键，因此聚脲的熔点比相应的聚酰胺要高，韧性也大，其分子链分为硬段和软段两部分，室温下软链段保持运动状态，呈现高弹态，以连续相的形式存在。而硬链段处于玻璃态或结晶态，以分散相存在。硬段在基体中起到物理交联点作用，防止分子链间的相对滑移，使聚脲具有优异的力学性能和韧性。聚脲还具有快速固化、无流挂、优异的物化性能、良好的热稳定性、性能的可调性等特点，可以将其运用到金属基体上作为防护涂层使用，能够使得金属材料在高速流体等易气蚀环境中抵抗空化泡溃灭造成的冲击波、微射流作用，使其具有一定的耐气蚀性能。

通过制备三种聚脲防护涂层，三种聚脲防护涂层的参数如表 8-2 所示，研究其在强空蚀作用下的抗空蚀性能，研究发现由这三种防护材料做成的涂层与基体结合良好，无脱落现象。

在气蚀试验连续进行 8h 后，喷涂聚脲弹性体表面几乎没有变化，也无质量损失，通过与抗空蚀混凝土对比试验可知，喷涂聚脲具有优异的抗气蚀性能，三种聚脲配方中，351 喷涂(纯)聚脲的抗冲磨性能最佳。

表 8-2　聚脲防护材料的性能参数

| 性能参数 | 351 喷涂(纯)聚脲 | 高硬度喷涂(纯)聚脲 | 脂肪族聚脲 |
|---|---|---|---|
| 邵氏硬度/HS | 42 | 57 | 51 |
| 拉伸强度/MPa | 19.5 | 19.6 | 16.6 |
| 断裂伸长率/% | 420 | 251 | 648 |
| 撕裂强度/(N/mm) | 75.8 | 82 | 79 |
| 耐冲击性/(kg · m) | >1.2 | >1.2 | >1.2 |

### 3．超高分子量聚乙烯涂层

超高分子量聚乙烯是一种综合性能优异的聚合物，可用凝胶纺丝法和增塑纺丝法来制备。它是一种高分子化合物，加工复杂，并且具有良好的耐磨性、自润滑性和抗老化性能，同时还具有低的摩擦系数和膨胀系数。可以采用辊压成形方法对其进行加工，即通过施加高压可以在材料不熔化的情况下有效地将粒子与粒子融合。另外，采用射频加工超高分子量聚乙烯是一种崭新的加工方法，即用射频辐照，产生的热可使其粉末表面发生软化，可以使其在一定压力下成形。在制备超高分子量聚乙烯过程中可加入乙烯、丙烯等烯烃类单体使其在填料粒子表面聚合，形成紧密包裹聚乙烯粒子的树脂，得到的材料将具备独特的性能；或在超高分子量聚乙烯基体中加入与其具有良好化学相容性的超高分子量聚乙烯纤维，得到的复合材料的硬度、抗腐蚀耐气蚀性能明显优于纯超高分子量聚乙烯，从而可获得机械性能更优异的复合材料。目前此类涂层材料应用在水电站的顶盖或者底环等零部件表面用来减轻或消除气蚀造成的损伤，已取得较好的防护效果。

为进一步改善超高分子量聚乙烯涂层在海洋装备上的防护作用，使用火焰喷涂的方式在不锈钢基体上制备出了掺杂石墨烯的超高分子量聚乙烯复合涂层，研究结果表明，涂层中不存在明显的未熔颗粒状物质，添加的石墨烯使得涂层的摩擦系数降低，耐蚀性显著提高。

### 4．环氧树脂涂层

环氧树脂是一种常用的高分子聚合物，是指分子中含有两个以上环氧基团的一类聚合物的总称，其利用环氧基反应硬化成形的物质，通常是由树脂、硬化剂、催化剂、稀释剂、改质剂、填充剂及其他添加剂所构成的。环氧树脂的硬化收缩率很低，尺寸稳定性很好，又具有稳定的化学性质，环氧树脂类材料对金属有很强的附着力，本身又有高强度的力学特性，能够承受长期的环境应力，在金属基体上能够很好地形成防护膜，目前环氧树脂涂层已在水轮机抗磨蚀领域得到广泛应用。不同的填料与环氧树脂混合将会增强其性能，例如，环氧树脂中加入石棉纤维或玻璃纤维，将会增强其韧性和耐冲击性；加入陶瓷相或石墨将会增加其硬度，从而提高它的抗冲蚀、耐气蚀性能。

可通过添加特殊物质对环氧树脂涂层进行增韧来提高其抗气蚀能力。例如，将端羟基聚丁二烯液体橡胶与环氧树脂按照 1∶5 的质量比混合反应制备出改性的环氧树脂，再用四乙烯五胺对其进行固化，最后加入陶瓷微珠作为增强相制得复合涂层材料涂覆到水轮机叶片上，长周期运行发现涂层无脱落，涂层表面基本无磨痕，表明此涂层能够有效保护水轮机叶片。在环氧树脂中添加纳米 $SiO_2$ 来制备涂层也具有优异的抗气蚀效果，这是由于 $SiO_2$ 在涂层中分布均匀，且与环氧树脂结合良好，还可以堵塞树脂固化过程中产生的微孔道，增加环氧树脂涂层的致密性，且由于 $SiO_2$ 具有较高的硬度以及耐蚀性，作为填料也能增强环氧树脂涂层的硬度以及耐腐蚀性，减轻了空化泡溃灭对材料的冲击破坏，提高了涂层在高流体中的耐气蚀性能。

# 本章小结

本章介绍了金属气蚀的基本概念，首先从概念出发阐述了金属气蚀的破坏机理，接着介绍了影响金属气蚀破坏的因素，然后给出了目前研究金属气蚀破坏的常用试验方法和表征方法，最后总结了金属气蚀常用的防护涂层。常见的金属防护涂层有镍基涂层、铁基涂层、钴基涂层、铝基涂层和形状记忆合金涂层等。陶瓷相也可以添加到金属中制备出金属陶瓷复合涂层。聚合物涂层主要包括聚氨酯涂层、聚脲涂层、超高分子量聚乙烯涂层以及环氧树脂涂层。

## 参考文献

陈艺文, 尹洪璋, 巩秀芳, 等, 2020. 高水头重泥沙冲击式水轮机水斗抗磨蚀防护涂层技术研究及应用[J]. 东方汽轮机, 160(4): 59-62, 70.

李海斌, 刘树龙, 刘义, 等, 2020. Ti-6Al-4V 合金表面渗层制备及空蚀性能研究[J]. 表面技术, 49(4): 324-331.

林尽染, 王泽华, 林萍华, 等, 2012. FeNiCrBSiNbW 非晶涂层组织及空蚀性能[J]. 材料热处理学报, 33(12): 132-136.

孟培媛, 孙琳琳, 2017. 超高分子量聚乙烯/石墨烯复合涂层制备及其在海洋装备防护中的应用[J]. 表面技术, 46(10): 35-41.

孙冬柏, 张秀丽, 俞宏英, 等, 2000. 空蚀过程中电化学电位变化规律研究[J]. 中国腐蚀与防护学报, 20(5): 308-311.

孙丽丽, 王尊策, 王勇, 2018. AC-HVAF 热喷涂非晶和金属陶瓷涂层在压裂液中的冲蚀行为[J]. 中国表面工程, 31(1): 131-139.

王维夫, 陈军, 徐贤统, 等, 2013. 铝合金电火花沉积层的组织和抗空蚀性能[J]. 材料热处理学报, 156(6): 120-124.

王新, 刘广胜, 骆少泽, 等, 2013. 泄水建筑物聚脲防护材料抗蚀性能试验研究[J]. 水力发电学报, 143(6): 222-227.

王者昌, 张毅, 张晓强, 2001. 空蚀过程中的热效应[J]. 材料研究学报, 15(3): 287-290.

吴玉萍, 林萍华, 曹明, 等, 2007. Ni60+TiC 等离子熔覆层的汽蚀特征[J]. 材料热处理学报, 28(5): 128-133, 151.

夏冬生, 孙昌国, 于彦, 等, 2016. 磁致伸缩仪超声空化流的三维非定常数值模拟[J]. 中国机械工程, 27(22):

3061-3067.

杨春敏, 康学勤, 2006. 射流空化汽蚀实验方法研究[J]. 水科学与工程技术, (2): 45-47.

岳建锋, 李勇, 杨冬, 2020. AC-HVAF 喷涂微纳米复合 WC 涂层在水电设备抗空蚀工程中的应用[J]. 热喷涂技术, 12(3): 81-87.

张法星, 许唯临, 朱雅琴, 等, 2005. 空蚀冲击波模式下气泡尺寸在掺气减蚀中的作用[J]. 水利水电技术, 36(10): 8-10.

张萍, 林萍华, 王泽华, 等, 2006. Ni60 喷焊层与 ZG06Cr13Ni5Mo 抗气蚀性能的研究[J]. 材料保护, 39(8): 8-11, 71.

张小彬, 臧辰峰, 陈岁元, 等, 2008. CrNiMo 不锈钢激光熔覆 NiCrSiB 涂层空蚀行为[J]. 中国有色金属学报, 18(6): 1064-1069.

赵伟国, 韩向东, 李仁年, 等, 2017. 沙粒粒径与含沙量对离心泵空化特性的影响[J]. 农业工程学报, 33(4): 117-124.

# 第 9 章　表面耐高温腐蚀涂层

## 9.1　高温氧化机理

高温氧化概念分为狭义和广义两种解释范围。通常，狭义的高温氧化是指金属在高温条件下与环境中的氧发生反应，并生成金属氧化物的一种过程。但是，在高温条件下，金属会与周围环境中的 O、N、C、S 等元素发生化学或电化学反应，在一定程度上发生腐蚀破坏或损坏，从而导致金属失效。因此，从广义角度来讲，高温氧化是指在高温条件下金属材料的原子失去电子的过程。广义上的高温氧化包括氧化、硫化、氮化、碳化等，图 9-1 是各工业领域常见的高温氧化。在金属材料的实际工作环境中可能会包含多种可参与反应的介质，并且实际参与高温氧化的介质也可能是一种或多种。

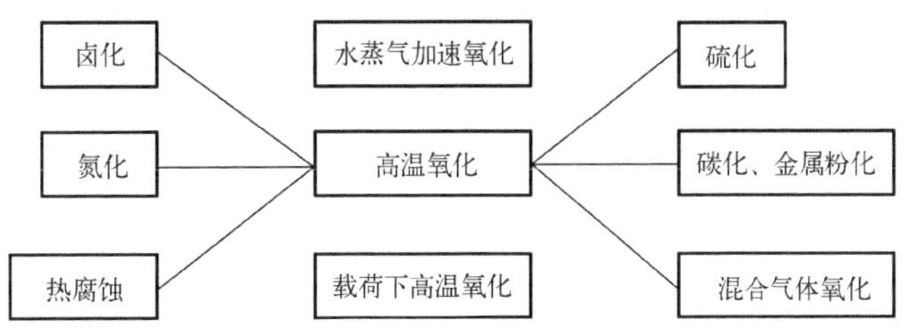


图 9-1　各工业领域常见的高温氧化

高温氧化是高温腐蚀领域中最重要的一种腐蚀破坏形式，其过程比较复杂。首先，工作环境中的氧会吸附在金属材料的表面，与金属材料发生氧化反应。氧化物开始形核生长，金属材料的表面会因晶核横向生长形成连续的一层氧化膜，之后氧化膜会在与表面垂直的方向生长，氧化膜增厚。氧化膜会将下层金属材料与环境中的氧隔绝，氧化膜的继续生长取决于两个因素：①界面反应速度，即金属与氧化物界面及氧化物与气体两个界面上的反应速度；②参加反应的物质通过氧化膜进行的扩散，即浓度梯度化学位引起的扩散和电位梯度电位差引起的迁移扩散。一般情况下，金属表面生成的氧化膜极薄时，界面反应起主导作用，即界面反应控制着氧化膜的生长。当氧化膜厚度增加到一定程度时，反应物质的扩散成为主导因素。

随着航空、航天、石油、化工、能源等工业的发展，金属材料的服役性要求越来越高，金属材料的高温氧化研究在现代表面科学技术中也占据着越来越重要的地位。高温氧化过程的复杂性决定了其影响因素的多样性，主要分为内在因素和外在因素。影响金属高温氧化的内在因素有成分、微观结构和表面处理状态等。外在因素包括温度、气体成分、压力和流速等。目前，对于金属氧化的研究主要从热力学和动力学两个方面着手，热力学可以分析判断氧化反应的可能性，动力学可以分析判断氧化反应的速度。

### 9.1.1 热力学

根据热力学基本定律，任何自发进行的反应，其系统的自由能必然降低，而熵增加。因此，关于金属的高温氧化的研究，必须讨论金属在给定条件下是否可以自发发生氧化反应，或者讨论金属发生氧化反应的条件和反应可进行的程度。如果某种金属处于氧化环境中，则该金属的高温氧化反应为

$$M + O_2 \longrightarrow MO_2 \tag{9-1}$$

根据等温方程式，在温度 $T$ 时，反应的吉布斯自由能变化为

$$\Delta G_T = \Delta G^\theta + RT\ln K \tag{9-2}$$

式中，$\Delta G_T$ 为温度 $T$ 下反应的标准自由能变化；$K$ 为反应的平衡常数，并有

$$K = a_{MO_2} / (a_M a_{O_2}) \tag{9-3}$$

$\Delta G^\theta$ 为所有物质处于标准状态(对于气态反应物及生成物是以其分压为一个大气压时的状态为其标准状态；而对于液体和固体，其标准状态为在一个大气压下的纯态)时吉布斯自由能的变化；$R$ 为气体常数；$T$ 为热力学温度；$a$ 为活度，下标 M、$O_2$ 和 $MO_2$ 分别代表金属、氧气和氧化物。由于 M 和 $MO_2$ 均为固态纯物质，它们的活度都等于 1，即 $a_M = a_{MO_2} = 1$，而 $a_{O_2} = p_{O_2}$ 为氧分压，故

$$\Delta G_T = \Delta G^\theta - RT\ln p_{O_2} \tag{9-4}$$

当反应平衡时，$\Delta G_T = 0$；由式(9-4)可得 $\Delta G^\theta = RT\ln p_{O_2}$，$p'_{O_2}$ 为给定温度下反应平衡时的氧分压或者氧化物的分解压。将 $\Delta G^\theta$ 重新代入式(9-4)，可得

$$\Delta G_T = RT\ln\frac{p_{O_2}}{p'_{O_2}} \tag{9-5}$$

由此可见，当温度为 $T$ 时，金属是否可以被氧化，可根据氧化物的分解压和气相中氧的分压的相对大小判断。由式(9-5)可知：

若 $p'_{O_2} > p_{O_2}$，则 $\Delta G_T < 0$，反应向生成 $MO_2$ 的方向进行；

若 $p'_{O_2} < p_{O_2}$，则 $\Delta G_T > 0$，反应向 $MO_2$ 分解的方向进行；

若 $p'_{O_2} = p_{O_2}$，则 $\Delta G_T = 0$，金属氧化反应达到平衡。

在实际应用中，通常借助埃林厄姆-理查德森平衡图(图 9-2)来获取实际气氛中的氧分压与该温度下氧化物的分解压，从而判定氧化反应的可能性。

由热力学可知，$\Delta G^\theta$ 为负值且该负值越小，对应金属的还原性越好，夺氧能力越强，该金属氧化后形成的氧化物越稳定。在埃林厄姆-理查德森平衡图中横坐标为温度 $T$，纵坐标为 $\Delta G^\theta$ (kJ)，从图 9-2 可知在氧化过程中，同一温度、相同氧分压作用下 Fe、Cr、Al 的 $\Delta G^\theta$ 依次降低，说明在纯态氧化过程中，相同温度和氧分压下，Fe、Cr、Al 形成的金属氧化物的稳定性由高到低依次是 $Al_2O_3$、$Cr_2O_3$、$Fe_3O_4$、FeO、$Fe_2O_3$。

例如，从图 9-2 中可直接读出 Al 和 Fe 在 600℃时的 $\Delta G^\theta$：

$$\frac{4}{3}Al + O_2 \longrightarrow \frac{2}{3}Al_2O_3, \qquad \Delta G^\theta_{600℃} = -933\text{kJ/mol} < 0 \tag{9-6}$$

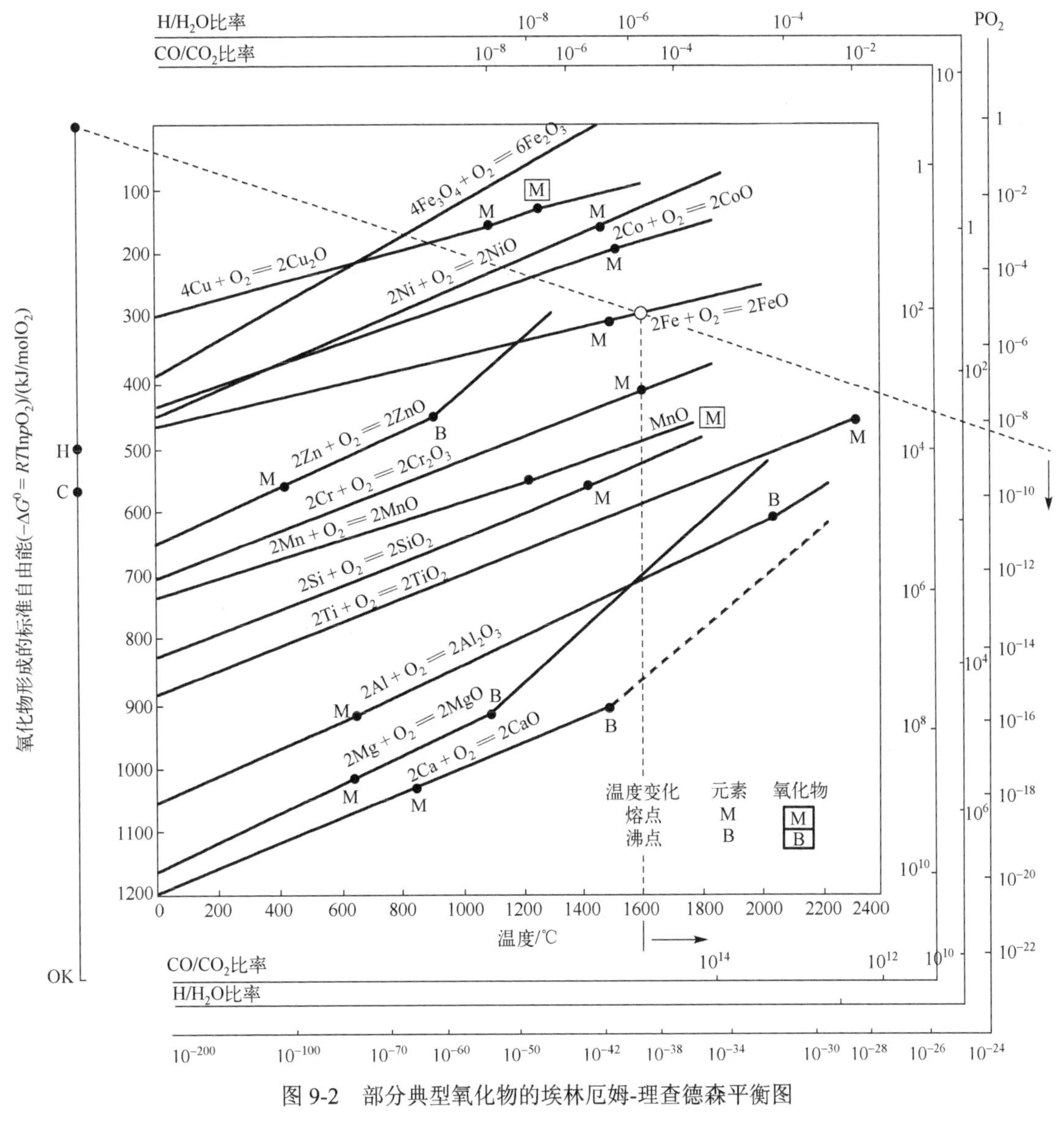


图 9-2　部分典型氧化物的埃林厄姆-理查德森平衡图

$$2Fe + O_2 \longrightarrow 2FeO，\quad \Delta G^{\theta}_{600℃} = -414kJ/mol<0 \tag{9-7}$$

可见，Al 和 Fe 在 600℃的标准状态下均可被氧化，且 Al 被氧化的倾向更大。

式(9-6)减式(9-7)可得

$$2FeO + \frac{4}{3}Al = \frac{2}{3}Al_2O_3 + 2Fe，\quad \Delta G^{\theta}_{600℃} = -519kJ/mol < 0 \tag{9-8}$$

这表明氧化膜中 FeO 可被 Al 还原生成 $Al_2O_3$。也就是说，位于埃林厄姆-理查德森平衡图下部的金属可以还原上部金属氧化物。这正是 Cr、Al、Si 可以作为耐热钢主要合金元素的原因。应该注意的是，该平衡图只适用于平衡系统，不能用于非平衡系统，且仅能表明反应发生的可能性以及发生的倾向大小，而不能说明反应速度问题。另外，平衡图中所有凝聚相都是纯物质，不是溶液或固溶体。

## 9.1.2　膜生长方式

### 1. 金属氧化物的形成

金属氧化物的形成分为吸附、形核、生长几个阶段，图 9-3 描绘了金属氧化反应过程的几个阶段。

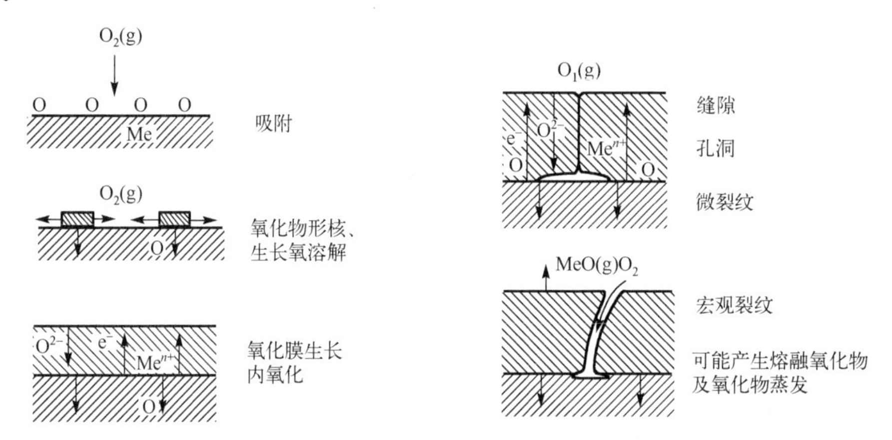


图 9-3　金属氧化反应的主要示意过程

正如水溶液中的腐蚀一样，氧化层的形成是一个电化学反应，对于二价金属 M，其反应可表示为

$$M + O_2 \longrightarrow MO_2 \tag{9-9}$$

上述反应包括氧化半反应和还原半反应，对于氧化半反应，形成金属离子：

$$M \longrightarrow M^{2+} + 2e^- \tag{9-10}$$

上述反应发生在金属和氧化物的界面，对于还原半反应，产生氧离子：

$$\frac{1}{2}O_2 + 2e^- \longrightarrow O^{2-} \tag{9-11}$$

式(9-11)发生在氧化物和气体界面处。

### 2. 金属离子和氧通过氧化膜的扩散途径

氧化过程中金属离子或氧离子的扩散形式如图 9-4 所示，金属离子和氧通过氧化膜的扩散可能有三种途径：

(1)金属离子单向向外扩散，在氧化物/气体界面上反应，如铜的氧化过程；

(2)氧单向向内扩散，在金属/氧化物界面上反应，如钛、锆等的金属氧化过程；

(3)两者相向扩散，即金属离子向外扩散，氧向内扩散，二者在氧化膜中相遇并进行反应，如钴的氧化。

### 3. 反应物质在氧化膜内的传输途径

根据金属体系和氧化温度的不同，反应物质在氧化膜内的传输途径存在以下几种方式：

(1)温度较高时，通过晶格扩散；

(2)温度较低时，通过晶界扩散；

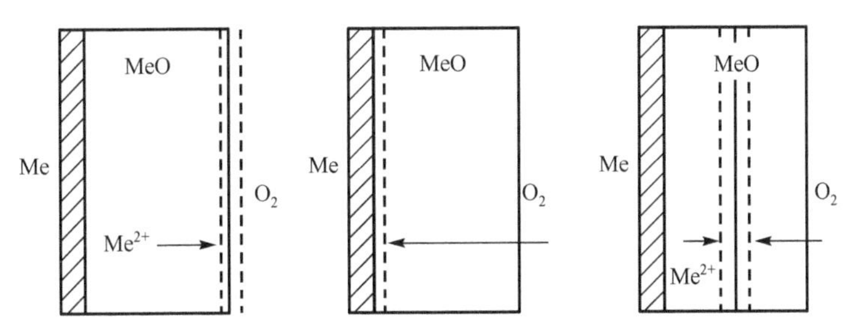


(a) 金属离子单向向外扩散　(b) 氧单向向内扩散　(c) 金属离子向外扩散，氧向内扩散

图 9-4　氧化过程中金属离子或氧离子扩散形式示意图

(3) 温度适中时，通过晶格和晶界同时扩散，如钛、锆、铪在中温区(400～600℃)长时间氧化条件下。

## 9.1.3　动力学及机理

金属氧化动力学的最基本研究方法为恒温动力学曲线，即氧化重量变化-时间曲线的测量。许多关于氧化机理的信息可以通过恒温动力学曲线获取，如氧化速度的制约因素、膜的保护性、反应的速度常数以及过程的能量变化等，而且可以获取工程设计的依据。

氧化规律是将氧化增重或氧化膜厚度随时间的变化用数学式表达的一种形式。而氧化速度则是用单位时间内单位面积上氧化增重 $\Delta m$ (mg/cm$^2$) 或氧化膜厚度 $\Delta y$ (mm) 的变化来表示的。许多研究表明，金属氧化的动力学曲线大致遵循直线、抛物线、立方、对数和反对数五种基本规律。

**1．直线规律**

金属在高温环境中发生氧化时，如果表面没有生成保护性氧化膜，或者在反应过程中生成的物质为气相或者液相，生成的物质将脱离金属表面(如 P 与 B 之比小于 1 或大于 2)，则氧化速率直接由形成氧化物的化学反应所决定，因而氧化速率恒定不变：

$$\frac{\mathrm{d}y}{\mathrm{d}t}=k \tag{9-12}$$

式中，$y$ 为氧化膜厚度；$t$ 为氧化时间；$k$ 为常数。将式(9-12)积分得

$$y=kt+C \tag{9-13}$$

式中，$C$ 为积分常数，即氧化膜厚度(或增重)与氧化时间 $t$ 呈直线关系，积分常数取决于氧化起始瞬间氧化膜厚度，若在纯净金属表面开始氧化，则式中 $C$=0，可得

$$y=kt \tag{9-14}$$

为了在试验时测量方便，常用质量的增加量来表示：

$$\Delta m=kt \tag{9-15}$$

实际上，碱金属、碱土金属都遵守这一规律。图 9-5 是镁在 503～575℃氧化时的直线规律图。

**2．抛物线规律**

大部分金属和合金的氧化动力学曲线表现为抛物线规律。因为在较宽的温度氧化时，金属表面形成较致密的氧化膜，与金属表面结合牢固，氧化速率与膜厚成反比：

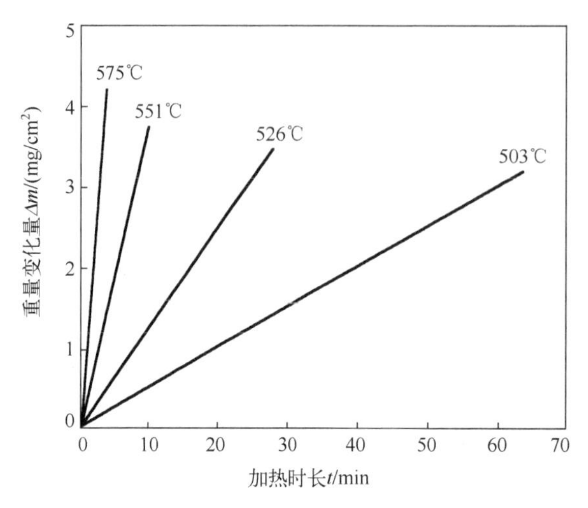


图 9-5　纯镁在 503～575℃时在氧气中的氧化直线规律图

$$\frac{\mathrm{d}y}{\mathrm{d}t}=k/y \tag{9-16}$$

$$y^2=kt+C \tag{9-17}$$

当金属表面形成具有保护性的氧化膜时，金属离子和氧离子在膜中的扩散对氧化反应起主导作用。实际上，许多金属的氧化偏离平方抛物线规律。

将式(9-17)写成：

$$y^n=kt+C \tag{9-18}$$

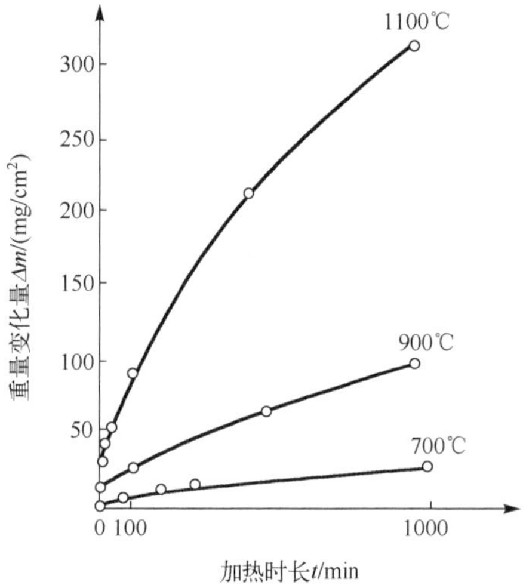

图 9-6　铁在较高温度时在空气中的氧化抛物线曲线图

当 $n<2$ 时，氧化的扩散阻滞并非完全与膜厚增长成正比，应力、孔洞和晶界可能是扩散偏离抛物线的原因；也可能是氧化过程受扩散和表面氧化反应速度共同控制。

当 $n>2$ 时，扩散阻滞作用比膜增厚所产生的阻滞更严重，还有其他因素抑制扩散过程。合金氧化物的掺杂、致密阻挡层的形成都是可能的原因。图 9-6 为铁在高温空气中氧化抛物线曲线图。

### 3．立方规律

在一定温度范围内，某些金属的氧化服从立方规律，即

$$y^3=kt+C \tag{9-19}$$

例如，Cu 在 100～300℃各种气压下的恒温氧化均属立方规律，Zr 在 600～900℃范围内，$10^5$Pa 氧分压中的恒温氧化均属立方规律。

### 4．对数和反对数规律

有些金属氧化膜非常薄(一般小于 100nm)，在低温或室温氧化时服从对数和反对数规律。对数规律为

$$\frac{dy}{dt}=Ae^{-By} \tag{9-20}$$

积分后可得

$$y=k_1\lg(k_2t+k_3) \tag{9-21}$$

反对数规律为

$$\frac{dy}{dt}=Ae^{By} \tag{9-22}$$

积分后可得

$$\frac{1}{y}=k_4-k_5\lg t \tag{9-23}$$

图 9-7 为铁在较低温度时在空气中的氧化对数曲线图。

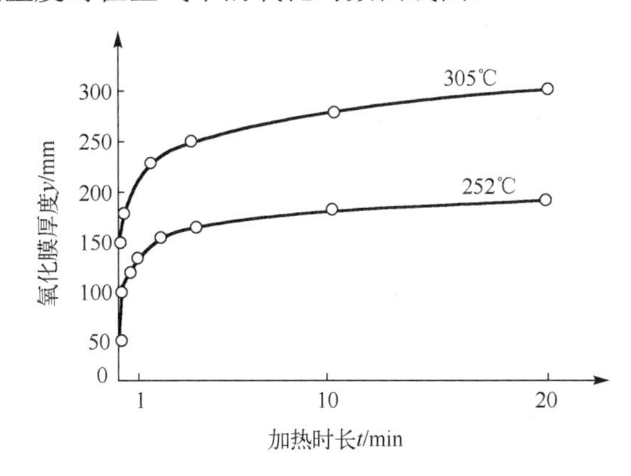


图 9-7　铁在较低温度时在空气中的氧化对数曲线图

金属的氧化机理分为以下三种。

(1)极薄氧化膜(<10nm)的生长机理。

对数与反对数关系：当温度较低时，极薄而致密的氧化膜在金属表面上牢固粘连，整个氧化过程取决于金属离子和氧在膜内的相向扩散速率，至氧化基本停止，氧化过程呈对数规律。此规律说明氧化过程受到的阻滞远大于抛物线规律中所受到的阻滞。

(2)薄氧化膜(10～200nm)的生长机理。

强电场时的势垒曲线如图 9-8 所示，结合氧化膜双电层模型(图 9-9)，由于吸附的氧离子产生的双电层电位差是一定的，随着氧化膜的增厚，电场强度 $E$ 逐渐减小，离子迁移也越来越困难。但是，随着温度上升，由于离子和电子能量增加，在电场和浓度梯度作用下，它们的迁移扩散速度会增加。因此，随着温度升高，氧化膜还会继续生长，只不过生长机理不同于极薄氧化膜。

例如，金属过剩型氧化(n 型半导体)呈现抛物线关系，金属不足型氧化(p 型半导体)呈现立方关系。

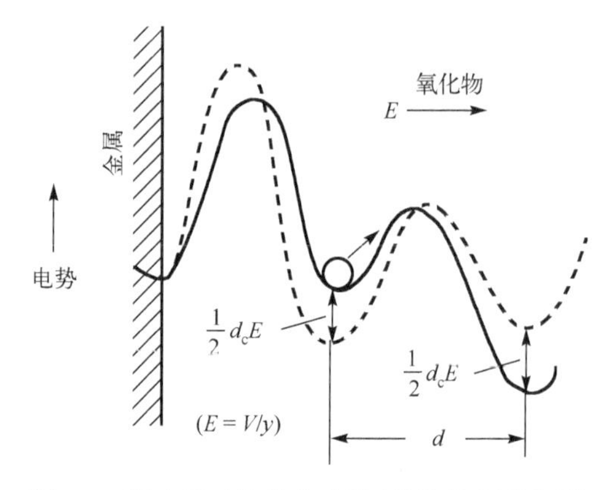


图 9-8　强电场时的势垒曲线(虚线代表无电场)

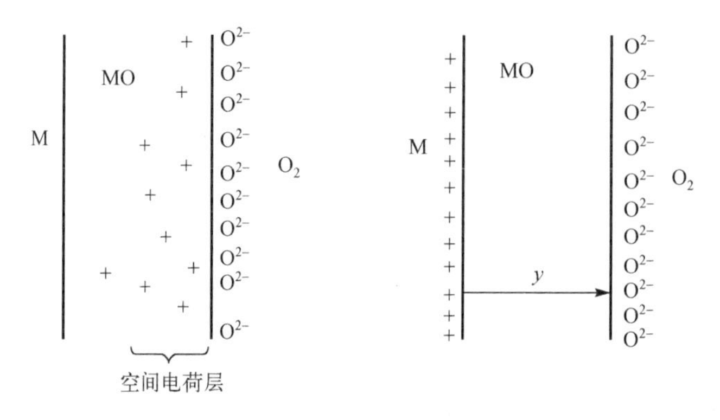


(a) 固相/氧相界面的双电层　　(b) Mott电容器型双电层

图 9-9　氧化膜双电层结构示意图

(3) Wagner 理论-抛物线关系。

厚膜氧化物(离子-电子理论)实际上属于电化学腐蚀机理。金属氧化的电化学机理如图 9-10 所示，该理论认为，已经形成的具有一定厚度的氧化膜，可视为固体电解质，金属/氧化物和氧化物/氧气两个界面分别为阳极和阴极。

阳极反应：$Me \longrightarrow Me^{2+} + 2e$(金属/氧化物界面)

阴极反应：$1/2O_2 + 2e \longrightarrow O^{2-}$(氧化物/氧气界面)

总反应：$M + 1/2O_2 \longrightarrow MeO_2$

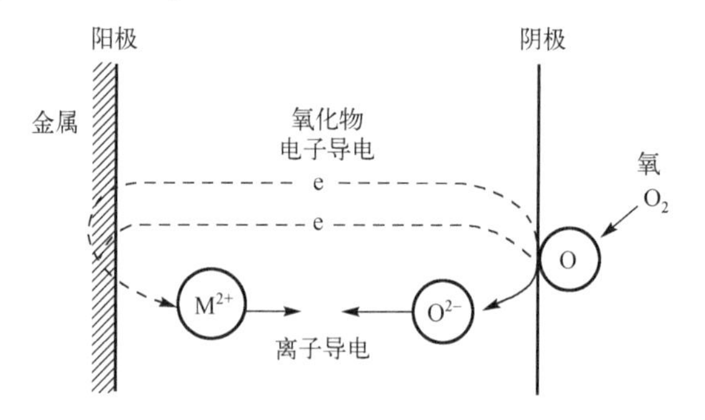


图 9-10　金属氧化的电化学机理

基于氧化膜中存在着浓度梯度和电势梯度而进行扩散与电迁移而导出抛物线关系：

$$y^2 = kt + C \tag{9-24}$$

因此，式(9-24)对薄的和极薄的氧化膜的生长并不适用。

## 9.2　高温腐蚀机理

金属高温腐蚀是指金属在高温下与气氛中的氧、硫、氮、碳等元素发生化学或电化学反应，导致金属变质或破坏的过程。

高温腐蚀的高温是一个相对的概念，对不同的金属来讲，高温或低温有不同的含义。对于金属材料的高温强度，通常是以材料的再结晶温度来划分温度的高低。一般认为在再结晶温度以上，也就是在 30%～40%材料熔点(热力学温度)以上的温度，即为高温。对于高温腐蚀，则以引起金属材料腐蚀速率明显增大的下限温度作为高温的起点。例如，发生硫腐蚀最严重的温度范围为 200～400℃，因此，对于硫腐蚀，200℃已经属于高温范畴了。除了温度，环境介质也是高温腐蚀的重要参数。环境的差异对腐蚀的形态、机理、速率及腐蚀产物有明显的影响。

高温腐蚀与其他各类腐蚀相类似，在诸多领域中均会产生很大的影响，工业生产中涉及高温腐蚀的领域主要如下：

(1) 石油化工领域中，高温处理过程会产生高温氧化以及高温腐蚀；

(2) 涉及燃烧过程的应用领域中，如汽车发动机、电站燃气轮机以及垃圾焚烧炉等，内部燃烧过程会产生复杂气氛的高温气体腐蚀以及高温熔盐腐蚀；

(3) 金属生产加工领域中，如进行热处理时产生的碳氮共渗问题，以及盐浴处理时产生的增碳、氮化损伤以及熔盐腐蚀；

(4) 核反应领域中，煤的气化和液化过程会产生高温硫化物腐蚀；

(5) 航空航天领域中，如宇宙飞船返回地球过程中飞船外部因大气引起的高温氧化和高温腐蚀，以及航天器发动机使用过程中产生的高温氧化以及高温腐蚀。

### 9.2.1　类型

通常情况下，高温腐蚀的类型由材料的实际工作环境而定，所以根据材料工作的环境介质状态，可以将高温腐蚀划分为三大类：高温气态介质腐蚀、高温液态介质腐蚀和高温固态介质腐蚀。

**1. 高温气态介质腐蚀**

无论是单质气体分子(如 $O_2$、$Cl_2$、$N_2$、$H_2$、$F_2$ 等)、非金属元素的气体化合物(如 $H_2O$、$SO_2$、$H_2S$、HCl 等)、金属氧化物气态分子(如 $MnO_3$、$V_2O_5$ 等)，还是金属盐的气态分子都会诱发和加剧金属的高温腐蚀。由于腐蚀是在高温、干燥的气态环境中进行的，而且在它的起始阶段又是材料与环境气体直接发生化学反应所致，因而常被称为化学腐蚀、干腐蚀，或广义的高温氧化，以区别于在电解质水溶液中的电化学腐蚀。研究表明，在腐蚀形成一定厚度的氧化膜后，氧化膜的进一步生长存在着电化学机制，因此，把高温气体腐蚀简单看作化学腐蚀是不全面的。在高温干燥的气体环境中进行的高温腐蚀，是金属材料与环境气体在界面化学反应的直接结果，称为“高温气体腐蚀”，高温氧化、硫化、混合气氛下的腐蚀即属于这一类。

2. 高温液态介质腐蚀

液态介质包括液态金属(如 Pb、Sn、Bi、Hg 等)、低熔点金属氧化物(如 $V_2O_5$、$Na_2O$ 等)、液态熔盐(如硝酸盐、硫酸盐、氯化物、碱等)。高温液态介质腐蚀的机理，取决于液态介质和固态金属之间的相互作用。当液态金属作为导热物质或应用于存在冷热温差的场合时，液态金属在热端将构件金属溶解，而在冷端又将其沉积出来，这种腐蚀形式则属于物理溶解。液态介质对固态金属材料的高温腐蚀，称为“高温液体腐蚀”，通常是指热腐蚀、燃气腐蚀等。

当液态金属或液态金属中的杂质与固态金属发生化学反应时，在固态金属表面生成金属间化合物或其他化合物，这种腐蚀形式则属于化学腐蚀。低熔点金属氧化物腐蚀，通常发生在含钒或钠等的燃料燃气中。例如，含钒燃料燃烧后生成 $V_2O_5$，其熔点只有 670℃，在金属表面上呈熔融状态存在。它属于酸性氧化物，可以破坏金属表面的氧化膜，从而加速金属腐蚀，这种形式的腐蚀也属于化学腐蚀。液态熔盐中的高温腐蚀，也称为熔盐腐蚀。熔盐属离子导体，具有良好的导电性，金属在熔盐中会发生与在水溶液中相似的电化学腐蚀。金属在熔盐中也可能发生与熔盐或与溶于熔盐中的氧和氧化物之间的化学反应，即化学腐蚀。

3. 高温固态介质腐蚀

金属材料在具有腐蚀性固态颗粒状质点的冲刷下发生的高温腐蚀，称为“高温固态介质腐蚀”。在这类腐蚀中既存在固态灰分与盐颗粒对材料的腐蚀，又有这些颗粒对金属表面的机械磨损，故通常称为“高温磨蚀”或“高温冲蚀”。

在上述各种腐蚀类型中，氧化是高温腐蚀中最常见的一种形式。从热力学角度看，几乎所有的金属在大气环境中都具有自发发生氧化的倾向。金属冶炼将自然界中的矿石(金属的各种氧化物)还原为金属，而金属在其铸造成形、轧锻形变加工及热处理过程中，由于氧化却又消耗了自己。仅以钢的生产为例，氧化的损耗就占钢总产量的 7%～10%，损失相当惊人。

高温腐蚀涉及的范围很广，锅炉、反应釜、蒸馏塔、内燃机、涡轮发动机等都是在高温下各种工业介质环境中服役的。介质中除了氧以外，常常还含有水蒸气、二氧化硫、硫化氢、气相金属氧化物、熔盐等。这些物质诱发或加剧腐蚀的发生与发展，而温度通常会更进一步加速腐蚀过程。高温腐蚀不仅消耗了金属材料，还影响着这些生产装备运行的安全性和可靠性，制约着它们的使用寿命，并限制了它们性能的进一步提高。

可以预见，随着科技的发展，为提高工业生产效率，许多设备的运行温度会进一步提高，并且许多新技术只有在更高的温度下才能实现应有的效果。这些均依赖于具有更优良抗高温腐蚀性能的新材料和防护涂层的研制和开发。新的科技和工程的发展，必将极大地推动高温腐蚀的研究。

### 9.2.2 影响因素

金属材料在高温工作环境中会与周围环境中的化学物质发生反应，如 C、K、O、Cl、S 等，导致材料性能的退化或消失，并在进一步的氧化过程中产生裂纹、孔隙甚至剥落。但是影响高温腐蚀的因素很多，只有将影响腐蚀的因素尽可能地研究清楚，才能找到更好的应对措施。研究人员对高温腐蚀进行了广泛研究，并将影响因素分为两类：①宏观因素，如温度、时间等；②微观因素，即环境中的腐蚀性元素的成分，如 S、Cl、$H_2O$ 等。

关于温度和时间的影响，研究者对 5Cr0.5Mo 和 Q235 钢在含 S 的溶液中进行了高温腐蚀试验，发现两种钢的腐蚀速率都会随着腐蚀温度的升高而增加。但是，腐蚀速率只在试验初始阶段随着测试时间的增加而增快，在试验后期，腐蚀速率明显下降，可能是因为在初始阶段，腐蚀产物较为稀薄、疏松、多孔，有利于腐蚀性物质进入钢基体，导致腐蚀速率增大。然而，随着腐蚀的进行，腐蚀产物变得致密，并黏附在钢基体上，起到了屏障的作用。对三种商用 Ni 基合金的高温腐蚀研究表明，三种合金的腐蚀深度都随着试验温度的升高而增加。图 9-11 是三种合金在不同温度下腐蚀 72h 后的总体腐蚀深度曲线图。

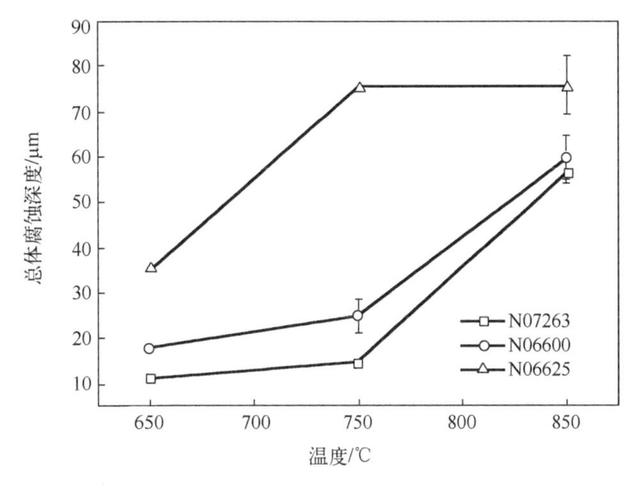


图 9-11　三种合金在不同温度下腐蚀 72h 后的总体腐蚀深度曲线

虽然宏观的环境条件对高温腐蚀过程有很重要的影响，但是微观的环境成分却决定着腐蚀的机制。与环境条件相比，环境成分在高温条件下造成的腐蚀更复杂，例如，$Cl^-$可以明显影响高温腐蚀过程，燃料锅炉和垃圾焚化的高温气氛中存在的 KCl，对高温腐蚀有重要影响，固体 NaCl 对材料高温腐蚀有着加速作用。通过分析 NiCr 和 NiCrMo 多孔合金由 NaCl 引起的热腐蚀过程(图 9-12)，得到该过程可能发生的腐蚀反应式如下：

$$M + O_2(g) \longrightarrow MO_2 \tag{9-25}$$

$$2M + yO_2(g) + 2xNaCl \longrightarrow 2Na_xMO_y + xCl_2(g) \tag{9-26}$$

$$4M + zO_2(g) + 4zNaCl \longrightarrow 4MCl_z + 2zNa_2O \tag{9-27}$$

$$M + O_2(g) + 2NaCl \longrightarrow MO + Na_2O + Cl_2 \tag{9-28}$$

式中，M 代表不同的金属元素；$x$、$y$、$z$ 代表不同的常数。材料中的一部分金属元素会优先与 $O_2$ 反应生成氧化物后向外迁移，随后与 NaCl 反应生成疏松、多孔的腐蚀产物，这些腐蚀产物中有一些会在高温时挥发，与此同时，材料中的气体金属元素会与 $O_2$ 和 NaCl 反应生成 $Cl_2$，使材料中的孔隙进一步增多，加快了腐蚀性元素向材料内部的扩散。

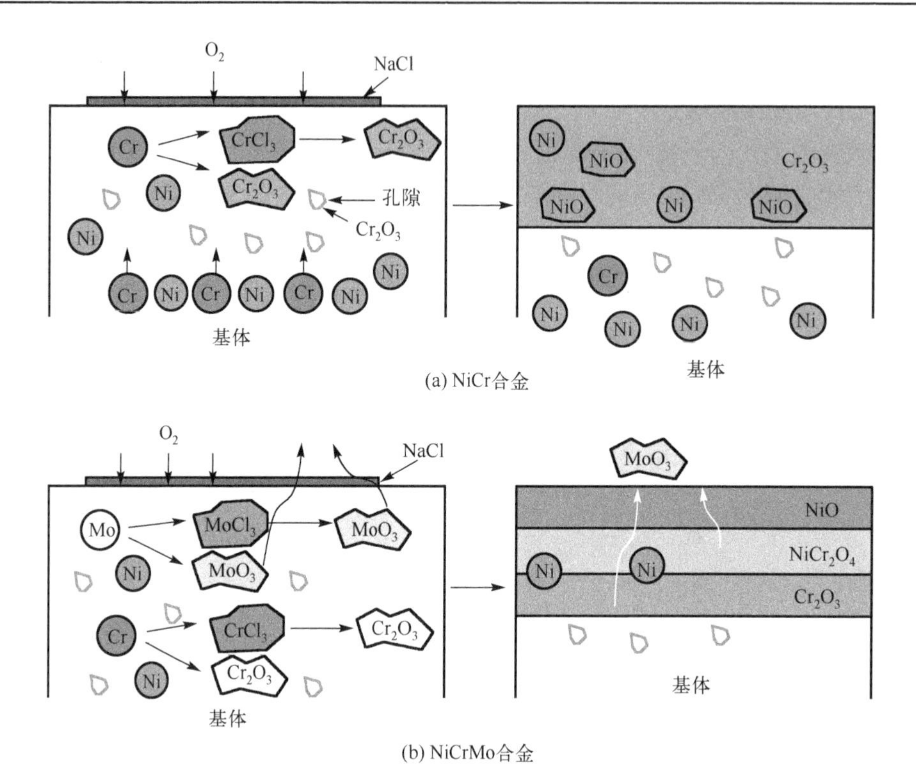


图 9-12　由 NaCl 引起的热腐蚀过程

除了氯化物诱导的高温腐蚀，还有许多其他化学成分会加重腐蚀程度。例如，乙酸会加速 3.5NiCrMoV 钢在高温水蒸气中裂纹的萌生和扩展，硫化物中 S 的含量会增大 5Cr0.5Mo 钢在高温时的腐蚀速率。有研究发现，LiCl-$Li_2O$ 的熔融盐对镍基合金高温腐蚀行为有显著影响，三种 Ni 基合金在锂盐中都受到了不同程度的腐蚀，耐腐蚀性能与其内部组分有关。

目前对于高温腐蚀的研究大多集中在常规的空气氛围中进行，但是，在许多工业腐蚀环境中都含有大量的水蒸气，而材料在干燥空气中的氧化行为与在含有水蒸气环境中的氧化行为有明显区别。例如，ZrN 在水蒸气和空气中的氧化行为差别明显，从 ZrN 分别在空气和水蒸气中氧化层厚度随时间的变化来看，在水蒸气中的氧化抛物线速率常数比在空气中高 100 倍左右。

## 9.2.3　膜结构及性质

### 1．氧化膜的保护性

由于金属氧化膜的结构和性质各异，其保护能力有很大差别。一定温度下，不同金属氧化物可能有不同物态。例如，Cr、Mo、V 在 1000℃空气中都被氧化，其氧化物状态则各不相同：

$$Cr+\frac{3}{2}O_2 \longrightarrow Cr_2O_3 \text{（固态）}$$

$$Mo+\frac{3}{2}O_2 \longrightarrow MoO_3 \text{（气态，450℃以上开始挥发）}$$

$$2V+\frac{5}{2}O_2 \longrightarrow V_2O_5\text{（液态，熔点 658℃）}$$

可见，在 1000℃下这三种氧化物中只有 $Cr_2O_3$ 为固态，有保护性，而 Mo 和 V 的氧化物则无保护性。实践证明，并非所有的固态氧化膜都具有保护性，只有那些组织结构致密、能完整覆盖金属表面的氧化膜才有保护性。因此，氧化膜的保护性取决于下列因素。

(1) 氧化膜的完整性。金属氧化膜的 P 与 B 之比（氧化物体积与消耗的金属体积之比）在 1～2，膜完整，保护性好。

(2) 氧化物的熔点。金属氧化物的熔点要高，这样才不容易熔化。

(3) 膜的致密性。氧化膜的组织结构致密，金属和 $O^{2-}$ 在其中的扩散系数小，电导率低，可以有效地阻碍腐蚀环境对金属的腐蚀。

(4) 膜的稳定性。金属氧化膜的热力学稳定性要高，这样才不易发生反应。

(5) 膜的附着性。膜的附着性要好，这样不易剥落。

(6) 热膨胀系数。膜与基体金属的热膨胀系数越接近越好。

(7) 膜中的应力。膜中的应力要小，以免造成膜的机械损伤。

**2. 金属氧化膜的晶体结构**

(1) 纯金属的氧化：一般形成单一氧化物的氧化膜，但有时也能形成多种不同氧化物组成的膜，如铁在空气中的氧化（图 9-13）。

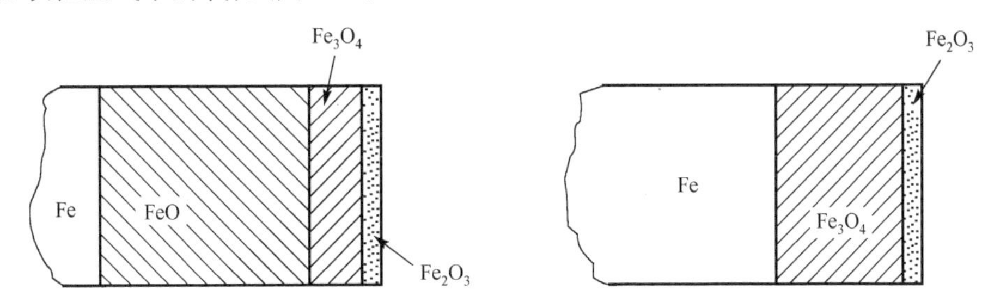


图 9-13　铁在空气中氧化时的氧化膜结构示意图

(2) 合金的氧化：生成的氧化物通常是一个复杂体系，可能生成氧化物的共晶混合物或者金属氧化的固溶体。一般来说，合金氧化物的保护性比纯金属氧化物的保护性能好。

表 9-1 中列出的金属氧化膜具有不同的晶体结构类型。最常见的具有保护性的氧化膜是 $Al_2O_3$、$Cr_2O_3$、$SiO_2$ 以及稀土氧化物 $GeO_2$、$Y_2O_3$、$YCrO_3$ 等。这些氧化物的高温稳定性好，加入稀土氧化物可改善氧化膜的附着性，提高抗氧化能力。

**表 9-1　一些金属氧化物的晶体结构类型**

| 晶体结构类型 | 金属 | | | | | | | |
|---|---|---|---|---|---|---|---|---|
| | Fe | Al | Ti | V | Cr | Mn | Co | Ni |
| 岩盐（立方晶系） | FeO | — | TiO | VO | — | Mn | CoO | NiO |
| 尖晶石（立方晶系） | $Fe_3O_4$ | — | — | — | — | $Mn_3O_4$ | $Co_3O_4$ | — |
| 尖晶石（六方晶系） | $\gamma$-$Fe_2O_3$ | $\gamma$-$Al_2O_3$ | — | — | $\gamma$-$Cr_2O_3$ | — | — | — |
| 刚玉（斜六方晶系） | $\alpha$-$Fe_2O_3$ | $\alpha$-$Al_2O_3$ | $Ti_2O_3$ | $V_2O_3$ | $\alpha$-$Cr_2O_3$ | — | — | — |

### 3. 离子导体型氧化物

(1) 定义：离子型氧化物是靠离子作用形成并严格按化学计量比组成的晶体。

(2) 特征：具有导体性质，熔点随离子电荷数增加而提高，如 MgO、CaO、$ThO_2$、ZnS、AlN 等。

(3) 离子导体晶体中的原子排列如图 9-14 所示，离子导体中的晶格缺陷是由于热激发，一些金属离子从“结点”迁移，成为间隙原子，而原“结点”形成晶格空位。实际上属于这类离子导体的氧化物很少。

Ag⁺ Cl⁻ Ag⁺ Cl⁻ Ag⁺
Ag⁺
Cl⁻ Ag⁺ Cl⁻ Cl⁻
Ag⁺ Cl⁻ Ag⁺ Cl⁻ Ag⁺
Cl⁻ Cl⁻ Cl⁻ Cl⁻ Cl⁻
Pb²⁺ Pb²⁺ Pb²⁺ Pb²⁺
Cl⁻
Cl⁻ Cl⁻ Cl⁻ Cl⁻
Na⁺ Cl⁻ Na⁺ Cl⁻ Na⁺
Cl⁻ Cl⁻ Na⁺ Cl⁻
Na⁺ Cl⁻ Na⁺ Na⁺

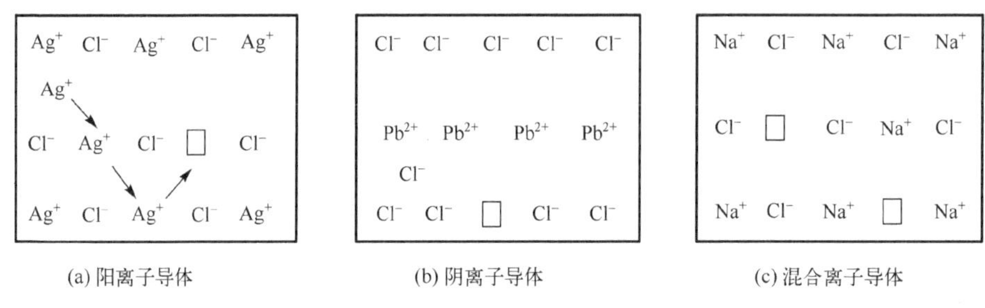

(a) 阳离子导体　　(b) 阴离子导体　　(c) 混合离子导体

图 9-14　离子导体晶体结构示意图

### 4. 半导体型氧化物

(1) 定义：这类氧化物是非当量化合的离子晶体。晶体内可能存在过剩的阳离子(如 $M^+$)或过剩的阴离子($O^{2-}$)。

(2) 特征：具有半导体性质，其电导率随温度的升高而增大，如多数氧化物和硫化物。

(3) 金属离子过剩型氧化物半导体(n 型半导体)。ZnO、CdO、BeO、$Fe_2O_3$、$Al_2O_3$、$SiO_2$ 等氧化物中过剩的金属离子处于晶格间隙中。保持氧化物电中性的条件为

$$2C_{Zn_i^{2+}} = C_e = (2K)^{1/3} P_{O_2}^{-1/6} \tag{9-29}$$

式中，$C$ 为浓度；$K$ 为常数；$P_{O_2}$ 为氧分压。

图 9-15 为 ZnO 金属过剩型氧化物半导体，若在真空中加热氧压下降，ZnO 分解，氧化物中少量的氧被排除，缺陷浓度增加，电导率也增加。因此，这类半导体为还原性半导体，又因这类半导体是由电子导电，故称 n 型半导体。

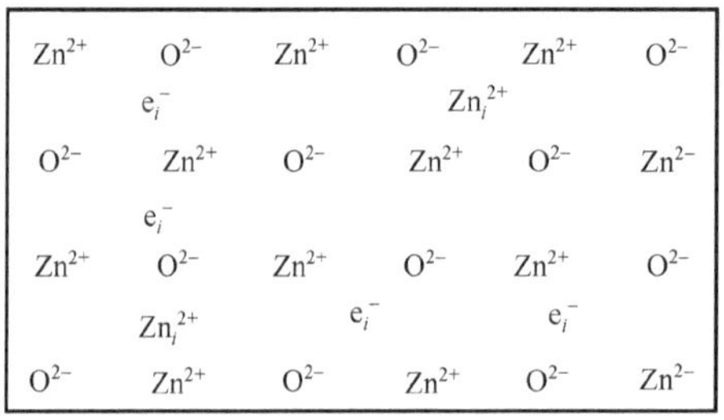

Zn²⁺ O²⁻ Zn²⁺ O²⁻ Zn²⁺ O²⁻
eᵢ⁻ Znᵢ²⁺
O²⁻ Zn²⁺ O²⁻ Zn²⁺ O²⁻ Zn²⁻
eᵢ⁻
Zn²⁺ O²⁻ Zn²⁺ O²⁻ Zn²⁺ O²⁻
Znᵢ²⁺ eᵢ⁻ eᵢ⁻
O²⁻ Zn²⁺ O²⁻ Zn²⁺ O²⁻ Zn²⁻

图 9-15　ZnO 金属过剩型氧化物半导体

(4) 金属离子不足型氧化物半导体(p 型半导体)。由于氧离子比金属离子大，过剩的氧离子不能在晶格间隙位置，而是占据着空位，如 NiO、FeO、CoO、MnO、$CrO_3$、FeS 等。保持氧化物电中性的条件为

$$C_{\square e} = KP_{O_2}^{-1/6} \tag{9-30}$$

式中，$K$ 为常数；$C$ 为浓度；$\square e$ 为电子空位；$P_{O_2}$ 为氧分压：

图 9-16 为 NiO 金属不足型氧化物半导体，由于这类氧化物半导体主要是通过电子空穴等迁移而导电，故称为 p 型半导体。

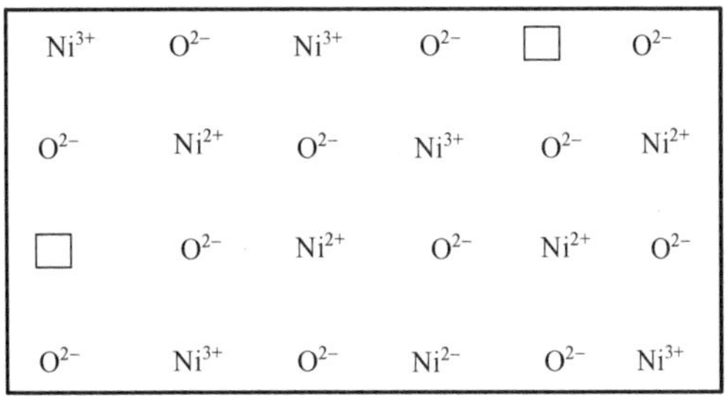

$Ni^{3+}$ $O^{2-}$ $Ni^{3+}$ $O^{2-}$ □ $O^{2-}$
$O^{2-}$ $Ni^{2+}$ $O^{2-}$ $Ni^{3+}$ $O^{2-}$ $Ni^{2+}$
□ $O^{2-}$ $Ni^{2+}$ $O^{2-}$ $Ni^{2+}$ $O^{2-}$
$O^{2-}$ $Ni^{3+}$ $O^{2-}$ $Ni^{2-}$ $O^{2-}$ $Ni^{3+}$


图 9-16　NiO 金属不足型氧化物半导体

# 9.3　耐高温腐蚀涂层的特点及应用

长期以来，材料的腐蚀问题一直是制约高新技术和国民经济发展的重要因素。表面涂层作为一种有效的防腐手段，在材料腐蚀领域得到了广泛的关注。虽然不能完全消除腐蚀，但采用合适的腐蚀防护策略可以显著减轻其影响。当涉及高温环境时，使用先进的高温防护涂层可以作为第一道腐蚀防护线。此外，应用耐高温腐蚀涂层的另一个目的是确保形成保护性氧化膜，其防护原理如图 9-17 所示。

$O_2$
$H_2O$
$O_2$
$Cl^-$
$Cl^-$
$O_2$
$H_2O$
$Cl^-$
$Cl^-$
$H_2O$
保护性氧化垢
✓ 附着表面
✓ 连续性
✓ 缓慢生长
✓ 极薄
✓ 低水蒸气压
<5μm
合金元素向涂层表面的扩散路径
基体


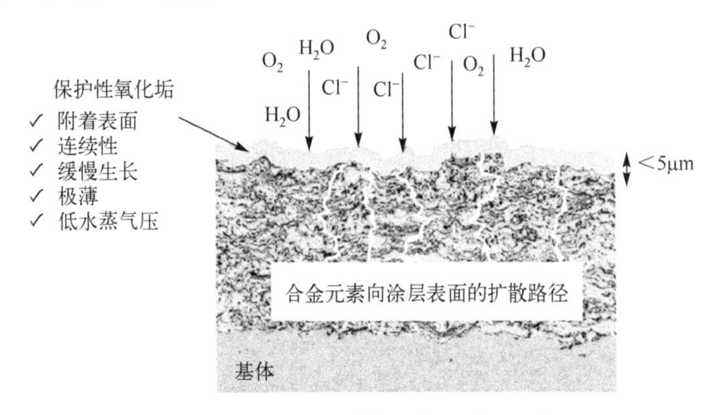

图 9-17　典型的耐高温腐蚀涂层结构

## 9.3.1　特点

### 1．涂层受制约的因素

耐高温腐蚀涂层的应用广泛，但是有很多因素制约其性能的最优化。首先，耐高温腐蚀涂层是一种高温防护涂层，首要的制约因素就是涂层材料在环境中的电化学稳定性；其次，由于高温腐蚀动力学，不同环境会产生不同的高温腐蚀动力学，因此应根据环境选择涂层体系。涂层性能所呈现的差别主要受以下两个方面限制。

(1) 涂层缺陷。考虑到涂层与基体的互扩散因素，若涂层达不到预期服役寿命，其重要原因之一是涂层中存在缺陷。涂层缺陷根据产生的时期可以分为两大类：制备涂层时产生的缺陷和在生产使用过程中产生的缺陷。研究无缺陷或微量缺陷涂层，可使涂层寿命显著提高，是涂层的发展方向之一。

(2) 氧化膜涂层与基体力学性能的差异。氧化膜、涂层和基体的力学性能呈现如下规律：沿基体→涂层→氧化膜顺序塑性下降，脆性增大，热膨胀系数减小，强度下降。Al 和 Cr 元素是最重要的抗高温腐蚀元素，但铬的氧化物有很多种，在 900℃以上氧化时，形成的 $CrO_3$ 易挥发，而铝的氧化膜只有 $Al_2O_3$ 一种，在基体表面形成的 $Al_2O_3$ 膜致密，黏附性优异，且高温时很稳定。因此，铝元素的抗腐蚀性能优良，铝化物涂层较早地应用于工业生产。

**2．对涂层的要求**

在高温工况下使用的涂层首先要具有耐高温腐蚀作用，其次应具备良好的结合性能，密度小，成本低，易制备，自愈性和延展性较好，且不对基体的机械性能产生有害影响。对涂层的具体要求如下。

(1) 优良的抗氧化和耐腐蚀性能：涂层在实际使用过程中，表面能形成完整而致密的氧化膜，保护合金基体免受高温腐蚀。

(2) 良好的结合力：涂层与基体合金之间有相近的线膨胀系数，避免涂层在热应力作用下开裂。为保证涂层与基体之间具有良好的结合力，基体合金必须进行严格的预处理，包括除污、脱油以及喷砂等。

(3) 良好的组织稳定性：高温环境下，涂层组织结构稳定，使用过程中不易发生相变退化，并且在与基体的界面处不形成有害相。

(4) 涂层内缺陷少及制造工艺简单：在喷涂制造与使用过程中，涂层内会产生缺陷，如金属夹杂物、内部孔洞、微裂纹、界面分离及组分变化等。涂层内的缺陷使涂层在高温环境中易发生局部破坏，进而使得整个涂层丧失保护作用。改进工艺，使涂层缺陷降至最低，是涂层研究的一个重要方面。简单的制备工艺可使涂层成本降低。

(5) 涂层具有较低的韧脆转变温度：大多数高温腐蚀防护涂层属于金属间化合物或陶瓷涂层，室温下塑性差，但在一定温度范围内会发生韧脆转变，韧脆转变温度是衡量涂层力学性能的重要指标。

涂层免于机械破坏必须满足两个条件：一是涂层应当承受一定的应力；二是涂层应具有一定的韧性来抵抗瞬时的冲击载荷。如果涂层在一定的温度下不发生脆性到韧性的转变，则难免被破坏。也就是说，在涂层为脆性的温度区间，涂层很脆，非常小的应力足以使其开裂，并使裂纹贯穿到基体中。而在韧脆转变温度以上，涂层具有相当的韧性，受力时不易破裂，并且对基体的力学性能几乎没有影响。但有时涂层对基体的疲劳性能却有显著影响，往往使疲劳强度下降。因此，为使涂层在服役期间不发生开裂，涂层韧脆转变温度应尽可能降低。

## 9.3.2　制备方法

1．耐高温腐蚀涂层的分类

通常把高温涂层分成两种：扩散涂层和包覆涂层。扩散涂层是指通过与基体接触并与其内元素反应从而改变基体外层形成的表层，最为常见的扩散元素为 Al、Cr、Si 等。这类涂层的典型代表是在铁基、镍基、钴基合金上的热扩散渗铝，分别获得 FeAl、NiAl、CoAl 涂层。包覆涂层是指利用物理或化学沉积方法在合金表面直接制备具有保护作用的涂层。包覆涂层按照材料属性又可分为金属涂层和陶瓷涂层。一般来说，金属涂层与金属基体的结合性能较好。目前随着热喷涂技术的广泛应用，这类涂层发展迅速。因为具有较好的抗氧化性，陶瓷材料可以隔离气体介质，并且可使合金的氧化速率降低。但是，通常情况下，陶瓷与基体材料之间具有较大的热膨胀系数差值，如果将陶瓷涂层直接制备于基体合金表面，那么在需要循环温度作业的场合下容易发生破裂的现象，所以陶瓷涂层多用于只需短期防护的场合。实际上，目前应用最普遍的是金属与陶瓷的复合涂层。金属-陶瓷复合涂层是通过将陶瓷增强相弥散在金属基体中形成的涂层，在复合涂层与基体结合完整且良好的前提下，涂层会在陶瓷增强相的作用下具有很好的耐腐蚀性能和耐磨损性能。因此，复合涂层具有良好的应用前景。

2．涂层制备技术

工程上常采用热浸镀、真空蒸镀、离子镀以及热喷涂的方法制作防护涂层。每种涂层制备技术有其独特的适用范围、优势和局限性。

(1) 热浸镀方法的主要优点是：工艺简单，生产效率较高；容易实现连续化生产。主要缺点是：①渗层表面粗糙，均匀性差，夹杂物较多；②热浸炉易被腐蚀破坏，蒸发的气体有害；③难以实现大构件的涂层制备。

(2) 真空蒸镀方法的主要优点是：可局部进行涂层沉积，劳动条件好，更多真空蒸镀的内容可参考第 5 章。主要缺点是：①设备投资大，需经常维修；②涂层结合力差；③适用于形状简单的小零件。

(3) 离子镀方法的主要优点是：镀膜速度快、绕镀性好，适用于具有微孔或形状复杂的工件，更多离子镀的内容可参考第 5 章。

(4) 热喷涂作为制备涂层的一类工艺方法，已成为材料保护与强化的新技术。热喷涂方法的多样性、制备涂层的广泛性和应用上的经济性，是热喷涂技术最突出的特点，更多热喷涂的内容可参考第 3 章。

## 9.3.3　在发电厂中的应用

发电厂锅炉环境中复杂燃料的燃烧会造成恶劣的环境，并可能导致污垢、结渣、结块、腐蚀性脆化和过热器、水冷壁管等关键部件的高温腐蚀。锅炉向火侧过热器管道的服役环境苛刻，管内承受高温高压水蒸气、管外壁还会受到含硫和还原性 $H_2S$ 的烟气、表面沉积的含硫、氯煤灰侵蚀。锅炉向火侧的腐蚀是一个复杂的物理、化学过程，受多种因素影响，如温度、气氛和煤灰组成成分、压力、煤灰颗粒的冲刷等。根据腐蚀原因及腐蚀产物，可以将锅炉向火侧的腐蚀分为硫化物型高温腐蚀、硫酸盐型高温腐蚀、氯化物型高温腐蚀等。高温腐蚀会导致材料损坏和管道泄漏，以及运行效率下降，甚至停机等代价高昂的后果，如计划外停机、高昂的维护成本、降低电厂发电效率和降低锅炉管道寿命等。

为了控制锅炉腐蚀并延长锅炉部件寿命，有两种广泛接受的解决方案：使用合金含量高的耐腐蚀材料或改善腐蚀环境。对于前者，通常采用奥氏体不锈钢或镍基体料；对于后者，通常添加含 S 的添加剂或降低工作温度。降低工作温度会导致锅炉的热效率/发电效率显著降低，而开发合金含量高的耐腐蚀材料是复杂、耗时和极其昂贵的。因此，无论是从经济角度还是从技术角度来看，上述解决方案并不是最合适的。近年来，通过使用堆焊、激光熔覆、热喷涂和热扩散等技术制备抗腐蚀涂层，是解决锅炉腐蚀问题的有效方案。在保持基体材料机械性能的同时，可以通过施加涂层提高整体的抗腐蚀性能，从而将材料的应用范围扩大并发挥其最优性能。虽然涂层可以提高部件的耐高温腐蚀能力，但要生产出能够满足高性能要求的涂层还存在一些技术挑战。

1．堆焊

堆焊是直接焊接在基体上的金属涂层，可使焊件表面获得具有与基体不同的特性。高温焊接过程导致与母材形成冶金结合，使界面上的基体涂层合金化，生成几乎无孔的涂层，具有良好的耐腐蚀能力。此外，镍基焊缝覆盖层可提供有效的保护，这种做法已被广泛采用。

堆焊相对于热喷涂来说，熔覆层较厚，熔敷层具有耐热、耐磨、耐蚀等特殊性能，可以显著延长工件的使用寿命。堆焊时，热输入越大，基体熔化越多，稀释率越高。因此，稀释率越低，堆焊层的防护效果越好。合格产品表面稀释率要求低于 5%，堆焊层厚度往往超过 1.6mm，这也导致成本增加。关于焊缝覆盖层的一个主要问题是：在同一区域重复应用可能导致旧覆盖层的脆化，并导致裂纹蔓延到覆盖管。此外，合金元素，如铁从基体到焊缝覆盖层可能发生稀释，会降低焊缝的耐腐蚀性。而对于高参数的发电厂锅炉，过热器壁温度往往会超过 600℃，堆焊耐腐蚀性能会降低。随着电厂技术不断发展，对能源转化效率的要求也越来越高，提高燃烧温度和效率的同时降低施工成本，是如今必须要考虑的问题。因此，开发高性能、低成本的材料是堆焊技术所面临的难题。

2．激光熔覆

在激光熔覆过程中，激光束将粉末熔合到基板表面，产生致密、均匀、无裂纹的涂层。在沉积过程中，基体的顶层被熔化形成冶金结合。激光束可以聚焦到一个非常小的区域，并保持衬底的热影响区(HAZ)很浅。这最大限度地减少了开裂、变形或改变基体冶金性质的可能性。此外，较低的总热量输入最大限度地减少了涂层与基体材料的稀释，并防止基体的热变形。另外，激光束可以更快地处理更大的表面积。超高速激光熔覆技术由于针对回转体零部件独特的优势和极高的熔覆效率，也将是未来制备过热器管道防护涂层的重点发展方向。尽管激光熔敷在工艺材料方面表现出独特优势，但高昂的设备投入、严苛的施工环境、复杂的施工操作也是难以回避的难题，尤其是在成本要求更为苛刻的国内市场，这在很大程度上限制了该技术在发电厂锅炉中的实际应用。

3．热喷涂

在热喷涂过程中，金属或非金属材料沉积在基体上。原材料通常以粉末、金属丝或溶液/悬浮液的形式被加热到熔融或半熔融状态，并在火焰中加速，然后被沉积到基体上，完全或部分熔化的颗粒在撞击基体时发生变形，形成所谓的片状物。在冲击或凝固时，涂层材料通过机械连锁与基体结合。利用热喷涂技术不仅可以沉积多种材料，而且磨损的零件可以很容易地重新喷涂。

一般来说，热喷涂工艺可以根据热源类型进行分类，可以根据产生的射流温度和速度进行分类。每种工艺在气体温度和气体速度方面都有其固有的特征，控制着颗粒的升温和加速度。不同方法中飞行粒子的速度和温度的差异是解释涂层中观察到的微观结构差异的主要因素。发电厂中的锅炉常用以下热喷涂技术。

**1) 火焰喷涂技术**

火焰喷涂是一种有百年历史的工艺，在喷嘴中注入氧气和燃料的混合物，如乙炔($C_2H_2$)或丙烷($C_3H_8$)，混合气体在喷嘴前燃烧产生火焰。根据氧气与燃料的比率，火焰的温度在3000～3300℃。所使用的原料可以是粉末或丝的形式。用这种方法沉积的材料通常包括低熔点金属，以及镍基和钴基自熔合金等。火焰喷涂是一种低能耗的工艺，比其他热喷涂工艺更经济。将采用火焰喷涂技术沉积的 NiCrAlY 涂层暴露在空气和 $Na_2SO_4$ 气氛中，发现涂层形成了由氧化铝组成的预氧化区和含有 Ni 和 Cr 的未氧化区，这种形貌本质上提供了对空气氧化的保护，也有助于抵抗熔融盐的侵蚀。在熔融盐环境下，观察到镍、铬和尖晶石的氧化物在整个表面生长。在空气氧化的情况下，预氧化区域不受影响，涂层孔隙率对空气氧化的影响最小。在热腐蚀的情况下，V 渗透到孔隙中，但没有加剧腐蚀侵蚀。

**2) 电弧喷涂技术**

电弧喷涂中，涂层材料不是通过外部源(如火焰)的热量来熔化的，而是通过在两根消耗性电极线之间产生可控电弧。所用金属丝具有与涂层相近的成分。电弧在尖端熔化金属丝，压缩空气或惰性气体流使熔融材料碎裂并将液滴推向基体。与火焰喷涂技术相比，采用该工艺可获得更大的结合强度、更低的孔隙率和更高的喷涂率。通过电弧喷涂制备 625 合金涂层，将涂层表面涂敷 KCl 盐并在 550℃下测试涂层性能，发现涂层的抗腐蚀性能较好，喷涂过程中颗粒的熔化程度较高，有利于降低相互连接的孔隙度，并对 Cl 的渗透起到屏障作用。高熵合金铁基涂层也是一个很有潜力的涂层选择，如用该工艺喷涂的 FeCrAlBY，也得到了较好的抗高温腐蚀效果。虽然火焰喷涂技术和电弧喷涂技术在锅炉应用中都具有成本效益，但涂层中形成的原位氧化物和孔隙限制了它们在高温环境中的应用。

**3) 大气等离子喷涂技术**

大气等离子喷涂(APS)技术使用电弧从惰性气体(Ar、He、$H_2$、$N_2$)的混合物中产生高温等离子体流，作为喷涂热源。APS 可以喷涂几乎所有类型的原料，包括难熔合金和陶瓷。原料由载气(通常是 Ar)输送到等离子射流中，在等离子射流中加热加速，并以 200～500m/s 的速度与基体碰撞。采用 APS 技术制备的 Ni 包 Al 涂层，经过预氧化处理后，涂层变得致密且均匀(图 9-18)，与基体结合强度明显提升。预氧化处理不仅使 Ni 包 Al 涂层在涂层内部形成 NiO，还通过涂层中的富 Al 区域预先形成具有更好耐腐蚀性的保护层，显著提高了涂层耐生物发电厂的高温腐蚀性能。

Mo 元素的添加能够有效地提高 APS 喷涂 NiAl 涂层的耐腐蚀性能。如图 9-19 所示，Mo 元素的添加能够提高涂层在含水蒸气环境中的涂层耐腐蚀性能。在水蒸气与 Mo 元素的共同作用下，涂层表面会形成致密且具有保护性的 Ni 和 Al 氧化层，但是在没有 Mo 的区域却难以形成。

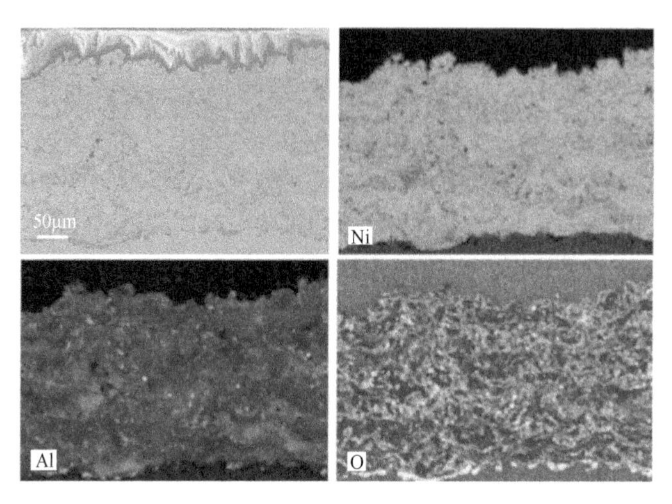


图 9-18　预氧化处理后 Ni 包 Al 涂层的 SEM 截面形貌与 EDX 面扫描图

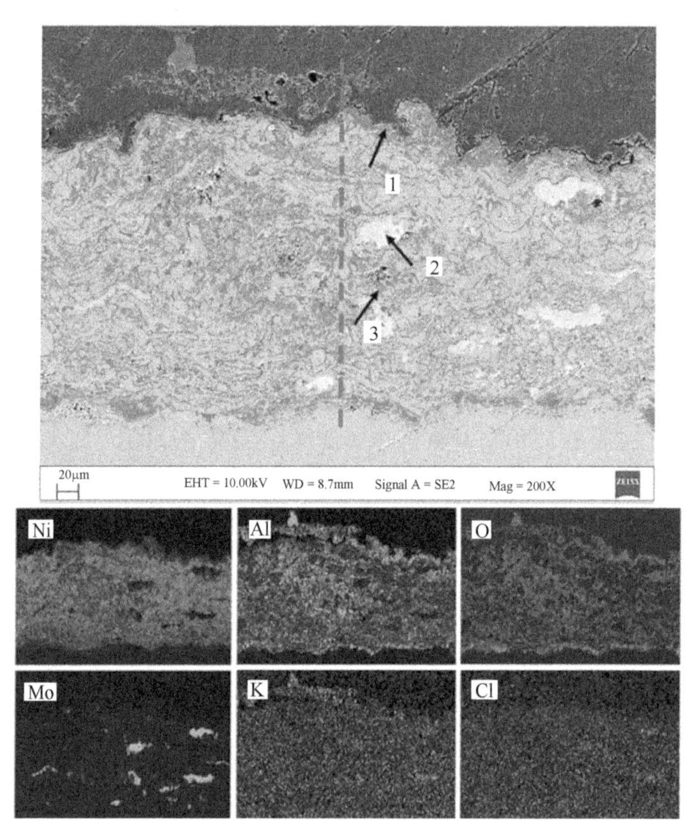


图 9-19　含 5wt.% Mo 的 APS　NiAl 涂层腐蚀后的 SEM 截面形貌与 EDX 面扫描图

**4) HVOF 喷涂技术**

在锅炉的高温腐蚀防护中，HVOF 喷涂得到了广泛的应用。在 HVOF 喷涂过程中，燃料（煤油、乙炔、丙烯或氢）与 $O_2$ 混合，并在燃烧室中燃烧。燃烧产生的能量通过喷管形成一个温度约为 3000℃、速度约为 550m/s 的射流。与 APS 涂层、电弧喷涂涂层和火焰喷涂涂层相比，

HVOF 涂层的孔隙率略低(<3vol.%)，氧化物的含量通常更低，这是由于飞行中的粒子被推进到基体上的速度更快。该工艺产生的典型涂层微观结构包括飞溅边界，以及一些未熔化的颗粒、孔隙、氧化物和夹杂物。有研究表明，HVOF 喷涂的 β-NiAl 涂层在含有 500ppm HCl 和 10wt.%KCl 灰分的合成气体中可以提供优异的抗腐蚀性能。如图 9-20 所示，在涂层/基体界面处观察到快速增长的 $Al_2O_3$，从样品边缘一直延伸到中心，$Cl_2$ 和 $O_2$ 都扩散到样品中并腐蚀。腐蚀机理遵循 $Cl_2$ 作为催化剂的“活性腐蚀”机理。它涉及挥发性物质 $NiCl_2$ 和 $AlCl_3$ 的形成，以及随后的氧化和蒸发过程均受到沿涂层/基体界面的蒸气压梯度的驱动，显著促进了 $Al_2O_3$ 的生长。研究表明，虽然 NiAl 涂层对钢的腐蚀保护是有效的，但必须避免涂层/基体界面直接暴露在 $Cl_2/O_2$ 气体中，因为 Al 长期接触 $Cl_2/O_2$ 气体后会被消耗并转变为 γ'-$Ni_3Al$，如图 9-20(b)和(c)所示。

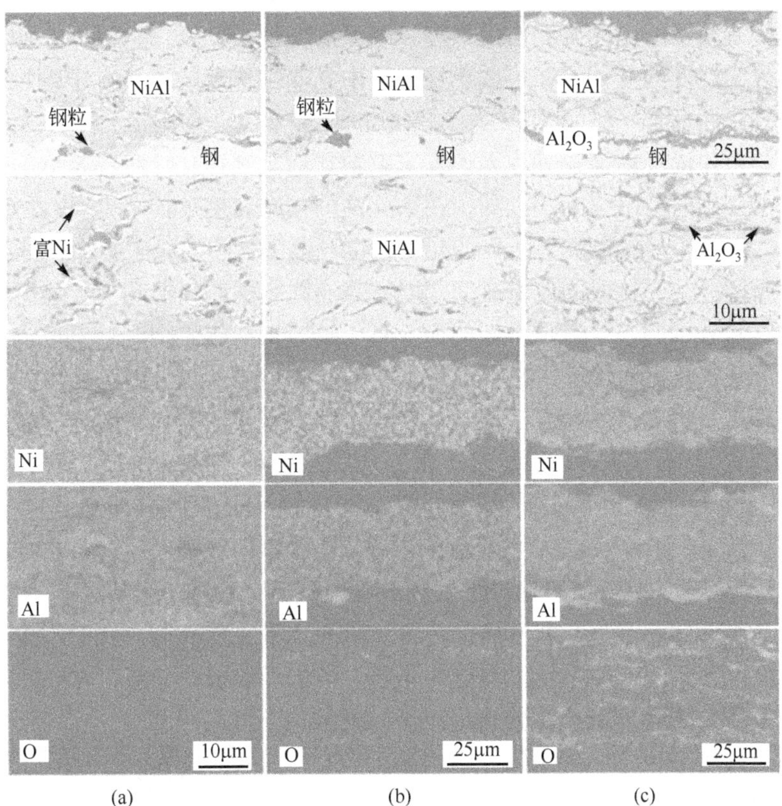


图 9-20　喷涂态的 NiAl 涂层、氧化后 250h 和腐蚀 250h 后的截面形貌图

(a)喷涂 NiAl 涂层的横截面后背散射电子(BSE)模式图像和能量色散 X 射线(EDX)映射；(b)涂层在 700℃空气中氧化 250h 后的涂层；(c)涂层在 700℃、500ppm HCl 和 10wt.% KCl 的合成气体中腐蚀 250h 后，在低倍和高倍下的形貌

**5)冷喷涂**

冷喷涂工艺是在相对较低的温度(<1000℃)下制备涂层。冷喷涂是通过动能而不是传递给粉末材料的热能来制备涂层。涂层材料以粉末的形式，颗粒大小为 1～50μm，通过使用载气注入喷嘴。气体通常是空气、氮气、氩气、氦气或它们的混合物，可以通过电阻加热来增加推进速度。然而，温度总是保持在涂层材料的熔点以下。由于其温度较低，冷喷涂工艺是喷

涂纳米结构材料的一种替代方法，因为在喷涂过程中没有颗粒熔化，所有的纳米结构都保持完整。尽管通过冷喷涂工艺沉积的涂层具有氧化物含量低，没有氧化、相变、分解、晶粒长大以及镀层成分畸变等优点，但该工艺的成本可能是其在锅炉中应用的一个主要制约因素。

**6) HVAF 喷涂技术**

HVAF 工艺是热喷涂工艺家族中一项相对较新的技术，其在过去十年中在包括电厂在内的多个应用中受到越来越多的关注。在这个过程中，压缩空气和燃料气体(丙烷、丙烯或天然气)在进入燃烧室之前被预先混合，在电火花塞的帮助下点火。当燃烧室的催化陶瓷壁加热到混合物的自燃温度以上时(过程开始后不久)，可以实现点火并促进燃烧，从而代替了火花塞的作用。采用氮气作为载气，通过注入器将粉末轴向注入。由于在燃烧中使用空气，运行成本很低。在燃烧室的第一和第二喷嘴之间还添加了一种燃料(如丙烷)，以进一步提高飞行中的粒子速度和控制粒子的温度。燃料的类型、喷嘴的特征(长度、直径)、在一次(输入室)和二次(独立)过程中注入的气体量在控制燃烧过程中是非常重要的。飞行中颗粒的温度和速度也受到原料材料特性(化学成分、颗粒大小/分布和形态)的影响，这反过来又会影响涂层的性能。HVAF 过程产生高速射流，使注入的粉末颗粒加速至高速。这种高速度的粒子使涂层和基体之间建立了良好的黏附强度。此外，在如此高的颗粒速度下，喷丸(锤击效应)在涂层中形成了压应力。HVAF 火焰的温度小于 1950℃，这导致飞行中的粒子被加热到约 1500℃，相对较低的工艺温度，结合较低的停留时间，能够喷涂固有的对高温和氧化敏感的材料，如含有 Cr 和 Al 的材料。因此，具有保护性的形成氧化膜的元素如 Cr 和 Al 在喷涂过程中不会被耗尽，而是为了防止氧化而保留下来。该过程中的低热量输入也导致涂层中的氧化物含量可以忽略不计。在典型的喷涂条件下，对于大多数材料，尤其是镍基涂层，HVAF 涂层中的总氧含量可以保持在 1wt.%以下。涂层具有很高的黏结强度，有时比最常用的黏合测试方法 ASTM C633 所能测定的强度要高得多。原料材料特性(如最佳粒径分布窄)与优化的工艺参数结合提高了结合强度。目前对 HVAF 喷涂涂层进行的少数研究表明，涂层在高温环境中具有优异的氧化行为。然而，HVAF 喷涂涂层的高温腐蚀机理有待进一步研究。

HVAF 工艺制备的涂层呈片状结构，内含少量固体颗粒和孔隙，几乎不含氧化物或夹杂物。粒子在火焰中的高速，加上粒子的塑性变形，产生了致密的涂层，在表面和飞溅边界上有最小的空隙/孔隙。由该工艺产生的典型涂层微观结构可以在图 9-21 中观察到。

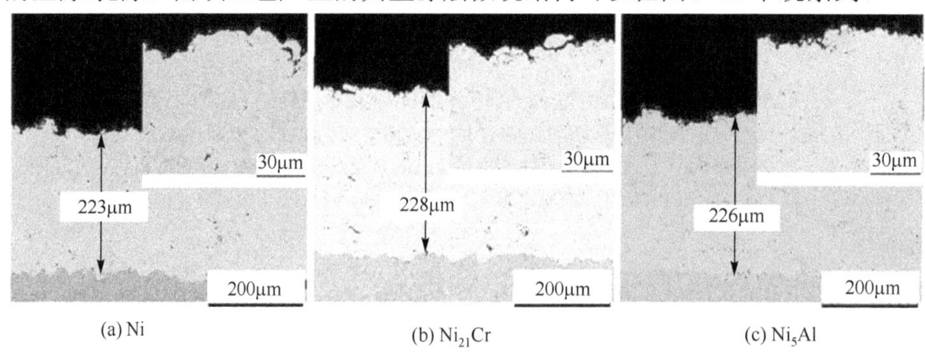


(a) Ni　　(b) $Ni_{21}Cr$　　(c) $Ni_5Al$

图 9-21　HVAF 涂层的背散射截面 SEM 图像

**4．热扩散**

热扩散需要将基体与渗剂放置于一定温度环境中，耐高温腐蚀元素向材料表面扩散后，逐渐形成渗层，基体中的元素也可以进入渗层中。除了热扩散，热浸法形成涂层的原理也基本相同。其代表性涂层有渗铬层、渗铝层和渗硅层。耐高温腐蚀元素在表面的富集不仅有利于形成保护性氧化膜，也可以保证在相当长时间内持续供给保护性氧化物元素。有研究表明，通过热扩散制备的 $Ni_2Al_3$ 涂层具有非常致密的结构，能够提供优异的耐腐蚀性能(图 9-22)。该涂层在两座生物质发电厂中服役测试一年后仍能对基体提供有效的防护。但是这一涂层制备工艺很大程度上受到零件尺寸的制约，在工业上的大规模应用有一定难度。

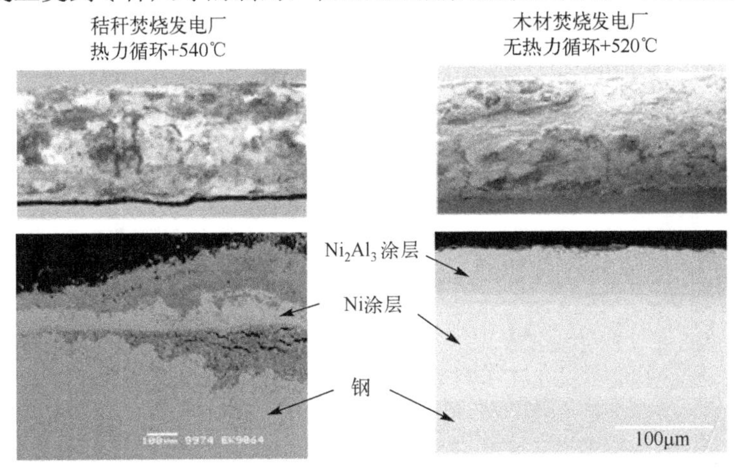


图 9-22　热扩散制备的 $Ni_2Al_3$ 涂层在两座生物质发电厂现场测试后的腐蚀形貌图

## 9.3.4　在燃气轮机中的应用

先进的燃气涡轮发动机需要在更高的温度下工作才能获得更高的效率。效率与工作温度成正比。温度升高导致高温腐蚀增加，即氧化和热腐蚀。高温腐蚀，特别是热腐蚀是非常有害的，因为如果没有选择合适的材料与高性能涂层相结合，它会导致严重的失效。镍基高温合金已被用于制造燃气轮机叶片，最新研制的第四代高温合金可将耐温能力提升至 1250℃。事实上，开发同时具有高温强度和耐高温腐蚀性能的高温合金是相当困难的，因为一些合金元素有助于提高高温强度特性，而另一些元素有助于提高耐高温腐蚀性能，但两者的合金元素不同。目前的研究主要集中在获得高温机械性能方面，并已普遍实现，因此针对耐高温腐蚀性能研究高性能涂层尤其必要。

航空发动机的燃气轮机在穿越海洋时会遭受高温氧化和热腐蚀。在船用和工业燃气轮机中，热腐蚀是一个主要问题，决定着部件的寿命。热腐蚀发生在两个温度范围内，即 Ⅰ 型(800～950℃燃气)和 Ⅱ 型(600～750℃燃气)。热腐蚀是由盐沉积(如 $Na_2SO_4$ 和/或 NaCl)引起的，然后盐沉积与燃烧产物(如 $SO_x$)结合，产生低熔点沉积，会破坏保护性的氧化膜。

燃气轮机在使用过程中会经历不同的温度阶段，因此高性能的涂层应能抵抗两种形式的热腐蚀。涂层应能促进两种类型高温腐蚀下形成保护性氧化膜，Ⅰ 型高温腐蚀需要氧化铝膜，Ⅱ 型高温腐蚀需要氧化铬膜。根据在使用条件下所经历的温度，涂层应该能够形成两种氧化膜，即在低温下形成铬氧化膜和在高温下形成铝氧化膜。这些氧化物在表面沉积的熔融盐(如$Na_2SO_4$)中的溶解度很低，只有使用这种类型的涂层，才有可能在所有工作条件下对燃气涡轮发动机进行全面保护，从而使先进的燃气涡轮发动机实现更高的效率。这种涂层称为智能涂层。

传统上用两种涂层为燃气轮机提供耐热腐蚀性能：扩散镀铝层和 MCrAlY 涂层。图 9-23 显示了应用于燃气轮机基体材料 IN738LC 的两种涂层的商业实例。这些涂层方法的组合也可以用来形成功能结构的涂层，以最持久和经济的方式延缓热腐蚀。扩散镀铝层和 MCrAlY 涂层都可用于燃气轮机高温合金的高温耐蚀防护。铝化物涂层是燃气轮机制造商用于提高燃气轮机部件耐热腐蚀能力的最常见涂层，因为它能形成一种生长缓慢、稳定的热生长氧化物作为表面氧化膜，以防止氧气渗透到部件中，这就延缓了腐蚀过程。由化学气相沉积形成的扩散涂层能够覆盖燃气轮机叶片内部冷却通道。如前所述，氧化铝在热组分表面形成的碱盐中的溶解度也很低。MCrAlY 涂层可以作为单独的耐腐蚀涂层，也可以在热障涂层体系中作为金属黏结层来应用。

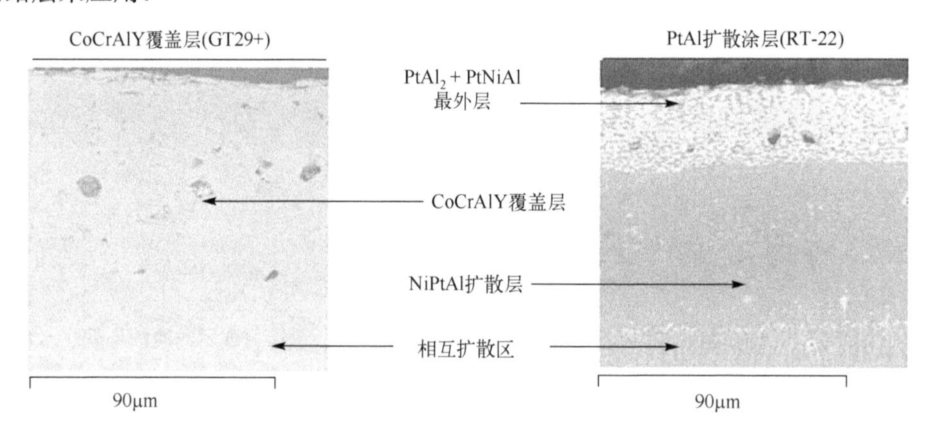


图 9-23　在 IN738LC 基体上的 CoCrAlY 覆盖层和 PtAl 扩散涂层的例子

### 1. 扩散铝化物涂层

扩散铝化物涂层一般是基于金属间化合物 β-NiAl 相的涂层，它能对燃气轮机从燃烧到排气整个温度范围内提供保护。这从图 9-24 中的 Al-Ni 相图中可以看出，其中 β-NiAl 是最稳定的高温相。化学气相沉积是形成铝涂层最广泛使用的工艺，相对便宜，适合于涂层小部件，而且可以应用于复杂部件。AlNiY 是广泛使用的涂层选择。涂层制备通过气相进行，关键步骤是形成挥发性次卤化铝和在表面形成镍铝化物。该过程发生在 800℃或以上，并且需要合理的工艺时间。在 800℃以下，控制涂层形成的扩散动力学太慢，无法获得明显的涂层。铝通过气相扩散过程被带到表面，其向表面扩散是一个固态扩散过程。这两种扩散过程控制了涂层的生长速度和成分组成。在高温合金表面，铝向内扩散，镍向外扩散，这是由金属间化合物形成能及其浓度梯度驱动的。虽然铂改性铝化物涂层能比其他扩散铝涂层提供更好的高温性能，但它们的成本大约是其他扩散铝涂层的 7 倍，并且无法在含有内孔的部件使用。硅铝扩散涂层可以覆盖内孔，而且生产成本低得多。

### 2. Si-Al 扩散涂层

Si-Al 扩散涂层具有良好的抗热腐蚀性能，这是因为形成了低氧扩散系数的陶瓷二氧化

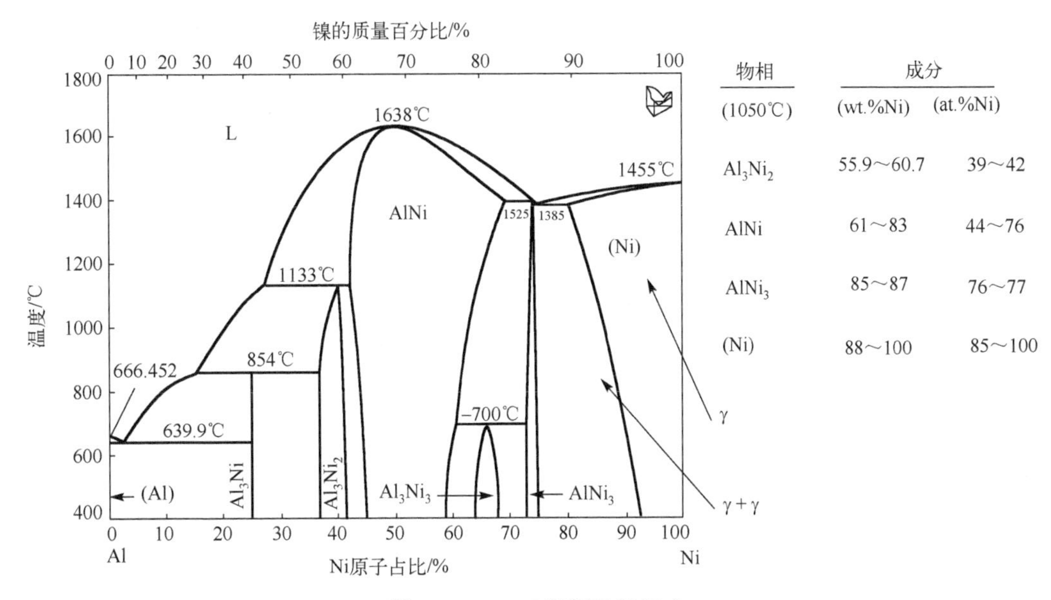


| 物相 (1050℃) | 成分 (wt.%Ni) | (at.%Ni) |
| --- | --- | --- |
| $Al_3Ni_2$ | 55.9～60.7 | 39～42 |
| AlNi | 61～83 | 44～76 |
| $AlNi_3$ | 85～87 | 76～77 |
| (Ni) | 88～100 | 85～100 |

图 9-24　Al-Ni 相图及相组成

硅，从而提高了铝涂层的高温氧化性能。此外，硅铝涂层上形成的二氧化硅在高酸性熔体中的溶解度极小，因此对典型的Ⅱ型热腐蚀酸性沉积物具有显著的抵抗力。最常用的硅铝工业涂层 Sermaloy J 是一种 β-NiAl 扩散涂层，其具有卓越的耐Ⅰ型和Ⅱ型热腐蚀性能。然而，当硅含量为 10wt.%左右时，脆性显著增加，限制了其在涂层内部冷却通道中的应用。

在镀铝过程中的化学反应是通过气相进行的，关键步骤是生成挥发性的次卤化铝，$AlX_n$ (X = F、Cl、Br；$n$<3) 由最初引入的活化剂盐在大于 800℃下形成。这种物质与镍合金表面反应，通过下列反应沉积铝：

$$3AlX_n + (3-n)yNi \longrightarrow (3-n)AlNi_y + nAlX_3 \tag{9-31}$$

$AlX_3$ 是反应的产物，可以通过扩散补充活化剂，继续反应过程。在合金表面，铝在 $AlNi_y$ 金属间化合物形成的驱动下扩散到合金表面。化学反应是平衡的，因此是可逆的，正是这些金属间化合物的热力学稳定性驱动了整个过程。在合金表面发生两种主要的扩散过程：金属间化合物的生成能和浓度梯度驱动铝向内扩散；镍向外扩散。固相扩散和气相扩散是铝化的限制因素，当铝化过程遇到窄冷却通道时，Knudsen 扩散是占主导地位的。如果受气相扩散的限制，复合基体上的涂层将是不规则的和不连续的。由固态扩散控制的过程速率的优点是在基体表面提供过剩的铝，并限制其向表面扩散，从而提供更均匀的涂层轮廓。扩散控制的涂层生长速率由阿伦尼乌斯方程(Arrhenius Equation)定义：

$$\frac{(\text{thickness})^2}{t} = \alpha e^{-Q/(RT)} \tag{9-32}$$

在固态扩散过程中，涂层厚度与热力学温度倒数呈指数关系，且与涂层时间的平方根成正比。

此方程表明，在实际中只能得到有限厚度的涂层。较高的温度可以提高扩散速率，但如果温度过高，可能会在基底表面形成液相，充填粉末会局部枯竭，使气体扩散过程受限。

### 3. MCrAlY 涂层

在高温环境下，MCrAlY 涂层表面可以形成连续致密的氧化层。氧化层主要由 α-$Al_2O_3$ 组成，其具有优异的热稳定性和化学稳定性，在其六方密堆积(HCP)结构中氧离子和金属离子具有较低的扩散系数。MCrAlY 涂层在燃气轮机中作为金属黏结层既为 YSZ 陶瓷隔热层与高温合金基体之间提供黏结力，也为高温合金基体提供抗氧化和抗热腐蚀保护。MCrAlY 涂层中的 β 相影响着抗氧化性能，通过添加 Ta 或者 Re 元素可以改善涂层中 β 相的含量。此外，制备多层黏结层可以明显提高 MCrAlY 涂层的高温性能(图 9-25)，施加扩散阻挡层是减缓涂层与高温合金基体之间互扩散的有效手段。大数据分析技术的发展，将有效助推新型 MCrAlY 黏结层的成分设计，加快研发速度和研发有效性，进一步提升涂层的性能。

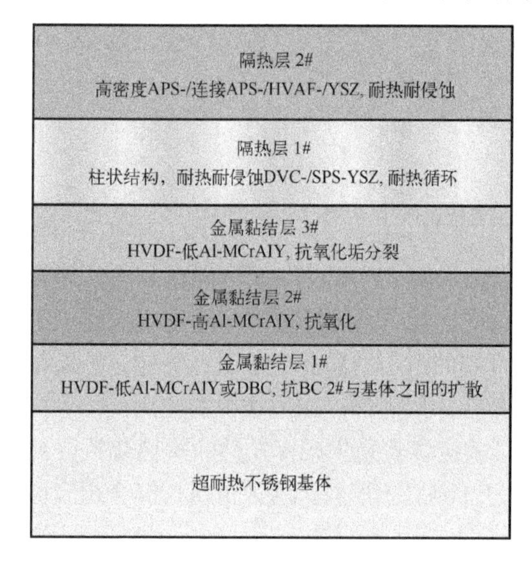


(a) 多层MCrAlY黏结层

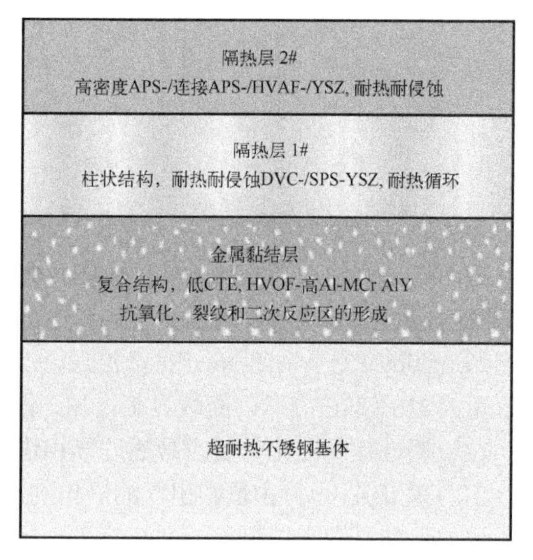


(b) 单层复合材料结构MCrAlY黏结层

图 9-25　新型 MCrAlY 黏结层示意图

# 本 章 小 结

本章主要针对表面耐高温腐蚀涂层进行相关介绍。首先，就高温氧化的热力学与动力学进行了详细的阐述，并通过热力学介绍高温氧化膜及其生长方式。然后，就高温腐蚀的类型及其影响因素进行了介绍，并在此基础上对金属氧化膜的几种结构和对应的性质做了阐述。最后，将耐高温腐蚀涂层的特点进行归纳总结，并结合每种涂层的特点阐述其制备方法。此外，结合耐高温腐蚀涂层的应用实例，对涂层性能及应用优势进行了总结。

## 参 考 文 献

邓新建，张东辉，朱轶峰，1996. 真空等离子喷涂 MCrAlY 涂层耐高温腐蚀性能研究[J]. 航空工艺技术，(2)：23-25.

李铁藩, 2003. 金属高温氧化和热腐蚀[M]. 北京: 化学工业出版社.

翟金坤, 1994. 金属高温腐蚀[M]. 北京: 北京航空航天大学出版社.

张萍, 林萍华, 2006. 流体机械表面抗气蚀涂层的组织性能研究[J]. 金属学报, 13(15): 56-58.

赵斌, 2006. $Fe_3Al$ 金属间化合物在含硫气氛下的高温腐蚀研究[D]. 济南: 山东大学.

BAI M, REDDY L, HUSSAIN T, 2018. Experimental and thermodynamic investigations on the chlorine-induced corrosion of HVOF thermal sprayed NiAl coatings and 304 stainless steels at 700℃ [J]. Corrosion science, 135: 147-157.

BREEUWSMA A, LYKLEMA J, 1973. Physical and chemical adsorption of ions in the electrical double layer on hematite ($\alpha$-$Fe_2O_3$) [J]. Journal of colloid and interface science, 43(2): 437-448.

DANCKWERTS P V, 1950. Absorption by simultaneous diffusion and chemical reaction[J]. Transactions of faraday society, 46(6): 300-304.

ESMAEIL S, NICOLAIE M, SHRIKANT J, 2019. Advances in corrosion-resistant thermal spray coatings for renewable energy power plants. part i: effect of composition and microstructure [J]. Journal of thermal spray technology, 28: 1749-1788.

FAUCHAIS P, MONTAVON G, BERTRAND G, 2010. From powders to thermally sprayed coatings [J]. Journal of thermal spray technology, 19(1-2): 56-80.

KUMAR V, KANDASUBRAMANIAN B, 2016. Processing and design methodologies for advanced and novel thermal barrier coatings for engineering applications[J]. Particuology, 27: 1-28.

SADEGHIMERESHT E, MARKOCSAN N, NYLE N P, 2016. A comparative study on Ni-based coatings prepared by HVAF, HVOF and APS methods for corrosion protection applications [J]. Journal of thermal spray technology, 25(8): 1604-1616.

TAYLOR M P, EVANS H E, PONTON C B, et al., 2010. Method for evaluating the creep properties of overlay coatings[J]. Surface and coatings technology, 124(1): 13-18.

WU D L , LIU S , YUAN Z Y , et al., 2021. Effect of pre-oxidation on high-temperature chlorine-induced corrosion properties of air plasma-sprayed Ni-5%Al coatings [J]. Journal of thermal spray technology, 30: 1927-1936.

WU D, LIU S, YUAN Z Y, et al., 2021. Influence of water vapor on the chlorine-induced high-temperature corrosion behavior of nickel aluminide coatings [J]. Corrosion science, 190: 109689.

# 第 10 章　表面热障涂层

## 10.1　热障涂层结构和材料

随着航空航天发动机和燃气轮机技术不断发展，发动机和燃气轮机向着高效率、高推重比和高涡轮进口温度的方向发展。基体材料的耐高温、耐热震以及抗氧化性能往往很难达到要求，在燃烧室和涡轮叶片等高温零件的表面制备热障涂层(Thermal Barrier Coating，TBC)成为提高工作温度的关键措施。

提高发动机进气温度是提高发动机效率的有效途径之一。在过去的 50 年里，高温合金的研究取得了巨大的成果，同时，涡轮发动机的工作温度提高了近 200℃，高温合金在现代航空发动机中使用的比例越来越大，目前约占 50%。目前，燃气轮机涡轮发动机进口温度已经达到 1500℃，推重比在 10 以上的设计温度达到 1550～1750℃，推重比高于 15 的设计温度将超过 1800～2100℃。随着推重比要求的不断提高，进气口温度同样在不断提高，材料面临的工作环境更严苛。为了解决工作叶片的材料问题，早期主要采用的是镍基合金，但很快达到了承受极限。为了解决这个问题，热障涂层作为对燃气轮机叶片的有效防护手段，得到广泛的重视和发展。热障涂层系统结合了陶瓷材料良好的耐高温性能和金属的高强度、高韧性，不仅可以提高热端零部件承受热应力的性能，还可以降低基体材料的受热温度。相比于开发新型合金材料，热障涂层技术的成本更低，是提升燃气轮机进口温度的有效手段之一。

### 10.1.1　应用背景

热障涂层具有热导率低、耐高温腐蚀、抗震性高等特点，应用于航空发动机，可以使其承受的推力大幅提高(涡轮的前进口温度每增加 10～15℃，推力可增加 1%～2%)。另外，发动机的寿命也可被延长(表面温度每下降 14℃相当于零件寿命延长 1 倍)，航空发动机的耗油量也得到改善。因此热障涂层技术在航空航天、船舶、工业等领域有广泛的应用前景。根据试验研究测试，采用热障涂层，现代商用飞机可正常着陆数千次，可安全稳定飞行 3 万小时。

热障涂层系统由以下三层组成。①MCrAlY 连接层(M 代表 Co 或 Ni 或 Co/Ni)在基体和陶瓷层之间形成过渡保护和氧化层，是耐腐蚀和高温氧化的关键涂层。可用超声速火焰喷涂、低压等离子喷涂、真空等离子喷涂或者大气等离子喷涂等热喷涂技术以及电子束-物理气相沉积(EB-PVD)等技术制备。②高温氧化过程中，由金属元素扩散氧化形成的热生长氧化物层。③等离子喷涂或 EB-PVD 制备的陶瓷层。热障涂层技术的出现弥补了高温合金高温氧化和耐腐蚀性的不足，解决了航空发动机高温机械特性和耐腐蚀性难以共存的矛盾。

从经济和工艺的角度出发，热障涂层是目前唯一可以大幅改善燃气轮机和航空发动机工作温度的可行方法。通常使用厚度为200～500μm的热障涂层进行防护，就可以将基体降低100～300℃。这相当于50年内采用其他方式对发动机进行防护的效果之和。在采用热障涂层的同时，并辅以其他防护技术，是目前提高燃气轮机进口温度的主流方式。

采用热障覆盖及其他先进热传递技术的复合冷却模式可以大幅改善燃气轮机的入口温度。这种复合防护模式可大幅提高燃气轮机的工作温度和效率。由于热障涂层拥有这种优势，热障覆盖技术迅速普及，并在世界范围内得到应用。在美国、欧洲以及我国的航空发动机推进计划中均把热障涂层技术列为与高温结构材料、高效叶片冷却技术并重的高性能航空发动机三大关键技术，尤其是在航空航天领域愈发受到重视。近10年美国对热障涂层的需求每年都会增长20%。因此，开展航空发动机和燃气轮机热端零部件的热障涂层研究具有重要意义。

### 10.1.2　涂层结构和特点

热障涂层系统主要是由陶瓷层、热生长氧化层(Thermally Grown Oxide，TGO)、黏结层、高温合金基体这四种最为基础的组元组成的多层结构。随着新技术的不断发展，又延伸出多层系统和梯度系统等结构形式。正因为这样的多层结构，不同层组元之间的材料相互影响、相互作用，继而造就了热障涂层系统的良好性能。下面对几种典型热障涂层的结构以及特点进行简述。

(1)双层系统：最基础、最简单的热障涂层系统，如图10-1所示。由高温合金作为基体材料，一般作为基体合金需要承受发动机的机械载荷，材料选择为镍基高温合金或者钴基高温合金；通常由大气等离子喷涂或者电子束物理气相沉积制备顶层厚度为100～400μm的陶瓷层，作用于高温环境中保护基体合金材料不受高温燃气气流影响；由真空等离子喷涂制备的MCrAlY(M代表Ni或Co)或PtAl合金的黏结层，用于加强高温合金基体和陶瓷隔热层的连接；以及处于陶瓷层和黏结层之间在高温下形成的氧化物层。燃气轮机叶片上的涂层长时间工作在高温环境下，MCrAlY、PtAl黏结层会和陶瓷层之间形成以α-$Al_2O_3$为主的热生长氧化层，该热生长氧化层会大大降低发动机叶片和其他受保护的热端零部件的温度，再加上叶片表面的冷却膜与之共同作用，可使基体合金不受损害。热障涂层的四种组元之间相互作用，共同决定了热障涂层的力学性能和热力学性能。

(2)多层系统：为了解决金属和陶瓷界面的热效应与应力不匹配现象，提高热障涂层的整体抗氧化性和耐热腐蚀性，设计出多层结构体系。多层结构在陶瓷隔热层和黏结层之间增加了氧阻挡层和陶瓷隔热层，可以有效防止$V_2O_5$、$SO_2$等的腐蚀介质通过涂层的空隙或者缺陷侵蚀黏结层。与双层结构涂层相比，多层结构提高了抗氧化性能和涂层与基体的结合强度，但热震性能没有得到提升，多层结构涂层的制备工艺复杂，工艺的重复性和稳定性尚有待提高，在航空发动机领域没有得到广泛的应用。

(3)梯度系统(功能梯度涂层)：梯度系统最为突出的特点是其元素组成，结构性能会在陶瓷层与基体金属层间沿垂直于涂层方向连续变化(图10-1)。从技术角度很难控制，因此功能梯度结构是只存在于实验室中的理想结构。目前研究最多的是接近梯度的多层复合结构。在涂层制备过程中，不同组元的体积分数逐渐变化，形成非均匀结构，提供连续的宏观梯度特性。这种涂层的设计概念首先应用于利用金属粉末和陶瓷粉末制备功能梯度涂层的过程中，即金属元素逐层递减，陶瓷材料逐层递增。涂层设计既能充分发挥金属延展性的优势和陶瓷的保温性能，又能有效降低涂层中的残余应力，显著改善了热膨胀系数不匹配问题，同时提高了涂层的结合强度和抗热震性能。

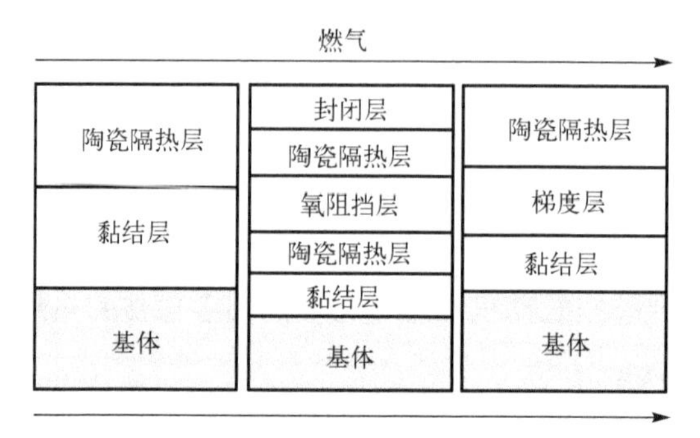


图 10-1 双层、多层和梯度热障涂层结构示意图

## 10.1.3 材料体系

### 1. 基底材料

目前，镍基高温合金具有其他合金无法比拟的优异机械性能和热力学性能(包括高温强度和耐高温蠕变)，是目前唯一适用于涡轮发动机叶片的材料，可以满足性能要求。

从传统采用铸造方法制备多晶高温合金至采用定向结晶的工艺制备单晶高温合金都是为了在制备的过程中提高高温力学性能。为了提高镍基高温合金的高温力学性能，合金的成分组成在不断优化。1980 年英国成功地研究了第一代高温合金，在合金中添加 Al、Ti、Ta、Mo 等元素，通过析出强化和固溶强化提高合金性能。在第二代单晶高温合金的研发过程中，发现加入 3wt.%Re 并使合金中 Ti 和 Mo 处于一个较低的水准能显著提高合金的耐高温蠕变性能。在第三代高温合金中将 Re 从 3wt.%增加到 6wt.%，但更高浓度的 Re 容易使合金析出脆性拓扑密堆相(Topologically Close-Packed Phases，TCP)，不利于合金在高温下的稳定性，故在第四代高温合金中通过添加质量分数为 2%～6%的元素 Ru 来抑制 TCP 的生成。纵观镍基高温合金的发展，其中 Al 元素含量始终处于质量分数为 5%～6%，过低的 Al 含量会影响涂层的稳定性和抗氧化能力，过高的 Al 含量会使高温抗蠕变性能退化。难熔元素(W、Ru、Re 和 Mo 等)逐渐增加，合金成分元素组成的复杂化可以获得优异的高温力学性能，但其耐氧化性能却稍微下降。

图 10-2 是一种成分类似于第 5 代镍基高温合金(组成类似于第五代单晶 KSC06)的氧化层的截面形貌。从图中可以看出复杂的氧化层的结构和组成。氧化层由四层组成：第一层为 NiO，第二层为 $NiM_2O_4$(M 为 Al 或 Cr)，第三层是含难熔元素的氧化物，最内层则是 $Al_2O_3$。除内层 $Al_2O_3$ 厚度较低外，其余三层均为快速生长的脆性氧化物，它们在循环氧化过程中极易产生裂缝，导致氧化物剥落和合金再氧化(图 10-2(a)～(c))。由于高温合金中铝元素含量低，氧化过程中元素成分复杂，难以形成连续的 $Al_2O_3$ 氧化层，却易形成一种不具有保护性的脆性氧化物层。上述结果表明，单晶镍基高温合金本身就不具备抗氧化性能。同时，期望通过

提高高温合金中的铝含量来提高其抗氧化性能是不现实的。因此，通过在镍基高温合金表面制备黏结层是消除氧化性能不足的唯一有效方法。

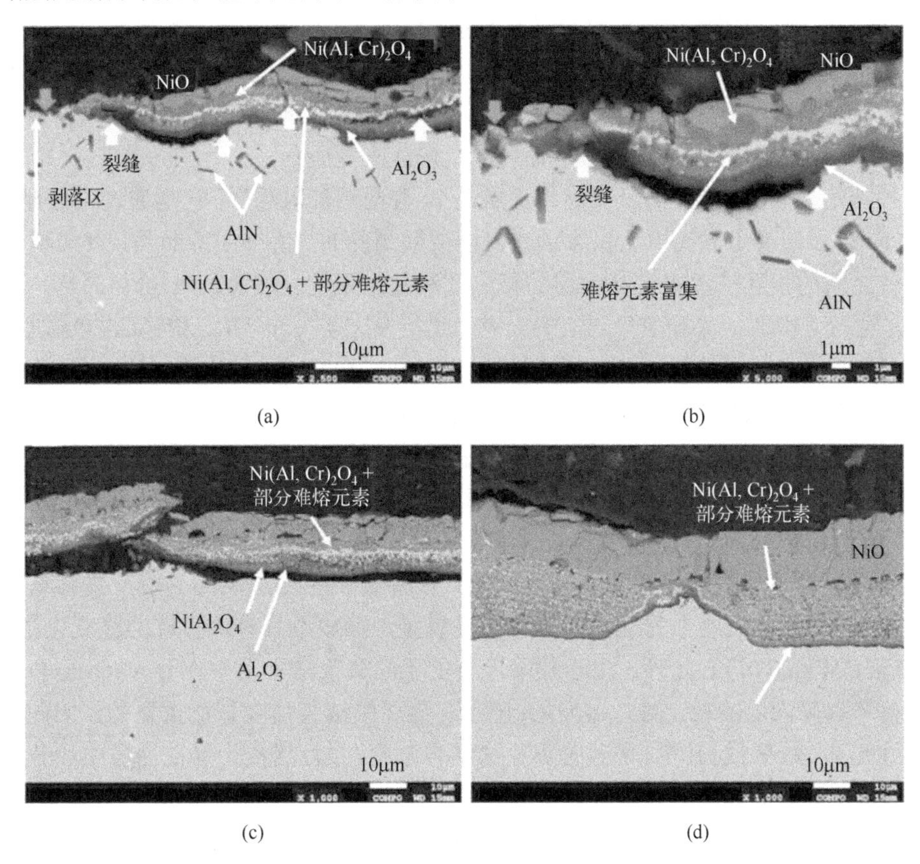


图 10-2 镍基高温合金在 1100℃循环氧化 50h 之后的氧化层截面形貌

## 2. 黏结层材料

黏结层位于陶瓷层和金属基底之间，提高了陶瓷层与金属基体的附着力和相容性，也保证了基体不被氧化。因此，黏结层材料通常具有类似于基体的物理性质。黏结层主要分为覆盖型涂层、扩散型涂层两种类型。

覆盖型涂层即 MCrAlY，M 代表 Ni 或 Co。MCrAlY 合金黏结层材料的选择对热障涂层的寿命具有重要意义。合金基体元素中的 Ni 比 Co 拥有更好的抗氧化性能以及稍差的耐腐蚀性能，同时选择 Ni 和 Co 可以提高整体的综合能力。尤其是当 Co 含量处于 20wt.%～26wt.%时，涂层呈现出一个最佳韧性。在高温合金中，Cr 和 Al 通常为强固溶元素，Al 用于提高涂层的抗氧化性，Cr 的作用则是提高涂层的耐腐蚀性。一般来说，MCrAlY 中 Al 的含量为 8wt.%～12wt.%，而 Al 和 Cr 的存在降低了涂层的韧性。因此，为了保证涂层的抗疲劳能力，在保证涂层的抗氧化性和耐腐蚀性的同时，必须尽量减少 Al 和 Cr 的含量。在黏结层中添加小于 1wt.%含量的 Y 元素可以提高涂层与基体的结合强度，并对涂层抗热震能力有所提升。MCrAlY 在高温下氧化后形成致密的氧化物保护层(主要为 $Al_2O_3$)，可以防止氧气连续扩散到黏结层和基体内部，对基体起到抗氧化保护作用。MCrAlY 中元素组成对生成氧化物的速度以及生成的氧化层与黏结层的相互作用力有明显的影响。MCrAlY 中的 Ni 元素具有耐高温氧化性能；Co 具有良好的耐腐蚀性能；Al 能在高温下形成致密的 $Al_2O_3$ 保护层，提高涂层的抗氧化性能；Cr 元素一方面可促进 $Al_2O_3$ 的形成，另一方面可提高涂层的热腐蚀稳定性；涂层中稀土 Y 可附着氧化物，因此改善了基体与氧化膜的结合强度，延长了涂层的使用寿命。MCrAlY 系统的工作温度一般低于 1150℃，而在 1150℃以上时，MCrAlY 表面很快形成较厚的氧化物膜，从而引起更强的热应力，导致涂层快速失效剥落。

另一种则是扩散型涂层，第一代黏结涂层是 Pt 改性铝扩散涂层，它是通过电镀厚度为 7～10μm 的 Pt，然后使用化学气相沉积渗铝或包埋扩散制备的。值得注意的是，Pt 可以通过减少涂层与基体之间的相互扩散来提高涂层的稳定性和黏结强度。然而，Pt 价格昂贵，在高温下没有足够的强度。此外，还研究了锆(Zr)、铪(Hf)、镧(La)、钌(Ru)和钇(Y)的改性铝镀层。Pt 改性铝扩散涂层制备过程中的工艺不同可以得到 β-NiPtAl 和 γ/γ′-NiPtAl 这两种不同的相结构。β-NiPtAl 相的形成要在基体表面电镀一层厚约为 10μm 的 Pt，然后通过包埋扩散或化学气相沉积进行渗铝，利用 Al 和 Ni 在高温下相互扩散，形成渗铝层，渗铝层主要为 β-NiPtAl 相。而 γ/γ′-NiPtAl 仅仅是在利用基体中的 Ni 和 Al 在高温下相互扩散，无需额外渗铝。其中的 Pt 元素不仅可显著降低氧化膜的生长速率，还可以提高界面的结合强度，大大提高了涂层的抗氧化性能。黏结层材料必须含有充足的铝，如果金属黏结层表面的铝元素含量较低，它不能形成 α-$Al_2O_3$，黏结层中的其他金属元素被氧化，形成不具有保护性的脆氧化物(如 NiO 和 $NiAl_2O_4$、$CoCr_2O_4$ 等)。此外，由于热障涂层的界面失效常常发生在 α-$Al_2O_3$ 层与黏结层之间，对于整个热障涂层的稳定性，α-$Al_2O_3$ 层及其界面的结合强度是很重要的。因此，通常需要掺入活性元素(如 Y 或 Hf 等)来改善界面的结合强度，并且活性元素在涂层中的分布均匀性也极大地影响着涂层的界面结合。

金属黏结层具有以下作用。

(1)在温度较高的工作环境下，黏结层表面形成连续致密的 α-$Al_2O_3$ 氧化层，保护高温合金基体不被氧化；

(2)缓解高温合金基体与陶瓷层之间的热失配现象；

(3)生成的 α-$Al_2O_3$ 具有优异的高温稳定性，不会与陶瓷层发生反应，从而提供良好的结合强度。

**3. 陶瓷层材料**

用于热障涂层的陶瓷材料必须具有可靠的性能，如高熔点、低导热系数、较高的相稳定性、与基体匹配的热膨胀系数、良好的黏结强度、低烧结速率等。与基体匹配的热膨胀系数和导热系数是热障涂层最重要的性能。单一的陶瓷材料很难满足 TBCs 陶瓷材料的所有要求。目前主要采用两种或两种以上陶瓷材料的结合，如氧化钇稳定氧化锆(YSZ)，可满足热障涂层陶瓷层材料的要求。YSZ 是最为典型的材料，在高温下具有良好的相稳定性和低导热性。YSZ 的导热系数只有 2～3W/(m·K)，是所有已知的陶瓷材料中具有最低的温度灵敏度，并与基体具有良好的机械相容性。YSZ 与纯氧化锆的主要区别在于它的相变。纯氧化锆在热循环中形成两个不同的相，在室温与 1170℃之间的温度循环下，为单斜相；在 1170～2370°C 热循环时转变为四方相；而在 2370°C 和 2680°C(熔点)之间热循环时转变为立方相。YSZ 由于氧化钇的加入使立方相结构在室温到熔点的范围内稳定下来，不会伴随着 4%～6%的体积变化。与其他热障涂层体系相比，6wt.%～8wt.%YSZ 是效果最好的陶瓷层材料，其密度相对较低，但也有点缺陷浓度高而导致导热系数较低的缺点。

热障涂层系统中主要组元的材料导热率和热膨胀系数如图 10-3 所示。从图中可以看出，与其他陶瓷材料相比，YSZ 作为陶瓷层材料的热膨胀系数更接近镍基高温合金基体的热膨胀系数，从而避免了热循环过程中大量的热失配应力。陶瓷层结构呈现出的多孔和裂纹状态可以降低弹性模量，从而提供良好的应变容限。然而，多孔结构有助于氧气通过陶瓷涂层迅速扩散到黏结层中，并导致黏结层的氧化。

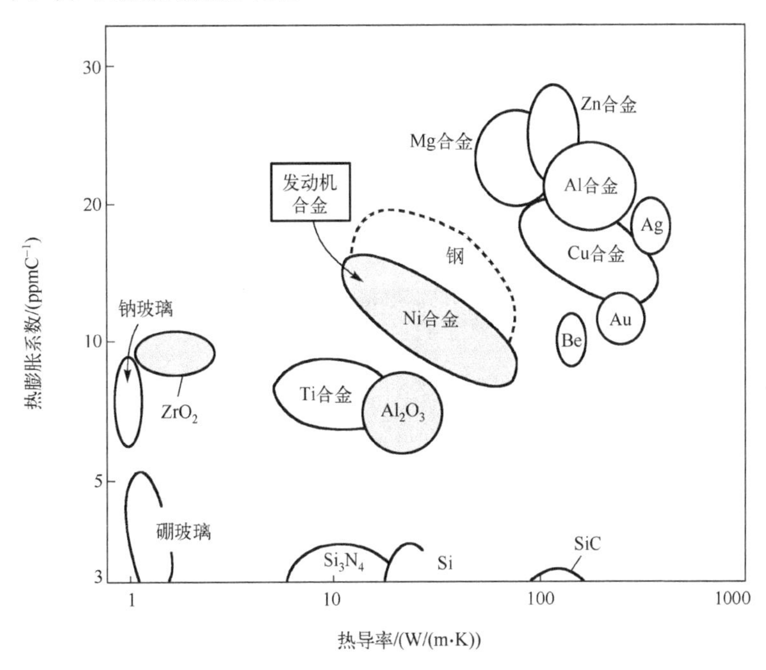


图 10-3　TBC 体系中主要组分的热膨胀系数和材料热导率

到目前为止，YSZ 的替代材料还没有被广泛使用。YSZ 在热障涂层的应用中也有一些缺点，如工作温度有限(<1200℃)、对热腐蚀敏感、易受环境沉积物影响，以及由于 $ZrO_2$ 基陶瓷中氧扩散率极高从而加速 TGO 的形成。因此，有必要寻找新的氧化锆稳定剂和新型陶瓷材料替代品，以满足 TBCs 材料对高性能的要求。多种氧化物共掺杂氧化锆、$LaMgAl_{11}O_9$、$LaTi_2Al_9O_{19}$、$Y_3Al_5O_{12}$、$SrZrO_3$ 等新型氧化物陶瓷，以及钽酸盐材料可视为高温热障涂层陶瓷层材料的未来研究方向。

# 10.2　热障涂层的制备工艺

## 10.2.1　等离子喷涂

等离子喷涂将金属粉末和陶瓷粉末注入高温等离子射流中，加热至完全熔融或部分熔融状态，然后碰撞在基体上形成扁平化粒子，扁平化粒子堆积形成涂层。等离子喷涂中，由于空气的卷入，粒子之间会存在孔隙，工艺温度较高部分的粒子被氧化。等离子喷涂的焰流温度高，可喷涂材料范围广，射流速度高，喷涂涂层具有良好的机械性能，广泛应用于航空发动机和重型燃气轮机叶片热障涂层的陶瓷涂层制备。近几十年来，在大气等离子喷涂的基础上，又发展了几种新型等离子喷涂方法，如低压等离子喷涂、液料等离子喷涂、等离子喷涂-物理气相沉积等。

### 1. 大气等离子喷涂技术

大气等离子喷涂(APS)是一种在大气环境下使用的等离子喷涂技术，通过外部送粉或者内部送粉方式，将粉末送至等离子焰流处进行加热和加速，随后将高速熔融状态的粉末颗粒喷射于基体使之变形、冷却和凝固，在交错堆叠过程中形成堆叠式涂层。APS 涂层在制备过程中会形成较多孔隙且分布不规则(图 10-4)。单层厚度是熔融颗粒冲击基体后扁平化展开的厚度，厚度为 2～8μm，并且撞击后典型的粒子直径为 100～200μm。与 YSZ 块状材料相比，大气等离子喷涂制备的涂层的面内刚度和热导率都较低，较低的面内刚度(10～70GPa)使涂层的应变韧性得以改善。

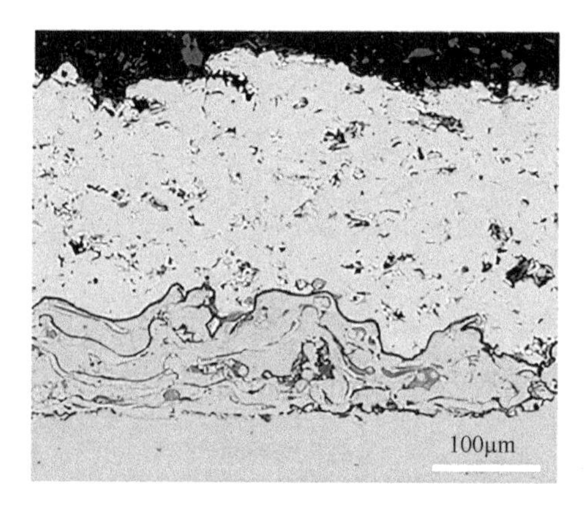


图 10-4　大气等离子喷涂制备的热障涂层

大气等离子喷涂技术的优点是：射流热焓值高，可喷涂材料范围广，制备效率高，工艺相对简单，对工人操作技术要求低；显微结构呈现层状结构，孔洞多，隔热性能好。涂层与基体的结合强度在很大程度上取决于等离子喷涂的制备条件、预热温度、基体表面氧化物膜的形状和组成。大气等离子喷涂技术有着涂层密度低、孔隙率高的缺点，而且金属元素在喷涂过程中容易氧化，部分氧化物会夹杂在制备的涂层当中，在合金黏结层结构中形成一层扩散屏障，阻碍合金元素的扩散，导致 TGO 层下方过早形成贫铝区。在高温氧化过程中，TGO 和片层结构中 Al 元素容易被快速消耗，形成 $Cr_2O_3$、NiO 等尖晶石混合氧化物，导致涂层应力增大、脆性增大、裂纹形成及其扩展，最终导致涂层失效。

### 2. 低压等离子喷涂技术

普通大气条件下等离子体射流的焓值和温度在出口 15～30mm 后迅速下降，再加上粉末颗粒在等离子焰流中停留的时间很短，喷涂过程中的大多数颗粒都处于只有表面融化的状态。因此，大气等离子涂层存在大量的界面缺陷和孔隙率。低压等离子喷涂(LPPS)是一种处于低气压封闭空间中的等离子体喷涂技术，这种技术起源于 20 世纪 80 年代，以大气等离子喷涂技术为基础，用低压氩气或在其他惰性气体保护下进行喷涂。

在低压等离子喷涂过程中，将其操作设备和待加工材料置于低真空密封室内，在室外进行喷涂控制。低压条件下等离子体射流形态和特性都将发生变化，粉末可以在高温区停留的时间延长，粉末受热更加均匀，熔融颗粒飞行速度明显提高，并在封闭惰性气体中喷涂，氧含量低，避免了喷涂颗粒和工件表面的氧化，工件温度可以高于大气等离子喷涂，因此，可以用来制备更致密和氧含量更低的黏结层。

### 3. 液料等离子喷涂技术

与传统等离子喷涂采用固体粉末材料不同，液料等离子喷涂所采用的原料为含有喷涂粉末的悬浮液或者前驱体的溶液。液料等离子喷涂(LPS)的原理是将液料雾化为小液滴后送入等离子焰流中，形成的细小颗粒或熔滴高速撞击基体表面沉积形成涂层。所制备的涂层中既含有较大尺寸熔滴扁平化形成的扁平粒子，也含有从液料中演化而来但在等离子焰流中未完全熔化的小颗粒构成的微细颗粒粉末团，这种微结构特征有助于降低涂层热导率。此外，通过合理控制喷涂工艺，还可得到纵向裂纹的微结构，在 TBC 服役过程中，陶瓷涂层内所产生的应力可以通过这些纵向裂纹得到部分释放，从而减轻应力在 YSZ/TGO 界面的累积，有利于延长涂层的热循环寿命。此外，所制备的涂层具有均匀的纳米级孔隙和微米级孔隙，不存在层状颗粒和片层晶界，具有良好的抗热震性能，热循环寿命可达到由粉末注入法制备的常规涂层的 3 倍以上。

### 4. 等离子喷涂-物理气相沉积

等离子喷涂-物理气相沉积(PS-PVD)技术融合了等离子喷涂与物理气相沉积技术，是近年来发展起来的新型薄膜与涂层制备技术。PS-PVD 设备(图 10-5)采用了超低压的工作环境和高功率高热焓值的等离子喷枪，喷涂过程由中央控制系统控制，等离子喷枪、工件及样品台均位于超低压真空密闭室内，真空室与真空泵、过滤除尘系统相连，喷涂时也可以保持一定的真空度。

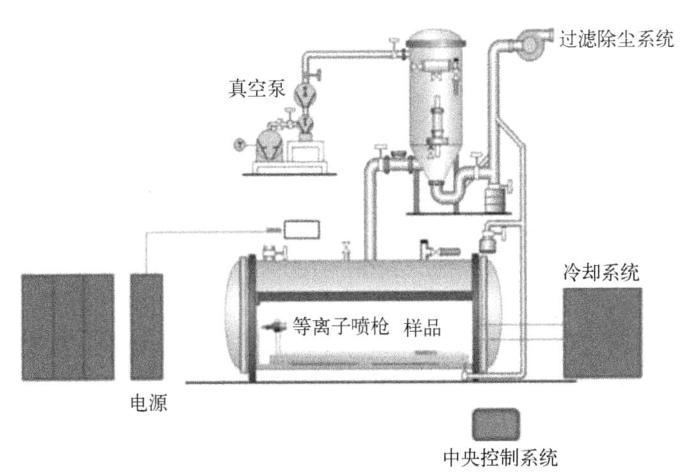


图 10-5　等离子喷涂-物理气相沉积设备示意图

PS-PVD 技术主要应用于高性能热障涂层的制备，通过 PS-PVD 工艺可以制备致密层状结构、层状与柱状混合结构、准柱状结构及纯气相柱状结构四种不同结构的 YSZ 陶瓷涂层，这是由沉积到基体表面的固相、液相和气相组成及比例不同造成的。PS-PVD 技术代表了未来高性能热障涂层制备技术的发展方向。PS-PVD 工艺在热障涂层复合结构调控、大面积高效率沉积、多联体复杂型面涂层均匀涂覆等方面都展现了巨大的技术优势，有望在新一代超高温、高隔热、长寿命热障涂层研制方面发挥关键作用。

### 10.2.2　电子束物理气相沉积

20 世纪 80 年代，美国、英国、德国和苏联开始使用电子束物理气相沉积(EB-PVD)技术制造热障涂层。90 年代中期，乌克兰巴顿焊接研究院电子束中心发明了低成本的 EB-PVD 设备，并在全球范围内推广，掀起了电子束物理气相沉积制备热障涂层发展的新浪潮。在这个过程中，电子枪在真空室中发出电子束，热电子在高压下加速、加热原材料，使其迅速溶解和蒸发。最后，原材料的蒸气沉积在预热件的表面上以形成涂层，如图 10-6 所示。同时为了获得更高的结合强度，通常需要将基板预热至约 $0.5T_m$($T_m$为沉积材料的熔点)。

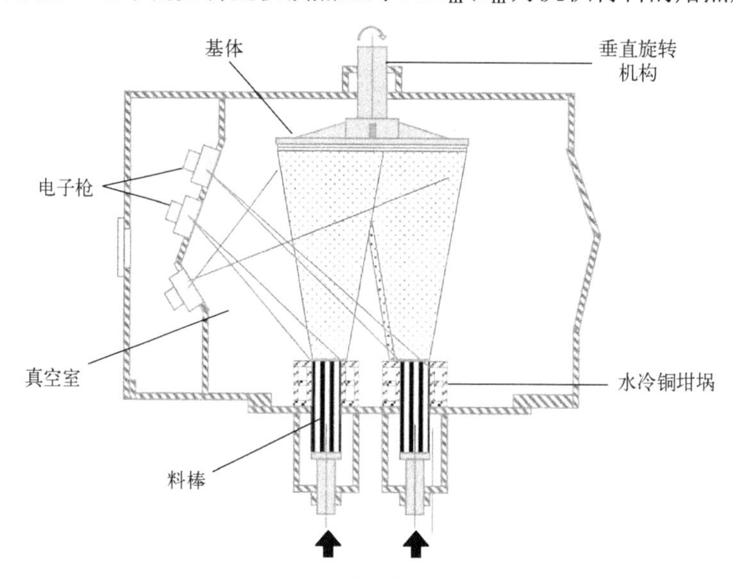


图 10-6　电子束物理气相沉积示意图

通过控制工艺参数和沉积条件可以获得微观上以柱状晶体为主的陶瓷涂层。在沉积涂层的过程中，它们首先形成精细均匀的等轴晶，然后形成精细的柱状结构。随着涂层厚度的增加，柱状结构逐渐长大，并达到稳定尺寸。稳定后的柱状尺寸取决于工艺条件，调整范围从几微米到几十微米不等。

利用电子束物理气相沉积制备的热障涂层柱状晶体结构相互平行，垂直于基体，区域分布规则，但是晶体结合较为分散，显著提高了涂层的应变容限和抗热震性；涂层界面由机械结合转变为化学结合，提高了涂层的结合强度；使涂层具有更致密的微观结构和更好的抗氧化性和耐热腐蚀性能；并且可以在复杂结构零件上制备热障涂层，还可制备不同层间距和厚度的多层材料，提高了可加工的范围，可以精确控制涂层厚度和均匀性；电子束物理气相沉积制备的热障涂层表面较光滑，表面粗糙度为 1～5μm，相比于等离子喷涂涂层的表面粗糙度

(为 10～20μm) 小得多。相对光滑的表面使制备的涂层更符合空气动力学，降低了后续表面处理的要求。

图 10-7 显示了 EB-PVD 技术沉积的 YSZ 涂层的微观组织结构。可以发现，每个陶瓷柱不是一个单一的致密颗粒，而是呈现羽毛状结构。事实上，涂层具有多孔结构，而孔隙主要是由气相沉积过程中的遮挡效应形成的，主要存在于陶瓷柱与陶瓷柱之间，称为柱间孔隙或Ⅰ型孔隙，它们的方向基本上垂直于涂层表面，从而削弱了陶瓷柱之间的连接。因此，这对陶瓷涂层的高应变应力容限至关重要，陶瓷内部的应力可以通过柱间孔隙得到更好释放，因此，累积并传递到 YSZ/TGO 界面的热应力和机械载荷显著降低。陶瓷柱的外围具有典型的"羽枝"结构。羽枝方向一般与羽轴呈 40°～50°，羽枝之间有明显的气孔，称为Ⅱ型孔隙；陶瓷柱中心的"羽轴"区域包含纳米尺寸的孔，称为Ⅲ型孔，这些孔实际上封闭在材料内部。一般来说，由 EB-PVD 技术沉积的 YSZ 涂层组成的 TBCs 具有良好的热循环性能，这主要归功于Ⅰ型孔的存在。

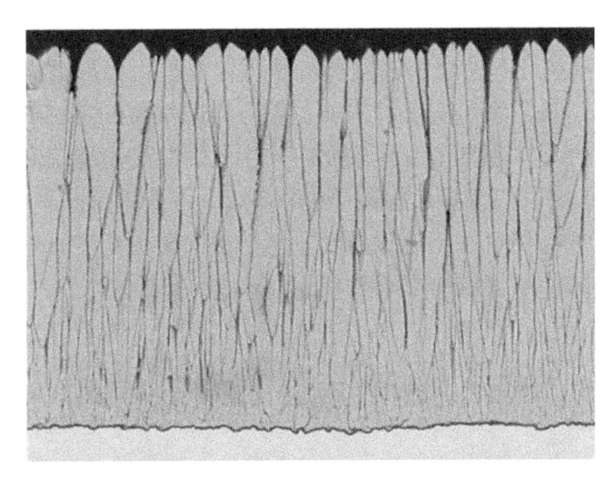

图 10-7　EB-PVD 制备的 YSZ 涂层的微观组织结构图

电子束物理气相沉积制备热障涂层的缺点：涂层的最大厚度只有等离子喷涂的一半，并且在相同厚度下其隔热效果没有等离子喷涂好；喷涂过程中的沉积速率低，不易沉积大面积样品，工作效率低，成本高；对于合金层的制备，各元素蒸气压会显著影响涂层成分，且不易控制。此外，与等离子喷涂的陶瓷层相比，EB-PVD 涂层具有较高的热导率 (1.5～2.0W/(m·K))。两者之间热导率差异的根本原因是孔隙结构的差异，尤其是孔隙的空间分布特征的差异。虽然柱状晶间存在许多平行于热流方向的大尺寸孔洞，但其阻热效果远小于垂直于热流方向的孔洞的阻热效果。等离子喷涂陶瓷涂层的一些孔隙为层间未结合界面之间的裂纹，这些裂纹主要平行于涂层表面的方向，即垂直于热流的明显方向，因此具有优异的隔热性能。

为了降低热导率，通过改变蒸气方向与工件表面之间的角度，可以获得与轴呈现弯曲结构的"之"字形涂层。计算结果表明，热导率降低效果可达 20%～40%。此外，为了克服 EB-PVD 在制备上的不足，国内外学者加入了辅助沉积离子束技术 (IBAD) 来细化涂层柱状晶粒，改善涂层结构，降低涂层的热导率，有效提高涂层的抗氧化性和力学性能。

### 10.2.3 激光熔覆

近年来，由于激光熔覆技术的迅速发展和应用，研究人员逐渐开始利用激光熔覆技术制备热障涂层。与等离子喷涂、电子束物理气相沉积等技术相比，激光熔覆技术具有热源移动较快和材料凝固较快的特点。激光熔覆制备热障涂层是利用高能激光束直接照射金属基体表面，使表面上很薄的一层涂层材料在金属基体上快速熔化、快速冷却固化形成表面涂层，是一种能够达到金属表面改性的工艺方法。

在利用激光熔覆技术制备热障涂层的过程中，激光热源可以快速移动，材料快速凝固形成较为均匀、结构紧凑的涂层组织，并且可以保证较高的表面光洁度。目前，激光熔覆制备热障涂层通常分为两种方法：①用大气等离子喷涂在基体表面制备一层 $ZrO_2$-$Y_2O_3$/MCrAlY 涂层，继而在表面利用激光熔覆制备热障涂层；②直接将粉末输送到激光束与材料相互作用的区域。后者在陶瓷层与金属的连接处会形成大量裂缝，导致熔覆层不连续。激光熔覆制备的陶瓷层相比于等离子喷涂制备的陶瓷层含有更少的孔隙和微观缺陷，涂层连接强度更高，不容易脱落。涂层在早期硫化、空化的高温环境下可以提供更好的耐腐蚀性能和耐氧化性能，因此提高了涂层质量，延长了涂层寿命。例如，利用激光熔覆制备 $ZrO_2$ 陶瓷层，形成的柱状晶体呈现密集堆积，柱状晶体垂直于主体表面向外生长。激光熔覆 $ZrO_2$ 陶瓷层的热导率仅仅是镍基合金基体的 1/30。同时，柱状晶结构也可以减小由于热膨胀系数不同而产生的应力。较快的冷却速度使高温平衡相可以迅速保持到室温，从而避免相变伴随体积变化。研究表明，激光熔覆技术对提高热障涂层性能有显著作用。

## 10.3 热障涂层的失效模式

相比于其他涂层而言，热障涂层结构更加复杂，工作环境更加恶劣，对性能要求更加苛刻。热障涂层的自身结构、组织成分、工作环境和性能要求决定了其失效模式比较复杂。

### 10.3.1 高温烧结

在热障涂层系统中，为了降低 YSZ 陶瓷层的热导率并增加其应变容限，通常需要在陶瓷层中保持一定的孔隙率，特别是在电子束物理气相沉积获得的柱状晶结构的涂层中。内部的柱状裂纹和多孔结构使其具有良好的应变容限和较低的孔隙率，因此在航空涡轮发动机的重要部件中得到了广泛的应用。陶瓷层的工作温度一般在 1000℃以上，长期的高温环境会使 YSZ 陶瓷层在表面能的推动下致密化，这就是高温烧结。电子束物理气相沉积陶瓷层中柱状晶表面的羽毛状结构粘连，相邻柱状晶体将烧结在一起，失去“羽毛”柱状晶体的微结构柱状晶相应失去应有的应变容限。由于烧结作用，柱状晶界的曲率特征趋于平坦，部分黏结区域的形成导致涂层应变容限减小，这不利于柱状晶体的膨胀扩展，导致热障涂层的高温稳定性明显降低。

同时，涂层的高温烧结密封作用可使涂层密度提高，热导率进一步增加，进而导致黏结层的温度升高和 TGO 生长加速。此外，在未发生高温烧结的位置，由于烧结区域的收缩，未烧结区域柱状晶体之间的间隙增大，氧元素加速扩散到黏结层，腐蚀性杂质进入涂层内部并发生腐蚀。陶瓷层内不均匀烧结会引起涂层内应力的增强。在高温喷涂过程中，在 YSZ 陶瓷层中形成大量不平衡的 t 相，在长时间的高温环境的工作过程中发生相变，形成韧性差较多的立方相和较少的四方相。在冷却过程中，四方相转变为比较稳定的单斜相 M 相，伴随体积增加 3%～5%，并在陶瓷层中产生压力和剪切应力，增加陶瓷层的裂纹密度或破裂。

迄今为止，阻碍或防止 YSZ 陶瓷层发生高温烧结和相变的最佳手段包括以下方面：

(1) 采用耐烧结性能较高的烧结助剂，如用 $Gd_2O_3$、$Ce_2O_3$ 和 MGO 等氧化物代替 $Y_2O_3$；

(2) 优化喷涂工艺和操作技术，制备纳米陶瓷层。在高温下，纳米涂层是在高表面能的作用下形成不均匀的孔洞，从而增加了孔隙率，并增加晶界以加强散射效应，从而降低陶瓷涂层的热导率。

## 10.3.2　TGO 的生长应力

在热障涂层中，平行于热障涂层厚度方向的压应力和拉应力都会对涂层的寿命造成损伤。在循环热交变载荷作用下，陶瓷层中的应力极值大多出现在界面凹凸处，因此，较小的界面曲率可以有效降低 TGO 区域的应力大小。在涂层被快速氧化的过程中，TGO 波峰出现拉应力，波谷出现压应力。由于 TGO 增厚而导致热生长应力的增加，在陶瓷层表面和 TGO 界面形成裂纹。生长应力所导致的微裂纹是导致涂层层状剥离的根本原因，并引起陶瓷层与金属黏结层的分离。界面热生长氧化物 TGO 的形成和增厚过程引起很大的热应力。

TGO 的生长过程主要由离子沿晶界扩散控制，其生长机理由三大要素组成：

(1) 新的氧化物会在 TGO 与空气界面(或 TGO/TBC 界面)生成，并具有等轴晶结构，此过程由阳离子(Al 及其他合金元素)扩散主导；

(2) TGO/黏结层边界产生的新的氧化物，其柱状晶结构以阴离子扩散为基础；

(3) TGO 内部产生的新氧化物，是由阴离子和阳离子扩散至 TGO 内部晶界反应生成的。

前两种要素是 TGO 厚度增加的主要原因，第三种要素是 TGO 面内尺寸增加的主要原因。由于 TBC 或黏结层中所含的活性元素(Zr、Y 等)在很大程度上阻碍了铝元素的过快扩散，TGO 在 TBC 系统中的高温增长主要是由于氧元素的扩散，而新的 TGO 主要是在 TGO/黏结层边界上形成的。

TGO 高温生长逐渐增厚并产生变形，其几何构型的改变会受到周围材料或自身材料的约束，从而在系统内部产生应力。本章将涂层系统各层材料对 TGO 生长变形的应力响应统称为 TGO 生长应力。多种因素都可能诱发 TGO 生长应力，如基体材料外延生长时的晶格失配、氧化物和形成该氧化物所消耗金属的体积之间的差异、新的氧化物在原有氧化物内部生成、氧化物相变、材料表面几何形状不规则等。从力学角度而言，导致 TGO 生长应力的根本原因在于 TGO 生长变形需要涂层系统内各层材料产生附加变形与之协调。

大量试验表明，铝合金高温氧化会使氧化膜内产生 0～1.2GPa 的生长应力。在稳定应力状态阶段，绝大多数氧化膜受压缩作用；但个别情况下，当合金基底中含有特殊活性元素时，氧化膜内会发生氧空位和铝空位的扩散相抵消，这种类似于材料损耗的效应会使氧化膜发生收缩变形，从而使氧化膜受到基体的拉伸作用。诱发 TGO 生长应力主要为两种因素：氧化物与形成该氧化物消耗的金属的体积比(Pilling-Bedworth Ratio，PBR)和新氧化物沿 TGO 内部晶界的横向生长。这两种因素均可导致 TGO 产生压应力。在 TBC 系统内，由于 TGO 高温生长通常由氧元素扩散主导，故大部分新氧化物在 TGO/黏结层界面生成(图 10-8)，以 $Al_2O_3$ 为例，其体积大于所消耗 Al 的体积，因此 TGO 层发生膨胀变形。但是，与 TGO 相黏结的黏结层和 TBC 层使得 TGO 的膨胀受到约束，进而使材料系统产生应力。

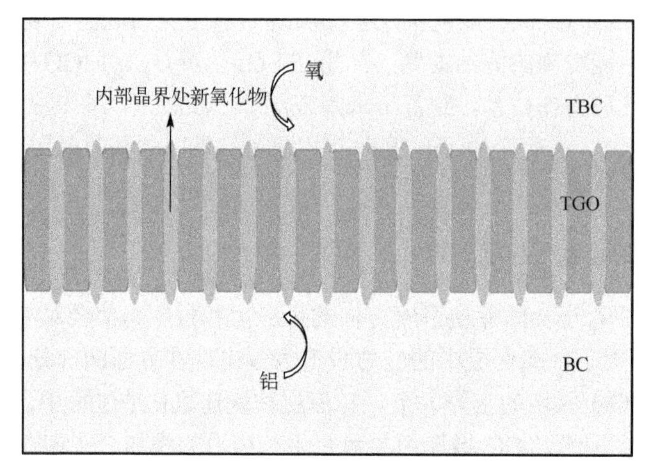


图 10-8　TBC 系统内氧化物扩散主导的 TGO 生长过程示意图

按照 PBR 比值，根据弹性力学直接计算得到的 TGO 生长应力通常远高于实际应力水平。例如，$Al_2O_3$ 的 PBR 值为 1.28，相应的体积膨胀应变为 8.6%，由此计算得到的 TGO 生长应力高达几十吉帕，这与试验值明显不符。其原因一方面是合金高温氧化伴随着材料的蠕变，蠕变变形会抵消部分生长变形；另一方面 Pilling-Bedworth 理论主要适用于纯金属，而黏结层材料是合金，合金中金属元素氧化造成的体积膨胀比纯金属复杂；再者，氧化和阳离子扩散往往同时进行，金属元素扩散后会在黏结层材料中形成相当数目的原子空位，从而部分抵消了氧化物的膨胀作用，使 TGO 实际的体积膨胀应变小于理论值。有研究表明，沿氧化膜界面(或表面)以及氧化膜内部平行于界面方向生成的新氧化物虽会使氧化膜不断增厚，但这种变形可以通过沿厚度方向的刚体位移协调，不会诱发应力；只有当新氧化物沿垂直于界面方向生成时，氧化膜沿晶界增厚导致横向生长应变，才会使氧化膜和基底产生不协调变形，进而诱发生长应力。沿 TGO 内部晶界横向生长的氧化物虽然只占新生成氧化物的较小比例，但却对生长应力的产生起到关键性的作用。

除物理因素外，TGO 的形状对应力状态也有重要影响。制备后的 TBC/黏结层界面形貌并非完全平整，黏结层氧化生成的 TGO 也是凹凸不平的；同时，即使平整的 TBC/黏结层界面，在 TBC 高温服役过程中，尤其是热循环与热冲击过程中，也会发生褶皱，形成非平整界面。在这种情况下，由于 TGO 沿垂直于界面方向的生长不能完全通过刚体位移协调，结果导致更为复杂的局部应力场。

恒温环境下，TGO 生长应力是材料系统的主要应力源，是诱发 TBC 系统失效(如材料开裂、层离)的主要驱动力；在热循环载荷作用下，尽管涂层系统在冷却过程中的热失配应力往往高于 TGO 生长应力，但 TGO 在高温阶段的生长应变依然是热循环过程中某些破坏现象(如棘轮效应)的诱发因素。

TGO 高温生长使涂层系统内产生应力，材料高温蠕变则使系统应力发生松弛，二者共同决定系统的应力场。当应力的产生和松弛作用达到平衡时，涂层系统的应力水平会逐渐趋于稳定。

目前 TGO 生长应力问题的研究还不完善，主要受三方面制约：

(1) TGO 的生长机制非常复杂，涉及物理、化学、热力学、材料学等众多学科；

(2) 试验技术难以得到准确的生长应变数据，理论模型难以定量表征和预测生长应变；

(3) 对于复杂形貌 TGO 生长应力问题，解析模型的局限性较大，而数值计算模型尚未成熟。

### 10.3.3 CMAS 高温腐蚀

热障涂层在热端零部件上的应用可将航空发动机工作室的温度提升到 1500℃以上。过高的温度同时也面临着一个新的问题——钙铝硅酸盐(CMAS)腐蚀。CMAS 主要指的是航空航天发动机在工作过程中从大气中吸入的灰尘、沙子或火山灰等沉积物，这些沉积物在发动机热循环过程中熔融生成 CMAS，其主要成分为 CaO、MgO、$Al_2O_3$ 和 $SiO_2$。CMAS 的组成在很大程度上取决于工作环境，见表 10-1。$Fe_2O_3$ 可与其他的氧化物形成低熔点的共熔氧化物，以降低 CMAS 的熔点。工作温度低于熔点时，这些 CMAS 颗粒将不断撞击在涂层表面对涂层产生机械损伤；当工作温度超过 CMAS 熔点时，熔化的 CMAS 将迅速填充涂层中的孔隙和裂缝。氧化锆的稳定剂溶解在熔体中，会导致热障涂层的相变和体积变化，以及热物理性能和力学性能下降，最终加速失效。由图 10-9 可以看出，与 CMAS 反应后裂纹贯穿 YSZ 涂层，然后在 YSZ/黏结层界面平行水平扩展。当叶片表面温度高于 CMAS 熔点时，CMAS 处于熔融状态，很容易渗透到 YSZ 涂层中。同时，CMAS 渗透到 YSZ 涂层后，CMAS 在冷却过程中固化，涂层的弹性模量增大，降低了涂层的应力应变容量。此外，CMAS 还会对涂层造成化学腐蚀。例如，CMAS 对 YSZ 涂层的热化学腐蚀中，YSZ 柱状晶体会溶解在 CMAS 沉积物中并形成 $ZrO_2$，并通过透射电子显微镜确认 $ZrO_2$ 为球形单斜相，表明 YSZ 处的稳定

表 10-1　不同物体中 CMAS 组成　(单位：%)

| 化学成分 | 军用发动机高压涡轮叶片 | 军用直升机第一级涡轮叶片 | 沙漠环境中服役的涡轮轴罩 | 第一级高压机翼 |
|---|---|---|---|---|
| CaO | 20～27 | 17.7 | 28.7 | 33.6 |
| MgO | 4.5～9 | 5.8 | 6.4 | 9.9 |
| $Al_2O_3$ | 12～26 | 11.6 | 11.1 | 10.1 |
| $SiO_2$ | 28～36 | 43.4 | 43.7 | 22.4 |
| $TiO_2$ | 2～5 | 2.2 | | 3 |
| $Fe_2O_3$ | 9～14 | 11.4 | 8.3 | 15.4 |
| NiO | 1 | 4.7 | 1.9 | 0.8 |
| $ZrO_2$ | 1～4 | | | 0.9 |
| $Y_2O_3$ | 1 | | | |
| 其他 | | | | 3.9 |

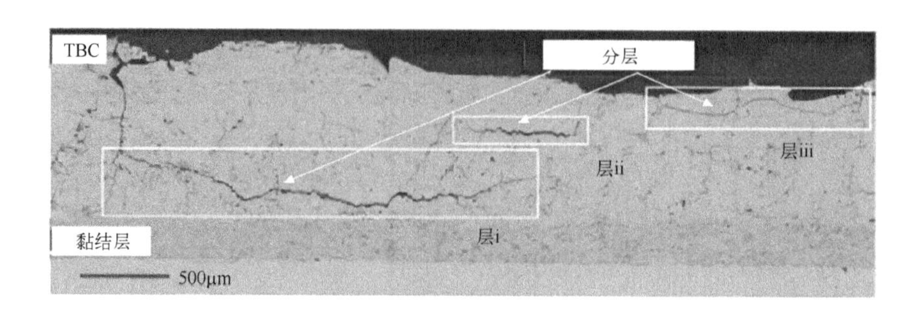


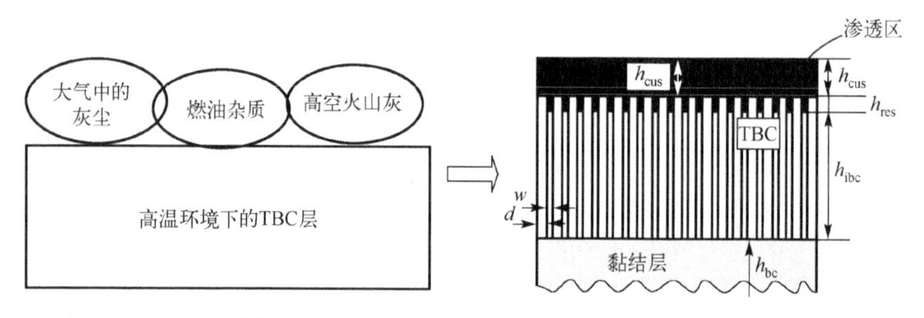


图 10-9　CMAS 腐蚀导致涂层失效过程

剂被 CMAS 消耗，YSZ 经历了从四方相到单斜相的转变。随着发动机工作温度的不断提高，CMAS 的高温腐蚀失效已成为制约 TBCs 工作温度进一步提高的关键因素。

### 10.3.4　界面失效

热障涂层的界面失效，主要是由涂层中不同成分的界面在高温环境下长时间的不断演变而导致的。以 NiCrAlY/YSZ 双层结构的热障涂层为例，界面失效的位置分别是基体与 NiCrAlY 黏结层界面、NiCrAlY 黏结层与 TGO 层界面、TGO 层与 YSZ 陶瓷层界面。

#### 1．基体与 NiCrAlY 黏结层界面

由于热障涂层基体与黏结层之间的元素成分不同，在高温环境中长时间工作会形成涂层元素的相互扩散。其中，NiCrAlY 黏结层中 Al 元素会向基体扩散，基体中的 Ni、Cr、W、Ta、Hf 元素会向 NiCrAlY 黏结层扩散。

在热障涂层体系中，NiCrAlY 黏结层不仅改善了陶瓷层与基体之间热匹配的问题，而且提高了热障涂层的抗氧化性能和耐腐蚀性能。为了降低 YSZ 陶瓷层和 NiCrAlY 黏结层之间的应力，在陶瓷层制备过程中有意保留孔隙和缺陷，使得陶瓷层和黏结层之间具有更好的相容性。同时，孔隙和缺陷的存在也降低了陶瓷层的热导率。然而，这将导致使用环境中的氧气和腐蚀性介质通过陶瓷层快速到达黏结层，并与扩散到黏结层外的 Al 元素反应，形成 α-$Al_2O_3$ 热氧化层(TGO)，其中 α-$Al_2O_3$ 的含量决定了整体抗氧化和热障腐蚀性能。在高温环境中，基体和黏结层之间元素扩散的相互行为导致黏结层的铝元素含量持续降低，影响形成连续致密的 TGO 层，这对 α-$Al_2O_3$ 的形成造成负面影响。

#### 2．NiCrAlY 黏结层与 TGO 层界面

在高温环境下工作时，环境中的氧气会与黏结层表面元素发生反应生成一层热生长氧化物(TGO)层。研究发现，黏结层的热膨胀系数与 TGO 层差距很大，这使得热障涂层在工作温

度下循环时，黏结层的热变形量与 TGO 层有所不同，导致在 TGO 层与黏结层交界处出现热变形，引起涂层失效。

3. TGO 层与 YSZ 陶瓷层界面

在高温服役过程中，TGO 层的厚度和体积将大大增加，这导致 TGO 层与陶瓷层界面出现生长热应力。研究发现，随着 TGO 层与陶瓷层交界的曲率起伏变大，所产生的应力也在增大，在凸起处为压应力，在凹陷处为拉应力，以及在凸起或凹陷处产生微小裂纹，最终使得 TGO 层与陶瓷层交界处产生孔隙和缺陷，继而孔隙和缺陷不断扩大导致涂层断裂失效，这通常发生在剧烈的热循环过程中。

除了生长热应力，YSZ 陶瓷层由于良好的隔热性能而产生温度梯度，同样会产生一部分应力。有学者研究发现，热应力值和温度梯度呈现线性递减的趋势，温度梯度越大，产生的温度梯度热应力越小；而涂层的热膨胀也随温度梯度的增加而增大，从而增加了位移产生的应力，使 YSZ 陶瓷层更容易产生裂纹。

在高温环境下长期服役，基体与 NiCrAlY 黏结层界面、NiCrAlY 黏结层与 TGO 层界面、TGO 层与 YSZ 陶瓷层界面的不断演变会影响到热障涂层的性能和使用寿命。

## 10.4　热障涂层的应用及发展趋势

### 10.4.1　在航空发动机中的应用

热障涂层由于其优异的隔热性能，在航空发动机上得到了广泛的应用。自 20 世纪 70 年代中期以来，英国、美国、苏联等国家就已经将热障涂层应用于涡轮导向叶片和发动机上，以延长涡轮导向叶片等零件的使用和维修周期。80 年代中期，美国普惠(PW)公司和通用电气(GE)公司等航空发动机制造商采用电子束物理气相沉积技术来制备热障涂层，以保护涡轮导向叶片。同时，这项技术在欧洲国家和地区也得到了广泛应用。欧洲早期利用电子束物理气相沉积技术制备的热障涂层首次应用于军用飞机旋翼叶片上。90 年代末，民用航空发动机涡轮和辅助动力系统(APU)的导向叶片上几乎全部装备了第一代 EB-PVD 热障涂层，以降低金属基体的实际工作温度。PW 公司于 1994 年 3 月交付的“冷却型(RTC)”发动机中，在第 1 级高压涡轮导向叶片上制备了热障涂层，将使用寿命提高到原型机的两倍。在原型机 APU 中，只有形状简单的燃烧室以及加力燃烧室的筒体制备有热障涂层；随着技术工艺的精密化，热障涂层逐渐被应用到工作环境更加恶劣的零件表面，如涡轮静子导向叶片、转子叶片等。热障涂层的应用提高了叶片基体的耐高温腐蚀性能，使涡轮导向叶片能够承受较高的涡轮前温度，大大提高了可靠性并延长了使用寿命，提高了 APU 的工作效率。热障涂层技术已被公认为是新型航空发动机和辅助动力装置的关键技术之一。

### 10.4.2　在工业燃气轮机中的应用

如今，GE 公司已在燃气轮机的许多高温部件(如火焰筒、滑道、过渡段等)中广泛使用热障涂层。燃气轮机的高温部件是决定燃气轮机使用寿命的关键部件。它们不仅服役的环境温度较高，而且需要承受燃机启停过程中温度急剧变化引起的热冲击，工作条件十分恶劣。火焰筒是燃烧室的重要组成部分。燃料在火焰筒中与空气混合，火焰温度高达 1800℃。因此，对热障涂层的隔热性能以及耐高温氧化性和抗热震性的要求极高。过渡段也需要在高温气体下工作，在过渡段周围环绕着强大的冷却气流，这将导致燃气和金属过渡段之间的温差高达数百摄氏度。因此，过渡段使用的 TBCs 不仅需要具有良好的耐热性和氧化性，而且要有更好的抗热震性。涡轮叶片工作在高温氧化环境中，同时还承受较高的热应力和机械应力。静叶片是燃气轮机中工作温度最高的部件，其内部冷却气流非常强，导致静叶片的冷热极不均匀，也是热冲击最严重的部件。同时，随着运行时间的延长，气体中的高温腐蚀物会逐渐沉积在叶片表面。因此，静叶片上的 TBCs 必须具有良好的耐高温腐蚀性。动叶片在高温下的离心力大，是汽轮机中工况最恶劣的部件。动叶片中使用的 TBC 不仅应具有良好的隔热性、高温抗氧化性和抗热震性，还应具有良好的抗蠕变性能、抗热疲劳性能和抗机械疲劳性能。

多年的实践证明，在燃气轮机高温部件表面施加热障涂层是行之有效的防护手段。热障涂层提高了燃气轮机热端部件的工作温度，提升了燃气轮机的效率，延长了使用寿命。随着工作温度的不断提高，如何获得性能更可靠、使用寿命更长的热障涂层将是研究人员面临的一大挑战。选择更好的隔热材料，从材料、结构和工艺等方面进一步提高热障涂层的抗热震性和隔热效果，将是今后热障涂层研究的重点。

### 10.4.3　在内燃机中的应用

提高燃烧室的工作温度有助于提高内燃机的热效率，但也会恶化热端部件的承载压力。由于在内燃机的热循环过程中，金属部件不能长时间抵抗燃烧气体的高温，因此有必要将金属材质的受热零件更换为耐高温性能良好的陶瓷部件，如涡流室镶块、活塞、气缸盖等，或者在零件的受热面上制备陶瓷涂层材料，以降低零件的工作温度，改善零件的工作条件。与金属材料相比，陶瓷材料具有良好的耐热性、低导热性、低密度和高弹性模量等特点，但硬度较低，加工难度大。因此，陶瓷零件的生产成本较高，限制了其应用的范围。与陶瓷零件相比，陶瓷涂层的制备方法较为广泛，成本较低，对于形状复杂的零件制备涂层远比直接制备零件要简单，具有广阔的应用前景。因此，科研人员对热障涂层进行了系统的研究。以普通等离子喷涂技术为例，该技术可以在活塞顶部、气缸内壁和阀门表面喷涂低导热陶瓷粉，如氧化锆，形成涂层，可以减少内燃机燃烧过程中的热损失，且涂层的厚度可以在很大范围内变化。涂层的可靠性与涂层的厚度密切相关。如果涂层太薄，则涂层的隔热效果不能满足要求。如果涂层过于致密，涂层的高内应力将导致涂层的失效。此外，较厚的涂层还会影响燃烧室的容积，破坏原有的燃烧环境和内燃机的控制策略。因此，应根据要求合理选择涂层厚度。除燃烧室零件外，还可以在排气系统零件表面制备热障涂层，以减少热量损失。研究人员最初关注的热障涂层材料是 SiC 和 $Si_3N_4$，这类陶瓷材料具有良好的耐磨性和低密度，适用于低散热内燃机的隔热材料，但使用寿命短。后来测试了各种结构的陶瓷材料，如 $Al_2O_3$、CaO、BaO 和 $TiO_2$，但它们的应用受到了其自身物理性能不佳的限制。$ZrO_2$ 陶瓷具有与金属材料相近的热膨胀系数、高强度以及低热导率。因此，它已成为一种很有前途的内燃机热障涂层材料，但材料在高温下的相变依然是该类材料大范围应用的障碍。部分稳定锆材料(PSZ)的出现为这一问题提供了可行的解决方案。在 $ZrO_2$ 中掺杂相变抑制剂可以有效延长涂层的使用寿命，使热障涂层成为内燃机隔热涂层的理想涂层。随着技术的发展，高温下的结构陶瓷材料不断发展，推动了内燃机热障涂层技术的发展。

### 10.4.4 发展趋势

TBCs 系统的复杂性和多样性使其研究成为一项耗时的任务。目前，TBCs 的过早失效仍然是亟待解决的难题。此外，传统的热障涂层系统不能满足下一代航空发动机的需求。因此，仍需要研究新的材料体系，以获得更可靠和更持久的 TBCs 系统。与传统的热障涂层相比，具有纳米结构的热障涂层和功能梯度结构的热障涂层等新型材料具有更大的潜力。

1. 纳米结构热障涂层

传统微米结构热障涂层由于其本身材料特性，涂层脆性严重。涂层在等离子喷涂过程中容易形成微裂纹。然而，当陶瓷层具有纳米结构时，脆性大大降低，可以通过晶界滑移来释放涂层应力，从而减少应力集中。

在热喷涂制备纳米涂层的制备过程中，有两个非常重要的问题需要解决。一是纳米颗粒重量轻、尺寸小、比表面积大、沉积速率低，并且不能形成致密的涂层。因此，在喷涂之前，需要将纳米粒子颗粒化成具有纳米结构的微米级粉末，然后用于热喷涂制备涂层。二是如何在喷涂过程中抑制纳米晶体的生长，保持涂层的纳米晶结构。研究表明，快速加热和短暂停留是抑制晶粒长大的主要条件。等离子喷涂的冷却速度很快，粉末颗粒在火焰中的停留时间很短。在这种喷涂条件下，原子没有时间扩散，纳米颗粒来不及生长，从而只能在涂层中形成纳米晶体。因此，当热喷涂用于制备纳米结构涂层时，通常使用高速喷涂工艺。

2. 功能梯度结构热障涂层

功能梯度结构热障涂层目前大都处于试验研究中，并没有大范围地投入使用，其中主要的制备方式还是电子束物理气相沉积和等离子喷涂两种，而涂层种类主要分为成分连续、层状结构变化和孔隙率连续三种。国内外的研究机构依然在对涂层制备方式、梯度热障涂层热疲劳行为、涂层失效机理进行不断研究。功能梯度结构热障涂层的研究趋势主要为：梯度涂层制备过程的优化、热应力松弛与涂层结构之间的关系以及计算机模拟，不同工况下抗热震性的提高及失效机理。

## 本 章 小 结

热障涂层自发明以来，取得了长足的进步。热障涂层目前被用于各种工程领域，包括内燃机、燃气轮机、航空发动机等。本章概述了当前热障涂层在结构特点、材料组成、制备工艺等方面的进展。除此之外，还简述了热障涂层的失效机制以及今后的发展方向。

## 参 考 文 献

曹将栋，2018. 提高镍基高温合金抗氧化腐蚀性能的实验及理论研究[D]. 镇江：江苏大学.

陈卓, 金国, 崔秀芳, 等, 2021. 耐海洋环境腐蚀燃机热障涂层材料研究进展[J]. 航空制造技术, 64(13): 45-58.

崔耀欣, 汪超, 何磊, 等, 2019. 重型燃气轮机先进热障涂层研究进展[J]. 航空动力, (2): 66-69.

杜仲, 2015. 界面氧化对等离子喷涂热障涂层失效行为的影响研究[D]. 北京: 北京理工大学.

郭磊, 高远, 叶福兴, 等, 2021. 航空发动机热障涂层的 CMAS 腐蚀行为与防护方法[J]. 金属学报, 57(9): 1184-1198.

李钊, 蔡文波, 2015. 热障涂层技术在航空发动机涡轮叶片上的应用[J]. 航空发动机, 41(5): 67-71.

刘佳奇, 2019. 激光熔覆 MCrAlY/YSZ 梯度热障涂层的组织结构与性能研究[D]. 天津: 中国民航大学.

刘敏, 2019. $Al_2O_3$ 改性 YSZ 热障涂层的 EB-PVD 法制备、性能表征与抗火山灰腐蚀性能研究[D]. 湘潭: 湘潭大学.

陆冠雄, 2014. 低散热内燃机用二氧化锆热障涂层的热力学仿真与界面性能优化调控研究[D]. 天津: 天津大学.

罗丽荣, 2019. 大气等离子喷涂热障涂层界面、粘结层微观结构设计及失效机理研究[D]. 上海: 上海交通大学.

单英春, 2006. EB-PVD Ni-Cr 薄板沉积的多尺度模拟[D]. 哈尔滨: 哈尔滨工业大学.

王进双, 2018. 氧化锆热障涂层失效机理研究[D]. 武汉: 武汉理工大学.

余春堂, 2019. 热障涂层体系金属粘接层界面失效及改性机理研究[D]. 合肥: 中国科学技术大学.

张子凡, 韩彦冬, 王炜哲, 等, 2021. CMAS 渗透下热障涂层界面失效分析[J]. 航空动力学报, 36(8): 1702-1711.

赵蒙, 2016. 掺杂对氧化锆基热障涂层材料热物理性能的影响[D]. 北京: 清华大学.

赵鹏森, 曹新鹏, 郑海忠, 等, 2021. 稀土掺杂热障涂层的研究进展[J]. 航空材料学报, 41(4): 83-95.

钟颖虹, 2015. 燃气轮机透平叶片热障涂层的研究[D]. 北京: 机械科学研究总院.